Theorie und Berechnung der statisch unbestimmten Tragwerke

Elementares Lehrbuch

von

H. Buchholz

Berlin
Verlag von Julius Springer
1921

ISBN 978-3-642-98764-9 ISBN 978-3-642-99579-8 (eBook)
DOI 10.1007/978-3-642-99579-8

Softcover reprint of the hardcover 1st edition 1921

Geleitwort.

Auf Schritt und Tritt begegnen dem jungen Konstrukteur und Statiker Tragwerke aus jener Gruppe von Körpersystemen, die man als die statisch unbestimmten bezeichnet, und die sich dem entzückten Auge des Glücklichen, den seine Berufstätigkeit noch mit Idealen erfüllt, oft in überaus eleganten Gebilden darbieten. Der eigenartige Reiz dieser Konstruktionen löst den Wunsch aus, so etwas selbst verantwortlich bauen zu können, seinen Namen unter die dazu gehörigen statischen Berechnungen setzen zu dürfen. Auch der Aufstieg in eine höhere Leistungsklasse lockt.

Mit Bedauern hat der Verfasser aber beobachtet, wie es den meisten unmöglich wurde, diesen ihren Wunsch zur Erfüllung zu bringen. Die zäheste Beharrlichkeit reichte selten aus, die dieses Gebiet mit enthaltenden dickleibigen oder mehrbändigen Werke, die noch dazu meist umfangreiche Vorkenntnisse verlangen, in den wenigen geeigneten Mußestunden, die die anstrengende Berufsarbeit vom Tage übrig läßt, durchzuarbeiten. Diese Werke geben das im vorliegenden Buche ausschließlich Behandelte nur als Teilgebiet, mit dem übrigen in scheinbar unentwirrbarer Verstrickung, der nur durch Gesamtstudium des Werkes nach Vorstudium gewisser höherer Disziplinen beizukommen wäre. So kommt es dann wohl zur Anschaffung dieser Bände, aber nicht zu ihrer Durchdringung. Mißmutige Resignation oft wertvoller Kräfte und ihre Umwandlung aus Idealisten ihres Berufes in Nurgehaltverdiener ist die Folge.

Der Verfasser würde sich glücklich schätzen, wenn ihm die Durchführung seiner Absicht gelungen wäre, ein Buch zu schaffen, das nicht nur gekauft, sondern auch vom Vielbeschäftigten in jedem einzelnen Falle restlos bewältigt würde. Über diesen letzten Punkt hat der Verfasser allerdings eine strenge Auffassung: Es wäre ihm nicht erwünscht, wenn sein Buch, ohne vorher verstanden zu sein, als Formelbuch oder Schemasammlung Verwendung finden könnte. Es würde sich dazu ohne vorhergegangene vollständige Durcharbeitung auch wohl nicht eignen, denn alles — auch die gewählten Konstruktionen und Rechnungsverfahren — ist rücksichtslos in erster Linie auf den Zweck zugeschnitten, vor allem volles Verständnis zu sichern. Es kann ja auch bezüglich der Konstruktionserfahrungen, der Linienführung, der jeweils einfachsten Rechnungsmethoden und dergleichen mehr auf vorzügliche Taschenbücher verwiesen werden, die sich der Leser nach erfolgreicher Absolvierung des ihm hier gebotenen Kursus mühelos dienstbar machen wird. — Eine schematisch ausgeführte Rechnung von der Bedeutung, die einer statischen Untersuchung für Leben und Eigentum der Mitmenschen fast stets innewohnt, sollte den gewissenhaften Konstrukteur beunruhigen, wie eben eine Bewußtseinslücke in der Kette des Handelns beunruhigen müßte.

Das Buch entstand 1912/13 als Grundlage für vom Verfasser erteilten Privatunterricht. Juni/Juli 1914 wurde Veröffentlichung beschlossen und Reinschrift hergestellt. Es blieb dann liegen bis 1919. Verfasser ergänzte es durch das Einzige, das auf dem vorliegenden Gebiete der Zeitfortschritt erheischte: durch einschlägige Bemerkungen über den Flugzeugbau, zu denen ihn glücklicherweise eine mehrjährige Verwendung als Werftingenieur bei einer Fliegerstation, als Lehrer für Motorkunde und Flugzeugbau an einer Fliegerschule und schließlich als Chefstatiker einer großen Flugzeugbauanstalt befähigten. Seinem Wunsche, aus seinen speziellen Manuskripten über den Flugzeugbau Ausführlicheres zu geben, glaubte der Verfasser zur Wahrung des vorbestimmten Charakters des hier vorliegenden Werkes nicht nachgeben zu dürfen, zumal das Angegebene bei verständnisvollem Gesamtstudium des Buches genügt, um selbständig in die Flugzeugstatik einzudringen und darin in besseren Stellungen verwendungsfähig zu werden.

Die Korrekturen und Beispielüberprüfungen standen unter dem Zeichen unumgänglicher anderweitiger intensiver Inanspruchnahme des Verfassers; er bittet daher nötigenfalls um Nachsicht: Berichtigungen und auch Wünsche und Ratschläge für eine etwaige Neuauflage werden stets gern entgegengenommen und gewissenhaft geprüft bzw. erwogen werden. Der Verfasser ist geneigt, das Buch im Falle einer günstigen Aufnahme noch leichter und damit noch mehr Statikfreunden der technischen Praxis zugängig zu machen durch Veröffentlichung eines unabhängigen Buches: „Theorie und Berechnung der statisch bestimmten Tragwerke."

Ich benutze zum Schlusse die Gelegenheit, dem Verlage meinen Dank für sein verständnisvolles Entgegenkommen in allen Dingen auszusprechen, besonders dafür, daß er es übernahm, das Figurenmaterial auf seine Kosten in vorzüglicher Ausführung neu zeichnen zu lassen.

Leipzig, im Januar 1921.

Der Verfasser.

Inhaltsverzeichnis.

Vorbemerkungen.

Es wird die Kenntnis der Elementarmathematik, der elementaren Festigkeitslehre und der Elemente der Mechanik, insbesondere der Statik der statisch bestimmten Systeme vorausgesetzt. An Bezeichnungen sind demgemäß ohne jedesmalige besondere Erläuterung aus dem technischen Sprachgebrauche übernommen worden:

P Einzellast,

Q verteilte Last,

M Moment,

J Trägheitsmoment,

E Elastizitätsziffer

Σ Summe

und andere. Zur Erinnerung an weniger gebräuchliche griechische Zeichen dient das am Schlusse des Buches befindliche griechische Alphabet.

Die Anwendung der Ergebnisse der nachfolgenden Darlegungen auf die Berechnung von Tragwerken aus Eisenbeton erfordert nur, an Stelle der wirklichen Querschnittsflächen und Trägheitsmomente ideelle einzusetzen, deren Bestimmung nebst zugehöriger Elastizitätsziffer in den jeweils gültigen Bauvorschriften angegeben wird.

Wir wollen einen irgendwie zusammengesetzten Körper als „unverschieblich" bezeichnen, wenn er durch jede beliebige Belastung, so lange sie nicht zerstörend wirkt, nur elastische Form- und Lageveränderungen erfahren kann. „In sich unverschieblich" nennen wir ihn dann, wenn wir die Stützung nicht mit in den Begriff einbeziehen; darüber hinaus wollen wir ihn als „starr" bezeichnen, wenn seine Formänderung im betrachteten Falle vergleichsweise verschwindend klein ist.

I. Die Theorie der statisch unbestimmten Systeme.

1. Bestimmung des Begriffes.

Enthält ein Tragwerk mehr wirksame Systemelemente, als zur Erzielung der Unverschieblichkeit des Systems erforderlich sind, so ist das Tragwerk statisch unbestimmt, d. h. die Gleichgewichtsbedingungen allein genügen nicht, um die der Belastung das Gleichgewicht haltenden Tragwerkskräfte zu bestimmen.

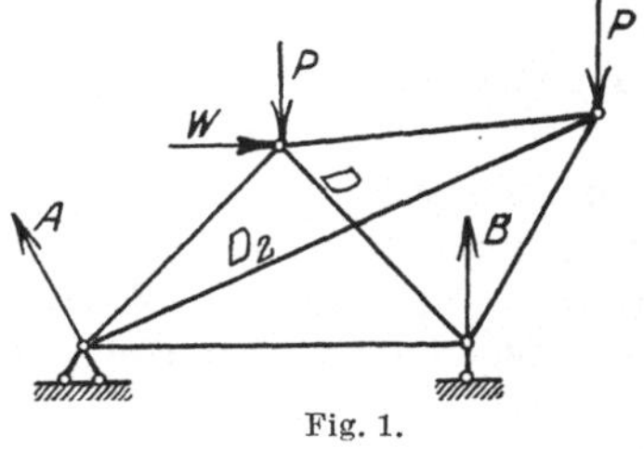

Fig. 1.

Fig. 1 zeigt ein solches Tragwerk in Gestalt einer gegliederten ebenen Scheibe: Ein gleiches System, das die beiden Diagonalstäbe nicht enthält, Fig. 2, ist verschieblich; die Systemelemente würden sich in der angedeuteten Weise gegeneinander verschieben. Zur Herstellung der Unverschieblichkeit des Systems ist jedoch nur die Einfügung einer Diagonalen erforderlich, Fig. 3.

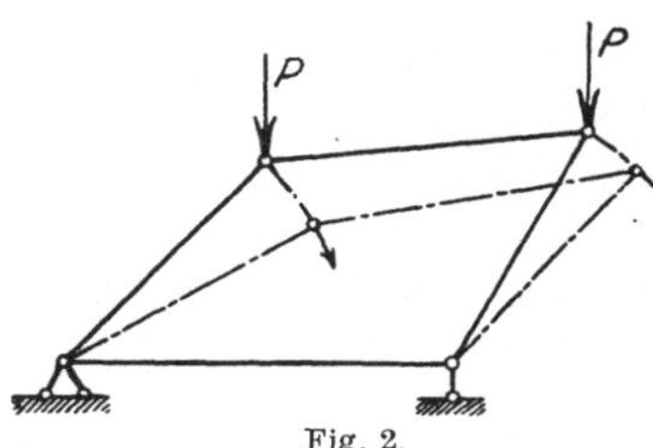

Fig. 2.

Fig. 3 läßt eine allgemeine Eigenschaft aller statisch bestimmten Systeme erkennen: Eine aus beliebigen Ursachen erfolgende Längenänderung eines Systemelementes (etwa durch Formänderung oder durch Einfügung eines kürzeren Stabes an die Stelle eines vorhandenen) hat niemals Zwangsspannungen zur Folge. An Fig. 1 kann man sich leicht das gegenteilige Verhalten der statisch unbestimmten Systeme anschaulich erläutern. Jede Stablängenänderung im Wirkungsbereiche eines überzähligen Stabes hat Zwangsspannungen zur Folge: Das statisch bestimmte, elastische Stabwerk Fig. 3 wird unter der eingezeichneten Belastung infolge der eintretenden elastischen Stablängenänderungen die Entfernung $a \div m$ um ein bestimmtes Maß vergrößern: Soll nun der Stab D_2, vgl. Fig. 1, eingesetzt werden, so muß das zwangsweise geschehen — unter Verringerung der Entfernung $a \div m$ und gleichzeitiger Verlängerung des Stabes D_2. Die Größe der Zwangsspannungen wird — natürlich unter Einhaltung der Gleichgewichtsbedingungen — offenbar von dem Verhältnis der elastischen Nachgiebigkeit der Tragwerkselemente zueinander bestimmt. Die Einfügung einer „schwachen" Diagonale D_2 wird erheblich andere System-

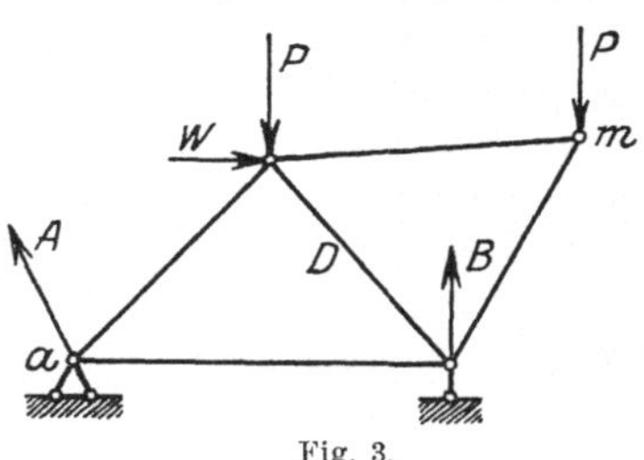

Fig. 3.

spannungen zur Folge haben, als die Einfügung einer „kräftigen". Es folgt hieraus, daß die allein zur Stabkraftermittlung nicht genügenden Gleichgewichtsbedingungen durch Formänderungsgleichungen ergänzt werden müssen, die das Verhältnis der elastischen Nachgiebigkeit der Tragwerkselemente zueinander zum Ausdruck bringen. Die elastische Nachgiebigkeit eines Tragwerkselementes wird zweckmäßig gemessen durch die Verschiebungen der Anschlußpunkte des Elementes zueinander bei Einwirkung der Einheit der Anschlußspannkräfte in der durch die Art der Einordnung in das System gegebenen Richtung. Sie ist also von der Bemessung und dem Material abhängig: es ergibt sich hieraus, daß die statisch unbestimmte Rechnung im allgemeinen die vorherige Wahl der Querschnitte oder ihres Verhältnisses zueinander verlangt.

Da die Gleichgewichtsbedingungen auch für die Untersuchung statisch unbestimmter Tragwerke von grundlegender Bedeutung sind, so wird es gut sein, dem Leser das Wesentliche darüber in Erinnerung zu bringen, um ein lückenfreies Verständnis zu sichern: Ein fester Körper befindet sich nur dann im Gleichgewicht, wenn die resultierende Kraft und das resultierende statische Moment der auf den Körper wirkenden äußeren Kräfte und Momente gleich Null sind. Ein Tragsystem befindet sich nur dann im Gleichgewicht, wenn seine Elemente sich im Gleichgewicht befinden, d. h. wenn diese Elemente feste Körper sind, für die die resultierende Kraft und das resultierende Moment gleich Null sind. Jedes Tragsystem kann selbst wieder als ein fester Körper behandelt werden, wenn es jeder Belastung — wenn auch natürlich von begrenzter Höhe, so doch beliebiger Richtung — widersteht. Ein solches Tragwerk muß aus Elementen von genügender Festigkeit so aufgebaut worden sein, daß eine Verschiebung der Elemente gegeneinander nicht möglich ist, denn nur bei einer solchen Anordnung der Systemelemente ist deren Gleichgewicht für alle Belastungsfälle gesichert, wenn nur der Nachweis erbracht wird, daß sich die äußeren Kräfte und Momente des ganzen Systems das Gleichgewicht halten. Zur Sicherung des Gleichgewichtes des ganzen Systems muß das Tragwerk als Systemelement höherer Ordnung mit der Erde zu einem neuen unverschieblichen Verbande vereinigt werden. Es geschieht dieses nach den gleichen Gesetzen, nach denen der Aufbau des Tragwerkes selbst und seiner Elemente zu erfolgen hat, wenn auch praktisch eine Sonderbezeichnung — Stützung — für die Verbindung eines Tragsystems mit der Erde üblich ist.

Wir werden bei Gelegenheit auf die Gesetze des Tragwerkaufbaues ausführlich zurückkommen.

Zum Zwecke der Berechnung pflegen wir die weitaus meisten Tragwerke in einzeln zu behandelnde ebene Scheiben aufzulösen. Auch für diese Scheiben haben natürlich die obenstehenden allgemeinen Ausführungen Gültigkeit, wenn nur die in der Scheibenebene wirksamen Kräfte und Momente betrachtet werden. Nicht in dieser Ebene wirkende Kräfte und Momente sind durch Anordnung von anderen Tragscheiben in Komponenten für die einzelnen Tragscheibenebenen zu zerlegen.

Der Nachweis, daß die Gleichgewichtsbedingungen erfüllt sind, kann zeichnerisch und rechnerisch geführt werden. Der zeichnerische Nachweis ist bekanntlich dann erbracht, wenn das aus den geometrisch durch gerade Strecken ausgedrückten Kräften gezeichnete Krafteck und das zugehörige Seileck geschlossen sind, d. h. eine Resultierende gleich Null ergeben. Der rechnerische Nachweis erfordert die Zerlegung der verschieden gerichteten Kräfte in zwei bestimmt zu wählende, an sich beliebige nicht parallele Richtungen sowie die Beziehung der Momente auf einen bestimmt zu wählenden, beliebigen Punkt. Algebraisch ausgedrückt und auf eine ebene Scheibe bezogen treten die Gleichgewichtsbedingungen in Form von drei Gleichungen auf, die, wenn man als Kraftrichtungen die lotrechte und die wagerechte wählt, lauten:

Eine ebene feste Scheibe befindet sich nur dann im Gleichgewichte, wenn:

I. die algebraische Summe der lotrechten Kräfte,
II. die algebraische Summe der wagerechten Kräfte und
III. die algebraische Summe der Momente, bezogen auf einen beliebigen Punkt der Trägerebene,

gleich Null ist.

Lassen sich bei gegebener Belastung sämtliche äußeren und inneren Kräfte eines ebenen Tragwerkes nur mit Hilfe dieser drei Gleichungen errechnen — seien diese nun algebraisch ausgedrückt (Rittersches Verfahren) oder geometrisch (Kräfteplan und Seileck) —, so handelt es sich also um ein „statisch bestimmtes" System. Können bei einer sich im Gleichgewichte befindenden Scheibe die äußeren Kräfte nicht allein durch Anwendung der genannten drei Gleichungen ermittelt werden, so liegt ein äußerlich statisch unbestimmtes System vor. Analog unterscheidet man ferner innerlich statisch unbestimmte Systeme sowie innerlich und äußerlich statisch unbestimmte Systeme. Diese Unterscheidung hat natürlich nur praktische Bedeutung: ein Wesensunterschied zwischen äußeren und inneren Kräften in ihrer Wirkung auf das Tragwerk liegt nicht vor.

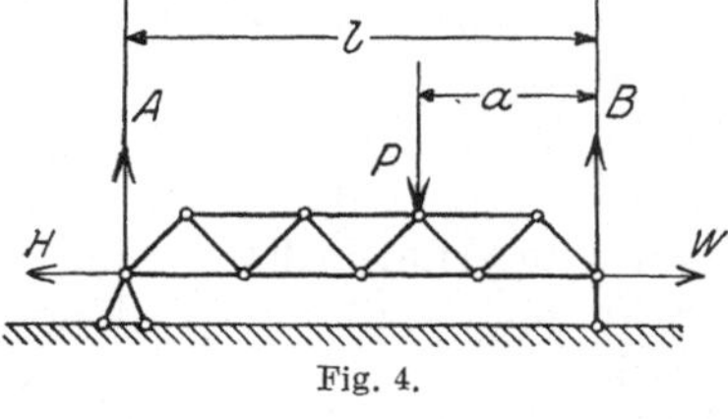

Fig. 4.

Ein Beispiel eines statisch bestimmten Trägers bietet der in Fig. 4 dargestellte typische Fachwerkträger auf zwei Stützen. Zunächst ist ohne weiteres ersichtlich, daß dieser Träger äußerlich statisch bestimmt ist; die drei Gleichgewichtsbedingungen werden zur Bestimmung der äußeren Kräfte ausreichen:

Auflagerdruck A aus

$$\text{III.} \quad -P \cdot a + A \cdot l = 0\,,$$

dann B aus

$$\text{I.} \quad +P - A - B = 0$$

oder auch aus III. und schließlich Auflagerdruck H aus

$$\text{II.} \quad +H - W = 0 .$$

Gleichfalls ist das Tragwerk innerlich statisch bestimmt. Sämtliche Stabkräfte können nach dem Ritterschen Verfahren oder mit Hilfe des Kräfteplanes ermittelt werden. Das Rittersche Verfahren entspricht unmittelbar bekanntlich der III. Gleichgewichtsbedingung, der Kräfteplan der I. und II.

Als Beispiel für ein äußerlich statisch unbestimmtes System werde der Träger auf drei Stützen, Fig. 5, untersucht. Zur Bestimmung der äußeren Kräfte stehen den vier Unbekannten A, B, C und H nur die drei Gleichgewichtsbedingungen gegenüber. Der Versuch, die Lösung nach dem Vorgange des ersten Beispieles nur mit Hilfe der drei Gleichgewichtsbedingungen durchzuführen, scheitert hieran. Es ist klar, daß eine Stütze „überzählig" ist; denkt man sich z. B. c entfernt, so ist der Träger äußerlich statisch bestimmt, Fig. 6. Bei Wiederanbringung der Stütze c wird nun die infolge Durchbiegung des Trägers unter Einwirkung der Last P inzwischen eingetretene Verschiebung des Auflagerpunktes c durch die Auflagerkraft C wieder auf Null zurückgeführt werden müssen. Der Auflagerdruck muß also so groß sein, daß die durch ihn allein ohne jede andere Belastung des Tragwerkes bewirkte Verschiebung des Punktes c entgegengesetzt gleich der Verschiebung desselben Punktes durch die Belastung P ist. Erst mit Hilfe dieser vierten Bedingung, abgeleitet aus dem elastischen Verhalten des Trägers in bezug auf die überzählige Stützung, ist die Ermittlung der äußeren Kräfte möglich. Das Tragwerk ist mithin äußerlich statisch unbestimmt.

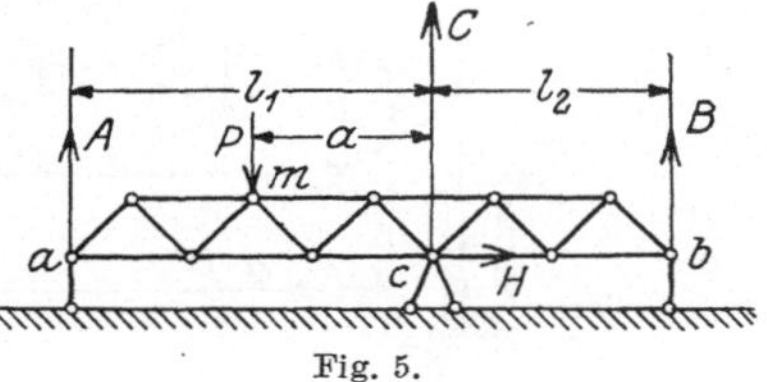

Fig. 5.

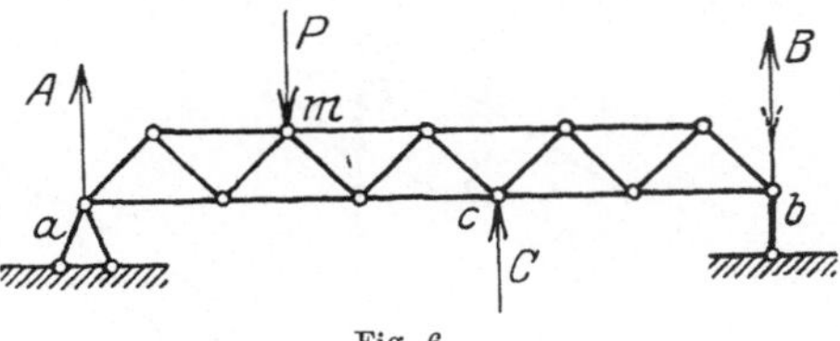

Fig. 6.

Nach Errechnung der äußeren Kräfte ergeben sich die inneren genau wie im ersten Beispiele durch Anwendung des Ritterschen Verfahrens oder durch Zeichnen des Kräfteplanes; innerlich ist das System also statisch bestimmt.

Schließlich sei als Beispiel für ein innerlich statisch unbestimmtes Tragwerk ein Fachwerkbogen mit Zugband (deutscher Bogen) vorgeführt, Fig. 7. Auf Grund des bisher Gesagten erkennen wir sofort, daß das gezeichnete Tragwerk äußerlich statisch bestimmt ist.

Bei Prüfung der Trägerscheibe selbst bemerken wir, daß sie ohne das Zugband z sowohl als unverschieblich als auch als innerlich statisch bestimmt anzusehen wäre; unverschieblich, weil sie aus unverschieblichen Stabdreiecken zusammengesetzt ist und statisch bestimmt, weil die Stabkraftermittlung, wie unmittelbar ersichtlich, ohne weiteres mit

Hilfe der drei Gleichgewichtsbedingungen ausgeführt werden kann. Das Zugband ist also überzählig und das Tragwerk somit innerlich statisch unbestimmt. Versuchen wir die Stabkräfte des in Fig. 7 dargestellten Trägers mit Zugband zu ermitteln, so sehen wir uns bei Ausarbeitung eines Kräfteplanes nach Bestimmung der Stabkräfte *1*, *2*, *3* und *4* vor die Aufgabe gestellt, für Gelenkpunkt m ein Krafteck aus den beiden bereits bekannten Stabkräften *2* und *3* sowie den drei

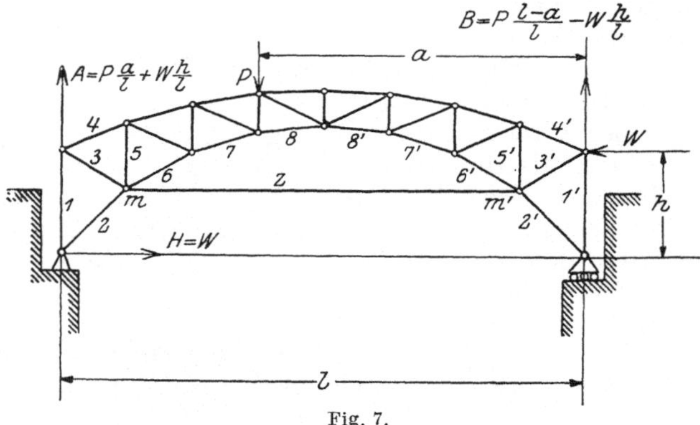

Fig. 7.

unbekannten Stabkräften *5*, *6* und Z zu zeichnen. Diese Aufgabe ist nicht bestimmt lösbar, denn es ist bekanntlich nicht möglich, eine Kraft (hier die Resultierende der bereits bekannten Kräfte *2* und *3*) in drei sich in einem Punkte schneidende Geraden (hier *5*, *6* und z)

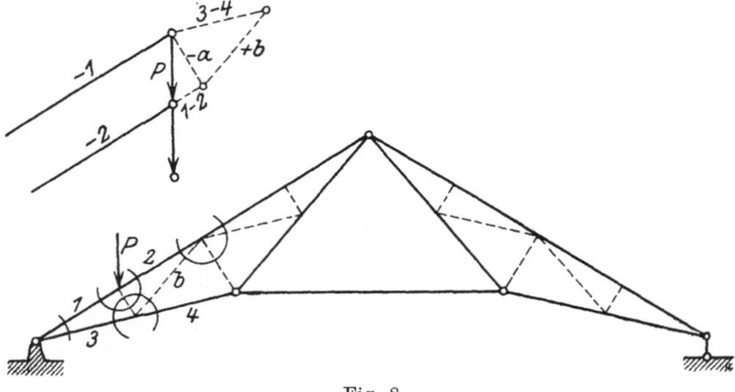

Fig. 8.

eindeutig zu zerlegen. Da hier offenbar unter den Stäben *5*, *6* und z kein Nebenstab ist (zu kurzer Erinnerung diene Fig. 8, Stäbe a und b) oder andere ähnliche Bedingungen im Rahmen der drei Gleichgewichtsbedingungen (etwa künstliche Herbeiführung einer bestimmten unveränderlichen Druck- oder Zugausübung eines Stabes) nicht gegeben sind, so muß jeder weitere Versuch, die Ermittlung sämtlicher Stabkräfte allein mit Hilfe der drei Gleichgewichtsbedingungen durchzuführen, mißlingen.

In dem vorliegenden einfachen Falle ist dieses auch unmittelbar daraus zu folgern, daß durch die Einfügung des Zugbandes z die ohne dasselbe bestehende Einflußlosigkeit der Stablängenänderungen auf die Stabkräfte aufgehoben wird: Die Verschiebung der Angriffspunkte des Zugbandes $m \div m'$ gegeneinander wird eine Dehnung des Zugbandes bewirken; die dadurch in diesem hervorgerufene Spannkraft wird wiederum von Einfluß auf die übrigen Stabkräfte sein: Die Gleichgewichtsbedingungen allein können also nicht zum Ziele führen; es wird vielmehr die elastische Abhängigkeit zwischen Zugband und dem übrigen Stabwerk, dem sog. „statisch bestimmten Hauptsystem", die je nach der Ausbildung der Stäbe hinsichtlich Material und Querschnitt verschieden sein wird, in die Rechnung einzuführen sein. Diese Abhängigkeit so zum Ausdrucke zu bringen, daß sie als Ergänzung der Gleichgewichtsbedingungen zur Ermittlung der Stabkräfte herangezogen werden kann, wird der Lehrgegenstand des II. Kapitels sein.

2. Die überzähligen Größen und das statisch bestimmte Hauptsystem. Der Grad der Unbestimmtheit.

Schon im Vorangegangenen haben wir die gebräuchlichen Bezeichnungen „überzählig" und „statisch bestimmtes Hauptsystem" angewendet, und der Leser wird dabei bereits auch ihre allgemeine Bedeutung erkannt haben: Als überzählig bezeichnet man diejenigen Stäbe (oder natürlich auch als Stäbe angeschlossene Scheiben) eines statisch unbestimmten Tragwerkes, deren Entfernung notwendig wäre, um das System in ein statisch bestimmtes zu verwandeln; ein derart verändert gedachtes System nennt man das „statisch bestimmte Hauptsystem". Die Zahl der Überzähligen nennt man den Grad der Unbestimmtheit.

Untersuchen wir in bezug hierauf die in den Beispielen des vorigen Abschnittes vorgeführten beiden statisch unbestimmten Tragwerke nebst einigen weiteren.

Bei Betrachtung des Fachwerkträgers auf drei Stützen, Fig. 5, stellten wir bereits fest, daß als überzählige Größe e i n Stützenstab zu entfernen war, um das statisch bestimmte Hauptsystem herzustellen. Das System ist mithin äußerlich e i n f a c h statisch u n b e s t i m m t. Wir können ferner aus diesem Beispiele ersehen, daß durchaus nicht ein ganz bestimmter Stab als überzählig angesehen werden muß. Es könnte hier auch der Stützenstab bei a oder der bei b als überzählig bezeichnet und zur Herstellung des statisch bestimmten Hauptsystems entfernt werden. Weiter könnte dieser Zweck durch Beseitigung eines Stabes der Tragwerksscheibe, z. B. eines Untergurtstabes bei c, erreicht werden, wodurch dann das statisch bestimmte Hauptsystem in G e r b e r - scher Kragträgeranordnung in die Erscheinung treten würde. Immer jedoch wird es sich bei diesem Tragwerke um die Entfernung jeweilig nur e i n e r überzähligen Größe handeln, entsprechend der e i n f a c h e n statischen Unbestimmtheit.

Es sei hier zur Erzielung sicheren Verständnisses des Vorangegangenen sowie auch des Folgenden daran erinnert, daß die starre und statisch bestimmte Stützung einer ebenen festen Scheibe durch **d r e i** Stäbe bewirkt werden muß, die weder parallel sind noch sich im Endlichen in nur **e i n e m** Punkte schneiden, Fig. 9 und 10: Sind nämlich die Auflagerstäbe parallel oder schneiden sie sich im Endlichen, so tritt theoretisch „unendlich kleine Beweglichkeit“ auf, die aber in Wirklichkeit wegen der dadurch hervorgerufenen theoretisch unendlich großen Spannkräfte Anlaß zu großen Deformationen und Zerstörungen geben können. Auch beim Stabwerksaufbau kann die „unendlich kleine Beweglichkeit“ auftreten. Bei parallelen Stützenstäben kann die unendlich kleine Beweglichkeit in volle Verschieblichkeit übergehen: auch bei mehr als drei Stäben, was Fig. 14 nach Entfernung des Schrägstabes unmittelbar einsehen läßt!

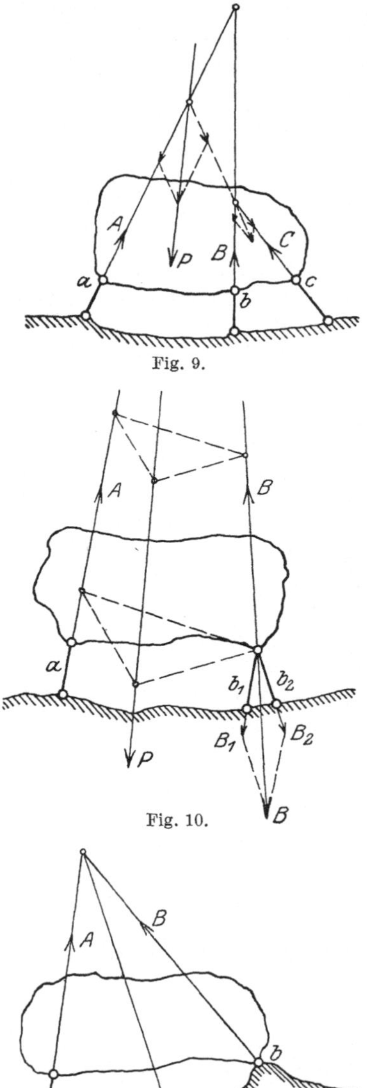

Fig. 9.

Fig. 10.

Fig. 11.

Die „festen“ Auflager (vgl. Fig. 11, Gelenk bei *b*) können als durch allmähliche Verkleinerung der beiden Stäbe der Stütze *b* in Fig. 10 auf die Länge Null entstanden gedacht werden. Da hierdurch die Eigenschaften der Stütze in bezug auf die Trägerscheibe nicht geändert werden, so sind solche festen Gelenke zur statischen Beurteilung der Stützung einer Scheibe als zweistäbig zu betrachten. Stab *a* wird als Pendelstütze bezeichnet. Pendelstützen können auch durch Gleitlager und Rollenlager ersetzt werden, die gleichfalls als einstäbige Stützung in Rechnung zu stellen sind, da sie bei Belastung durch die Trägerscheibe in bezug auf diese mit den Pendelstützen gleiches Verhalten gemeinsam haben.

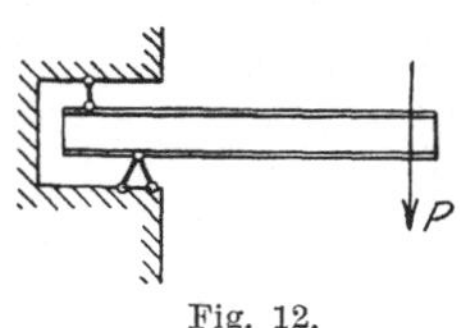

Fig. 12.

Einspannungen sind als dreistäbige Stützungen zu behandeln; zur Erläuterung diene Fig. 12. Eine Einspannung für sich allein ist eine unverschiebliche und statisch bestimmte Stützung.

Der in Fig. 13 gezeichnete „Zweigelenkbogen“ hat zwei feste Gelenke, entsprechend vier Stützenstäben, und ist mithin äußerlich einfach statisch unbestimmt. Das statisch bestimmte Hauptsystem kann durch Ersetzung eines der festen Gelenke durch ein bewegliches Lager gebildet werden oder durch Entfernung eines Systemstabes, z. B. des Stabes U_1.

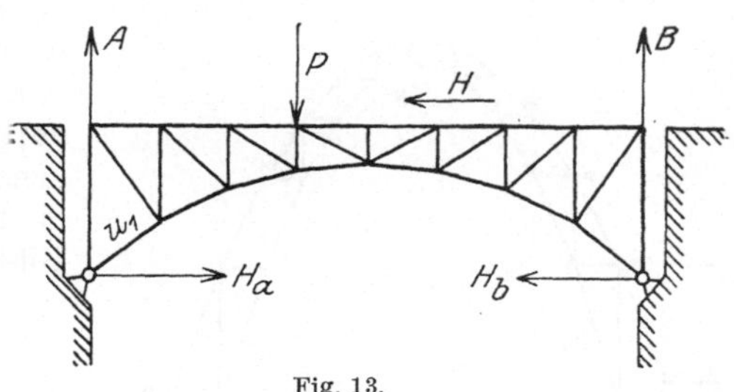

Fig. 13.

Die Bestimmung des Grades der äußeren Unbestimmtheit des in Fig. 14 gezeichneten kontinuierlichen Trägers $a \div f$ kann hiernach bereits dem Leser überlassen bleiben.

Wir wenden uns der Untersuchung des bereits im ersten Abschnitte als Beispiel für innere statische Unbestimmtheit behandelten Bogen-

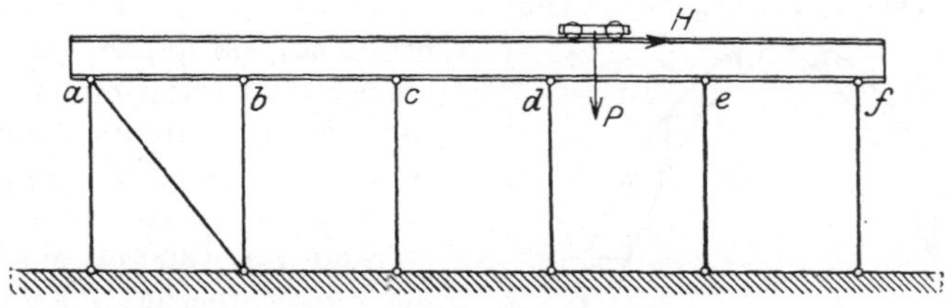

Fig. 14.

trägers mit Zugband, Fig. 7, zu. Auch dieses Tragwerk ist **einfach** statisch unbestimmt, denn es war zur Bildung des statisch bestimmten Hauptsystems nur eine überzählige Größe zu beseitigen. Im vorigen Abschnitte wählten wir das Zugband z; mit gleichem Rechte hätten wir auch einige andere Stäbe wählen können, soweit nur die Unverschieblichkeit des Systems dadurch nicht aufgehoben wird, wie das anders z. B. bei Wahl des Stabes *2* der Fall sein würde, da dieser außerhalb des Wirkungsbereiches der statischen Unbestimmtheit liegt. Es hätte jedoch etwa Stab *8* entfernt werden können: alsdann würde das statisch bestimmte Hauptsystem als Dreigelenkbogen mit Zugband zu bezeichnen sein, vgl. Fig. 15.

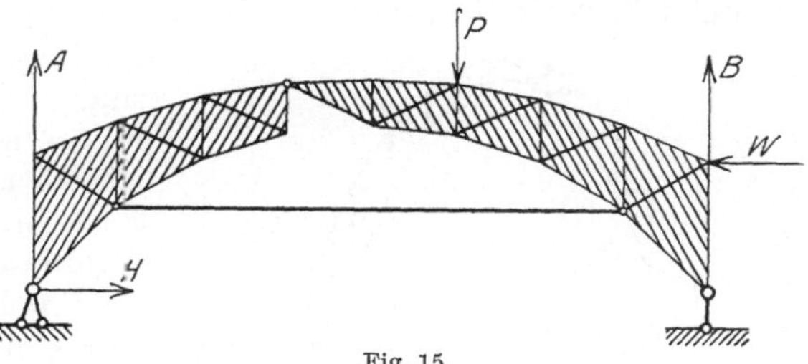

Fig. 15.

Nachdem wir nunmehr den Zweigelenkbogen und den Bogen mit Zugband behandelt haben, erkennen wir unmittelbar, daß die Kombination beider Tragwerke, nämlich der Zweigelenkbogen mit festen Gelenken und Zugband, zweifach statisch unbestimmt ist.

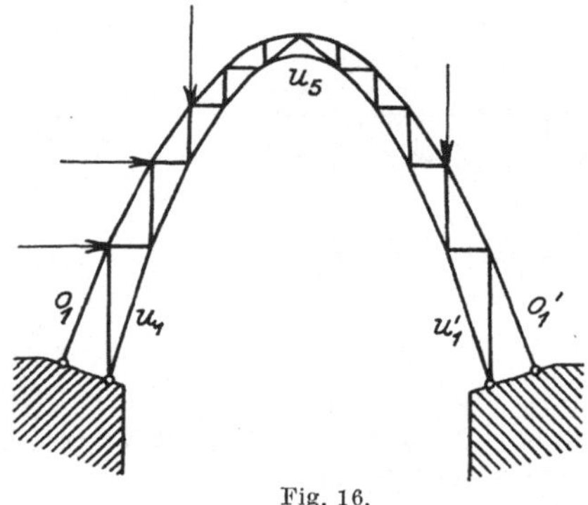

Fig. 16.

Zur weiteren Übung sei ferner noch der Grad der statischen Unbestimmtheit des in Fig. 16 dargestellten eingespannten Bogens anzugeben. Wir bemerken auch hier sogleich, daß zur Bildung eines statisch bestimmten Hauptsystems drei Stäbe als überzählig entfernt werden müßten. Die Beseitigung der Stäbe O_1, O_1' und U_5 verwandelt das Tragwerk in einen statisch bestimmten Dreigelenkbogen, Fig. 17: durch Entfernung von O_1, U_1 und U_1' entsteht ein „Träger auf zwei Stützen", Fig. 18, und so fort. Das Tragwerk ist mithin dreifach statisch unbestimmt. Zu ermitteln, ob äußere oder innere statische Unbestimmtheit vorliegt, ist hier offenbar müßig, zumal diese Begriffe nach dem Gesetze des Aufbaues von Tragwerken für theoretische Untersuchungen überhaupt keine scharfen Grenzen haben können: man kann beispielsweise Stab O_1 sowohl als Stab der Trägerscheibe als auch als Stützenstab auffassen. Die konstruktive Ausbildung des Trägers wird für die Bezeichnung also den Ausschlag geben.

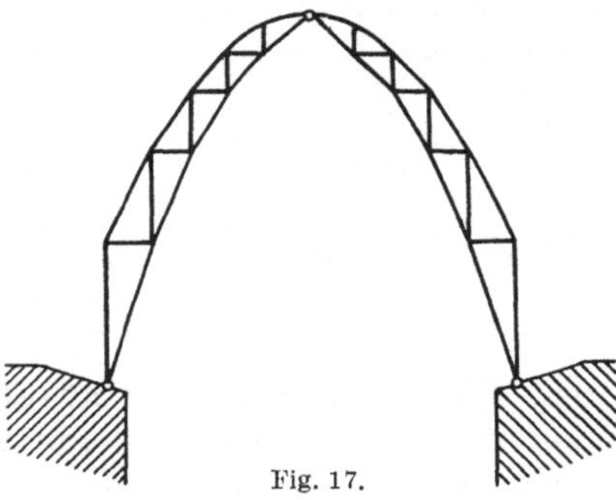

Fig. 17.

Schließlich ist hier noch zu bemerken, daß bei folgerichtiger Anwendung der gegebenen Erläuterungen jeder Vollwandträger praktisch als unendlichfach innerlich statisch unbestimmt zu bezeichnen ist: zur Ermittlung der Spannkräfte der „kleinsten Teilchen" müssen die Gleichgewichtsbedingungen durch die Elastizitätsgesetze ergänzt werden (vgl. die Ableitung der Gleichung: $M_b = k_b \cdot W$); die Zahl der Überzähligen ist unendlich groß, die Zahl der Ergänzungsgleichungen jedoch endlich infolge gewisser praktischer Zusammenfassungen. Da die Berechnung der Spannungen von Vollwandträgern bei gegebener äußerer Beanspruchung aus der Festigkeitslehre bekannt ist, so werden wir im

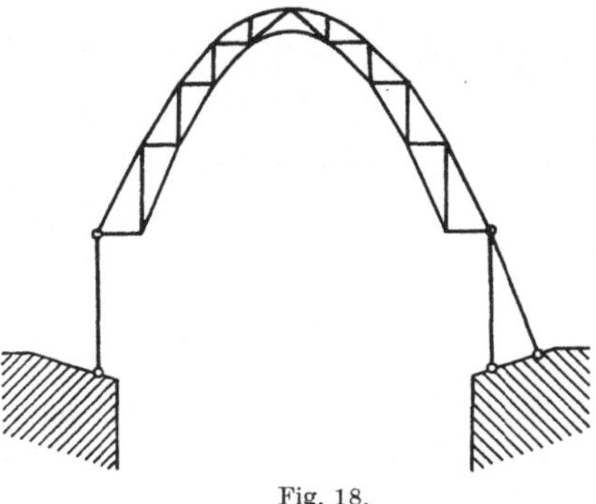

Fig. 18.

folgenden diese innere statische Unbestimmtheit der zur Untersuchung gelangenden Vollwandträger nicht erwähnen und uns nur die Ermittlung der äußeren Kräfte bzw. Momente bei statisch unbestimmter Stützung oder Armierung usw. angelegen sein lassen.

3. Verfahren zur Erkennung statisch unbestimmter ebener Tragwerke.

Aus den bisherigen Darlegungen erhellt, daß die Frage, ob und in welchem Grade ein gegebenes, in sich unverschiebliches System statisch unbestimmt ist, gleichbedeutend ist mit der Frage, ob und wieviel überzählige Stäbe vorhanden sind.

Bei den in den Beispielen behandelten Trägern ergab sich das Vorhandensein und die Zahl der überzähligen Stäbe „auf den ersten Blick" infolge klaren Hervortretens eines statisch bestimmten Hauptsystems aus der durchweg übersichtlichen Gliederung.

Aber auch bei weniger übersichtlich gegliederten Tragwerken kann man die Überzähligen leicht durch geeignete Verfolgung der Bildungsweise des Systems zur Darstellung bringen (etwa indem man die mit Gewißheit als statisch bestimmt erkannten Trägerteile schraffiert und als je eine in sich unverschiebliche Scheibe betrachtet).

Bei Untersuchung schwierigerer Fälle jedoch wird es dem noch ungeübten Anfänger erwünscht sein, durch eine aus allgemeingültigen Überlegungen hergeleitete Formel eine mechanische Nachprüfung seiner durch Zergliederung des gegebenen Systems gewonnenen Ergebnisse vornehmen zu können.

Zur Aufstellung einer solchen Formel ist es nötig, das Bildungsgesetz der in sich unverschieblichen und statisch bestimmten ebenen Tragwerke kurz in Erinnerung zu bringen. Jede Scheibe eines solchen Tragwerkes wird gebildet durch Anreihung von Stabdreiecken an ein aus drei Stäben gebildetes Grunddreieck derart, daß je zwei Stäbe, von zwei verschiedenen Knotenpunkten des Grunddreiecks oder der neugebildeten Stabdreiecke ausgehend, stets durch Verbindung ihrer freien Enden einen neuen Knotenpunkt bilden: denn nur so wird bei gleichzeitiger Unverschieblichkeit Einflußlosigkeit der Stablängenänderungen auf die Stabkräfte, das Kennzeichen der statischen Bestimmtheit, erzielt, was man sich leicht vergegenwärtigen kann. Als Grunddreieck kann natürlich jedes beliebige Stabdreieck eines Systems angesehen werden.

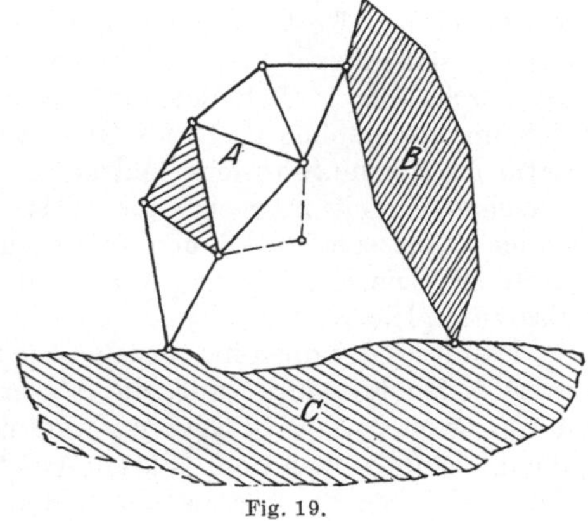

Fig. 19.

Eine solche Scheibe kann nun natürlich wieder als Stab durch zwei ihrer Gelenkpunkte mit zwei anderen Scheiben zu einem Stabdreiecke höherer Ordnung verbunden werden und so fort. Fig. 19 zeigt ein derartiges Scheibendreieck: Mit Scheibe A ist gleichzeitig ihre Bildungsweise angedeutet. Scheibe B ist mit Scheibe A zur Bildung eines sog. Dreigelenkbogens mit Scheibe C, etwa der Erde, zu einem Scheibendreieck vereinigt. Fig. 20 zeigt einen „Träger auf zwei Stützen", entstanden aus dem Tragwerke Fig. 19 durch Verkleinerung der Scheibe B auf die Abmessungen einer Pendelstütze.

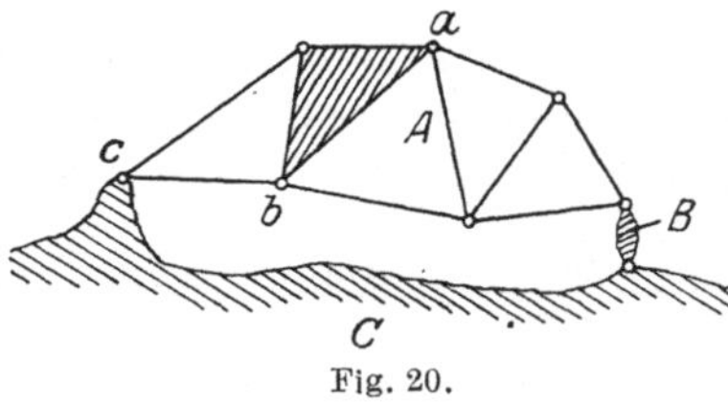

Fig. 20.

Aus diesem Bildungsgesetze läßt sich nun, was wir sogleich noch eingehend erläutern wollen, leicht erkennen, daß jedes unverschiebliche und statisch bestimmte ebene Tragwerk einschließlich der Stützenstäbe, jedoch ausschließlich der äußeren Anschlußgelenke derselben gerade doppelt soviel Stäbe als Gelenkpunkte aufweisen muß. Betrachten wir z. B. das auf Grund des Bildungsgesetzes statisch bestimmt entwickelte, im übrigen beliebig gestaltete Tragwerk Fig. 20, bestehend aus der statisch bestimmt gegliederten Scheibe A, dem „festen" Auflager C und dem „beweglichen" B. Von dem beliebigen Stabe $a \div b$ des Grunddreiecks ausgehend, bildeten je zwei neu angeschlossene Stäbe der Scheibe A einen neuen Knotenpunkt. Die Anzahl dieser Knotenpunkte steht zur Zahl der zugehörigen Stäbe somit im Verhältnis 1 : 2. Der Ausgangsstab $a \div b$ und seine beiden Gelenkpunkte sind vorläufig als Rest zu merken. Nun ist zur Herstellung eines statisch bestimmten Tragwerkes Scheibe A dreistäbig zu stützen, was bei Tragwerk Fig. 20 durch ein festes (= 2 Stäbe) und ein bewegliches Auflager (= 1 Stab) geschehen ist. Reststab $a \div b$ und Stützenstäbe ergeben die Stabzahl 4, die mit der Anzahl 2 der Restknotenpunkte (a und b) also gleichfalls das Verhältnis 1 : 2 bildet. Ist das zu stützende Tragwerk nicht in sich unverschieblich (z. B. als Dreigelenkbogen ohne Zugband), so sind natürlich die im Stabwerk fehlenden Stäbe zur Herbeiführung der Unverschieblichkeit in geeigneter Weise als Stützenstäbe hinzuzufügen. (Solche Stützenstäbe können natürlich nicht als überzählig bezeichnet werden.) Die Vergleichung von Knotenpunktszahl und Stabzahl führt also zum gleichen Verhältnis.

Damit ist der oben hervorgehobene Satz bewiesen. Tragwerk Fig. 20 weist 7 Knotenpunkte auf; da es starr und statisch bestimmt ist, so muß es von $2 \cdot 7 = 14$ Stäben zusammengesetzt sein, was der Fall ist. Das gleichfalls nach dem Bildungsgesetze aufgebaute Tragwerk Fig. 19 (Dreigelenkbogen), bestehend aus den Scheiben A (gegliedert) und B (Vollwand = 1 Stab) sowie zwei festen Lagern, besitzt 8 Knotenpunkte und 16 Stäbe.

Der Leser mag sich die Allgemeingültigkeit unseres oben erläuterten Satzes noch einmal dadurch klarmachen, daß er den Aufbau eines beliebigen starren und statisch bestimmten Tragwerkes von der Erdscheibe als Grunddreieck aus verfolgt: Fig. 21 diene als Andeutung. Jeder Stab in dieser Figur kann natürlich für sich eine gegliederte Scheibe sein.

Mit dem oben Ausgeführten ist nunmehr das mechanische Untersuchungsverfahren gegeben: Um festzustellen, ob ein gegebenes unverschiebliches Tragwerk — also ein solches, das nur aus unverschieblichen Stab- bzw. Scheibendreiecken besteht, mithin leicht zu erkennen ist — statisch unbestimmt sei, ist zu untersuchen, ob die Zahl der vorhandenen Stäbe größer ist, als die der nach der Anzahl der Knotenpunkte erforderlichen. Die Differenz der Stabzahlen ist die Anzahl der Überzähligen und damit der Grad der Unbestimmtheit.

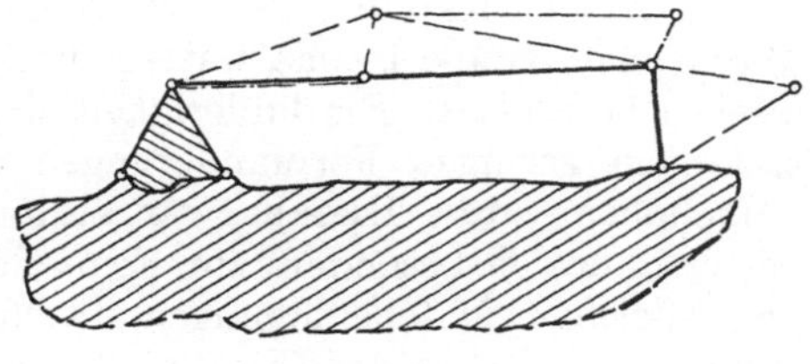

Fig. 21.

Es sei nach diesem Verfahren das unverschiebliche Tragwerk Fig. 16 zu untersuchen:

Zahl der vorhandenen Stäbe (einschl. derjenigen der 4 festen Lager) . . .	$= 49$ Stäbe
Zahl der Knotenpunkte 23; Zahl der somit erforderlichen Stäbe $2 \cdot 23$	$= 46$,,
überzählig	$= 3$ Stäbe.

Man könnte natürlich auch bereits O_1 und O_1' als Lagerstäbe ansehen!

Das Tragwerk ist mithin, was auch bereits im vorigen Abschnitte nachgewiesen wurde, dreifach statisch unbestimmt.

II. Die Berechnung der statisch unbestimmten Systeme.

Wir werden bei Aufstellung der zur Ergänzung der drei Gleichgewichtsbedingungen heranzuziehenden Formänderungsgleichungen erkennen, daß die Berechnung der statisch unbestimmten Systeme als solche im wesentlichen gleichbedeutend ist mit der Bestimmung der überzähligen Größen, d. h. der Spannkräfte der überzähligen Stäbe und somit auch der Auflagerdrücke überzähliger Stützen. Sobald diese Werte für einen gegebenen Belastungsfall errechnet sind, lassen sich die übrigen Stabkräfte bzw. Momente und Auflagerdrücke wie bei statisch bestimmten Tragwerken ohne weiteres auf Grund der Gleichgewichtsbedingungen ermitteln, indem die errechneten Überzähligen in das statisch bestimmte Hauptsystem — als äußere Kräfte angreifend — eingeführt werden.

1. Die Aufstellung von Formänderungsgleichungen.

Im vorigen Kapitel haben wir dargelegt, daß durch die Einschaltung überzähliger Stäbe in das statisch bestimmte Hauptsystem die für ein solches bestehende Einflußlosigkeit der bei Belastung notwendig auftretenden geringen Formänderungen auf die Größe der Spannkräfte aufgehoben wird. Hieraus wär alsdann zu folgern, daß zur Kräftebestimmung, insbesondere zur Ermittlung der überzähligen Größen die drei Gleichgewichtsbedingungen durch Formänderungsgleichungen zu ergänzen sind, die den Einfluß der überzähligen Stäbe in geeigneter Weise zum Ausdrucke bringen.

Um solche Gleichungen in algebraischer Form aufstellen zu können, ist es nötig, zunächst die allgemein gebräuchlichen Bezeichnungen einfacher Formänderungswerte kennen zu lernen. Die bei Belastung eines Tragwerkes auftretende Formänderung wird zweckmäßig gemessen durch die senkrechte Projektion der Wege der einzelnen Punkte des Tragwerkes, die sie bei ihrer Lageveränderung beschreiben, auf eine gegebene Kraftrichtungslinie. Man pflegt diese Strecken Punktverschiebungen zu nennen; man bezeichnet sie meist mit δ und deutet durch Anhängung zweier Zeiger an, erstens: die Verschiebung welches Punktes ausgedrückt werden soll, und zweitens: in welchem Punkte die Ursache der Verschiebung wirksam ist. Es bedeutet hiernach also

$$\delta_{am}$$

(zweckmäßig zu lesen „δ_a aus m“) die Verschiebung des Punktes a in der gegebenen Richtung $c \div c$, siehe Fig. 22, infolge einer Ursache im Punkte m. Ist dem Ausdrucke der Faktor P als Größe einer in m wirkenden Kraft angegliedert, also

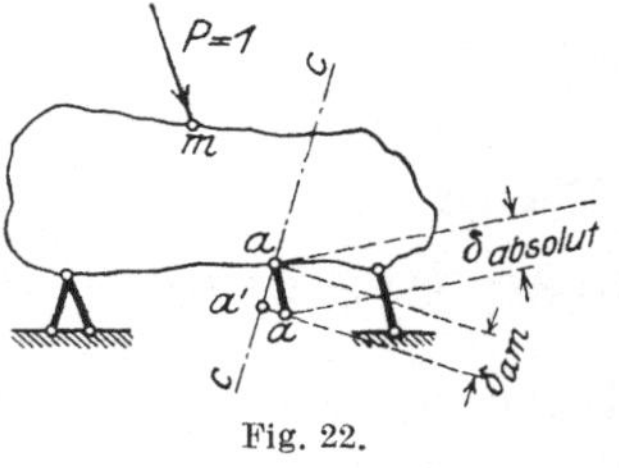

Fig. 22.

$$P \cdot \delta_{am}$$

so bezeichnet man mit δ_{am} nicht die gesamte, sondern die durch die Krafteinheit bewirkte Punktverschiebung. Voraussetzung für die Richtigkeit des letzten Ausdruckes als Verschiebung für P ist natürlich, daß die im Tragwerke auftretenden Spannungen die Proportionalitätsgrenze nicht überschreiten, und daß nur im Verhältnis zur Größe des Tragwerkes geringe Formänderungen betrachtet werden, die das System nicht merklich verändern.

Mit Hilfe dieser Bezeichnung sind wir nunmehr bereits in der Lage, z. B. die im I. Kapitel, Abschnitt 1, abgeleitete vierte Bedingung zur

Berechnung des Stützendruckes beim Träger auf drei Stützen, Fig. 5, in Form einer algebraischen Gleichung anzuschreiben:

$$P \cdot \delta_{cm} - C\,\delta_{cc} = 0\,,$$

d. h. bei unnachgiebiger Stützung in c muß die Verschiebung des Punktes c durch eine in m wirkende Kraft P gleich der Verschiebung des Punktes c durch den in c angreifenden Stützendruck C sein. Aus dieser Gleichung ergibt sich die überzählige Größe C nach Berechnung der Punktverschiebungen δ_{cc} und δ_{cm}, also der Durchbiegungsordinaten in c des nur in a und b gestützten Trägers für die einmal in c, zum anderen in m wirkende Krafteinheit, oder deren Verhältnis, denn

$$C = P\frac{\delta_{cm}}{\delta_{cc}}\,.$$

Alle übrigen Stützendrücke und Stabkräfte ergeben sich alsdann aus den Gleichgewichtsbedingungen. Ohne weiteres klar ist, daß an Stelle von C auch der Stützendruck A oder B als überzählige Größe gewählt werden konnte. Der Leser möge zur Übung die Formänderungsgleichungen hierfür aufstellen.

Die Aufgabe des folgenden Abschnittes wird es also sein müssen, die Berechnung der Elemente der Formänderungsgleichungen, also der Punktverschiebungen, zu behandeln. In einfachen Fällen (Vollwandträger mit konstantem Trägheitsmomente usw.) kann der Leser diese Werte aus den im Anhange sowie in allen Taschenbüchern aufgeführten Formeln für die Durchbiegung in einfachen Belastungsfällen bereits bestimmen, wie durch ein Zahlenbeispiel am Ende dieses Abschnittes gezeigt werden wird. Zunächst jedoch ist es nötig, die Aufstellung von Formänderungsgleichungen fortzusetzen, und zwar in allgemeingültiger Behandlung.

Die Formänderungsgleichung für den überzähligen Stützendruck des Trägers auf drei Stützen ergab sich aus der Betrachtung der Formänderung des statisch bestimmten Hauptsystems einmal unter Einwirkung der gegebenen Last P, und sodann unter Einwirkung der als äußere Kraft angreifend gedachten überzähligen Größe C, sowie aus der Erwägung, daß bei gleichzeitiger Wirkung beider Kräfte die Stützenbedingung, nämlich in diesem Falle $\Sigma\,\delta_c = 0$, erfüllt sein muß. Damit ist bereits ein Schema für die Behandlung zunächst aller einfach statisch unbestimmten Systeme gefunden worden: Herstellung des statisch bestimmten Hauptsystems durch Entfernung des überzähligen Stabes, dann Prüfung der Formänderung des Hauptsystems infolge Einwirkung der gegebenen Belastung in bezug auf die Angriffspunkte der überzähligen Größe, ferner Prüfung der Formänderung des Hauptsystems in gleicher Beziehung bei Einwirkung nur der Überzähligen (bzw. ihrer Krafteinheit) als äußere Kraft. Sodann Bildung der Formänderungsgleichung durch Aufstellung der wegen des Vorhandenseins der Überzähligen beim Zusammenfallen der beiden Formänderungen zu erfüllenden besonderen Bedingungen in algebraischer Form. Im

Beispiele des Trägers auf drei Stützen ergibt sich aus dem Vorhandensein der dritten Stütze c die Bedingung: Die Gesamtverschiebung des Punktes c muß gleich Null sein.

$$\Sigma \delta_c = 0 .$$

Darin ist $\Sigma \delta_c$ nach dem Vorangegangenen

$$\Sigma \delta_c = - P \delta_{cm} + C \delta_{cc} .$$

Ist die überzählige Größe eine Stabkraft, so stellt die Einfügung des überzähligen Stabes in das statisch bestimmte Hauptsystem die Bedingung, daß bei gleichzeitiger Einwirkung der Belastung und der Überzähligen auf das statisch bestimmte Hauptsystem die Verschiebung δ der Angriffspunkte der Überzähligen gegeneinander gleich der Längenänderung Δs des überzähligen Stabes durch die überzählige Spannkraft sein muß.

$$\Sigma \delta = \Delta s .$$

Bei statisch unbestimmter Stützung sind etwaige elastische Stützensenkungen in gleicher Weise in die Rechnung einzuführen, wobei es gleichgültig ist, ob die Senkung auf die Längenänderung eines langen Stützenstabes oder auf elastische Nachgiebigkeit des Baugrundes und ähnliche Ursachen zurückzuführen ist; natürlich muß bei der weiteren Ausarbeitung der Formänderungsgleichungen die Funktion zwischen der Auflagersenkung und dem Auflagerdrucke eingesetzt werden. Diese Funktion ist nicht immer eine geradlinige Proportion: Man denke z. B. an die Stützung durch einen Schwimmkörper (bei Montagen usw.), dessen Schnitt in der Wasserlinie veränderlichen Flächeninhaltes ist! Wird eine Senkung nur befürchtet, so ist es gut, außer einer Rechnung mit $\Sigma \delta = 0$ auch eine solche durchzuführen, in der $\Sigma \delta$ gleich der möglich erscheinenden Stützensenkung gesetzt wird.

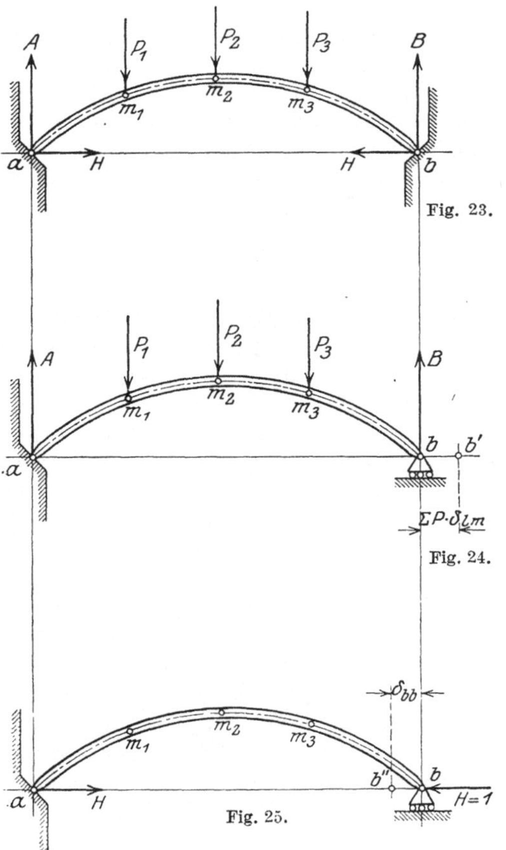

Fig. 23.

Fig. 24.

Fig. 25.

Beispiele: Der in Fig. 23 gezeichnete biegungsfeste Zweigelenkbogen ist, wie bereits im I. Kapitel dargelegt, äußerlich einfach statisch unbestimmt. Überzählig ist ein Stützenstab, wodurch das Auftreten der überzähligen Größe H bewirkt wird. — Das statisch bestimmte Hauptsystem werde hergestellt durch Entfernung eines Stützenstabes, etwa bei b; Fig. 24. Sodann ist die Größe der Verschiebung des Punktes b durch Einwirkung der Belastung P_1, P_2 und P_3 gleich

$$+P_1\,\delta_{b\,m_1}+P_2\,\delta_{b\,m_2}+P_3\,\delta_{b\,m_3}\,.$$

Ferner ist die Verschiebung des Punktes b durch die überzählige Größe H (siehe Fig. 25) gleich

$$-H\cdot\delta_{bb}\,.$$

Aus dem Vorhandensein des überzähligen Stützenstabes folgt nun die Bedingung, daß, starre Stützung vorausgesetzt, der Abstand zwischen a und b unveränderlich sein muß, d. h. die algebraische Summe aller δ_b muß gleich Null sein:

$$\Sigma\,\delta_b=0\,.$$

Daraus ergibt sich die Formänderungsgleichung

$$\Sigma\,\delta_b=+P_1\,\delta_{b\,m_1}+P_2\,\delta_{b\,m_2}+P_3\,\delta_{b\,m_3}-H\,\delta_{bb}\,,$$

oder vereinfacht geschrieben:

$$\Sigma\,P\,\delta_{b\,m}-H\,\delta_{bb}=0\,,$$

daraus endlich die Überzählige:

$$H=\frac{\Sigma\,P\,\delta_{b\,m}}{\delta_{bb}}\,.$$

Nach Bestimmung der Einzelverschiebungen des Punktes b durch die Krafteinheit in m_1, sowie in m_2, m_3 und b selbst ergibt sich also aus der obenstehenden Stützenbedingungsgleichung die Überzählige H, worauf die weitere Rechnung wie bei statisch bestimmten Systemen durchgeführt werden kann.

Die Fig. 26, 27 und 28 stellen eine Verallgemeinerung des soeben behandelten Falles dar insofern, als die Verbindungslinie $a \div b$ mit den Kraftwirkungslinien P einen beliebigen Winkel bildet und die Kraft P_3 den Kräften P_1 und P_2 nicht parallel ist. Auf diese Anordnung ist unsere allgemeingültig hergeleitete Anleitung zur Aufstellung von Formänderungsgleichungen natürlich gleichfalls in Anwendung zu bringen. Wir haben in diesem Beispiele wie auch schon in dem vorangegangenen, Fig. 23, die Gleitlinie des einstäbig gemachten Lagers b in die Richtung $a \div b$ gelegt. Es ist jedoch leicht zu vergegenwärtigen, daß es unseren Ausführungen über die Aufstellung der Formänderungsgleichung nicht wider-

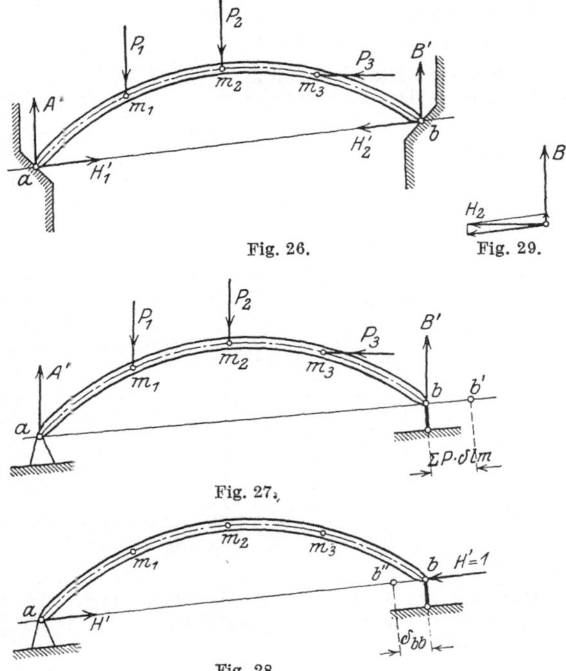

Fig. 26.

Fig. 29.

Fig. 27.

Fig. 28.

spricht, wenn eine beliebige andere Gleitrichtung gewählt wird: Das Ergebnis würde lediglich insofern von dem des von uns gewählten Vorganges verschieden sein, als eine andere Komponente der überzähligen Stützenkraft im Lager b als überzählige Größe errechnet würde (siehe Fig. 29), was natürlich für die weitere mit Hilfe der Gleichgewichtsbedingungen durchzuführende Rechnung grundsätzlich belanglos ist. — Die im Grunde beliebige Gleitrichtung ist praktisch selbstverständlich so zu wählen, daß dadurch die Rechnung möglichst kurz und übersichtlich wird.

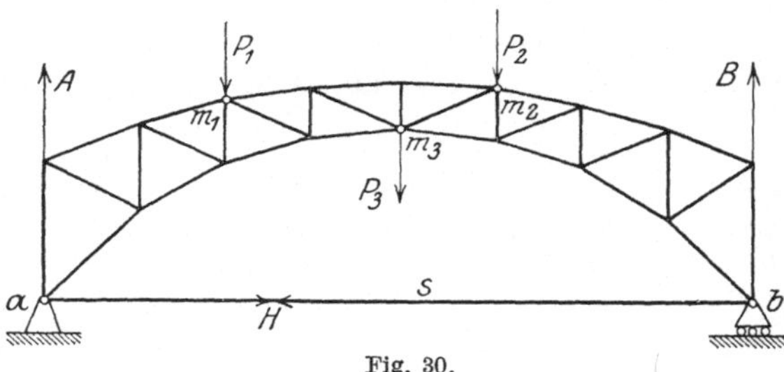

Fig. 30.

Zur weiteren Übung sei die Formänderungsgleichung für den in Fig. 30 gezeichneten, innerlich einfach statisch unbestimmten Bogenträger mit Zugband aufzustellen. — Es erscheint vorteilhaft, zur Bildung des statisch bestimmten Hauptsystems das Zugband s zu entfernen. Alsdann ergeben sich zunächst die gleichen Verschiebungswerte wie beim Zweigelenkbogen mit festen Stützengelenken:

$$\Sigma P \delta_{bm} = + P_1 \delta_{bm_1} + P_2 \delta_{bm_2} + P_3 \delta_{bm_3},$$

ferner die Verschiebung durch H:

$$- H \delta_{bb}.$$

Die Einschaltung des Zugbandes s hat nun aber, abweichend von der vorangegangenen Aufgabe, die Bedingung zur Folge, daß die Summe der Verschiebungen des Punktes b bzw. des beweglichen Lagers gleich der durch die Zugkraft H bewirkten Verlängerung des Zugbandes s sein muß. Diese Verlängerung sei für die Krafteinheit mit ϱ_s, mithin für die Kraft H mit

$$H \cdot \varrho_s$$

bezeichnet. Die Berechnung von ϱ_s wird später (auf S. 48) noch besprochen werden. — Daraus nunmehr die gesuchte Formänderungsgleichung:

$$\Sigma P \delta_{bm} - H \delta_{bb} = H \varrho_s$$

oder

$$\Sigma P \delta_{bm} = H (\delta_{bb} + \varrho_s),$$

$$H = \frac{\Sigma P \delta_{bm}}{\delta_{bb} + \varrho_s}.$$

Als nächstes Beispiel diene die Ermittlung der Formänderungsgleichung für den in Fig. 31 dargestellten, innerlich einfach statisch unbestimmten Fachwerkträger. — Zur Bildung des statisch bestimmten Hauptsystems werde der Stab $i \div i$ entfernt. Wird der derart geänderte Träger mit P belastet, so ist die alsdann eintretende Verschiebung der Punkte i gegeneinander gleich

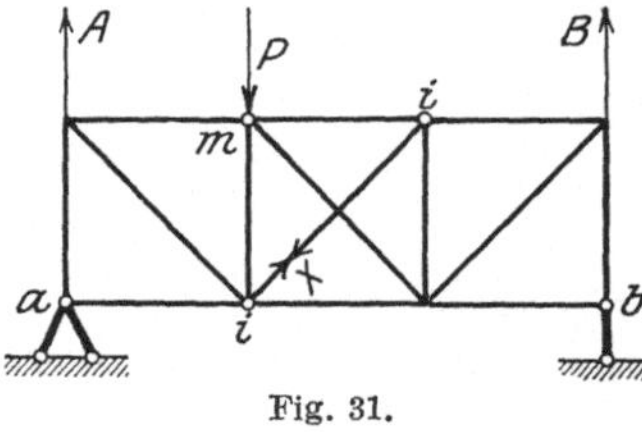

Fig. 31.

$$+ P \delta_{im},$$

dagegen bei bloßer Belastung durch die Überzählige X, die natürlich in beiden Punkten i angreift, und zwar der Richtung der durch P bewirkten Verschiebung entgegengesetzt:

$$- X \delta_{ii}.$$

Daraus, mit Rücksicht auf die Bedingung, daß die Gesamtverschiebung δ_{ii} gleich der Längenänderung des Stabes $i \div i$ durch X sein muß, die Formänderungsgleichung:

$$+ P \delta_{im} - X \delta_{ii} = + X \cdot \varrho_{i \div i}.$$

Das Vorzeichen der Längenänderung von $i \div i$ ist offenbar das der Verschiebung der Punkte i durch P, die in obenstehender Gleichung willkürlich positiv angenommen ist.

Die Auflösung der Gleichung nach der Überzähligen ergibt:

$$X = P \frac{\delta_{im}}{\delta_{ii} + \varrho_{i+i}}.$$

Die bei der Formänderung des Stabwerkes außer der Längenänderung meist auch eintretende Drehung des überzähligen Stabes sowie die Parallelverschiebung des Stabes als Ganzes ist auf die Größe der Überzähligen ohne Einfluß. Bei der Drehung erfolgt die Verschiebung senkrecht zur Kraftrichtung, hat also den Kraftfaktor Null; wird der ganze Stab parallel zu sich selbst verschoben, so heben sich die Seitenverschiebungen in der Stabrichtung für die beiden Angriffspunkte im statisch bestimmten Hauptsystem gegeneinander auf.

In fast gleicher Weise ist nun bei Behandlung der mehrfach statisch unbestimmten Systeme vorzugehen. Zur Ergänzung der drei Gleichgewichtsbedingungen werden so viele Formänderungsgleichun-

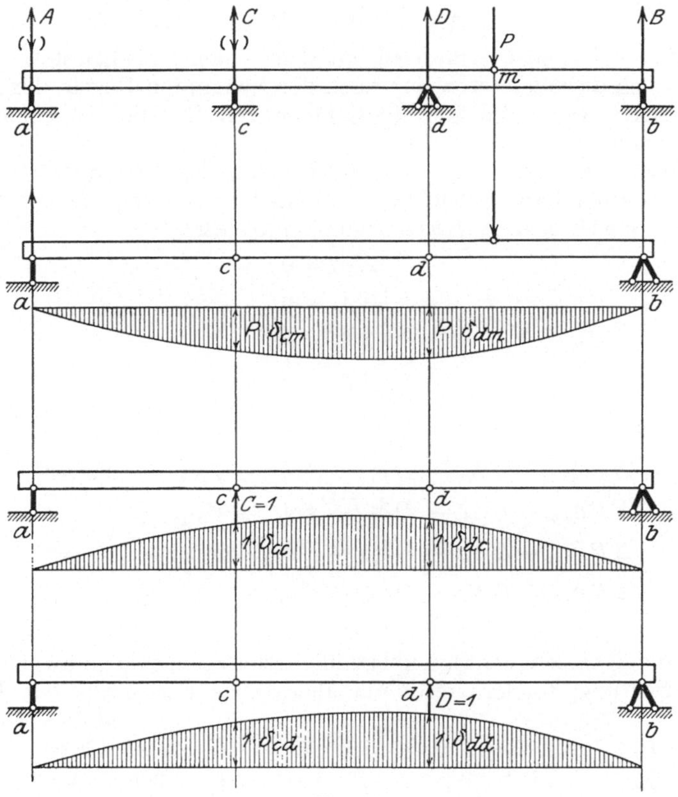

Fig. 32.

gen aufzustellen sein, als überzählige Größen vorhanden sind. Bei Betrachtung des in Fig. 32 gezeichneten Trägers auf vier Stützen, belastet durch P in m, erkennen wir sogleich, daß auch hier die Bildung des statisch bestimmten Hauptsystems, etwa durch Entfernung der Stützen c und d (das Tragwerk ist also zweifach statisch unbestimmt) und die Einführung der überzähligen Stützendrücke als äußere Kräfte zum Ziele bringen wird. Die Stützenbedingung für c lautet, starre Stützung vorausgesetzt, daß die Summe der Verschiebungen des Punktes c, also der durch P in m, durch D in d und schließlich durch C in c selbst, gleich Null sein muß:

$$\Sigma \delta_c = 0 .$$

Damit ist die erste Formänderungsgleichung bereits gegeben:

$$P \delta_{cm} - D \delta_{cd} - C \delta_{cc} = 0 .$$

Die Stützenbedingung für d lautet gleichfalls

$$\Sigma \delta_d = 0 .$$

Daraus auch die zweite Formänderungsgleichung:

$$P \delta_{dm} - C \delta_{dc} - D \delta_{dd} = 0 .$$

Aus diesen beiden Gleichungen mit den beiden Unbekannten C und D lassen sich diese letzteren nun nach den bekannten Regeln der Algebra bestimmen, wenn die Einzelverschiebungen für die Krafteinheit bekannt sind.

Ebenso kann man für Träger auf beliebig vielen Stützen die erforderlichen Formänderungsgleichungen aufstellen; es seien die überzähligen Stützen gleich c, d, e, f usw., dann muß sein:

$$\Sigma \delta_c = 0 ,$$
$$\Sigma \delta_d = 0 ,$$
$$\Sigma \delta_e = 0 ,$$
$$\Sigma \delta_f = 0 .$$
$$\cdots\cdots\cdots$$

oder:

$$\Sigma P \delta_{cm} - C \delta_{cc} - D \delta_{cd} - E \delta_{ce} - F \delta_{cf} - \ldots = 0 ,$$
$$\Sigma P \delta_{dm} - C \delta_{dc} - D \delta_{dd} - E \delta_{de} - F \delta_{df} - \ldots = 0 ,$$
$$\Sigma P \delta_{em} - C \delta_{ec} - D \delta_{ed} - E \delta_{ee} - F \delta_{ef} - \ldots = 0 ,$$
$$\Sigma P \delta_{fm} - C \delta_{fc} - D \delta_{fd} - E \delta_{fe} - F \delta_{ff} - \ldots = 0 ,$$
$$\cdots\cdots\cdots\cdots\cdots\cdots\cdots\cdots\cdots\cdots\cdots\cdots$$

Handelt es sich nicht um überzählige Stützen mit im voraus bekannter Kraftrichtung, sondern etwa um überzählige Fachwerkstäbe, Fig. 33, so sind diese Gleichungen vorerst als Summen anzuschreiben, worauf dann nicht nur, wie oben, die **Zahlenwerte** der Einzelverschiebungen, durchweg für Zug- (+) **oder**

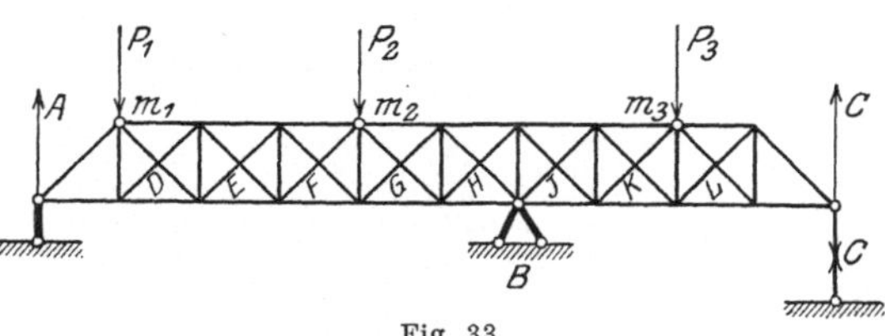

Fig. 33.

Druck-(—) Einheitskräfte berechnet, einzusetzen sind, sondern auch ihre Vorzeichen und die der gewählten Einheitskräfte; ferner ist alsdann die elastische Formänderung der überzähligen Stäbe selbst einzuführen. Diese allgemein gehaltenen Gleichungen lauten hiernach:

$$\Sigma \delta_c = C \cdot \varrho_c ,$$
$$\Sigma \delta_d = D \cdot \varrho_d ,$$
$$\Sigma \delta_e = E \cdot \varrho_e ,$$
$$\Sigma \delta_f = F \cdot \varrho_f .$$
$$\cdots\cdots\cdots$$

oder:

$$\Sigma P\, \delta_{cm} + C\, \delta_{cc} + D\, \delta_{cd} + E\, \delta_{ce} + F\, \delta_{cf} + \ldots = C\, \varrho_c ,$$
$$\Sigma P\, \delta_{dm} + C\, \delta_{dc} + D\, \delta_{dd} + E\, \delta_{de} + F\, \delta_{df} + \ldots = D\, \varrho_d ,$$
$$\Sigma P\, \delta_{em} + C\, \delta_{ec} + D\, \delta_{ed} + E\, \delta_{ee} + F\, \delta_{ef} + \ldots = E\, \varrho_e ,$$
$$\Sigma P\, \delta_{fm} + C\, \delta_{fc} + D\, \delta_{fd} + E\, \delta_{fe} + F\, \delta_{ff} + \ldots = F\, \varrho_f ,$$
$$\cdots\cdots\cdots\cdots\cdots\cdots\cdots\cdots\cdots$$

Darin ist ϱ_c bis ϱ_f usw., wie früher, gleich der Verlängerung oder Verkürzung der Stäbe c bis f usw. durch die Stabkrafteinheit, wobei es sinngemäß ist, eine Verlängerung als positiv, eine Verkürzung als negativ zu bezeichnen. Entsprechend muß alsdann sein z. B. δ_f (etwa das Glied $\Sigma P\, \delta_{fm}$) negativ, wenn es eine Annäherung der Punkte f bedeuten soll und umgekehrt positiv, wenn es eine Vergrößerung ihrer Entfernung voneinander ausdrückt. Ferner muß dann jede Senkung eines Stützenpunktes, entgegen der für die speziellen Gleichungen für den Träger auf mehreren Stützen zufällig gewählten Ausdrucksweise, mit negativem Vorzeichen angeschrieben werden, jede Hebung dagegen mit positivem, als einer Verkürzung oder Verlängerung der Stützenstäbe entsprechend.

Den Beschluß dieses Abschnittes über die Aufstellung von Formänderungsgleichungen bilde nunmehr ein Zahlenbeispiel für die Berechnung der überzähligen Größe eines Trägers auf drei Stützen, um gemäß unserem Hinweise auf Seite 15 zu zeigen, daß wir, nachdem wir in der Lage sind, die zur Ergänzung der drei Gleichgewichtsbedingungen benötigten Formänderungsgleichungen aufzustellen, unter Zuhilfenahme von Durchbiegungsformeln bereits die Berechnung von statisch unbestimmten Systemen in gewissen einfachen Fällen zu Ende führen können.

Die Formänderungsgleichung für den mit Fig. 34 gegebenen Träger $a \div c \div b$, I-Eisen N. 45, lautet nach Seite 15:

$$P\, \delta_{cm} - C\, \delta_{cc} = 0 ,$$

daraus:

$$C = P \frac{\delta_{cm}}{\delta_{cc}} ,$$

δ_{cm} ist darin die Senkung des Punktes c durch eine in m wirkende Kraft $P = 1$ t bei nur in a und b gestütztem Träger; δ_{cc} dagegen die Hebung des Punktes c durch eine Kraft 1 t in c gleichfalls bei Stützung nur in a und b. Aus den für die Durchbiegung solcher Träger aufgestellten Formeln, wie sie auch im Anhange dieses Buches zu finden sind (Seite 206), bestimmen sich diese Werte wie folgt:

$$\delta_{cm} = \frac{P}{E\, J} \cdot \frac{c_1^2\, c_2^2}{6\, l} \left(2\, \frac{x_2}{c_2} + \frac{x_2}{c_1} - \frac{x_2^3}{c_2^2\, c_1} \right).$$

Alle Einzelwerte der rechten Seite dieser Gleichung sind gegeben:

$$P = 1 \text{ t};$$
$$E = 2150 \text{ t/cm}^2 \text{ für Flußeisen};$$
$$J = 45\,888 \text{ cm}^4;$$
$$l = 1000 \text{ cm}; \qquad x_2 = 500 \text{ cm};$$
$$c_1 = 300 \text{ cm}; \qquad c_2 = 700 \text{ cm}.$$

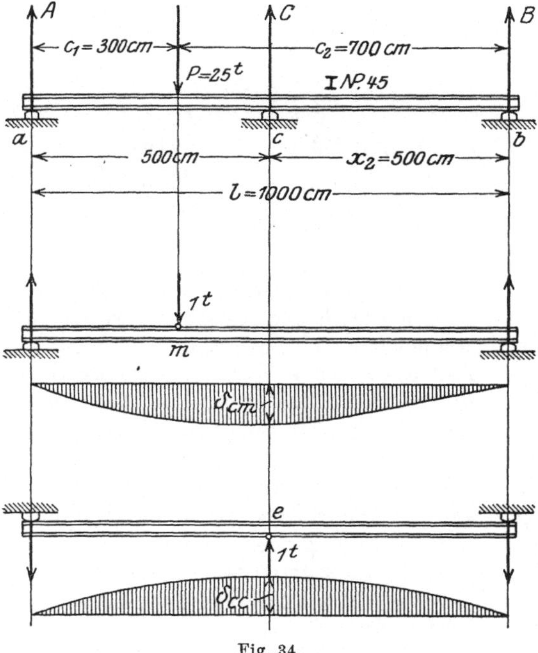

Fig. 34.

Es ergibt sich daraus:

$$\underline{\delta_{cm} = 0{,}17 \text{ cm}.}$$

Ferner ist:

$$\delta_{cc} = \frac{C}{E \cdot J} \cdot \frac{l^3}{48}.$$

Die Einzelwerte sind:

$$C = 1 \text{ t};$$
$$E = 2150 \text{ t/cm}^2;$$
$$J = 45\,888 \text{ cm}^4;$$
$$l = 1000 \text{ cm};$$

daraus:

$$\underline{\delta_{cc} = 0{,}21 \text{ cm}.}$$

Diese Durchbiegungsordinaten, in die Formänderungsgleichung eingesetzt, bestimmen die Größe des überzähligen Auflagerdruckes:

$$\underline{C} = 25\,\frac{0{,}17}{0{,}21} = \underline{20 \text{ t.}}$$

Nunmehr ergeben sich die Auflagerkräfte A und B lediglich mit Hilfe der drei Gleichgewichtsbedingungen.

$$+A \cdot 1000 - 25 \cdot 700 + 20 \cdot 500 = 0$$
$$\underline{A = 7{,}5 \text{ t},}$$
$$B = P - (A + C),$$
$$\underline{B} = 25 - (7{,}5 + 20) = \underline{-\,2{,}5 \text{ t.}}$$

Aus allen bisherigen Ausführungen erhellte, daß für die Untersuchung statisch unbestimmter Tragwerke im allgemeinen außer den Systemmaßen auch die übrigen Stababmessungen oder doch Verhältniszahlen für die Querschnitte gegeben sein müssen, da das elastische Verhalten jedes einzelnen Stabes von Einfluß auf die Kräfteverteilung ist. Im soeben behandelten Beispiel hätte jedoch für E und J jede beliebige Zahl, also auch Eins gesetzt werden können, ohne das Endergebnis zu ändern.

Es sei also kurz darauf hingewiesen, daß in manchen einfachen Fällen von gewisser Regelmäßigkeit eine überzählige Größe auch scheinbar nur als Funktion der Belastung und der Stützweiten oder auch nur der Belastung mit Hilfe der Formänderungsgleichung und aus Taschenbüchern bekannten Durchbiegungsformeln in einfacher Weise hergeleitet werden kann: Der Träger von konstantem

Trägheitsmomente J Fig. 35 ist an dem einen Ende eingespannt, an dem anderen mittels beweglichen Lagers gestützt; die Stützung ist also vierstäbig und der Träger somit einfach statisch unbestimmt. Entfernen wir als überzähligen Stab die Stütze a, so ergibt sich als statisch bestimmtes Hauptsystem ein in b eingespannter Freiträger, zunächst nur gleichmäßig verteilt belastet mit

$Q = q \cdot l = \Sigma q \cdot \Delta l$.

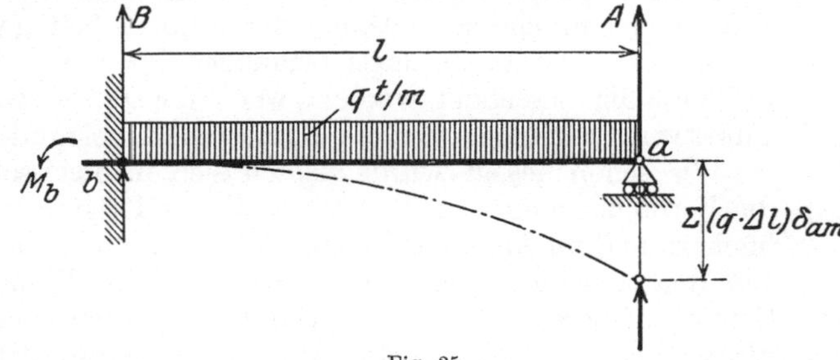

Fig. 35.

[Der Ausdruck $\Sigma q \cdot \Delta l$ deutet an, daß man sich die Last Q praktisch als aus vielen kleinen, jedoch endlichen Einzellasten $(q \cdot \Delta l)$ zusammengesetzt vorstellen kann.] — Senkung des Punktes a, wie bekannt:

$$\Sigma (q_m \cdot \Delta l) \cdot \delta_{am} = \frac{Q}{EJ} \cdot \frac{l^3}{8}.$$

Das statisch bestimmte Hauptsystem wird nun weiter belastet durch eine Kraft A im Punkte a; Hebung des Punktes a durch die Einheit dieser Kraft, wie gleichfalls bekannt:

$$\delta_{aa} = \frac{1}{E \cdot J} \cdot \frac{l^3}{3}.$$

Die überzählige, in Richtung der Überzähligen unnachgiebige Stützung in a stellt nun aber die Bedingung:

$$\Sigma \delta_a = 0;$$

daraus die Formänderungsgleichung:

$$\frac{Q}{EJ} \cdot \frac{l^3}{8} - \frac{A}{EJ} \cdot \frac{l^3}{3} = 0$$

und durch Auflösung dieser Gleichung nach der Überzähligen:

$$\underline{A} = \frac{3}{8} Q = \underline{\frac{3}{8} q l}.$$

Die Unabhängigkeit der Überzähligen von Verhältniswerten, die den Einfluß von Material und Querschnitt beschreiben, ist bei tieferer Betrachtung als scheinbar zu bezeichnen, da ja die Abhängigkeit der Formel eben in der Bedingung besteht: $E = \text{const.}$, $J = \text{const.}$

Man sieht jedoch, daß es sich zwecks Vereinfachung der Rechnung empfiehlt, die analytische Entwicklung nicht vor Erschöpfung aller naheliegenden Vereinfachungen durch die Zahlenrechnung abzulösen.

2. Die Berechnung der Elemente der Formänderungsgleichungen (Punktverschiebungen).

Der vorangegangene Abschnitt setzt uns in die Lage, Gleichungen aufzustellen, welche die Beziehung zwischen der Formänderung des statisch bestimmten Hauptsystems in bezug auf die Angriffspunkte der überzähligen Tragwerksstäbe durch Einwirkung der Spannkräfte der letzteren und der gegebenen Lasten einerseits und der Formänderung der überzähligen Stäbe und Stützen selbst andererseits zum Ausdrucke bringen. Die Überzähligen treten in diesen Gleichungen als die einzigen „Unbekannten“ auf, wenn die äußere Beanspruchung sowie Bemessung, Material usw. des Tragwerkes und damit seine Formänderungen infolge Einwirkung der Krafteinheit gegeben sind.

Aus den Formänderungsgleichungen können die Überzähligen also zahlenmäßig berechnet werden, wenn die Zahlenwerte der benötigten Punktverschiebungen für die Krafteinheit bekannt sind.

Wie schon gesagt wurde, lassen sich in gewissen einfachen Fällen die Formänderungen, z. B. von gewalzten Trägern, aus den in Taschenbüchern und im Anhange dieses Buches aufgeführten Formeln ermitteln. Bei den meisten Aufgaben jedoch muß die Punktverschiebung von Grund auf berechnet werden. Die im folgenden behandelten Verfahren hierzu sind bei der Untersuchung von Vollwandträgern: die zeichnerische Darstellung und die Berechnung der elastischen Linie; bei Fachwerkträgern: die Biegungslinie, der Verschiebungsplan und die Mohrschen Arbeitsgleichungen.

Für alle Tragwerke ergibt sich eine wesentliche Vereinfachung der Berechnung von Punktverschiebungen durch Anwendung des Satzes von der Gegenseitigkeit der Verschiebungen, auch Maxwellscher Lehrsatz genannt.

a) Die elastische Linie.

Man nennt die krumme Linie, als die sich die Schwerachse eines geraden Vollwandträgers bei Biegungsbeanspruchung darstellt, elastische Linie. Mit ihrer Hilfe kann man die Größe der Punktverschiebungen ermitteln, die in den Formänderungsgleichungen zur Berechnung der Überzähligen statisch unbestimmter Vollwandträger als Elemente der Gleichung auftreten.

Die Berechnung der Durchbiegung mittels Gleichungen der elastischen Linie ist dann vorteilhaft, wenn es sich um einfache Belastungsfälle und Träger mit unveränderlichem Trägheitsmomente handelt. Die Ableitung der Gleichungen der elastischen Linie stützt sich auf die im folgenden entwickelten allgemeineren Überlegungen. Als Einleitung zur Tabelle der wichtigsten dieser Gleichungen im Anhange ist diese Sonderanwendung der folgenden Darlegungen durch Beispiele erläutert worden.

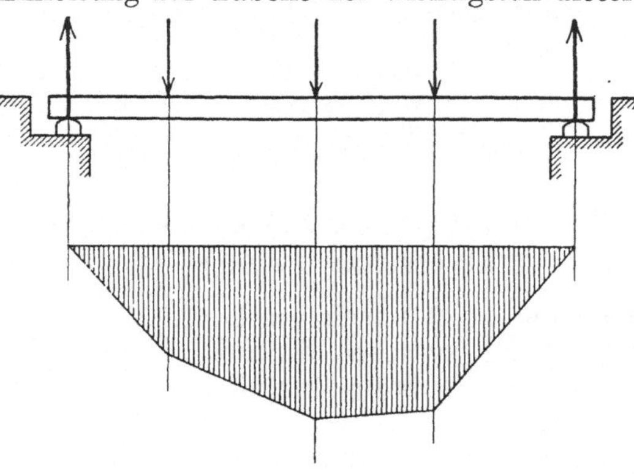

Fig. 36.

Bei allen Aufgaben jedoch, in denen es sich um Vollwandträger mit veränderlichem Trägheitsmomente (Lamellenabstufung etwa) sowie solche mit unregelmäßiger Belastung handelt, ist die zeichnerische Darstellung wegen ihrer Einfachheit und Übersichtlichkeit bei hinreichender Genauigkeit vorzuziehen. Im folgenden sei daher die zeichnerische Darstellung der elastischen Linie ausführlich behandelt.

Zur Aufstellung eines Verfahrens für die zeichnerische Darstellung der elastischen Linie eines beliebigen, unter der Einwirkung gegebener Biegungsmomente stehenden ebenen geraden Vollwandträgers liegt es nahe, zunächst einmal das Verhalten der Trägerelemente zu untersuchen. Wir denken uns den Träger Fig. 36 durch nahezu unendlich

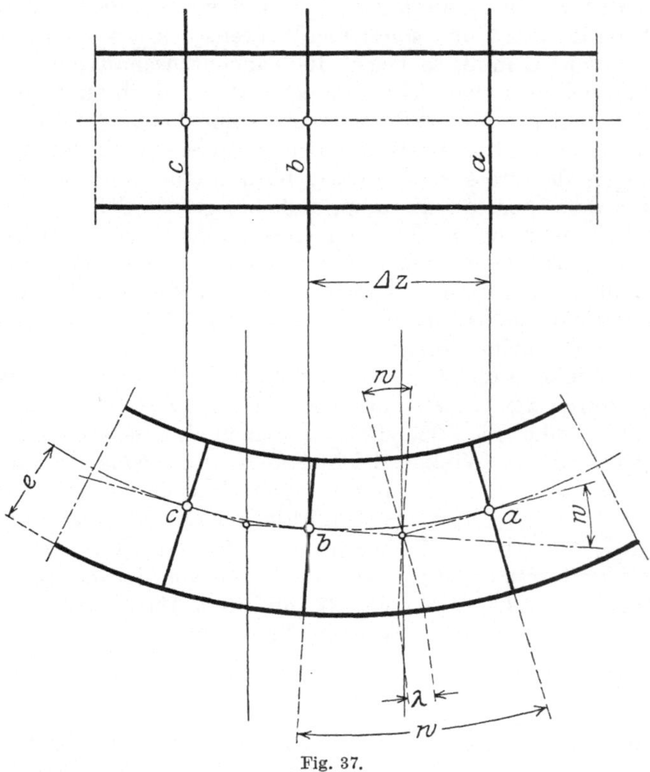

Fig. 37.

viele Querschnitte senkrecht zur Schwerlinie eingeteilt; diese Querschnitte, die ursprünglich in parallelen Ebenen liegen, nehmen bei Einwirkung der in Fig. 37 durch die Momentenlinie gegebenen Momente eine zueinander geneigte Lage an, vgl. die Querschnitte a und b in Fig. 37. Die ursprünglich gerade Schwerlinie $a \div b \div c$ nimmt die Gestalt einer Kurve an. Die in den Schwerpunkten der Querschnitte auf diesen errichteten Senkrechten sind die Tangenten der elastischen Linie; bei Betrachtung unendlich vieler Querschnitte geht das durch diese Tangenten gebildete Umhüllungsvieleck in die elastische Linie selbst über. Zur praktischen Ausführung unserer Aufgabe werden nun diese Umhüllungstangenten für Bogenelemente von endlicher, im Verhältnis zur Trägerlänge jedoch geringer Größe zu zeichnen sein, um ein genügend genaues Bild der elastischen Linie zu erhalten. Es handelt sich also darum, zu ermitteln, wie die Umhüllungstangenten zusammenhängend konstruiert werden können. Als geometrischer Ort dieser Tangenten sind vor allem unmittelbar gegeben die Senkrechten zur ursprünglichen Schwerlinie, die durch die Schnittpunkte zweier benachbarter Tangenten gehen: denn da für den vorläufig nahezu unendlich klein gewählten Abstand der beiden Querschnitte a und b voneinander das wirkende Moment als konstant und somit das Kurvenstück $a \div b$ als Kreisbogen angesehen werden muß, so liegen die Tangentenschnittpunkte auf der Mittellinie zwischen den Schwerpunkten der gedachten Querschnitte. Dieses gilt nicht nur für die Schwerpunkte und Tangentenschnittpunkte des unter dem Einflusse des Momentes gebogenen Balkens, sondern auch, wegen des stets sehr großen Krümmungshalbmessers, für die Projektion derselben auf die ursprüngliche, gerade Schwerachse.

Es fehlen jetzt noch die Unterschiede zwischen den Winkeln, die zwei benachbarte Tangenten mit der geraden Schwerlinie bilden, um den Verlauf der elastischen Linie festlegen zu können. Die Größe der Tangentenwinkel selbst kann, was aus dem Folgenden hervorgehen wird, außer Betracht bleiben.

Dieser Winkelunterschied habe zwischen den beiden Querschnittsnormalen durch die Schwerpunkte a und b die Größe w, gemessen im Bogenmaße, siehe Fig. 38. Da die Schenkel aufeinander senkrecht stehen, so ist dieser Winkel gleich dem Neigungswinkel zwischen den beiden Querschnitten a und b; er ergibt sich mithin aus der Verlängerung λ einer der beiden äußersten Fasern des Trägerelementes $a \div b$ von der Länge Δz, siehe Fig. 37, und dem Abstande e dieser Faser von der Schwerlinie zu

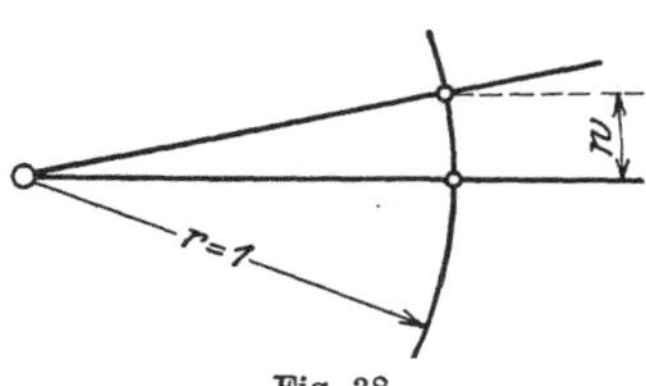

Fig. 38.

$$\frac{w}{1} = \frac{\lambda}{e} \quad \text{. . . . . . .} \quad (1)$$

Bei der stets verschwindend geringen Größe des Winkels w ist natürlich die Auffassung der Längenänderung λ als Bogen des Winkels w ohne weiteres zulässig.

Nun ist nach dem Hookeschen Gesetze:

$$\frac{\lambda}{\Delta z} = \frac{\sigma}{E};$$

darin ist die Biegungsspannung der äußersten Faser, wie bekannt:

$$\sigma = \frac{M \cdot e}{J},$$

somit

$$\lambda = \frac{M \cdot e \cdot \Delta z}{J \cdot E}.$$

Dieses eingesetzt in die Gleichung (1) für w:

$$w = \frac{M \cdot e \cdot \varDelta z}{J \cdot E \cdot e},$$

daraus:

$$w = \frac{M}{J \cdot E} \cdot \varDelta z \qquad \text{. . . . . (2)}$$

Damit ist also der Winkelunterschied der Tangenten bekannt. Tragen wir nunmehr diese Winkel von einem Scheitelpunkte der Reihenfolge nach nebeneinander auf, wie in Fig. 39 dargestellt, und ziehen wir dann zu jedem Winkelschenkel zwischen den entsprechenden durch $\frac{\varDelta z}{2}$ gezogenen Senkrechten Parallelen, die sich auf diesen Senkrechten

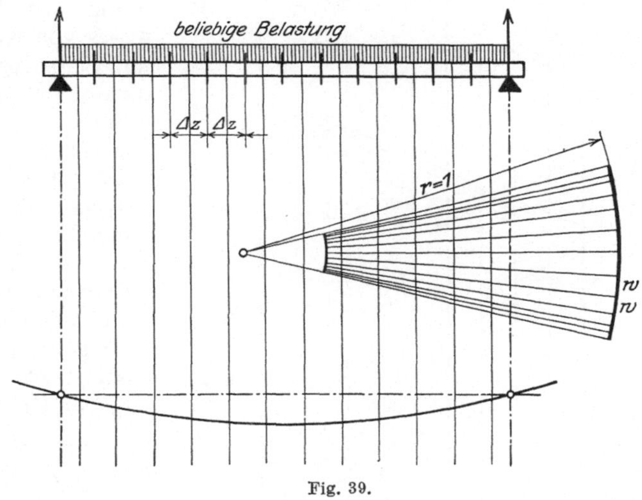

Fig. 39.

schneiden, so ist damit das Umhüllungsvieleck gezeichnet worden. Der w-Sektor ist hierbei so zu legen, daß die gegenseitige Höhenlage der Auflagerpunkte der elastischen Linie die gleiche ist, wie für die ursprünglich ungebogene Schwerlinie. (Aus dem Folgenden werden wir ersehen, daß sich diese Beachtung der Höhenlage der Auflagerpunkte bei der praktischen Lösung unserer Aufgabe erübrigt.)

Sollen die Ordinaten der elastischen Linie in einem bestimmten Verhältnisse vergrößert dargestellt werden, so sind die w-Bögen des Sektors, die wegen ihrer außerordentlich geringen Größe im Verhältnis zu ihrem Radius als auf einer Geraden senkrecht zur ursprünglichen Schwerlinie des Trägers liegend angesehen werden können, auf dieser Geraden vergrößert abzutragen, Fig. 40. Genau genommen ist diese gerade Strecke der am wenigsten gewölbte Teil einer sehr langgestreckten Ellipse, entstanden durch Verzerrung der ursprünglichen Winkelkreisbögen, siehe Fig. 39, in Richtung der zu vergrößernden Ordinaten der elastischen Linie.

Das nun nach diesen vergrößerten Winkeln w gezeichnete Umhüllungsvieleck wird natürlich die Durchbiegungsordinaten senkrecht zur ursprünglichen Schwerlinie im gleichen Maßstabe vergrößert auf den Teilsenkrechten abschneiden. Wir werden den so gewonnenen gebrochenen Linienzug im folgenden meist „Biegungslinie“ nennen, um sie von der wahren elastischen Linie zu unterscheiden, die eine stetige Krümmungsänderung aufweist und die streng genommen die Verschiebungskomponenten eines Querschnittsschwerpunktes in **jeder** Richtung angeben soll.

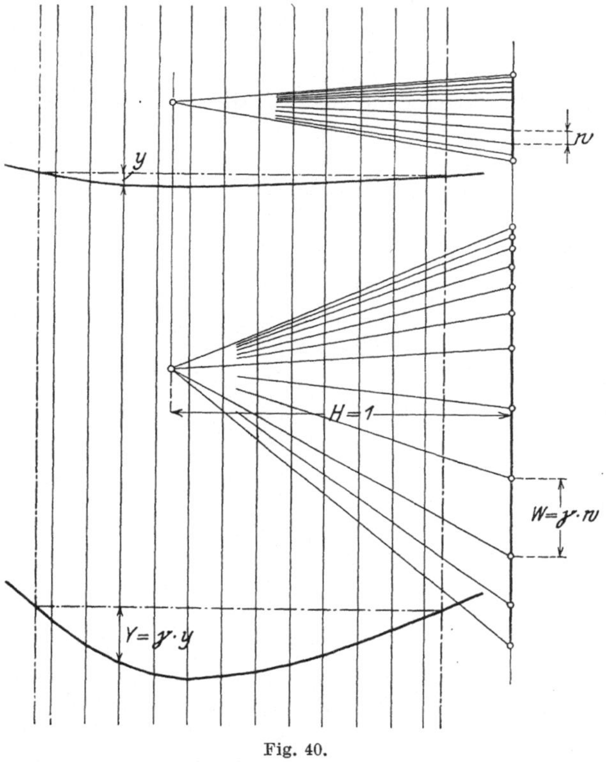

Fig. 40.

Der Leser hat nun sicher bereits die völlige Übereinstimmung des Verhältnisses von Kräftezug und Seilpolygon (Momentenlinie) mit dem unseres w-Zuges und des darnach gezeichneten Umhüllungspolygons der elastischen Linie erkannt. Auf Grund dieser Übereinstimmung kann man also die w-Bögen gewissermaßen als Lasten von der Größe

$$w = \frac{M}{J \cdot E} \cdot \Delta z \quad . \quad . \quad (2)$$

auffassen, deren Seilpolygon das Umhüllungsvieleck der elastischen Linie ist. Sind nun die Δz, also die willkürlich gewählten Abstände der Teilsenkrechten des Trägers, unendlich klein, wie ja auch bisher noch immer in unbegrenzter Annäherung angenommen, so gleicht die Summe aller w einer gleichförmig verteilten Last, deren Größe pro Längeneinheit sich für jeden Querschnitt des Trägers zu

$$\omega = \frac{M}{J \cdot E}$$

berechnet. Bei zeichnerischer Darstellung dieser fingierten Belastung sind also die Werte $\frac{M}{J \cdot E}$ die Ordinaten der Belastungfläche, siehe Fig. 45.

Hiermit ist nunmehr das gesuchte Verfahren zur zeichnerischen Darstellung der elastischen Linie eines geraden Vollwandträgers gegeben:

Für den beliebigen Träger Fig. 41 seien Momentenfläche, J-Fläche und E-Fläche gezeichnet. Zur Darstellung der elastischen Linie zeichnen wir alsdann die

$$\frac{M}{J \cdot E}\text{-Fläche},$$

die Fläche der fingierten Belastung, die wir aus praktischen Gründen durch nur etwa 10 bis 20 Teilsenkrechte zerlegen, und berechnen für jeden Belastungsstreifen von der Größe Δz die fingierte Einzellast

$$w = \frac{M}{J \cdot E} \cdot \Delta z, \quad . \quad . \quad . \quad (2)$$

die wir im Schwerpunkte der Teilbelastungsfläche angreifend denken. Das Vorzeichen dieser Lasten w ist das der Momente M; eine Umkehrung der Momente hat also eine Umkehrung der Richtung der fingierten Lasten zur Folge. Bei Trägern mit konstantem Trägheitsmomente J und konstanter Elastizitätsziffer E kann die Momentenfläche unmittelbar als Bild der fingierten gleichmäßig verteilten w-Last angesehen werden. In dem Ausdrucke für die Einzellast w ist $M \cdot \Delta z$ alsdann der Flächeninhalt des Streifens der Momentenfläche (Trapez).

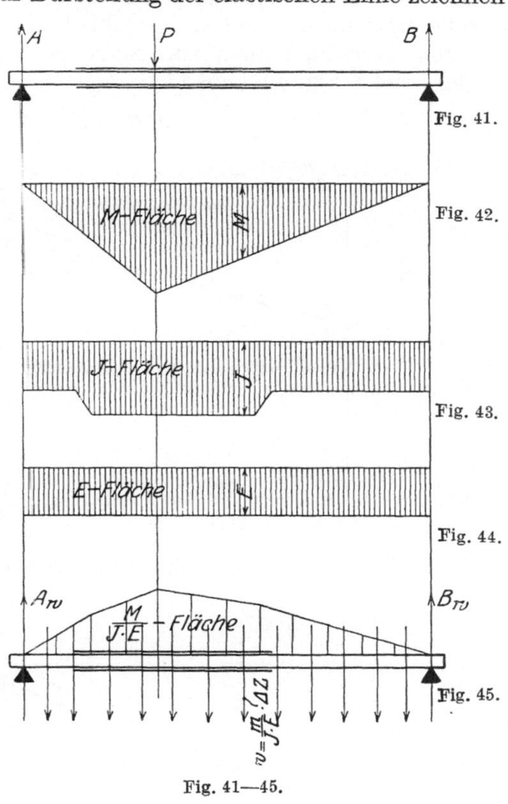

Fig. 41—45.

Es verbleibt uns dann nur noch das Zeichnen von Kräfte und Seilzug; mit dem letzteren ist dann die elastische Linie auch bei Wahl nur weniger Einzelkräfte w meist hinreichend genau dargestellt.

Wollten wir nun die sich aus dem Ausdrucke (2) für w ergebenden Werte unmittelbar zur Aufzeichnung des w-Zuges nebst Polstrahlen verwenden, so müßte in Hinblick auf die Ableitung dieses Ausdruckes (nämlich für die wahre Größe der Biegungswinkel) die Trägerlänge sowie die Basis der $\frac{M}{J \cdot E}$-Fläche (bzw. Momentenfläche) und also auch die Abstände der Teilsenkrechten in natürlicher Größe aufgezeichnet werden; die Punktverschiebungen der Trägerschwerlinie würden alsdann gleichfalls in natürlicher Größe erscheinen. Die Darstellung des Trägerschemas im Maßstabe 1 : 1 ist für die praktische Lösung unserer Aufgaben natürlich nicht angängig; der Träger ist vielmehr in dem verkleinernden Maßstabe 1 : α zu zeichnen, und dementsprechend sind, damit die Durchbiegungsordinaten sich doch wieder in natürlicher Größe ergeben, die nach (2) errechneten Werte für w mit α multipliziert zum w-Züge aneinander zu reihen. (Zur bequemen Vergegenwärtigung siehe Fig. 46 und 47.).

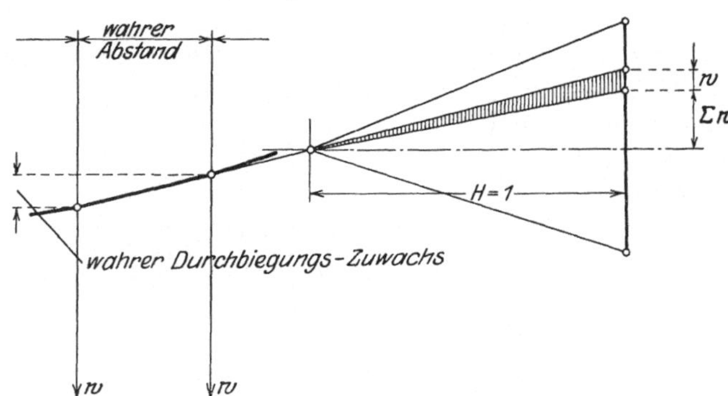

Fig. 46.

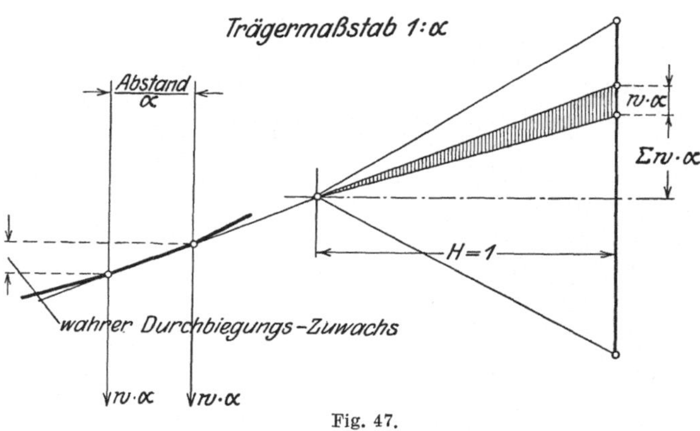

Fig. 47.

Aus der Ableitung des Ausdruckes für die fingierten Einzellasten w ergibt sich ferner, daß die w-Werte Zahlen ohne Dimensionsbezeichnung sind, die also mit der Maßeinheit aufgetragen werden müssen, die für die Polweite 1 gewählt wurde. Das würde praktisch 1 cm sein. Die sich damit ergebende Polstrahlenfigur dürfte jedoch meist für eine genügend genaue Darstellung der elastischen Linie zu klein sein. Es ist daher die ganze Figur im Maßstabe β : 1 vergrößert aufzuzeichnen; außer der Polweite müssen daher auch die sich aus dem Ausdrucke (2) für w ergebenden Werte mit dem weiteren Faktor β multipliziert werden. Durch eine solche Vergrößerung der Polstrahlenfigur bleibt natürlich der Seilzug unverändert.

Bei mutmaßlich nur geringer Durchbiegung des Trägers ist es nun schließlich noch erforderlich, eine vergrößerte Darstellung der Durchbiegungsordinaten zu bewirken. Wie unmittelbar einzusehen, ist es hierzu nur nötig, die Werte w mit einem dritten Faktor γ zu multiplizieren;

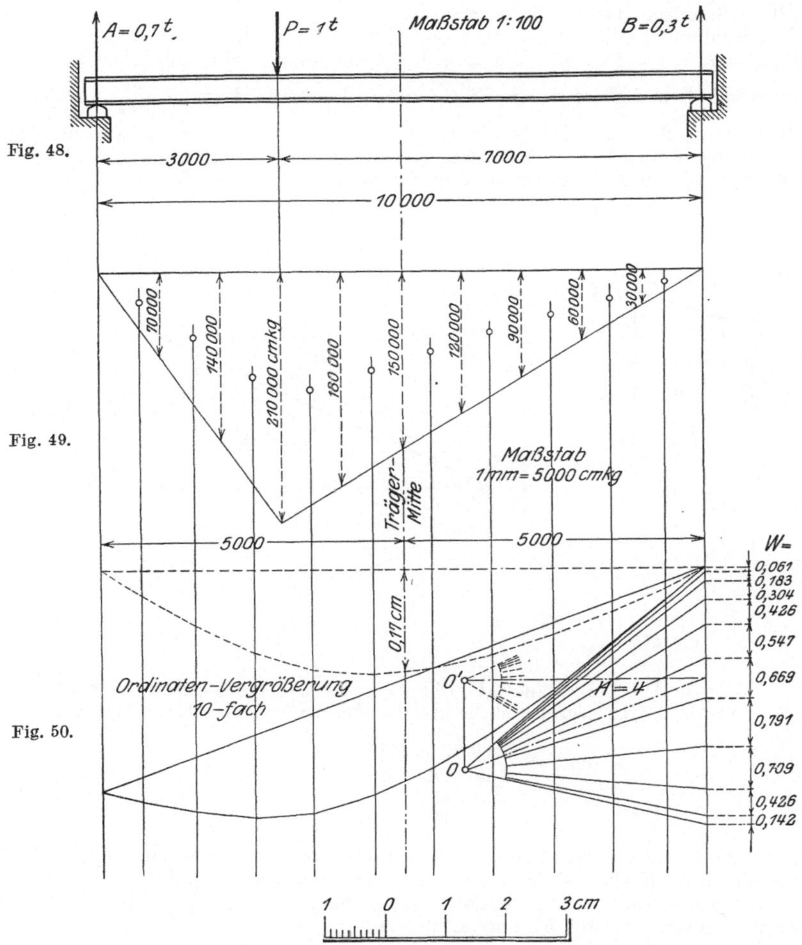

Fig. 48.

Fig. 49.

Fig. 50.

dieser Faktor gibt gleichzeitig die Vergrößerung an (γ-fach), in der alsdann, nach vorangegangenem Ausgleiche des Maßstabes $1 : \alpha$ der Trägerlänge, die Ordinaten der elastischen Linie auftreten. Vgl. Fig. 40.

Um es noch einmal zusammenzufassen: Die Faktoren α und β dienen zum Ausgleiche des Trägermaßstabes und der Polweitenvergrößerung (etwa $\beta = 3$ bis 6) und würden, bei Fortlassung des Faktors γ, bewirken, daß die Durchbiegungsordinaten in der Zeichnung in natürlicher Größe erscheinen. Nur der Faktor γ ist die Vergrößerungsziffer, durch welche denn auch die Ordinatenmeßwerte der Zeichnung zu dividieren sind, um die wahre Größe der Durchbiegungsordinaten zu erhalten. Die so erweiterten Werte der fingierten Einzellasten wollen wir zur besseren Unterscheidung mit W bezeichnen; also

$$W = w \cdot \alpha \cdot \beta \cdot \gamma .$$

Beispiel 1. Die elastische Linie des in Fig. 48 gezeichneten **I**-Trägers Nr. 45 soll zeichnerisch dargestellt werden.

Die Momentenfläche ist hier ein Dreieck mit der Spitze unter P und $M_{\max} = 210$ cmt, Fig. 49. Da das Trägheitsmoment und die Elastizitätsziffer unveränderlich sind, so ist die Fläche der gedachten Belastung $\frac{M}{J \cdot E}$ ähnlich der Momentenfläche, die daher bereits zur Ermittlung der w-Einzellasten dienen kann.

Da nach ungefährer Schätzung die größte Durchbiegung etwa 0,2 cm betragen wird, so soll in zehnfacher Vergrößerung dargestellt werden ($\gamma = 10$).

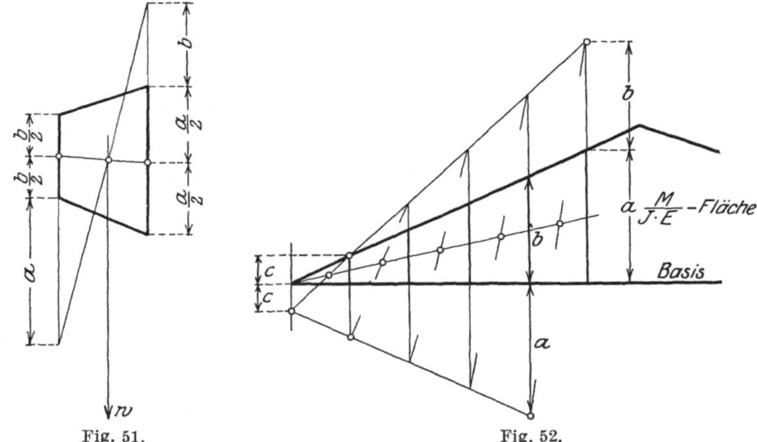

Fig. 51. Fig. 52.

Maßstab der Trägerlänge 1 : 100 ($\alpha = 100$). Polweitenvergrößerung $\beta = 4$ ($H = 4$ cm). Dafür ergibt sich, wenn das Moment in cmt eingesetzt wird:

$$W\,(\text{cm}) = \frac{M\ \text{cmt} \cdot \Delta\, z\ \text{cm}}{J\ \text{cm}^4 \cdot E\ \text{t/cm}^2} \cdot 100 \cdot 4\,(\text{cm}) \cdot 10\,,$$

oder

$$W = 4000\, w$$

als fingierte Einzellast, angreifend im Schwerpunkte des Flächenstreifens $M \cdot \Delta z$ der Momentenfläche (M Mittellinie und Δz Höhe des Trapezes).

Zur Erinnerung an eine einfache Ermittlung der Schwerpunkte der Flächenstreifen mögen die Fig. 51 und 52 dienen.

Die gemessenen Einzelmomente sowie die damit errechneten W-Zahlen sind in die Fig. 50 eingetragen. Die sich ergebende „Biegungslinie“ hat infolge der willkürlichen Wahl des Punktes O eine schräge Lage. Es wird im allgemeinen nicht nötig sein, der Biegungslinie einen den Auflagern entsprechenden Verlauf zu geben, doch kann dieses natürlich leicht durch Verschieben der Ordinaten geschehen. Der neuen Lage der Biegungslinie würde dann, was aus der Lehre vom Seilpolygon bekannt ist, der Pol O' entsprechen.

In der Trägermitte ergibt sich eine Durchbiegung von 0,17 cm. Diese stimmt mit dem Ergebnisse der rein rechnerischen Ermittelung im Beispiel Seite 22, dem ein gleicher Träger von gleicher Belastung zugrunde gelegt war, hinreichend genau überein.

Die im vorstehenden behandelte Darstellung der elastischen Linie berücksichtigt nur den Einfluß der Biegungsmomente, nicht den der Querkräfte. Die Wirkung der Schubkräfte ist jedoch nur gering; sie kann besonders, wenn es sich nicht um die genaue Bestimmung von Durchbiegungen handelt, sondern um die Bestimmung von Überzähligen nicht außergewöhnlicher statisch unbestimmter Tragwerke, vernachlässigt werden, da sich in letzterem Falle die ohnehin nur geringen Verschiebungselemente aus der Schubwirkung in der Formänderungsgleichung zum Teil noch aufheben. — Auf die Darstellung der elastischen Linie der Schubwirkung soll hier deshalb nicht näher eingegangen werden; der Leser kann sie leicht selbst herleiten, wenn er die Querkraftfläche eines Trägers betrachtet und sich der Bedeutung der Gleitziffer erinnert.

Wir haben hier die Winkeländerungen der elastischen Linie von geraden Vollwandträgern behandelt, doch können auch, wie leicht einzusehen, und wie es auch die genaue Nachprüfung bestätigt, in gleicher Weise $\left(w = \frac{M}{J \cdot E} \cdot \Delta b\right)$ die Winkeländerungen gedachter Elemente der elastischen Linie gegeneinander von in der Lastebene (nicht zu scharf) gekrümmten Trägern berechnet werden. Wir können also die Elemente der Formänderungsgleichungen auch für gekrümmte statisch unbestimmte Vollwandträger, nämlich die Verschiebungen von Lastangriffspunkten, bestimmen. Wie dieses nun allerdings in praktischer Form geschehen kann, ist nicht ohne weiteres sinnfällig, weshalb wir die besondere Behandlung der statisch unbestimmten Vollwandbogenträger in Kapitel III, Abschnitt 3 mit der ausführlichen Darlegung der Bestimmung dieser Punktverschiebungen einleiten werden.

Beispiel 2. Bei Durcharbeitung dieses weiteren Beispieles für die graphische Darstellung der elastischen Linie eines (hier allerdings nur annähernd) geraden Vollwandträgers können wir bereits die großen Vorteile bemerken, die die zeich-

Tabelle Nr. 1.

Berechnung der Winkeländerungen der Achse des Laufkranträgers Fig. 53.

Teilordinaten der $\frac{M}{J \cdot E}$-Fläche	M Biegungsmoment cmt	J Trägheitsmoment cm^4	E Elastizitätsziffer t/cm^2	$\frac{M}{J \cdot E}$ Fing. Belastung für die Längeneinheit	Ordinatenabschnitt bezw. fing. Einzellast w	$\frac{M}{J \cdot E}$ mittl. fing. Last für die Längeneinheit	Δz Breite des Belastungsstreifens cm	$w = \frac{M}{J \cdot E} \cdot \Delta z$ Fing. Einzellast	cm $W = w \cdot \alpha \cdot \beta \cdot \gamma$ $\alpha = 100$ $\beta = 4$ (cm) $\gamma = 3$
I	0	43304	2150	0					
					1	0,000001300	60	0,0000780	0,0936000
II	278	54711	2150	0,000002361					
					2	0,000002729	60	0,0001637	0,1964908
III	547	82124	2150	0,000003097					
					3	0,000003167	60	0,0001900	0,2280510
IV	807	115997	2150	0,000003238					
					4	0,000003191	60	0,0001914	0,2297361
V	1059	156729	2150	0,000003144					
					5	0,000003052	60	0,0001831	0,2197432
VI	1302	204722	2150	0,000002960					
					6	0,000002853	60	0,0001712	0,2054469
VII	1538	260375	2150	0,000002747					
					7	0,000003143	120	0,0003772	0,4526524
VIII	1982	260375	2150	0,000003540					
					8	0,000003906	120	0,0004687	0,5624532
IX	2391	260375	2150	0,000004272					
					9	0,000004607	120	0,0005529	0,6634447
X	2767	260375	2150	0,000004943					
					10	0,000005247	120	0,0006297	0,7555982
XI	3108	260375	2150	0,000005552					
								$\frac{\Sigma W}{2} =$	(cm) 3,6072165

nerische Lösung der Aufgabe gegenüber der mittels Gleichungen der elastischen Linie bietet. Der in Fig. 53 unter gleichzeitiger Eintragung der Abmessungen dargestellte vollwandige Laufkranträger hat außer seinem gleichmäßig verteilten

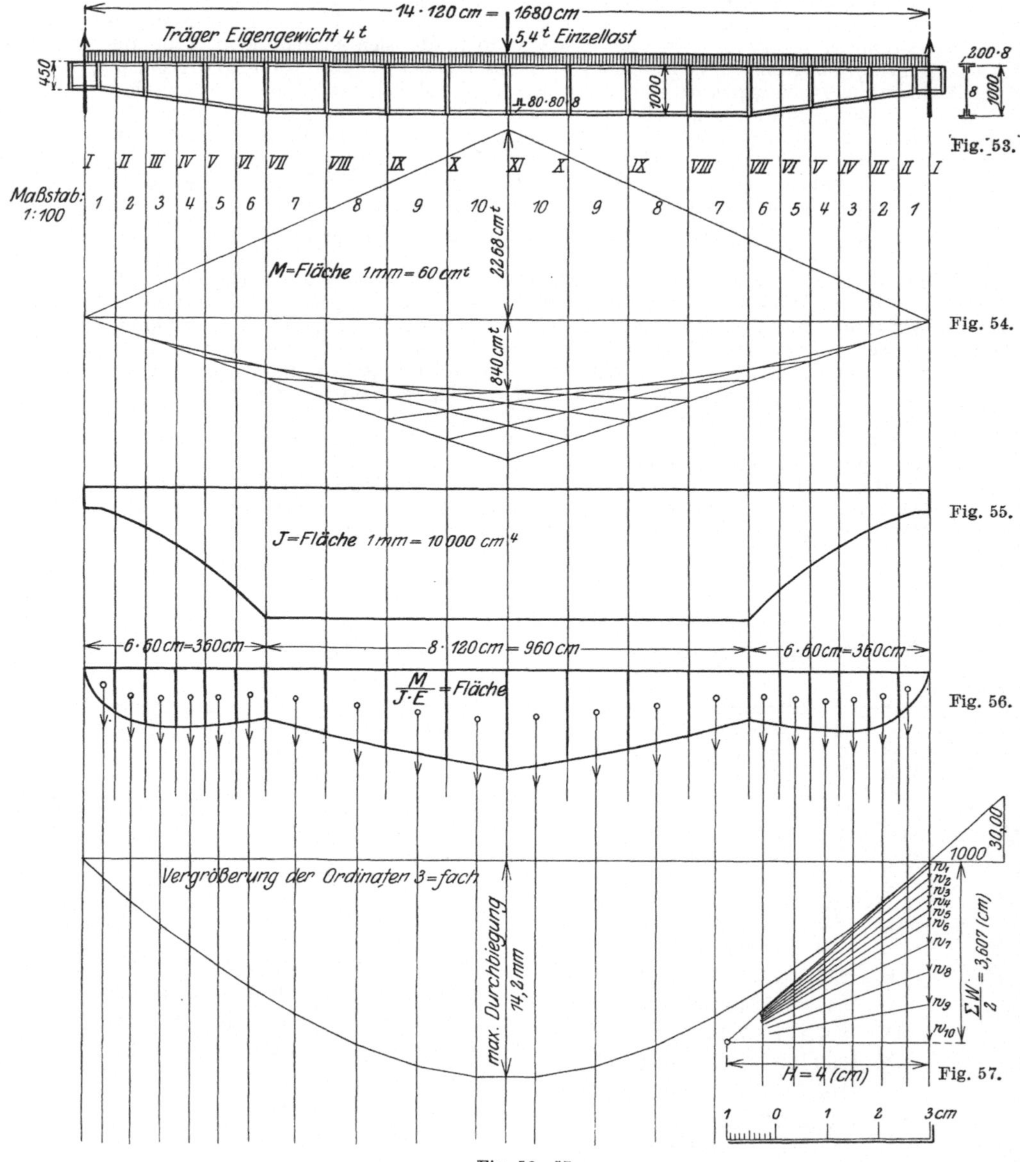

Fig. 53. Fig. 54. Fig. 55. Fig. 56. Fig. 57.

Fig. 53—57.

Eigengewicht von 4 t in der Mitte eine Nutzlast von 5,4 t zu tragen. Das Stehblech ist 1000 mm hoch, an den Enden abgeschrägt und 8 mm stark. Ober- und Untergurt werden durch je zwei L-Eisen 80 × 80 × 8 und je eine Flacheisenlamelle 200 × 8 gebildet.

Die Spannweite beträgt 16,8 m. Es soll die Durchbiegung berechnet werden, um feststellen zu können, ob das Verhältnis der größten Durchbiegung zur Spannweite sich in angemessenen Grenzen hält.

Zur Bestimmung der Winkeländerungen der Querschnitte des Trägers gegeneinander

$$\omega = \frac{M}{J \cdot E},$$

müssen wir auch hier wiederum zuerst die Momentenfläche zeichnen und dann, da hier die Trägheitsmomente verschieden sind, auch eine J-Fläche für die Größe derselben unter jedem Querschnitt. Die Momentenfläche ist hier also nicht, wie im vorangegangenen Beispiele, bereits ein Bild der fingierten Belastung $\frac{M}{E \cdot J}$: es muß vielmehr zur Ermittlung der Angriffspunkte der w-Einzellasten eine besondere $\frac{M}{J \cdot E}$-Fläche gezeichnet werden. Die Einteilung dieser fingierten gleichmäßig verteilten Belastung in viele kleine Einzellasten

$$w = \frac{M}{J \cdot E} \cdot \Delta z$$

ist aus der Zeichnung Fig. 56 zu ersehen. Die Zahlenwerte dieser Lasten sowie die zur Bestimmung dieser Zahlenwerte nötigen Hilfswerte M, J, E und Δz sind in der Tabelle Nr. 1 Seite 33 übersichtlich aufgeführt.

Da der Träger im Maßstab 1 : 100 aufgezeichnet wurde, so sind die aus $w = \frac{M}{J \cdot E} \cdot \Delta z$ berechneten Werte mit dem Faktor $\alpha = 100$ zu erweitern und ferner mit dem Faktor $\beta = 4$ (cm), da wir die Polweite $H = 1$ des w-Kräftezuges zweckmäßig 4 cm groß darstellen wollen. Da auf Grund früherer Erfahrungen nur eine geringe Durchbiegung geschätzt wird, so möge als dritter Faktor $\gamma = 3$ eingeführt werden, um dadurch die Durchbiegungsordinaten in dreifacher Vergrößerung zu erhalten. Die sich mit diesen Werten ergebende Biegungslinie weist als Durchbiegung in der Mitte die Ordinate auf:

$$\delta_{max} = 14{,}2 \text{ mm}, \text{ also, siehe folgende Seite:}$$

Tabelle Nr. 2.

Berechnung der Winkeländerungen der Achse des Brückenquerträgers Fig. 58.

Teilordinaten der $\frac{M}{J \cdot E}$-Fläche	M Biegungsmoment cmt	J Trägheitsmoment cm⁴	E Elastizitätsziffer t/cm²	$\frac{M}{J \cdot E}$ Fing. Belastung für die Längeneinheit	Ordinatenabschnitt bzw. fing. Einzellast w	$\frac{M}{J \cdot E}$ Mittl. fing. Last für die Längeneinheit	Δz Breite des Belastungsstreifens cm	$w = \frac{M}{J \cdot E} \cdot \Delta z$ Fing. Einzellast	tcm $W = w \cdot \alpha \cdot \beta \cdot \gamma$, $\alpha = 100$, $\beta = 2{,}5$ (cm), $\gamma = 4$
I	0	1933510	2150	0					
II	1971	826519	2150	0,000001109	1	0,000000500	50	0,0000250	0,0250
		367447		0,000004980	2	0,000002500	50	0,0001250	0,1250
III	3934		2150	0,000003302	3	0,000004613	80	0,0003690	0,3690
IV	7058		2150	0,000005923	4	0,000006588	80	0,0005270	0,5270
		554220 (III–V)		0,000007253	5	0,000006158	70	0,0004310	0,4310
V	8642		2150	0,000005706	6	0,000006618	70	0,0004633	0,4633
VI1	10011		2150	0,000006610	7	0,000006629	70	0,0004640	0,4640
VII	10035	704487 (VI1–VIII)	2150	0,000006627				$\frac{\Sigma W}{2} =$	2,4043
VIII	10043		2150	0,000006630					

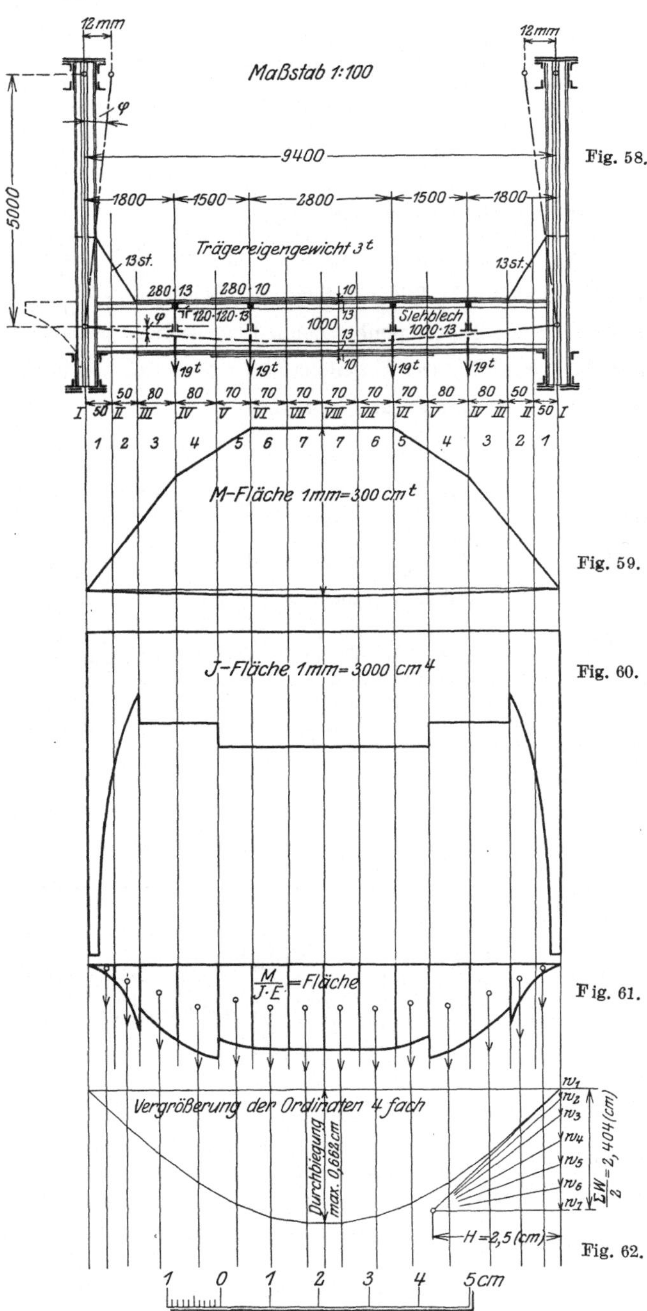

Fig. 58.

Fig. 59.

Fig. 60.

Fig. 61.

Fig. 62.

Das gesuchte Verhältnis zwischen Durchbiegung und Spannweite lautet

$$\frac{14{,}2 \text{ mm}}{16\,800 \text{ mm}} = \frac{1}{1180}.$$

Beispiel 3. Wir hätten im vorigen Beispiel, falls es sich als nötig erwiesen hätte (und wie es vom Verfasser bei dieser der Praxis entnommenen Aufgabe auch in der Tat verlangt worden ist), bereits aus der Endtangente der Biegungslinie die Schrägstellung der Laufräder des Kranes für die gegebene Belastung ermitteln können; vgl. Fig. 57. In dem vorliegenden Beispiel 3 soll die Bestimmung einer solchen Winkeleinstellung die eigentliche Aufgabe sein.

In Fig. 58 ist der Vollwandquerträger einer Fachwerk-Eisenbahnbrücke in Ansicht dargestellt worden: Es soll der Ausschlag des Obergurtes der Hauptträger berechnet werden, soweit er durch die Durchbiegung des Querträgers (nämlich bei starr gedachten Vertikalständern und horizontal gelenkigem Obergurte) veranlaßt wird.

Der Rechnungsvorgang ist im wesentlichen genau derselbe, wie der für das vorangegangene Beispiel geschilderte. Auch hier sind wiederum die Werte der fingierten w-Einzellasten nebst den zuvor zu bestimmenden Ursprungsgrößen übersichtlich geordnet zusammengestellt, und zwar in Tabelle Nr. 2 Seite 35.

Nach Darstellung der Biegungslinie oder auch schon durch Summierung der w-Werte $\left(\frac{\Sigma w}{2} = \text{Summe der Winkeländerungen} = \text{Endtangentenwinkel}\right)$ ergibt sich die Winkeleinstellung der Endtangente der elastischen Linie und damit ohne weiteres der Ausschlagwinkel des Vertikalständers zu

$$\operatorname{tg} \varphi = \frac{1}{2} \Sigma w .$$

Da die diesem Querträger zugeordneten Vertikalständer vom Schnittpunkte der elastischen Linie mit der Hauptträgerebene bis zum Schwerpunkt des Obergurtes eine Höhe von 5000 mm aufweisen, so beträgt der gesuchte Ausschlag des Obergurtes

$$\operatorname{tg} \varphi \cdot h = 0{,}00240 \cdot 5000 \text{ mm} = \underline{\underline{12 \text{ mm}}} .$$

b) Die Darstellung von Fachwerkbiegungslinien.

Gleich der Biegungslinie von Vollwandträgern, welche die Punktverschiebungen der Trägerschwerlinie nur einer Parallelrichtung enthält, geben auch die Biegungslinien von Fachwerkträgern die Verschiebungen — einer zunächst beliebigen Reihe von Punkten des Tragwerkes — in nur einer (beliebig wählbaren) Parallelrichtung an. Es müßten also zwei Biegungslinien gegeben sein, wenn aus solchen allein die absoluten Punktverschiebungen bestimmt werden sollen. Gleich wie bei den Vollwandträgern genügt jedoch auch bei Fachwerkträgern fast immer die Darstellung nur einer Biegungslinie, und zwar meist der für die vertikalen Verschiebungen einer Punktreihe des Tragwerkes.

Nach Aufwerfung der Frage, wie die benötigten Punktverschiebungen eines Fachwerkträgers bestimmt werden könnten, liegt der Gedanke nahe, die Ermittlung durch vergleichsweises Aufzeichnen des Stabwerkes, einmal vor Beanspruchung durch irgendwelche Lasten (oder vor Eintritt von Temperaturänderungen), und zum anderen mit durch Belastung (oder Temperaturänderungen) verlängerten oder verkürzten Stäben vorzunehmen. Ein Versuch, die Punktverschiebungen eines Tragwerkes auf diese Weise zu bestimmen, führt jedoch wegen der im Verhältnis zu den Stablängen verschwindend geringen Längenänderungen zu keinem brauchbaren Ergebnisse.

Sehr geeignet sind dagegen die dem eben gedachten Verfahren wesensähnlichen und häufig angewandten Verschiebungspläne. Bei Verschiebungsplänen werden nur die Wege der Knotenpunkte bei Formänderung des Stabwerkes (zusammengesetzt aus den Verschiebungen längs der Stabachse und solchen senkrecht zu ihr als Drehbewegungen um den anderen Stabendpunkt) aufgetragen, während die Stablängen selbst in diesen Zeichnungen außer Betracht bleiben. Die Stablängenänderungen können hierbei also vergrößert aufgezeichnet werden, während sie bei Mitzeichnung der Stäbe meist noch verkleinert werden müßten. Die Verschiebungspläne ergeben die absolute Verschiebung sämtlicher Knotenpunkte. Den Verschiebungsplänen können also auch die Verschiebungen in jeder beliebigen Seitenrichtung zu einer absoluten Verschiebung mittels geeigneter Hilfslinien entnommen werden. Es ist dennoch fast immer erforderlich, mit den derart für die gewünschte Richtung gewonnenen Seitenverschiebungen auch noch eine Biegungslinie zu zeichnen, weshalb die Aufstellung von Verschiebungsplänen nur als weiteres Hilfsmittel zur Darstellung von Fachwerkbiegungslinien, soweit es dazu erforderlich ist, entwickelt werden soll.

In dem ersten Abschnitte soll jedoch das in den meisten Fällen verhältnismäßig einfache und zuverlässige Verfahren der fingierten Lasten ausführlich behandelt werden. Dieses Verfahren nimmt, besonders bei Vernachlässigung des Einflusses der Wandstäbe (bei Entwurfsarbeiten), wenig Zeit in Anspruch und gibt infolge seiner Übersichtlichkeit wenig Anlaß zur Begehung von Fehlern. Es werden bei diesem Verfahren nicht die Wege der Stabendpunkte, sondern die bei der Formänderung des Stabwerkes eintretenden Winkeländerungen, die zuvor rechnerisch zu bestimmen sind, zeichnerisch verwendet.

α) Die Darstellung von Fachwerkbiegungslinien mittels des Verfahrens der fingierten Lasten.

Ähnlich wie die Biegungslinien von Vollwandträgern können auch die der Fachwerkträger als Seilzug für gedachte, und zwar in den Knotenpunkten angreifende Lasten w zeichnerisch dargestellt werden, und ähnlich wie beim Vollwandträger werden wir zur Ermittlung der Größe der w-Lasten auch hierbei wieder das Verhalten der einzelnen Trägerelemente bzw. ihren Beitrag zur Formänderung bei Belastung des Tragwerkes untersuchen müssen.

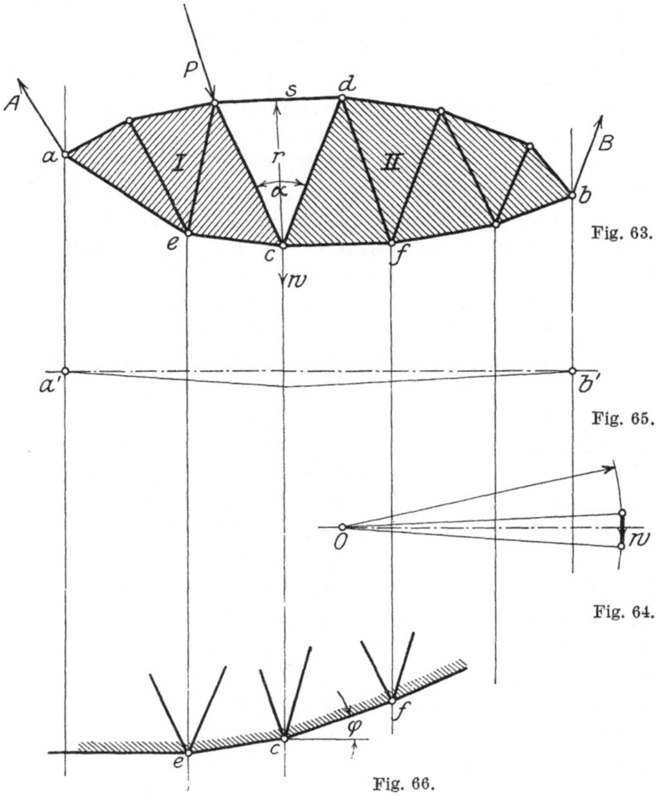

Fig. 63.

Fig. 65.

Fig. 64.

Fig. 66.

Einfluß der Gurtlängenänderungen auf die Gestaltung der Biegungslinie. Der beliebige Fachwerkträger Fig. 63 werde durch beliebige Kräfte, die einander das Gleichgewicht halten, etwa P, A und B, belastet. Es sei zunächst nur der beliebige Obergurtstab s als elastisch dehnbar angesehen, die übrigen Stäbe dagegen als starr; die somit starren Scheiben I und II sind in der Fig. 63 durch Schraffierung gekennzeichnet worden. Durch die infolge der Belastung (oder natürlich auch durch Temperaturänderung) eintretende Verkürzung des Obergurtstabes s wird die Größe des Winkels zwischen den gegenüberliegenden Diagonalen, also die Größe des in Fig. 63 mit α bezeichneten Winkels, verringert; die Größe dieser Winkeländerung wollen wir mit w bezeichnen. Die Aufgabe ist nun zunächst die, die w in praktischer Weise durch bekannte Werte auszudrücken. — Das Lot auf den Obergurtstab sei r. Denken wir uns die Längenänderung des Stabes s, nämlich Δs, in diesen Stab eingefügt, und zwar im Schnittpunkte des Lotes r, vgl. Fig. 67, so erkennen wir unmittelbar, daß die Winkeländerung w (w Bogenlänge für den Radius 1) sich ergibt zu:

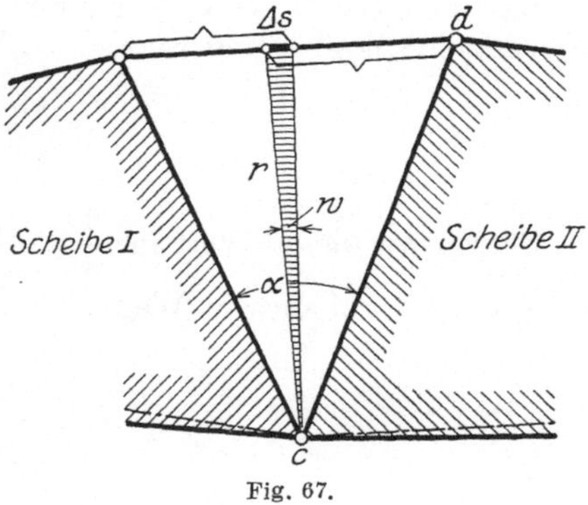

Fig. 67.

$$w = \frac{\Delta s}{r}.$$

Die außerordentlich geringe Längenänderung des Lotes r bei Einfügung der Stablängenänderung Δs kann offenbar außer Betracht bleiben.

Der Wert $\frac{\Delta s}{r}$ für die Winkeländerung kann jedoch auch auf andere Weise abgeleitet werden. Für denjenigen Leser, dem bei der obenstehenden unmittelbaren Folgerung etwa Zweifel auftauchen sollten, sei gleichzeitig zur Übung mit Rücksicht auf im folgenden öfters auftretende ähnliche Ableitungen eine andere Herleitung angefügt: Man denke sich etwa die Scheibe I festgehalten, während der Stab s einer Verkürzung unterliegt; es wird der Obergurtknotenpunkt d die Lage d' einnehmen, vgl. Fig. 68. Der von diesem Obergurtknoten als Endpunkt des starren Diagonalstabes $c \div d$ um c beschriebene Kreisbogen Δb ist wegen seiner geringen Größe als gerade Linie senkrecht zur Diagonalen $c \div d$, deren Länge gleich s' sei, aufzufassen. Die Winkeländerung ist danach:

$$w = \frac{\Delta b}{s'}.$$

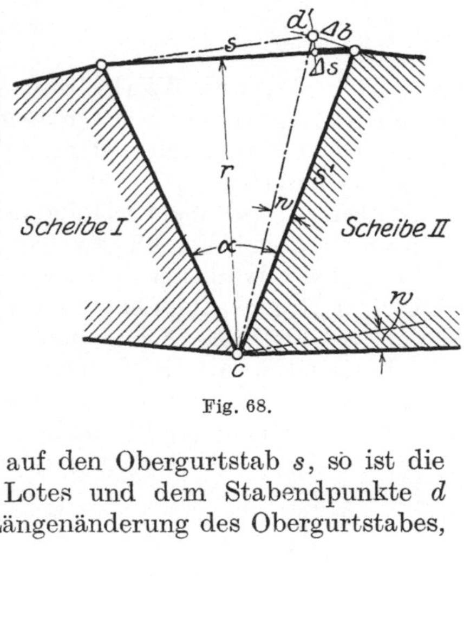

Fig. 68.

Fällen wir vom Punkte d' ein Lot auf den Obergurtstab s, so ist die zwischen dem Schnittpunkte des Lotes und dem Stabendpunkte d liegende kleine Strecke gleich der Längenänderung des Obergurtstabes, also gleich Δs. Die Winkel des von Δs und Δb eingeschlossenen Dreiecks stehen senkrecht auf den Winkeln des durch den Diagonalstab s' und das Lot r gebildeten großen Dreiecks. Diese Dreiecke sind also einander ähnlich und weisen das Verhältnis auf:

$$\frac{\Delta b}{s'} = \frac{\Delta s}{r}.$$

Setzen wir diesen Wert für $\frac{\Delta b}{s'}$ in die Gleichung $w = \frac{\Delta b}{s'}$ ein, so erhalten wir auch auf diesem Wege:

$$w = \frac{\Delta s}{r}.$$

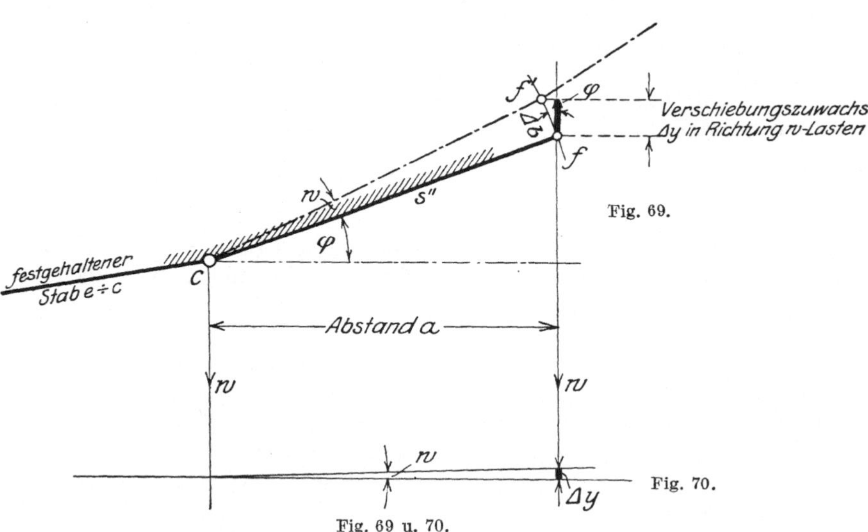

Fig. 69.

Fig. 70.

Fig. 69 u. 70.

Der gleichen Winkeländerung wird nun auch der Winkel zwischen den beiden Untergurtstäben unterworfen, die von dem, dem betrachteten Obergurtstabe gegenüberliegenden Untergurtknoten ausgehen.

Denken wir uns vorläufig den einen der beiden Untergurtstäbe, etwa $e \div c$ (vgl. Fig. **63** bzw. 69), festgehalten, so wird der Punkt f bei Eintritt der Winkeländerung einen Bogen Δb beschreiben, vgl. Fig. 69. Diesem Bogen entspricht eine Verschiebung Δy in der Richtung, in der wir durch die Knotenpunkte des Untergurtes Parallelen gezogen haben, und für die die Biegungslinie gezeichnet werden soll. Der Winkel, den der Untergurtstab $c \div f$ mit der Senkrechten zu den Parallelen durch die Knotenpunkte bildet, und damit auch der Winkel zwischen Δb und Δy, sei gleich φ; es ist dann die Verschiebung in der gewünschten Richtung:

$$\Delta y = \Delta b \cdot \cos\varphi.$$

Darin ist

$$\Delta b = w \cdot s''$$

(s'' = Länge des Stabes $c \div f$) oder, wenn wir die Stablänge durch den Abstand a der Parallelen ausdrücken:

$$\Delta b = w \cdot \frac{a}{\cos \varphi}.$$

Setzen wir diesen Ausdruck in die obenstehende Gleichung für Δy ein, so ergibt sich für die gesuchte Verschiebung des Untergurtknotens der Wert:

$$\Delta y = a \cdot w.$$

Damit haben wir die wichtige Feststellung gemacht, daß das gesuchte Verschiebungselement Δy der Biegungslinie nur von der Winkeländerung w und dem Abstande a der Parallelen abhängig ist, daß also die Winkel, die die Untergurtstäbe mit den Knotenpunktsparallelen bilden, ganz außer Betracht bleiben können. Die Größe des Verschiebungsbruchteiles Δy wird also nur durch den Wert $w = \frac{\Delta s}{r}$ und die gewählte Verschiebungsrichtung bestimmt.

Die Senkungen der starren Scheiben I und II zwischen $c \div a$ und $c \div b$ in der gewünschten Richtung ergeben sich also durch Abtragen der errechneten Winkeländerung w, Fig. 64, zwischen der Wirkungslinie der fingierten Last w und ihren zugehörigen Auflagerwirkungslinien über einer Normalen $a' \div b'$ zu diesen (vgl. Fig. 65). Bei der außerordentlich geringen Größe der Winkeländerung wird übrigens der gebrochene Linienzug $a' \div b'$ nur wenig von der Normalen $a' \div b'$ abweichen, wenn nicht eine Vergrößerung der Verschiebungsordinaten bewirkt wird. Die kleinen Fehler, die dadurch begangen wurden, daß wir kleine Bogenstücke wie gerade Strecken behandelten, kommen also nicht zur Geltung.

Zu den gleichen Ergebnissen für die Größe der Untergurtwinkeländerung w und der sich daraus ergebenden Verschiebungselemente gelangen wir, wenn wir an Stelle des Obergurtstabes s die übrigen Obergurtstäbe nacheinander in gleicher Weise betrachten. Für jeden Untergurtknoten ergibt sich die Winkeländerung der benachbarten Untergurtstäbe zu:

$$\boldsymbol{w = \frac{\Delta s}{r}}.$$

Wir können also gerade so, wie das zur Darstellung der elastischen Linie von Vollwandträgern geschieht, die einzelnen Winkeländerungen w von einem Pole aus nebeneinander auftragen, vgl. Fig. 72, und danach die Biegungslinie zeichnen, indem wir zu den Schenkeln dieser Winkel Parallelen zwischen die zugehörigen Knotenpunktsparallelen ziehen, vgl. Fig. 73. Wenn wir den im Verhältnis zur Trägerlänge meist verschwindend kleinen w-Bögenzug als gerade Linie parallel der betrachteten Verschiebungsrichtung ansehen, so ist auch hier wieder (analog der Darstellung der elastischen Linie) die Übereinstimmung offenbar, die zwischen der Winkelgruppe w nebst der danach gezogenen Biegungslinie einerseits und einem Krafteck nebst dafür gezeichnetem Seilzuge andererseits besteht. Um also die Senkungen des Untergurtes infolge Längenänderung des Obergurtes zeichnerisch zu ermitteln, brauchen wir nur die Winkeländerungen w als fingierte Lasten in der Richtung, in der die Senkungen dargestellt werden sollen, zu einem Kräftezuge aneinanderzureihen und danach für eine Polweite 1 den Seilzug zwischen die von den Knotenpunkten ausgehenden Parallelen, die nunmehr als die Wirkungslinien der fingierten Lasten w aufzufassen sind, zu zeichnen.

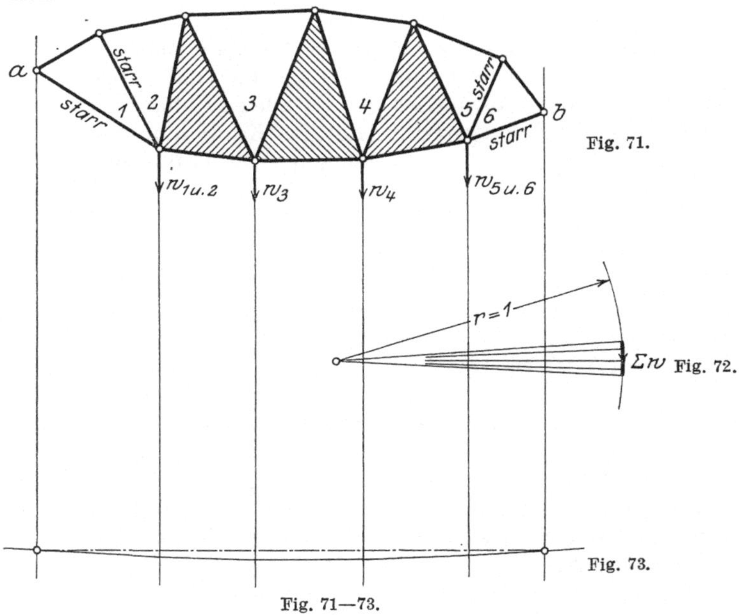

Fig. 71.

Fig. 72.

Fig. 73.

Fig. 71—73.

Diese aus dem Ausdrucke $w = \frac{\Delta s}{r}$ sich ergebenden Werte können wir nun (ähnlich wie die $w = \frac{M}{J \cdot E} \Delta z$ der elastischen Linien von Vollwandträgern) nicht unmittelbar zur Aufzeichnung des w-Zuges nebst Polstrahlenfigur benutzen: denn da dieser Ausdruck die wahre Größe der Biegungswinkel bedeutet (laut Ableitung), so müßte die, zu der damit gezeichneten Polstrahlenfigur gehörige Systemzeichnung des Trägers und also auch die Abstände der Knotenpunktsparallelen in natürlicher Größe aufgezeichnet werden, damit sich die gesuchten Punktverschiebungen gleichfalls in natürlicher Größe ergeben. Praktisch ist es natürlich meist unmöglich, das Trägersystem im Maßstabe 1 : 1 darzustellen; es ist vielmehr nötig, den Träger im Maßstabe 1 : α darzustellen. Damit sich die Verschiebungsgrößen nun aber doch wieder in natürlicher Größe ergeben, so sind die zum w-Zuge aneinanderzureihenden Werte

$w = \frac{\varDelta s}{r}$ zuvor mit α zu multiplizieren (vgl. die analogen Ausführungen bei Behandlung der graphischen Darstellung der elastischen Linie).

Die fingierten Lasten $w = \frac{\varDelta s}{r}$ sind gemäß ihrer Herleitung Zahlen ohne Dimensionsbezeichnung. Sie sind daher mit der gleichen Maßeinheit aufzutragen, die man für die Polweite $H = 1$ gewählt hat. Praktisch würde das 1 cm sein. Eine mit dieser Polweite gezeichnete Polstrahlenfigur ist jedoch für eine hinreichend genaue Darstellung der Biegungslinie meist zu klein. Die ganze Polstrahlenfigur ist daher im Maßstabe $\beta : 1$ vergrößert aufzuzeichnen. Es ist also nicht nur die Polweite $H = 1$, sondern es sind auch die Werte w gleichfalls mit dem (weiteren) Faktor β zu multiplizieren. Eine Veränderung des Seilzuges tritt durch eine solche Veränderung der Pohlstrahlenfigur natürlich nicht ein. Ist die Durchbiegung des Trägers vermutlich sehr gering, so kann nun schließlich noch eine dritte Erweiterung der w-Werte mit einem Faktor γ erforderlich werden, damit die gesuchten Punktverschiebungen durch die Biegungslinie auf den Knotenpunktsparallelen in größerem Maßstabe abgeschnitten werden. Der Faktor γ gibt alsdann die Vergrößerung an (γ-fach), in der die Ordinaten der Biegungslinie nach vorherigem Ausgleiche des Maßstabes $1 : \alpha$ des Trägersystemes auftreten. Es sei daran erinnert, daß der ursprüngliche w-Zug ein Kreisbogen ist (vgl. Fig. 72), und daß der zum Ausgleiche des Trägermaßstabes und zur Vergrößerung der Verschiebungsordinaten in der w-Richtung vergrößerte w-Zug genau genommen als der am wenigsten gekrümmte Teil einer sehr langgestreckten Ellipse auftreten müßte; der durch die Darstellung des w-Zuges als gerade Strecke begangene Fehler ist natürlich sehr gering und verschwindend gegenüber den Fehlern, die allein die Handhabung der Zeichengeräte im Gefolge hat.

Die Faktoren α und β dienen also nur zum Ausgleiche des Trägermaßstabes und der Polweitenvergrößerung; sie bewirken, daß die Biegungslinie die gesuchten Verschiebungen auf den Knotenpunktsparallelen in natürlicher Größe abschneiden. Erst durch Erweiterung der w-Werte mit dem Faktor γ wird eine Vergrößerung der Ordinaten der Biegungslinie im Maßstabe $\gamma : 1$ erzielt. Die mit diesen drei Faktoren erweiterten fingierten Einzellasten bezeichnen wir wiederum mit W, mithin:

$$\boldsymbol{W = w \cdot \alpha \cdot \beta \cdot \gamma}.$$

In genau gleicher Weise nun, wie die Senkung des Untergurtes, läßt sich auch die Senkung des Obergurtes infolge Längenänderung nur des Untergurtes ermitteln. Die in diesem Falle in den Obergurtknoten angreifenden gedachten Lasten ermitteln sich ebenfalls, wie ohne weiteres klar, zu

$$W = \frac{\varDelta s}{r} \cdot \alpha \cdot \beta \cdot \gamma .$$

Solange noch die Wandstäbe als starr betrachtet werden, wird für jeden Punkt der Trägerscheibe die Gesamtsenkung desselben gleich der Summe der Einzelverschiebungen in der w-Richtung derjenigen Obergurt- und Untergurtpunkte sein, die in der durch diesen Punkt gezogenen w-Richtungslinie liegen. Es kann das auch graphisch geschehen, indem man den Seilzug gleichzeitig für gemeinsame Einwirkung der gedachten Lasten w des Obergurtes und des Untergurtes zeichnet, vgl. Fig. 74, 75 und 76.

Sollen der Biegungslinie nicht die Senkungen sämtlicher Knotenpunkte, sondern die Senkungen jedes Punktes nur des Untergurtes oder nur des Obergurtes entnommen werden können, so ist zu bedenken, daß die Senkungen der Punkte des betrachteten Gurtes geradlinig zwischen den beiden benachbarten Knotenpunktsparallelen zu suchen sind infolge der geradlinigen Verbindung der Knotenpunkte selbst durch die Gurtstäbe. In die Fig. 76 ist als Beispiel die Biegungslinie für die Senkungen des Untergurtes strichpunktiert eingezeichnet worden. Die überstehenden kleinen Dreiecke sind geringe Fehlergrößen, die auf die Vernachlässigung der Drehung der starr gedachten Wandstäbe in Verbindung mit der Tatsache, daß die Gurtstäbe (bzw. ihre Systemlinien) geradlinig bleiben müssen, zurückzuführen sind, und die durch den strichpunktierten Linienzug praktisch völlig berichtigt werden.

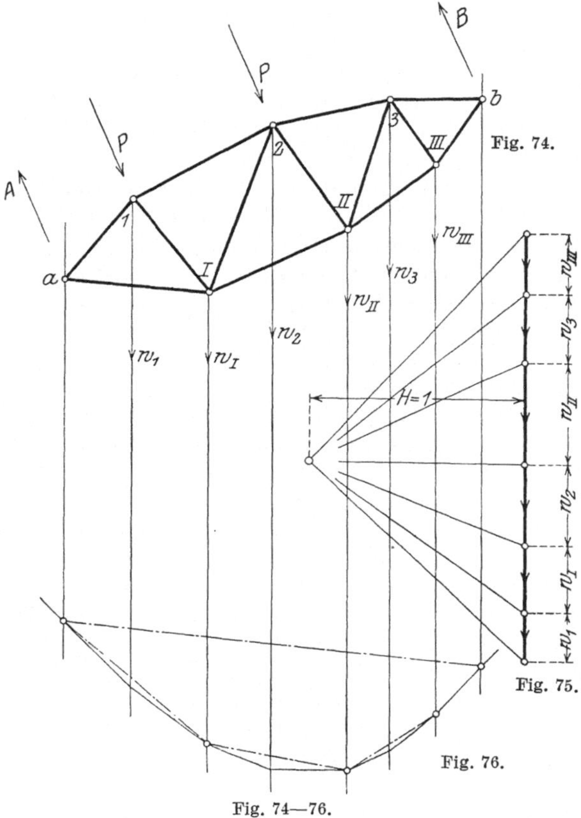

Fig. 74.

Fig. 75.

Fig. 76.

Fig. 74—76.

Einfluß der Wandstäbe auf die Gestaltung der Biegungslinie. Es verbleibt uns nunmehr noch die Ermittlung des Einflusses der Wandstäbe auf die Verschiebung der Knotenpunkte. Vorweg sei gesagt, daß dieser Einfluß ähnlich dem der Schub- und Achsialkräfte bei Vollwandträgern auf das Endergebnis einer statisch unbestimmten Rechnung, also auf die Größe der Überzähligen, meist nur von geringem Einflusse ist und bei überschlägigen Rechnungen, wie man sie zur vorläufigen Querschnittsbemessung vornimmt, vernachlässigt werden kann.

Zur Ermittlung des Einflusses der Längenänderung der Wandstäbe gehen wir in gleicher Weise vor, wie bei Betrachtung des Einflusses der Gurte. Wir untersuchen zunächst nur die Wirkung der Längenänderung eines Wandstabes auf die Winkeländerungen des der Betrachtung zugrunde gelegten Gurtes, während wir sämtliche übrigen Stäbe als keiner Längenänderung unterworfen, also als starr ansehen. In dem beliebigen Tragwerke Fig. 77 haben wir den Wandstab $c \div f$ im Felde $c \div d \div f \div e$ gewählt; unserer Voraussetzung gemäß sind die in der Figur schraffierten Scheiben I und II als starr anzusehen, ebenso die Gurtstäbe $c \div d$ und $e \div f$. Es sei etwa die Biegungslinie für den Untergurt zu ermitteln.

Wir bemerken auf den ersten Blick, daß die Längenänderung eines Wandstabes auf die Winkeländerung der von zwei Knoten des betrachteten Gurtes ausgehenden Stäbe von Einfluß ist.

Die Winkeländerung des dem Wandstabe $c \div f$ bei d gegenüberliegenden Winkels, den wir α nennen wollen, ermittelt sich natürlich genau wie die Winkeländerung für einen Gurtstab zu:

$$w_\alpha = \frac{\Delta s}{r_u}.$$

Diese Winkeländerung w_α ist auch die gesuchte Winkeländerung der von d ausgehenden Gurtstäbe und werde deshalb auch mit w_d bezeichnet.

Nicht so einfach ist die Winkeländerung der von c ausgehenden Gurtstäbe, also w_c, zu bestimmen. Es kommen hier zwei Winkeländerungen in Betracht, nämlich einmal die des Winkels β zwischen Wandstab $c \div f$ und Gurtstab $c \div d$ und zum anderen die des Winkels γ zwischen dem betrachteten Wandstabe $c \div f$ und dem Stabe $c \div e$.

Zur Gewinnung eines einfachen Ausdruckes für die gesamte Winkeländerung im Punkte c, also für $w_c = w_\beta + w_\gamma$, empfiehlt es sich, durch den Knotenpunkt c zum gegenüberliegenden Wandstabe $d \div f$ eine Parallele zu ziehen bis zum Schnitte mit dem Gurtstabe $e \div f$ und von dem Schnittpunkte aus das Lot r_o' zu fällen, Fig. 77; wir werden sehen, daß sich alsdann für w_c unter Verwendung des Lotes r_o' der gleiche einfache Ausdruck ergibt, wie für w_d mit r_u. In Fig. 78 sei das Dreieck $c \div d \div f$ des Stabwerkes Fig. 77, das den Winkel β enthält, noch einmal für sich in etwas größerem Maßstabe dargestellt. Denkt man sich den Untergurtstab $c \div d$ während der Längenänderung des Stabes $c \div f$ festgehalten, so wird der Knotenpunkt f die Lage f' einnehmen; hierbei vollführt er eine Drehbewegung um d als Endpunkt des starren Stabes $d \div f$ und ferner eine Drehbewegung um den Punkt c mit gleichzeitiger Radialbewegung von der Größe der Längenänderung Δs. In Fig. 78 werden diese Bewegungen dargestellt durch das kleine Dreieck $f \div f' \div f''$ an der Spitze des vom Lote r_u und dem Stabe $d \div f$ gebildeten großen Dreiecks. Wie unmittelbar ersichtlich, sind diese beiden Dreiecke ähnlich, und es läßt sich, wenn die Projektion des starren Stabes $d \div f$ auf den betrachteten Wandstab $c \div f$ mit p bezeichnet wird, die Beziehung ablesen:

$$\frac{w_\beta \cdot s}{\Delta s} = \frac{p}{r_u} \quad \text{. . . . . (a)}$$

Es wurde schon angedeutet, daß es uns darauf ankommt, r_u zur Vereinfachung des Ausdruckes für den Gesamtwert $w_c = w_\beta + w_\gamma$ durch r_0' auszudrücken. Bezeichnen wir die Teilprojektion des Gurtstabes $e \div f$ auf den Wandstab $c \div f$ zwischen dem Punkte f und dem Lote r_0' mit q, vgl. Fig. 77, so ist die Beziehung anzuschreiben:

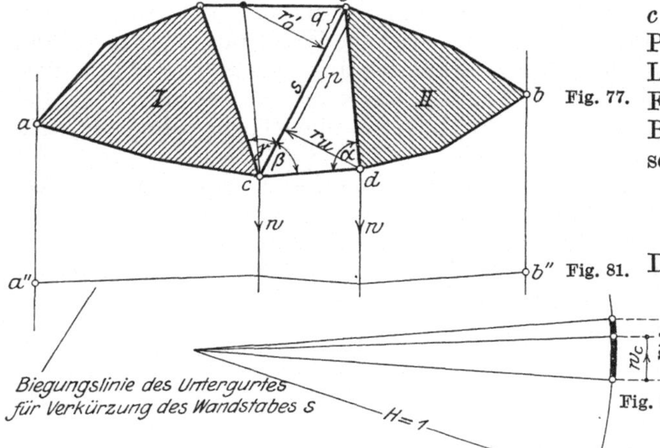

Fig. 77.

Fig. 81.

Fig. 80.

$$\frac{r_u}{r_0'} = \frac{p}{s - q}.$$

Daraus ergibt sich

$$r_u = \frac{p}{s - q} \cdot r_0'.$$

Setzen wir diesen Wert für r_u in die Gleichung (a) ein, so erhalten wir

$$w_\beta \cdot \frac{s}{\Delta s} = \frac{s - q}{r_0'}.$$

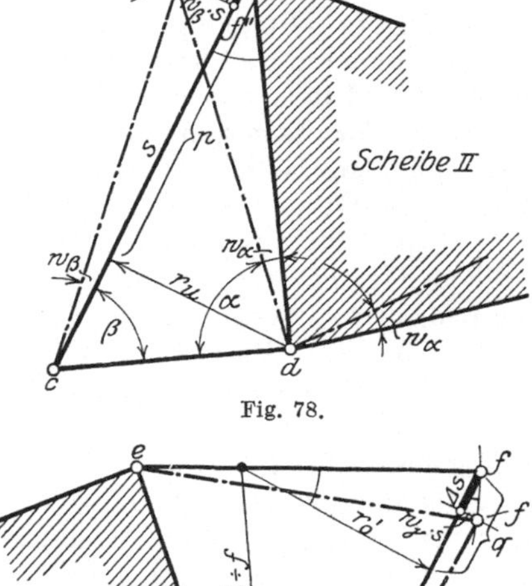

Fig. 78.

Fig. 79.

Es ist nunmehr noch die Winkeländerung w_γ durch das Lot r_0' auszudrücken. In Fig. 79 ist das Stabdreieck $c \div e \div f$, das den Winkel γ enthält, für sich herausgezeichnet worden. Denken wir uns die Scheibe I festgehalten, so wird nach erfolgter Längenänderung des Stabes $c \div f$ der Stabgelenkpunkt f die Lage f' einnehmen, vgl. die Fig. 79. Wir folgern auch hier wieder aus der Ähnlichkeit des kleinen Verschiebungsdreieckes mit der Hypotenuse $f \div f'$ mit dem großen Dreieck von den Katheten r_0' und q

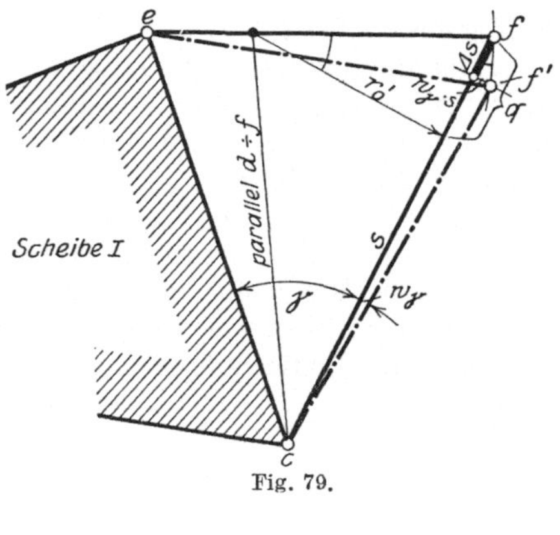

$$\frac{w_\gamma \cdot s}{\Delta s} = \frac{q}{r_0'}.$$

Addieren wir nunmehr diese Werte für w_β und w_γ, so erhalten wir die gesuchte Winkeländerung w_c der von c ausgehenden Gurtstäbe.

Also:

$$\left.\begin{aligned} w_\beta \cdot \frac{s}{\varDelta s} &= \frac{s-q}{r_0'} \\ w_\gamma \cdot \frac{s}{\varDelta s} &= \frac{q}{r_0'} \end{aligned}\right\} +$$

$$\frac{s}{\varDelta s}(w_\beta + w_\gamma) = \frac{s-q}{r'_0} + \frac{q}{r_0'}$$

$$\frac{s}{\varDelta s} w_e = \frac{s}{r_0'}$$

$$w_e = \frac{\varDelta s}{r_0'}\,.$$

Die Winkeländerungen der von zwei benachbarten Gurtknotenpunkten ausgehenden Gurtstäbe infolge Längenänderung des gegenüberliegenden Wandstabes errechnen sich also aus den einfachen Beziehungen:

$$\boldsymbol{w_d = \frac{\varDelta s}{r_u}} \qquad\qquad \boldsymbol{w_e = \frac{\varDelta s}{r_0'}}$$

Sind die beiden dem betrachteten Wandstabe benachbarten Wandstäbe parallel, wie es häufig der Fall ist, so fällt der Endpunkt des Lotes r_0' (siehe Fig. 77) mit dem Knotenpunkte e zusammen, wodurch sich jedoch die Rechnung bei Entnahme der Länge des Lotes aus der Zeichnung nur wenig vereinfacht.

Ganz besonders zu beachten ist nun aber, daß die Winkeländerungen für die beiden Gurtknotenpunkte in einem zueinander entgegengesetzten Sinne erfolgen. Wollen wir also die Winkeländerungen als fingierte Lasten in den zugeordneten Gurtknotenpunkten ansehen und dazu das Seileck und damit die Biegungslinie des betrachteten Gurtes zeichnen, Fig. 81 (S. 46), so sind auch die gedachten Lasten, in unserem Falle w_e und w_d, in entgegengesetztem Sinne aneinanderzureihen, wie das Fig. 80 erläutert. Bei Betrachtung des gemeinsamen Einflusses der sämtlichen Stablängenänderungen und Darstellung der Biegungslinie dazu für den gewählten Gurt wird also die auf e entfallende Gesamtlast Σw_e um den Einfluß w_e des Wandstabes zu verringern sein, vorausgesetzt, daß, wie hier angenommen, der Stab Druck erleidet, also eine Verkürzung erfährt.

Aus der Ableitung geht hervor, daß die beiden Winkeländerungen stets einander entgegengesetzt sind, weshalb der Leser sich nur den Einfluß der Längenänderung des Wandstabes zu vergegenwärtigen braucht, der am leichtesten zu erkennen ist, also den Einfluß auf den gegenüberliegenden Winkel des betrachteten Gurtes.

Berechnung von Stablängenänderungen. Ist eine Spannkraft die Ursache der Stablängenänderung $\varDelta s$, so erfolgt sie nach dem Hookeschen Gesetze:

$$\frac{\text{Verlängerung } \varDelta s}{\text{Stablänge } s} = \frac{\text{Spannung } \sigma}{\text{Elastizitätsziffer } E},$$

darin ist

$$\text{Spannung } \sigma = \frac{\text{Spannkraft } S}{\text{Querschnitt } F} = \text{konst.}$$

also kurz

$$\Delta s = \frac{S \cdot s}{E F} = S \left(\frac{s}{E F}\right)$$

Bezeichnen wir den von der Spannkraft unabhängigen Faktor mit ϱ_s, also

$$\varrho_s = \frac{s}{E F}$$

so gilt

$$\Delta s = S \cdot \varrho_s$$

Dem Faktor ϱ geben wir den Index s, um ihn von einer gewöhnlichen Materialkonstanten wie E zu unterscheiden und an seine Abhängigkeit von s zu erinnern.

Voraussetzung für die Anwendbarkeit dieser Gleichungen ist, daß der Endzustand, in den das Tragwerk in Wirklichkeit durch Überlagerung aller einzeln berechneten Spannungszustände versetzt wird, an keiner Stelle die Proportionalitätsgrenze überschreitet. Das wird praktisch auch nicht eintreten, da die Proportionalitätsgrenze wohl stets über der zugelassenen Höchstspannung liegt und der Zweck der Rechnung ja, wenn es sich nicht um die Nachprüfung vorhandener Bauwerke handelt, die Vermeidung der Überschreitung der Höchstspannung ist.

Auch die Überlagerung einzeln gerechneter Spannungszustände ist offenbar nur dann zulässig, wenn der Endzustand nirgends die Proportionalitätsgrenze überschreitet.

Es handelt sich also nur um den Endzustand: in den Zwischenstufen der Berechnung kann unbegrenzte Proportionalität und Unzerstörbarkeit fingiert werden. Auch für den Einfluß der Deformation auf die Änderung des Spannungsbildes, also des Kräfteplanes bei Fachwerkträgern, ist nur der Endzustand maßgebend.

Ist eine Temperaturänderung die Ursache der Stablängenänderung Δs, so gilt innerhalb nicht außergewöhnlicher Temperaturgrenzen

$$\Delta s = \alpha \cdot \Delta t \cdot s$$

darin ist α die Längenänderung des Stabes pro Längeneinheit und 1° C Temperaturerhöhung, Δt die Temperaturänderung in °C, s die Stablänge.

Für Flußeisen ist

$$\alpha = + \frac{1}{85\,000}$$

Man rechnet in Mitteleuropa mit einer mittleren Temperatur von 10° C, und nimmt für Eisenkonstruktionen eine Schwankung von $\pm$ 35° C um dieses Mittel an. Zu beachten ist, daß Eisen bei Sonnenbestrahlung im allgemeinen eine höhere Temperatur aufweist als die umgebende Luft. Farbe des Anstriches und etwaige Ummantelungen sind von Einfluß.

Es empfiehlt sich, den Temperatureinfluß für sich zu behandeln, nicht zuletzt deshalb, um Erfahrungen zu sammeln, da die einzelnen statisch unbestimmten Tragwerke sehr verschieden auf Temperaturänderungen reagieren.

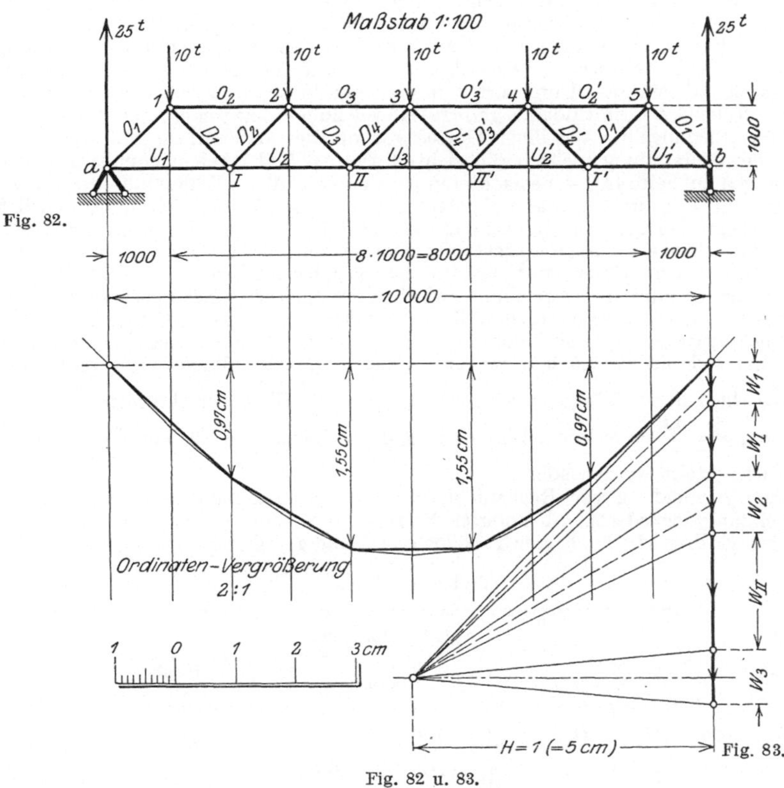

Fig. 82.

Fig. 83.

Fig. 82 u. 83.

Beispiel: Für den durch Fig. 82 und die nachstehende Tabelle Nr. 3 in den erforderlichen Stababmessungen gegebenen Fachwerk-Parallelträger soll die Senkung des Untergurtes für die aus der Fig. 82 ersichtliche Belastung ermittelt werden, d. h. also, es soll die Biegungslinie für den Untergurt gezeichnet werden, welche die lotrechten Verschiebungen aller Punkte des Untergurtes enthält.

Die Berechnung der fingierten w-Lasten für die Längenänderung der Obergurt- und Untergurtstäbe nach der Formel $w = \frac{\Delta s}{r}$ bietet keine Schwierigkeiten. Bei Ermittlung der fingierten Lasten für den Einfluß der Diagonalen ergibt sich, daß die Lote r_u und r_o' mit den beiden der betrachteten Diagonale benachbarten Wandstäben zusammenfallen, was lediglich eine Vereinfachung der w-Bestimmung bedeutet. Es ist jedoch darauf hinzuweisen, daß, während die fingierten Lasten aus der Längenänderung der Untergurtstäbe als in den gegenüberliegenden Obergurtknotenpunkten angreifend gedacht wurden, die fingierten Lasten für den Einfluß der Wandstäbe für den Gurt (oder eine sonstige Punktreihe des Fachwerks natürlich) bestimmt und in den Knoten desselben angreifend gedacht werden müssen, für den die Biegungslinie zu zeichnen ist: in der gestellten Aufgabe also für den Untergurt. Es geht dieses natürlich aus der vorangegangenen Erläuterung der graphischen Darstellung der Fachwerkbiegungslinien hervor; das darauf Bezügliche sei hier zur Einprägung kurz wiederholt: Bei Prüfung des Einflusses der Längenänderungen der Gurtstäbe für sich allein müssen die Wandstäbe als starr betrachtet werden. Es ist klar, daß sich dann die Senkung, die einer der beiden Gurte durch seine Längenänderung erfährt, in gleicher Größe auf den anderen Gurt übertragen muß; dabei ist allerdings zu berücksichtigen, daß die Biegungslinie für einen Gurt zwischen den Knotenpunkten geradlinig verlaufen muß: Daraus ergeben sich dann, da sich die Knotenpunkte des Obergurtes mit denen des Untergurtes in der gewünschten Verschiebungsrichtung nicht decken, verschwindend geringe Abweichungen zwischen der theoretisch genauen Biegungslinie des einen Gurtes von der des anderen, die von der zeichnerischen Darstellung nicht berücksichtigt werden (vgl. auch nochmals die Ausführungen auf Seite 44). — Betrachteten wir den Einfluß der Wandstäbe, so mußten wir zweckmäßig die Gurtstäbe als starr ansehen. Stellen wir uns dieses deutlich vor, so begreifen wir unmittelbar, daß die durch die Längenänderungen der Wandstäbe bewirkte Verschiebung des einen Gurtes von der des anderen verschieden sein muß. Noch klarer wird das für ein Ständerfachwerk (z. B. Fig. 85); bei einem solchen muß die Abweichung zwischen der Senkung eines Knotens des einen Gurtes und der des zugeordneten Knotenpunktes des anderen Gurtes gleich der Längenänderung des diese Knotenpunkte verbindenden vertikalen Ständers sein. Man hat sich hierbei auch daran zu erinnern, daß die Winkel α, β und γ des Stabwerkes, deren Winkeländerungen w wir mit Hilfe der Formeln $w_\alpha = \frac{\Delta s}{r_u}$ und $w_{\beta,\gamma} = \frac{\Delta s}{r'_0}$ berechnen, Winkel desjenigen Gurtes sind, für den die Biegungslinie dargestellt werden soll.

Zur Vermeidung von Rechenfehlern ist es unumgänglich notwendig, die zur Berechnung der w-Größen benötigten Einzelwerte tabellarisch zusammenzustellen, ähnlich wie dieses in den beiden Tabellen (Nr. 3 und 4) dieses Beispiels geschehen ist.

Tabelle Nr. 3.

Stäbe		Querschnitt: Form	Querschnitt: Inhalt cm²
U_1	U'_1	⅃L 100 × 65 × 11	34
U_2	U'_2	⅃L 100 × 65 × 11 I 160 × 13	54,8
U_3	U_3	⅃L 100 × 65 × 11 I 160 × 13 — 160 × 8	67,6
O_1	O'_1	100 × 65 × 11	34
O_2	O'_2	100 × 65 × 11	34
O_3	O'_3	⅃L 100 × 65 × 11 — 160 × 10	50
D_1	D'_1	65 × 65 × 9	22
D_2	D'_2	65 × 65 × 9	22
D_3	D'_3	45 × 45 × 5	8,6
D_4	D'_4	55 × 55 × 6	12,6

Die Spannkräfte der Gurtstäbe berechnet man in diesem einfachen Falle am besten mit Hilfe des Ritterschen Verfahrens; die Spannkräfte der Wandstäbe ergeben sich noch bequemer durch Division der zugehörigen Querkraft mit dem cos 45°.

Bei Aufstellung der Stabquerschnitte brauchen die Nietschwächungen im allgemeinen ebensowenig wie die Querschnittsänderung beim Übergange in die Knotenbleche berücksichtigt zu werden. Als Stablänge wird alsdann die Systemlänge eingeführt.

Als Trägermaterial sei in allen Gliedern gutes Flußeisen gewählt worden; für solches hat die Elastizitätsziffer den Wert $E = 2150$ t/cm².

Tabelle Nr. 4.

Stab	Spannkraft t	Stablänge cm	E kg/cm²	F cm²	Längenänderung Δs cm	r cm	$w = \frac{\Delta S}{r}$ + = Lastrichtung − = entgegenges.	Knotenpunkt	$W = 500\,w$
U_1	+25	200	2150000	34	+0,0684	100	+0,000684	*1*	Knotenpunkt *I* und *I'* $W = 0{,}598$ (cm)
U_2	+55	200	2150000	54,8	+0,0933	100	+0,000933	*2*	
U_3	+65	200	2150000	67,6	+0,0895	100	+0,000895	*3*	
O_1	−35,4	141	2150000	34	−0,0683	141	+0,000485	*I*	Knotenpunkt *II* und *II'* $W = 0{,}974$ (cm)
O_2	−40	200	2150000	34	−0,1094	100	+0,001094	*I*	
O_3	−60	200	2150000	50	−0,1116	100	+0,001116	*II*	
D_1	+21,2	141	2150000	22	+0,0632	$r_u = 141$	−0,000448	(*a*)	Knotenpunkt *1* und *1'* $W = 0{,}342$ (cm)
						$r_o = 141$	+0,000448	*I*	
D_2	−21,2	141	2150000	22	−0,0632	$r_u = 141$	+0,000448	*II*	
						$r_o = 141$	−0,000448	*I*	Knotenpunkt *2* und *2'* $W = 0{,}467$ (cm)
D_3	+ 7,1	141	2150000	8,6	+0,0541	$r_u = 141$	−0,000384	*I*	
						$r_o = 141$	+0,000384	*II*	
D_4	− 7,1	141	2150000	12,6	−0,0370	$r_u = 141$	+0,000262	*II'*	Knotenpunkt *3* $W = 0{,}448$ (cm)
						$r_o = 141$	−0,000262	*II*	

Sollen Irrtümer hinsichtlich der Richtung der w-Lasten vermieden werden, so tut man gut, die errechneten Längenänderungen mit den Vorzeichen zu versehen, die sinngemäß sind, und deshalb auch zur Bezeichnung der entsprechenden Spannkräfte üblich sind. Zur Erkennung der Richtung der fingierten Lasten hat man sich im Zweifelsfalle oder zur Kontrolle nur den jeweiligen alleinigen Einfluß der betrachteten Stablängenänderung auf die Winkeländerung der betroffenen Stäbe des betrachteten Gurtes zu vergegenwärtigen. Fig. 84 deutet das Gesagte nochmals bezüglich der Wandstäbe an.

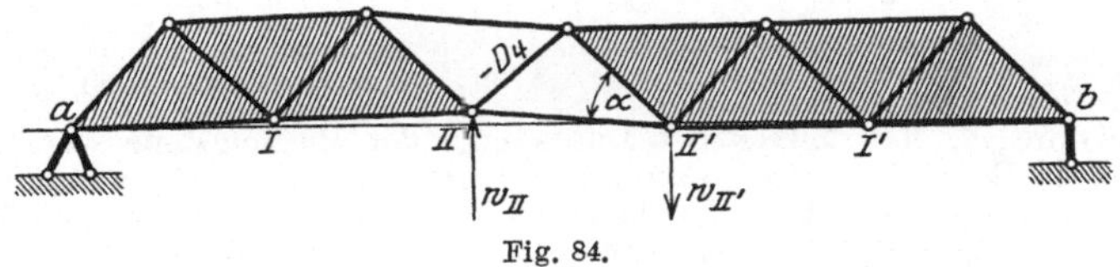

Fig. 84.

Die mit Hilfe der Formel $w = \frac{\Delta s}{r}$ bestimmten w-Zahlen sind zum Ausgleich des Trägermaßstabes, nämlich 1 : 100, mit $\alpha = 100$ zu multiplizieren. Als Einheit für die Auftragung des w-Lastenzuges (d. h. also der Polweite $H = 1$) sei die Länge 5 cm gewählt; sonach sind die w-Zahlen auch noch mit dem Faktor $\beta = 5$ zu erweitern. — Es scheint zweckmäßig zu sein, auch noch den Faktor $\gamma = 2$ einzuführen, um die Durchbiegungsordinaten im Maßstabe 2 : 1 vergrößert zu erhalten.

Für die einzelnen Knoten des Untergurtes I, II, II', I' ergeben sich folgende fingierte Lasten W:

$$W_I = 0{,}598 \text{ (cm)} = W_I'$$
$$W_{II} = 0{,}974 \text{ ,, } = W_{II}'$$

Desgleichen für die Knotenpunkte des Obergurtes:

$$W_1 = 0{,}342 \text{ (cm)} = W_1'$$
$$W_2 = 0{,}467 \text{ ,, } = W_2'$$
$$W_3 = 0{,}448 \text{ ,, } = W_3'$$

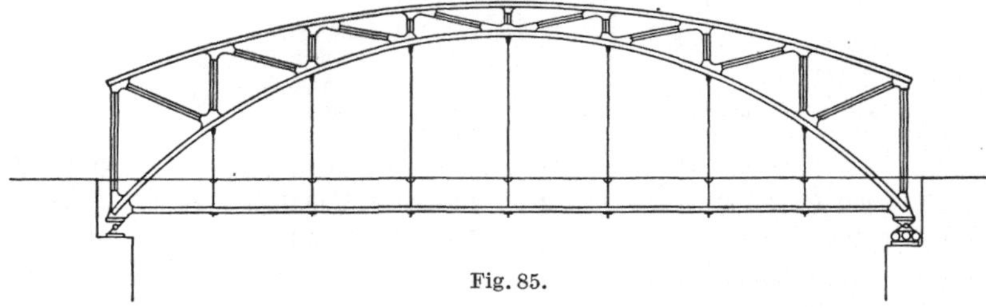

Fig. 85.

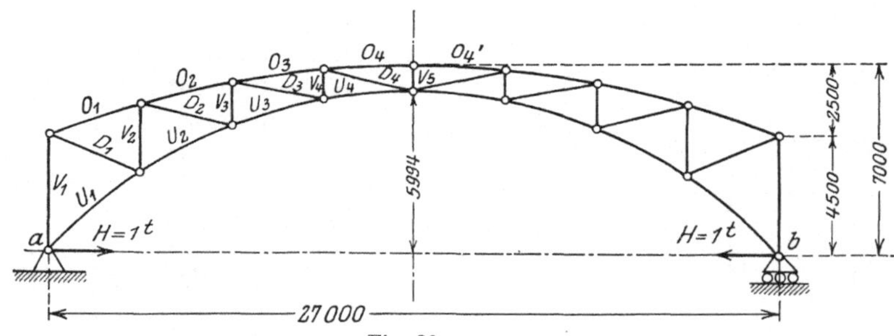

Fig. 86.

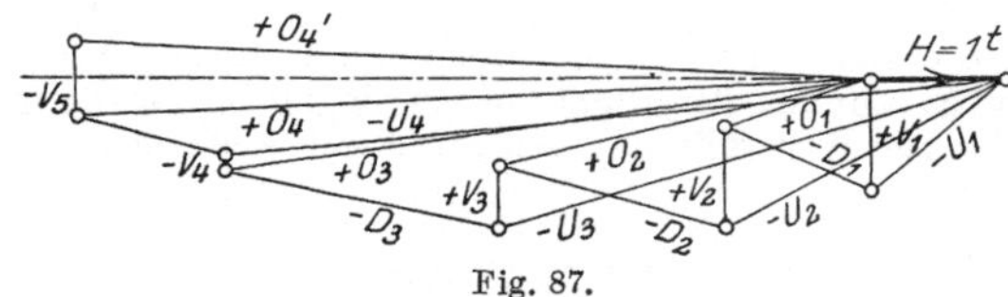

Fig. 87.

Als Seilzug für diese „Lasten“ ergibt sich die gesuchte Biegungslinie für den Untergurt mit den nachstehend aufgeführten Knotenpunktsenkungen:

$$\eta_I = 0{,}97 \text{ cm} = \eta_I'$$
$$\eta_{II} = 1{,}55 \text{ ,, } = \eta_{II}'$$

Beispiel 2. Der Zweck der Darstellung der Biegungslinie war im vorangegangenen Beispiel des Fachwerkparallelträgers nur die Bestimmung der Durchbiegung dieses Tragwerkes. In diesem Beispiel sollen dagegen Verschiebungselemente der Formänderungsgleichung einer statisch unbestimmten Rechnung ermittelt werden. Die Formänderungsgleichung für den diesem Beispiel zugrunde gelegten deutschen Bogen, Fig. 85, enthält, nach Vereinfachung mit Hilfe des noch zu behandelnden Lehrsatzes von der Gegenseitigkeit der Verschiebungen, den Ausdruck

$$H \cdot \Sigma \delta_{mb}.$$

In diesem Ausdrucke ist H zunächst nur die Einheit der überzähligen Spannkraft, angreifend im Auflagerpunkte b. Die Punkte m sind die Lastangriffspunkte, in unserem Falle also die Knotenpunkte des Untergurtes. Die zahlenmäßige Auswertung des Ausdruckes $H \cdot \Sigma \delta_{mb}$ stellt die Aufgabe, eine Biegungslinie zu zeichnen für die Hebung des Untergurtes in Lastrichtung bei Beanspruchung des zugbandlosen Bogens durch eine Horizontalkraft $H = 1$ in den Punkten a und b.

Die benötigten Abmessungen dieses Bogens sind, soweit sie nicht aus der Fig. 86 ersichtlich sind, der Tabelle Nr. 5 zu entnehmen. Die Stablängen können

Tabelle Nr. 5.

Stab	Querschnittsform	Querschnitts-Fläche cm²
O_1	ℶ ⊏ 2 ⊔ NP. 14	40,8
O_2	ℶ ⊏ 2 ⊔ NP. 14	40,8
O_3	ℶ ⊏ 2 ⊔ NP. 14	40,8
O_4	ℶ ⊏ 2 ⊔ NP. 14	40,8
U_1	ℶ ⊏ 2 ⊔ NP. 16 1 – 260 × 8	68,8
U_2	ℶ ⊏ 2 ⊔ NP. 16	48,0
U_3	ℶ ⊏ 2 ⊔ NP. 16	48,0
U_4	ℶ ⊏ 2 ⊔ NP. 16	48,0
V_1	4 ∟ 40 × 40 × 4	12,3
V_2	4 ∟ 40 × 40 × 4	12,3
V_3	4 ∟ 40 × 40 × 4	12,3
V_4	4 ∟ 40 × 40 × 4	12,3
V_5	4 ∟ 40 × 40 × 4	12,3
D_1	4 ∟ 40 × 40 × 4	12,3
D_2	4 ∟ 40 × 40 × 4	12,3
D_3	4 ∟ 40 × 40 × 4	12,3
D_4	4 ∟ 40 × 40 × 4	12,3

zeichnerisch oder rechnerisch ermittelt werden. Zur Bestimmung der Spannkräfte ist das Zeichnen eines Kräfteplanes am bequemsten, muß jedoch zur Vermeidung größerer Ungenauigkeiten für dieses System unter möglichst genauer Einhaltung der Stabneigungen ausgeführt werden. Die Feststellung der Zahlenwerte für die Lote r sowie r_u und r_o' erfolgt zweckmäßig zeichnerisch durch Aufreißen des Systems in großem Maßstabe. (Die Bestimmung der Radien r, r_u und besonders r_o' deutet Fig. 88, 89 und 90 an.)

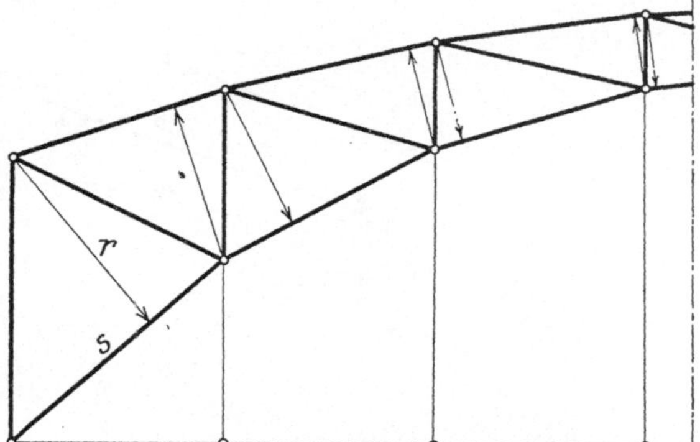

Fig. 88. Zeichnerische Ermittelung der Abstände der Gurtstäbe von den zugeordneten Knotenpunkten.

Nach beendeter übersichtlicher Zusammenstellung dieser Werte, ähnlich Tabelle Nr. 6, errechnen sich die fingierten Lasten $w = \frac{\Delta s}{r}$, wie im Beispiel 1, ohne Schwierigkeiten. Eine Ausnahme macht der mittelste Vertikalstab, be-

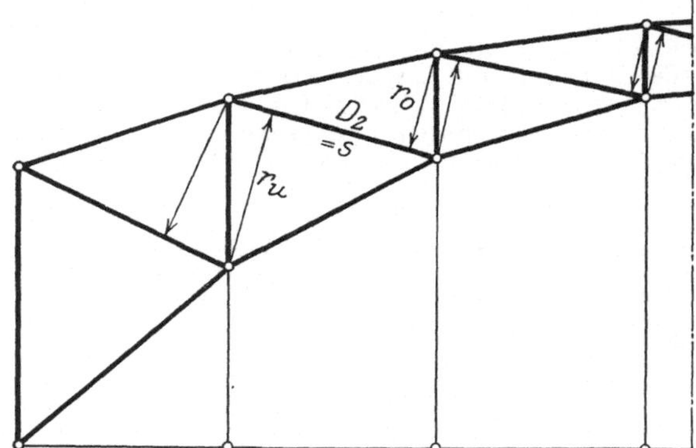

Fig. 89. Ermittelung der Radien für die Diagonalen.

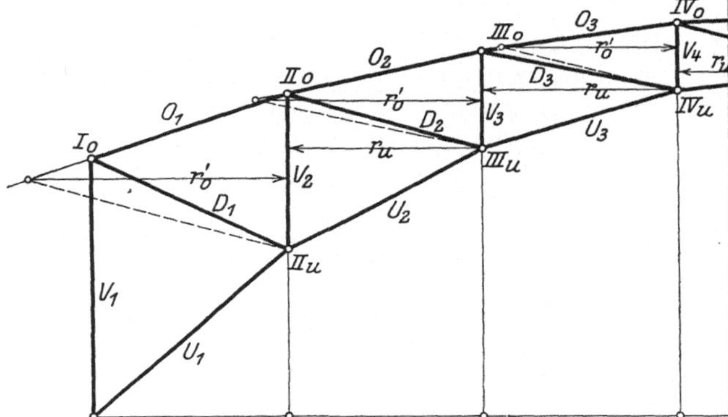

Fig. 90. Ermittelung von Radien für die Vertikalen.

zeichnet mit V_5. Auf die Ermittelung des Einflusses der Längenänderung dieses Stabes auf die Winkeländerung w zwischen den beiden Untergurtstäben U_4 und U_4' lassen sich die bisher gegebenen Regeln, wie der Versuch lehrt, nicht ohne weiteres anwenden; diese Winkeländerung w, oder, was — wie wir wissen — dasselbe ist: die fingierte Last im Punkte V_u, läßt sich jedoch durch eine den bisherigen gleichartige Erwägung leicht herleiten. Zur Übung des Lesers in der Behandlung solcher von der Regel abweichender Fälle möge die Entwicklung hier durchgeführt werden: Fig. 91 stellt das mittlere Bogenstück zwischen den Vertikalen V_4 und V_5 dar. Alle Stäbe, außer V_5 von der Länge s, werden als starr betrachtet, während eine Verkürzung des Vertikalstabes V_5 von der Größe Δs eintritt; unter dieser Voraussetzung treten — bei festem Punkte V_u und fester Richtung V_5 — folgende Bewegungen ein, vgl. Fig. 91: Der Obergurtknoten V_o bewegt sich in Richtung V_u

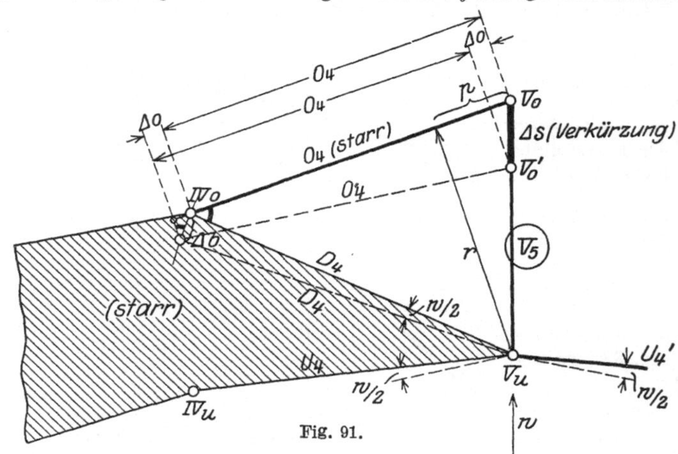

Fig. 91.

und nimmt die Lage V_o' ein. Gleichzeitig vollführt der starre Obergurtstab O_4 eine Drehbewegung um diesen Obergurtknoten, während der starre Wandstab D_4 ebenso wie der der gleichen starren Scheibe angehörige Untergurtstab U_4 eine

Drehbewegung um den Untergurtknoten V_u ausführt, und zwar um den Winkel $\frac{w}{2}$ (diese Winkeländerung wird hier mit $\frac{w}{2}$ bezeichnet, weil sie bei der symmetrischen Ausbildung und Belastung des vorliegenden Fachwerks mit der sich für U'_4 ergebenden Winkeländerung gleiche Größe gemeinsam hat). Der Bogen, den der Wandstab D_4 mit seinem Endpunkte IV_o um V_u beschreibt, werde mit $\varDelta b$ und die Projektion desselben auf die Verlängerung des Obergurtstabes O_4 mit $\varDelta O$ bezeichnet. Die Projektion des Vertikalstabes s (V_5) auf den Obergurt durch das Lot r werde p genannt. Die Figur lehrt, daß das von D_4 und r gebildete Dreieck dem kleinen Verschiebungsdreieck über $\varDelta b$ ähnlich ist. Wir können zunächst für $\frac{w}{2}$ den Wert anschreiben:

$$\frac{w}{2} = \frac{\varDelta b}{D_4}.$$

Tabelle Nr. 6.

Stab	s Stablänge cm	S Stabkraft für $H = 1^t$	F Querschnitt cm²	$\varDelta s = \frac{S \cdot s}{E \cdot F}$ Stablängenänderung cm	W-Berechnung $W = 3000\,w$ $\left\{\begin{array}{l}\alpha = 300\\ \beta = 5\\ \gamma = 2\end{array}\right.$ Radius r cm	zugeordneter Knotenpunkt	W (cm)	ΣW für die einzelnen Knotenpunkte
O_1	355	+ 1,14	40,8	+0,0046	256	II_u	+0,054	
O_2	346	+ 2,84	40,8	+0,0112	165	III_u	+0,204	Knotenpunkt
O_3	341	+ 4,90	40,8	+0,0190	116	IV_u	+0,491	I_o und I'_o: 0,035
O_4	338	+ 5,96	40,8	+0,0229	101	V_u	+0,681	
U_1	446	— 1,32	68,0	—0,0040	341	I_o	+0,035	Knotenpunkt
U_2	382	— 2,35	48,0	—0,0087	239	II_o	+0,109	
U_3	352	— 3,93	48,0	—0,0134	163	III_o	+0,247	II_u und $II'_u = 0{,}074$
U_4	339	— 5,87	48,0	—0,0193	117	IV_o	+0,495	II_o „ $II'_o = 0{,}109$
V_1	450	+ 0,86	12,3	+0,0146	$r_n = 338$	II_u	+0,130	$\Sigma = 0{,}183$
					$r_0 =$ —	—	—	
V_2	270	+ 0,74	12,3	+0,0076	$r_n = 338$	III_u	+0,068	Knotenpunkt
					$r_0 = 448$	II_u	—0,051	III_u u. $III'_u = 0{,}178$
V_3	170	+0,46	12,3	+0,0030	$r_n = 338$	IV_u	+0,027	III_o „ $III'_o = 0{,}247$
					$r_0 = 390$	III_u	—0,023	$\Sigma = 0{,}425$
V_4	117	— 0,14	12,3	—0,0006	$r_n = 338$	V_u	—0,005	
					$r_0 = 302$	IV_u	+0,006	
V_5	101	— 0,53	12,3	—0,0020	$r = 101$	V_u	+0,000	Knotenpunkt
					$p = 4{,}5$			IV_u u. $IV'_u = 0{,}834$
D_1	373	— 1,21	12,3	—0,0171	$r_n =$ —	—	—	IV_o „ $IV'_o = 0{,}495$
					$r_0 = 244$	II_u	+0,210	$\Sigma = 1{,}329$
D_2	350	— 1,76	12,3	—0,0233	$r_n = 260$	II_u	—0,269	
					$r_0 = 164$	III_u	+0,426	Knotenpunkt
D_3	345	— 2,11	12,3	—0,0275	$r_n = 166$	III_u	—0,497	
					$r_0 = 115$	IV_u	+0,718	$V_u = 2{,}302$
D_4	348	— 1,18	12,3	—0,0155	$r_n = 114$	IV_u	—0,408	$V_o = 0{,}000$
					$r_0 = 98$	V_u	+0,475	$\Sigma = 2{,}302$

Darin ist, zufolge der Ähnlichkeit der genannten Dreiecke:

$$\Delta b = \frac{D_4}{r} \Delta o .$$

Die Einsetzung dieses Wertes in die erste Gleichung ergibt:

$$\frac{w}{2} = \frac{\Delta o}{r} .$$

Die Projektion Δo des Bogens Δb ist praktisch gleich der Projektion der Verkürzung Δs gleichfalls auf den Obergurtstab O_4, denn Stab O_4 hat seine Länge nicht geändert und seine geringe Winkeländerung gegen seine ursprüngliche Lage bleibt bezüglich der Projektionen praktisch ohne Wirkung. Aus dieser Überlegung ergibt sich, unter gleichzeitiger Berücksichtigung der Ähnlichkeit der Projektionsdreiecke über s und Δs, der Wert von Δo zu:

$$\Delta o = \frac{p}{s} \cdot \Delta s .$$

Die Einsetzung in die vorletzte Gleichung ergibt den gesuchten Wert

$$\frac{w}{2} = \frac{p}{s} \cdot \frac{\Delta s}{r} .$$

Nähert sich der Winkel zwischen Obergurtstab O_4 und Vertikalstab V_5 einem Rechten, so wird der Einfluß der Längenänderung des Vertikalstabes außerordentlich gering, was außer der Formel auch bereits die Betrachtung des Stabwerkes, Fig. 85, unmittelbar lehrt.

In Fig. 92 ist der Fachwerkbogen im Maßstabe 1 : 300 dargestellt worden; nach den Ausführungen auf Seite 42 ist es also erforderlich, die errechneten Werte $w = \frac{\Delta s}{r}$ mit einem Faktor $\alpha = 300$ zu erweitern. Der Polabstand $H = 1$ des fingierten Kräftezuges möge mit 5 cm aufgezeichnet werden; diese Länge ist alsdann auch die Einheit, in der die berechneten w Größen aufzutragen sind d. h. also, um die w Größen in cm darstellen zu können, müssen die bisher dafür berechneten Zahlenwerte mit der Zahl $\beta = 5$ multipliziert werden. Zur vergrößerten Darstellung der Verschiebungsordinaten, die zweckmäßig erscheint, möge dann schließlich noch als dritter Erweiterungsfaktor die Zahl $\gamma = 2$ eingeführt werden.

Unter Berücksichtigung des Gesagten ergeben sich dann für die Knotenpunkte des Untergurtes, für den laut Aufgabe die Biegungslinie zu suchen ist, folgende Werte W:

$$\begin{aligned}
W_I &= 0{,}035 \text{ (cm)} = W_I' \\
W_{II} &= 0{,}183 \quad ,, \quad = W_{II}' \\
W_{III} &= 0{,}425 \quad ,, \quad = W_{III}' \\
W_{IV} &= 1{,}329 \quad ,, \quad = W_{IV}' \\
\frac{W_V}{2} &= 1{,}151 \quad ,, \quad = \frac{W_V}{2} \\
\hline
\frac{\Sigma W}{2} &= 3{,}123 \text{ (cm)}.
\end{aligned}$$

Die für den Einfluß der Längenänderung der Untergurtstäbe in den Obergurtknoten anzubringenden fingierten Lasten haben in diesem Falle mit den in den Untergurtknoten angreifenden fingierten Lasten die Wirkungslinien gemeinsam, so daß sie nicht getrennt aufgeführt zu werden brauchen. Die sich für die einzelnen Untergurtknoten aus den Gurtlängenänderungen ergebenden W-Lasten sind, entsprechend der Durchbiegung (Hebung), vertikal nach oben gerichtet weshalb wir diese Richtung als die positive angenommen haben. Demgemäß ergibt sich z. B. die Längenänderung des Vertikalstabes V_5, da sie zur Hebung beiträgt, (vgl. Fig. 86 u. 91), gleichfalls eine positive w-„Last".

Fig. 92.
Maßstab: 1:300
27000
H=1 (5cm)
δbb=1,23cm
Ordinaten=Maßstab: γ=2
1,07cm
0,97cm
0,68cm
0,35cm
ΣW/2 = 3,123cm
Fig. 93.
Fig. 94.
3cm

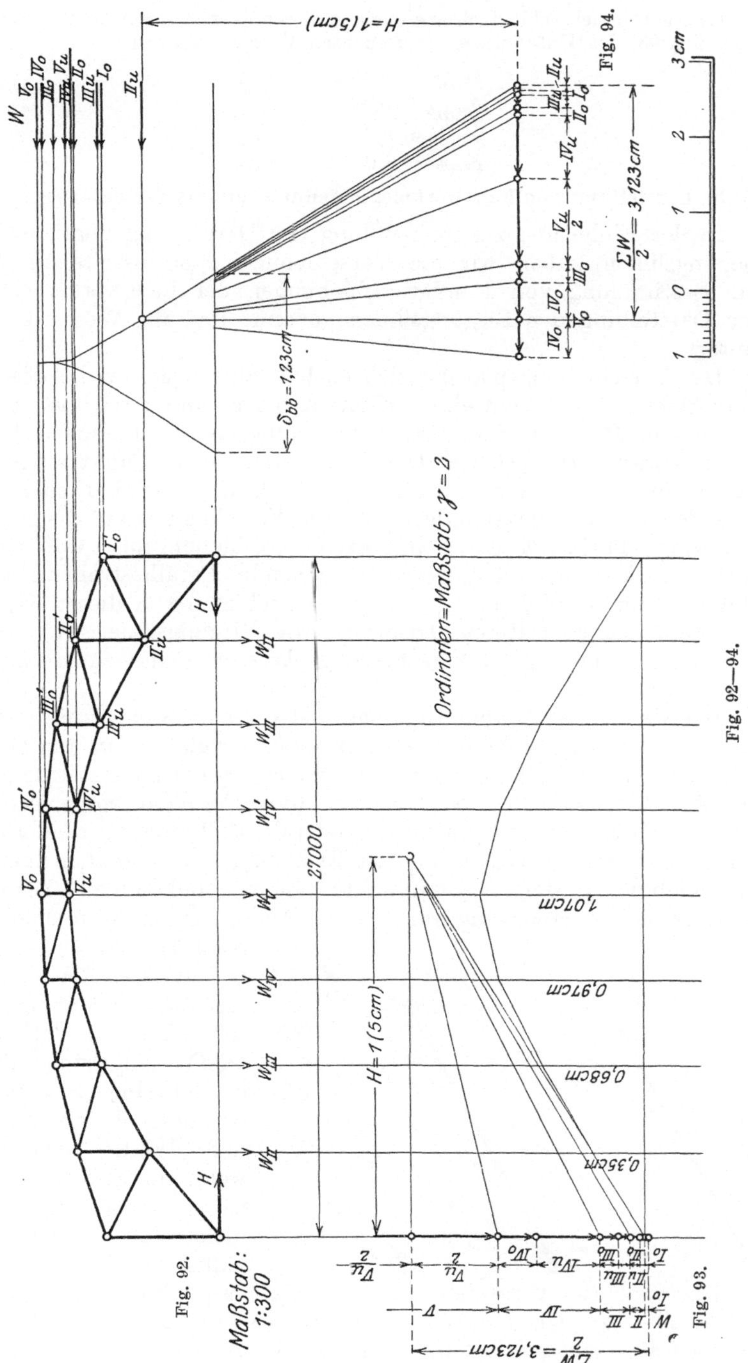

Fig. 92—94.

Es ergeben sich schließlich aus der mit diesen Werten gezeichneten Biegungslinie, Fig. 93, des Untergurtes die gesuchten Verschiebungen:

$$\begin{aligned}
\delta m_{II} b &= 0{,}35 \text{ cm} = \delta m'_{II}\, b \\
\delta m_{III} b &= 0{,}68 \;\;,, \;\; = \delta m'_{III} b \\
\delta m_{IV} b &= 0{,}97 \;\;,, \;\; = \delta m'_{IV} b \\
\delta m_{V} b &= 1{,}07 \;\;,, \;\; = \delta m_{V} b
\end{aligned}$$

β) Die Darstellung von Fachwerkbiegungslinien mittels Verschiebungsplänen.

In der Einleitung zur Behandlung der Darstellung von Fachwerkbiegungslinien haben wir die Verschiebungspläne bereits als Mittel zur Bestimmung von Punktverschiebungen der Fachwerkträger und zur Darstellung der Biegungslinien genannt und ihr Wesen kurz erläutert.

Der Verschiebungsplan an sich enthält zunächst nur die absoluten Verschiebungen der einzelnen Knotenpunkte, und zwar als Strahlen von einem Pole aus (der einem als festliegend angesehenen Punkte des Tragwerkes entspricht). Die Verschiebung eines Punktes des Tragwerkes in bezug auf eine beliebige Richtung wird natürlich leicht gefunden durch Projektion der absoluten Verschiebung auf die gewählte Richtung. Projiziert man den ganzen Verschiebungsplan auf von den Knotenpunkten des Tragwerks ausgehende Parallelstrahlen, so erhält man für jeden Knotenpunkt die Verschiebung in dieser Richtung und damit ohne weiteres gleichzeitig die Biegungslinie. Wir werden das nach Behandlung des Verschiebungsplanes an sich nochmals an einer Figur erläutern.

Bei starren, nach dem Bildungsgesetze (siehe S. 11) aus Stabdreiecken zusammengesetzten Fachwerkträgern, vgl. das im übrigen beliebige System Fig. 97, kann eine Verschiebung der Systemfigur in sich nur eintreten, wenn einer oder mehrere Stäbe Formänderungen erfahren, sei es durch Kräftebeanspruchungen oder durch Temperaturänderungen. Eine derart erfolgte Änderung der Systemfigur wird dann durch die Verschiebungen der Knotenpunkte allein vollkommen bestimmt, wenn diese Formänderung nur in einer Änderung der Systemlänge der Stäbe besteht. Dieses dürfte bei unseren Berechnungen fast immer nur der Fall sein. Mit der Verkürzung oder Verlängerung der Seiten der einzelnen Stabdreiecke ist natürlich eine Änderung der Winkel verbunden, wenn die Stablängenänderungen, wie wohl stets, nicht im Stablängenverhältnis erfolgen.

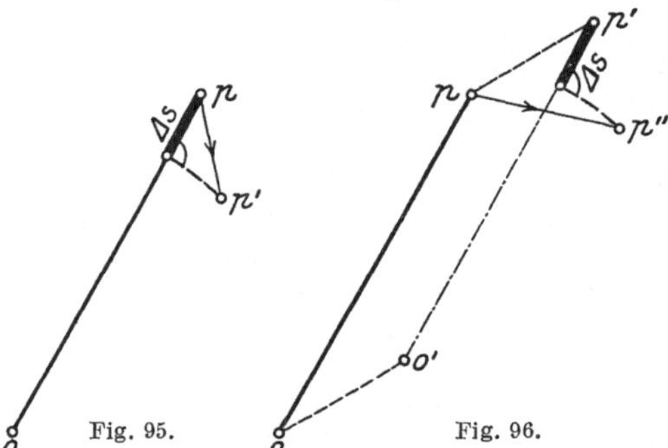

Fig. 95. Fig. 96.

Die absolute Verschiebung eines Stabendpunktes (vgl. Fig. 95, Punkt p) setzt sich demnach, wenn der andere Stabendpunkt (o) zunächst festliegend gedacht wird, aus zwei Einzelbewegungen zusammen: aus einer Radialverschiebung zum Festpunkte o (also einer Verschiebung in der Stabachse) von der Größe der Stablängenänderung (Δs) und sodann einer Drehbewegung um den Festpunkt infolge der im zugeordneten Stabdreiecke meist eintretenden Winkeländerung. — Erfährt der eben noch als fest betrachtete Stabendpunkt gleichfalls eine Verschiebung, so ist zur Bestimmung der absoluten Verschiebung des anderen Stabendpunktes außer dessen beiden erstgenannten Einzelverschiebungen auch noch diese weitere Verschiebung nach Größe, Lage und Richtung als Komponente in dem aus diesen Verschiebungen zusammengesetzten — den Kräfteplänen wesensähnlichen — Verschiebungsplane einzuführen; Fig. 96.

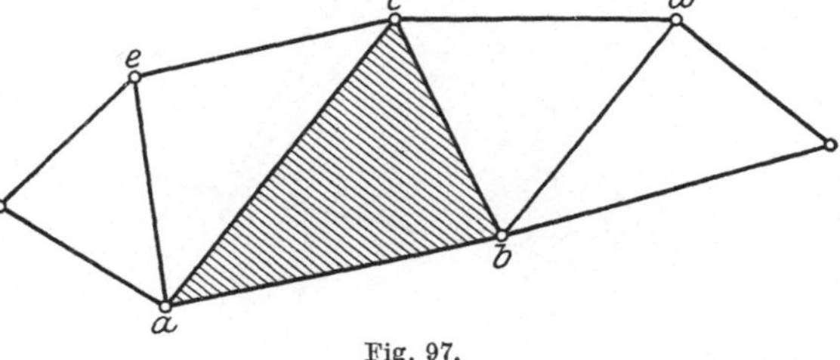

Fig. 97.

Unter diesen Einzelverschiebungen muß die Längenänderung der Stäbe unmittelbar gegeben sein; die Größe der Drehbewegungen bestimmt sich alsdann aus der Überlegung, daß jeder Stabendpunkt ja auch der Endpunkt eines anderen Stabes ist, und daß diese beiden Stäbe, gemäß den Voraussetzungen, auch nach der Formänderung über einem dritten Stabe als Basis ein Dreieck bilden müssen. Die Lageänderung des Basisstabes, also die absolute Verschiebung seiner Endpunkte, muß natürlich zuvor in gleicher Weise ermittelt werden bzw. gegeben sein.

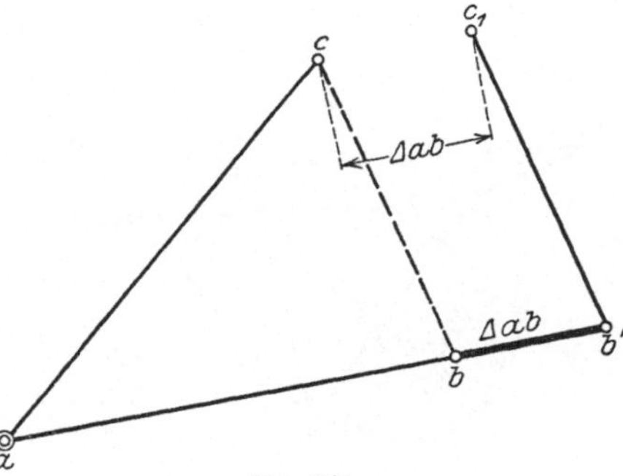

Fig. 98.

Nach diesen Überlegungen wollen wir versuchen, einen Verschiebungsplan für das in Fig. 97 dargestellte beliebige Fachwerk, dessen Stablängenänderungen gegeben sein mögen, zu zeichnen. — Wir brauchen in diesem Abschnitte bei Aufstellung von Verschiebungsplänen in Anbetracht des Zweckes offenbar nur die Systemfigur ohne Rücksicht auf die Lagerung zu betrachten. Natürlich müssen die Längenänderungen bereits ermittelt oder gegeben sein; ihre Ursachen interessieren uns hier jedoch nicht. Es ist daher aber nötig, einen Knotenpunkt und die Lage eines davon ausgehenden Stabes als fest zu betrachten, um dadurch eine Ausgangsbasis zu gewinnen. Der theoretische Aufbau des Stabwerkes Fig. 97 möge von dem beliebig gewählten Stabdreiecke $a \div b \div c$ aus, als Grunddreieck, erfolgt sein. Für die Darstellung des Verschiebungsplanes mag der Punkt a und die Lage des Stabes $a \div b$ als unverschieblich angesehen werden.

Am einfachsten ist alsdann die neue Lage b' des Punktes b, siehe Fig. 98, nach erfolgter Formänderung des Stabwerkes zu bestimmen:

es ist nur nötig, die Stablängenänderung $\Delta a b$ von b aus in der Richtung der Längenänderung abzutragen. Als Stablängenänderung mag hier eine Verlängerung gewählt werden (vgl. Fig. 98). Weniger einfach ist die Bestimmung der neuen Lage des Punktes c, nämlich c'. Zur besseren Veranschaulichung der Zusammensetzung dieser Punktverschiebung mögen die Richtungen der Stablängenänderungen gewählt werden: Stab $a \div c$ werde etwa einer Verlängerung und Stab $b \div c$ einer Verkürzung unterworfen. Zur Herbeiführung einer klaren Vorstellung der Bewegungsvorgänge bei Lageänderung des Punktes c nehmen wir zunächst einmal an, daß die Verbindung der Stäbe in c vor Eintritt jeder Formänderung des Stabwerkes gelöst sei, vgl. Fig. 98. Tritt dann die Längenänderung des Stabes $a \div b$ gleich $b \div b'$ ein, so möge der Stab $b \div c$ eine Parallelverschiebung seiner Punkte von der Größe und Richtung der Verschiebung $b \div b'$ ($\Delta a b$) ausführen. Der Endpunkt c dieses Stabes wird alsdann die Lage c_1 im Abstande $\Delta a b$ von c aus einnehmen. Infolge der Verkürzung des Stabes $b \div c$ wird nun der Stabendpunkt c des weiteren sich von c_1 um die Größe der Längenänderung nach c_2 bewegen, vgl. Fig. 99. Ferner wird der Punkt c, wenn wir ihn nunmehr auch in seiner Eigenschaft als Endpunkt des Stabes $a \div c$ betrachten, sich infolge Längenänderung dieses Stabes in Richtung der Stabachse nach c_3 bewegen müssen. Wollen wir jetzt die Gelenkverbindung der Stabendpunkte c wiederherstellen, so muß der Stab $a \div c$ um seinen Endpunkt a und der Stab $b \div c$ um seinen Endpunkt b eine Drehbewegung bis zur Wiedervereinigung in c ausführen. Der Schnittpunkt des Kreisbogens mit $a \div c_3$

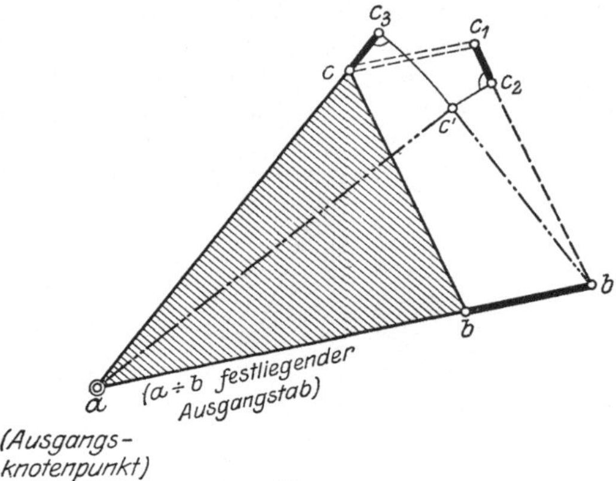

Fig. 99.

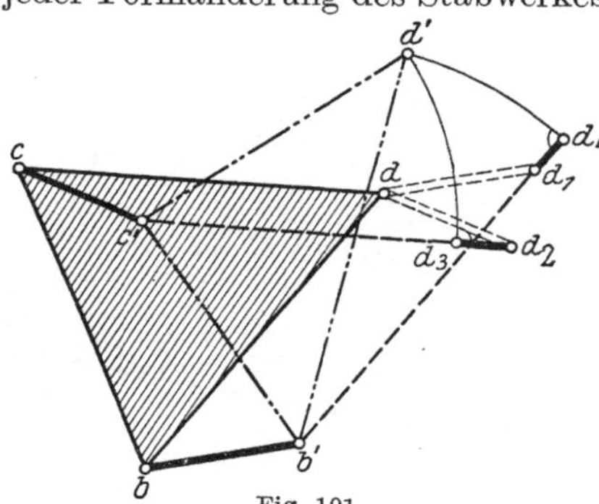

Fig. 101.

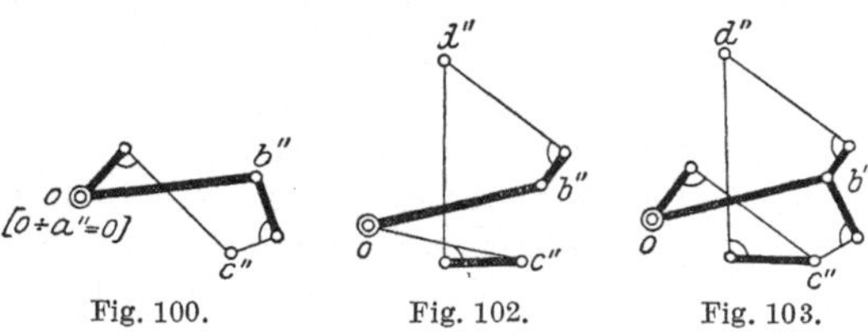

Fig. 100. Fig. 102. Fig. 103.

um a mit dem Kreisbogen um b' mit $b' \div c_2$ gibt also schließlich die gesuchte neue Lage des Punktes c an; in Fig. 99 ist diese neue Lage mit c' bezeichnet worden, ferner ist das geänderte System durch strichpunktierte Linien angedeutet worden.

Wenn wir uns nun vergegenwärtigen, daß die von den Stabendpunkten beschriebenen Kreisbögen im allgemeinen von verschwindend geringer Größe im Verhältnis zu den Stablängen sind — denn die im Verhältnis zur Stablänge überhaupt möglichen Längenänderungen eines Stabes können ja bei Tragwerksmaterial nur gering sein — so erkennen wir, daß diese Bögen als Senkrechte auf den Stäben in den Stabendpunkten aufgefaßt werden können: daß es mithin nicht nötig ist, die Konstruktion der Kreisbögen an dem Stabdreiecke vorzunehmen, was praktisch auch fast unmöglich wäre, wie sich der Leser deutlich vorstellen mag. Wir können das kleine Verschiebungsfünfeck an der Spitze des Stabdreiecks Fig. 99 für sich ohne Aufzeichnung des Stabdreiecks — etwa von einem Pole 0 aus, siehe Fig. 100, der dem Punkte a des Stabdreiecks entspricht, da dieser laut Voraussetzung die Verschiebung $0 \div a''$ gleich Null hat — ähnlich einem Kräfteplane zusammensetzen aus fünf Verschiebungen, von denen die Längenänderung der drei Stäbe nach Größe, Lage und Richtung gegeben sind, die übrigen (nämlich die als gerade Linien senkrecht zu den Stäben aufzufassenden Kreisbögen um die beiden Stabendpunkte a und b) nur ihrer Lage nach; diese letzteren Einzelverschiebungen sind also zum Schnitte zu bringen, womit sie die neue Lage des Punktes c in bezug auf den gewählten Pol $0 = a''$ bestimmen.

Dieser bisher nur für das Grunddreieck gezeichnete Verschiebungsplan läßt sich nun natürlich weiter entwickeln zu einem Verschiebungsplane, der die Verschiebungen sämtlicher Knotenpunkte des Stabwerkes, von dem Pole $0 = a''$ aus gemessen, enthält. Es ist klar, daß immer nur die Verschiebung eines solchen Knotenpunktes bestimmt werden kann, bei dem für zwei zugeordnete Stabendpunkte die Verschiebung bereits bekannt ist. Zur Fortsetzung der Aufzeichnung des Verschiebungsplanes würden jetzt also nur die Punkte e oder d, Fig. 97, in Betracht kommen. Für die dem Knotenpunkte d zugeordneten Stabendpunkte c und b sind die Verschiebungen bereits als die Strahlen $0 \div b''$ und $0 \div c''$ im Verschiebungsplane Fig. 100 enthalten. Wir brauchen also, um uns die Verschiebung des Punktes d klarzumachen, nur die beiden Stäbe $b \div d$ und $c \div d$ unter Berücksichtigung der nunmehr gegebenen Verschiebungen ihrer Ausgangsknotenpunkte b und c zu betrachten. Dabei gehen wir in gleicher Weise vor, wie wir es schon beim Grunddreiecke zum Zwecke der Erläuterung getan haben: Wir denken uns wiederum den Gelenkpunkt d, siehe Fig. 101, gelöst und lassen die Stäbe $b \div d$ und $c \div d$ Parallelverschiebungen gleichzeitig mit den bereits bekannten Verschiebungen ihrer Endpunkte c und b ausführen. Der Punkt d wird dann als Endpunkt des Stabes $b \div d$ die neue Lage d_1 und als Endpunkt des Stabes $c \div d$ die Lage d_2 einnehmen. Jetzt schreiten wir zur Berücksichtigung der Stablängenänderungen. Zur Veranschaulichung mögen wiederum ihrer Richtung nach bestimmte Stablängenänderungen gewählt werden: Stab $b \div d$ erfahre eine Verlängerung, Stab $c \div d$ eine Verkürzung. Diese Verschiebungen sind nun von den neuen Lagen d_1 und d_2 des Punktes d auf den neuen Lagen der Stabachsen $b' \div d_1$ und $c' \div d_2$ abzutragen. Der in sich vorläufig noch getrennte Gelenkpunkt d nimmt dann die neuen Lagen d_3 und d_4 ein. Sollen nunmehr diese zusammengehörigen Stabendpunkte d zu dem Knotenpunkte d vereinigt werden, so müssen die beiden Stäbe $b' \div d_4$ und $c' \div d_3$ eine Drehbewegung um ihre Endpunkte b' bzw. c' ausführen. In Fig. 101 ist die so ermittelte neue Lage des Knotenpunktes d mit d' bezeichnet worden.

Es ist auch hier wieder nicht nötig, den Verschiebungsplan unter Darstellung der beteiligten Stäbe aufzuzeichnen, wie dieses in Fig. 101 geschehen ist. Wir bemerken ferner, daß das dort bei d gezeichnete Verschiebungsvieleck auch ohne weiteres durch Vervollständigung des Verschiebungsplanes Fig. 100 dargestellt werden konnte: den in Fig. 101 von d aus angetragenen Verschiebungen der Punkte b und c entsprechen im Verschiebungsplane Fig. 100 mit genau gleicher Größe, Lage und Richtung, gemäß dem in Fig. 99 analytisch geschilderten Vorgange, die Strahlen $0 \div b''$ und $0 \div c''$. An diese Verschiebungen haben wir nur die weiteren Verschiebungen aus der Fig. 101 in gleicher Weise wie dort anzutragen, Fig. 102, wobei die im Verhältnis zu ihren Radien, den Stablängen, verschwindend kleinen Kreisbögen wiederum als gerade Linien senkrecht zu den Stabachsen gezeichnet werden können. Fig. 103 stellt den gemeinsamen Verschiebungsplan für die Verschiebungen der Punkte a, b, c und d dar.

In der gleichen Weise, wie oben dargelegt, schreiten wir von Knotenpunkt zu Knotenpunkt zur Bestimmung ihrer Verschiebungen weiter vor. Fig. 105 stellt den derart vollständig entwickelten Verschiebungsplan des beliebigen Stabwerkes Fig. 104 dar, unter willkürlicher Annahme der Stablängenänderungen.

Wollen wir das bis jetzt Gesagte noch einmal zusammenfassen, so müssen wir kurz Antwort geben auf die Frage: Wie ist nun also praktisch ein Verschiebungsplan für ein auflagerloses, unverschiebliches Fachwerk, dessen Stablängenänderungen gegeben sind, zu zeichnen? Die Antwort lautet: Es ist ein beliebiger Knotenpunkt als Festpunkt zu wählen (zweckmäßig ungefähr auf Mitte zwischen den Endpunkten). Also Verschiebung dieses Knotenpunktes im Verschiebungsplane vom Pole aus gleich Null. Der Verschiebungsendpunkt fällt daher mit dem Pole zusammen, weshalb man dem Pole auch den Namen dieses Punktes zu geben pflegt. Außer dem Festpunkte muß als Ausgangsbasis eine von Festpunkte ausgehende Stablage als unveränderlich angesehen werden. Die Verschiebung des anderen Endpunktes dieses Stabes läßt sich nach dieser Voraussetzung unmittelbar in den Verschiebungsplan einzeichnen durch Abtragen der Längenänderung des Stabes vom Pole aus auf die Richtungslinie des Stabes in der durch die Art der Längenänderung angegebenen Richtung. Den gewonnenen Verschiebungsendpunkt bezeichnet man, wie auch alle ferneren, natürlich mit dem gleichen Buchstaben oder ähnlich, mit dem man den entsprechenden Systempunkt bezeichnet hat. Alsdann sind immer nur von je zwei bereits ermittelten Verschiebungsendpunkten des Verschiebungsplanes, deren zugehörige Knotenpunkte im System die Basis für einen weiteren Knotenpunkt bilden, die Längenänderungen der beiden zugehörigen Stäbe in der Stabrichtungslinie abzutragen, und zwar in der Richtung, welche durch die Bewegung des neu betrachteten Knotenpunktes infolge der Längenänderung des betrachteten Stabes gegen den Ausgangsknoten angegeben wird. In den freien Endpunkten dieser

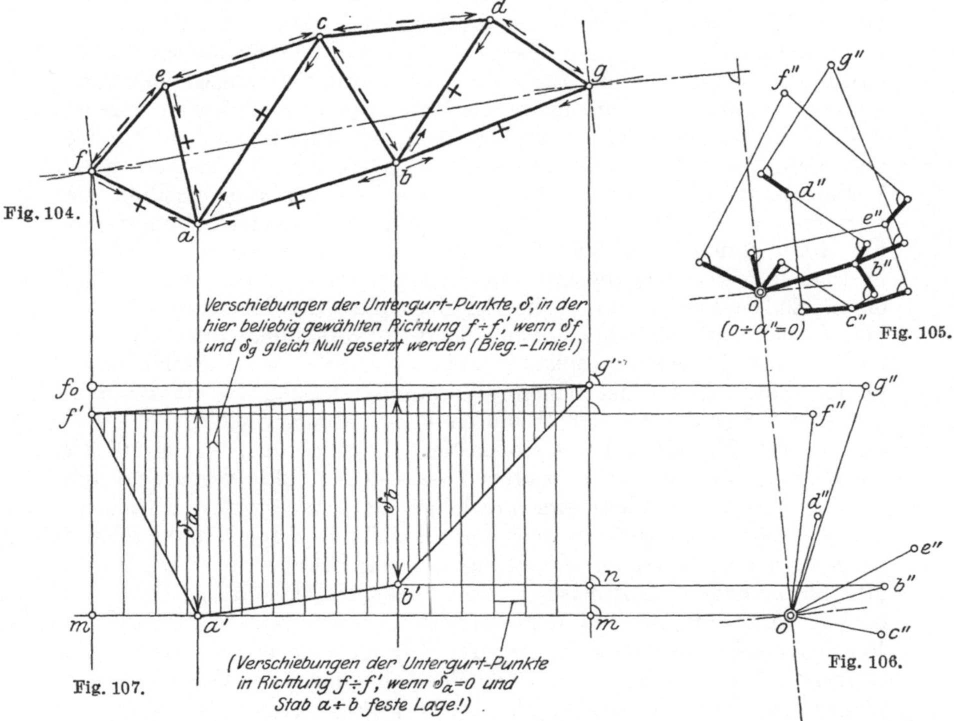

Fig. 104—107. Absolute Verschiebungen der Knotenpunkte, wenn a Festpunkt und $a \div b$ feste Lage.

angetragenen Verschiebungen sind dann an Stelle der Bögen vom Stabradius Senkrechte zu errichten, deren Schnitt die neue Lage des vorgenommenen Knotenpunktes vom Pole aus, d. h. also — mit Rücksicht auf die Ableitung, was sich der Leser recht klarmache — von der ursprünglichen Lage dieses Punktes aus, wenn wir statt auf den Verschiebungsplan, bei dem wir ja praktisch von der Aufzeichnung der Stablängen absehen konnten, auf die Systemfigur blicken.

Wir haben nun noch der Überschrift dieses Abschnittes insofern gerecht zu werden, als sie angibt, daß wir hier die Verschiebungspläne nur als Mittel zum Zwecke der Darstellung von Fachwerkbiegungslinien behandelt haben. — Wie wir wissen, geben die Biegungslinien nur die Verschiebung einer Punktreihe der Fachwerkträger in nur einer Parallelrichtung an. Da in einem vollständigen Verschiebungsplane die absoluten Verschiebungen aller Punkte des Fachwerkes enthalten sind, so sind mit ihm natürlich auch alle Seitenverschiebungen gegeben; man erhält sie, wie auch schon eingangs erwähnt wurde, einfach durch Projektion der absoluten Verschiebungen auf die gegebenen anderen Verschiebungsrichtungen. Bei Darstellung einer Biegungslinie aus dem Verschiebungsplane eines Stabwerkes, siehe Fig. 107, ist nun jedoch zu beachten, daß beim letzteren ein beliebiger Punkt des Fachwerkes und die Lage eines anschließenden Stabes (weil für die Entwicklung zweckmäßig) als fest angesehen worden sind, daß dagegen bei der Biegungslinie (in Anbetracht dessen, daß ihr ja die tatsächlichen Durchbiegungen, besonders als Elemente von Formänderungsgleichungen, entnommen werden sollen) meist die Auflagerpunkte als fest anzusehen sind, d. h. also mit Bezug auf Fig. 104: Die Auflagerpunkte f und g und damit auch die Verbindungslinie $f \div g$ haben in der zu wählenden Verschiebungsrichtung, also in der entsprechenden Biegungslinie, die Verschiebung $\delta = 0$. Die Verschiebungen, die im Verschiebungsplane Fig. 105 auf den fingierten Festpunkt a bezogen worden sind, müssen in Fig. 107, der Biegungslinie, auf die Linie $f' \div g'$ bezogen werden, deren Endpunkte f' und g' die Schnittpunkte der Richtungsstrahlen von f und g aus mit den entsprechenden Projektionsstrahlen von f'' und g'' des Verschiebungsplanes sind. (An Stelle des Verschiebungsplanes selbst ist zur deutlicheren Veranschaulichung das daraus ausgesonderte Strahlenbild der absoluten Verschiebungen $0\,a''$, $0\,b''$, $0\,c''$ und so fort, Fig. 106, zur Projektion verwendet worden.) — Fig. 107 ist die Biegungslinie für den Untergurt $f \div a \div b \div g$. Man versuche durch Betrachtung dieser Figur eine möglichst klare Idee von der Richtigkeit des oben Gesagten zu gewinnen, gleichzeitig zur Übung solcher Gedankengänge für spätere Ableitungen. Die Hilfslinie $m \div m$ in Fig. 107 gibt hierzu eine gute Anleitung: Von dieser Projektionslinie des Poles $0 = a''$ aus, entsprechend dem fingierten Festpunkte a, können die Parallelverschiebungen des Untergurtes der Biegungslinie so entnommen werden, wie sie durch die absoluten Verschiebungen des Verschiebungsplanes unmittelbar durch die Projektion gegeben sind. Es ergibt sich jedoch, daß die Fingierung, a sei ein Festpunkt, eine Verschiebung der Auflagerpunkte f und g gegeneinander von der Größe $\delta = f'\,f_0$ zur Folge haben muß, siehe Fig. 107. Würde tatsächlich eine solche Verschiebung der Auflager gegeneinander eintreten, so würde $f_0\,g'$ in der Biegungslinie die ursprünglich unverschobene Verbindungslinie der Auflagerpunkte darstellen und $f_0\,f'$ alsdann die spätere Verschiebung der Auflagerpunkte gegeneinander. Die Strecken $f_0\,m$ und $g'\,n$ zeigten dann die Verschiebung der Untergurtknoten a und b gegen die ursprüngliche Auflagerlinie an. Da nun aber tatsächlich keine Verschiebung der Auflagerlinie erfolgen soll, so muß die durch die Fingierung im Verschiebungsplane auch in der Biegungslinie aufgetretene Verschiebung rückgängig gemacht werden, d. h. die Verschiebungsordinaten des Dreiecks $f_0\,f'\,g'$ müssen von den Verschiebungen $f_0\,m$, $g'\,n$ usw. abgezogen werden, um dadurch die wahren Verschiebungen des Unter-

Fig. 108.
Fig. 111.
Fig. 110.
Fig. 109.
25t
10t
1000
8·1000=8000
10 000
Nullage aller Punkte des Untergurtes
0,97cm
1,55cm
Ordinaten-Vergrößerung
γ=2
Ordinaten-Vergrößerung
γ=10
Verschiebungen
10 fach vergrößert
1 0 1 2 3cm

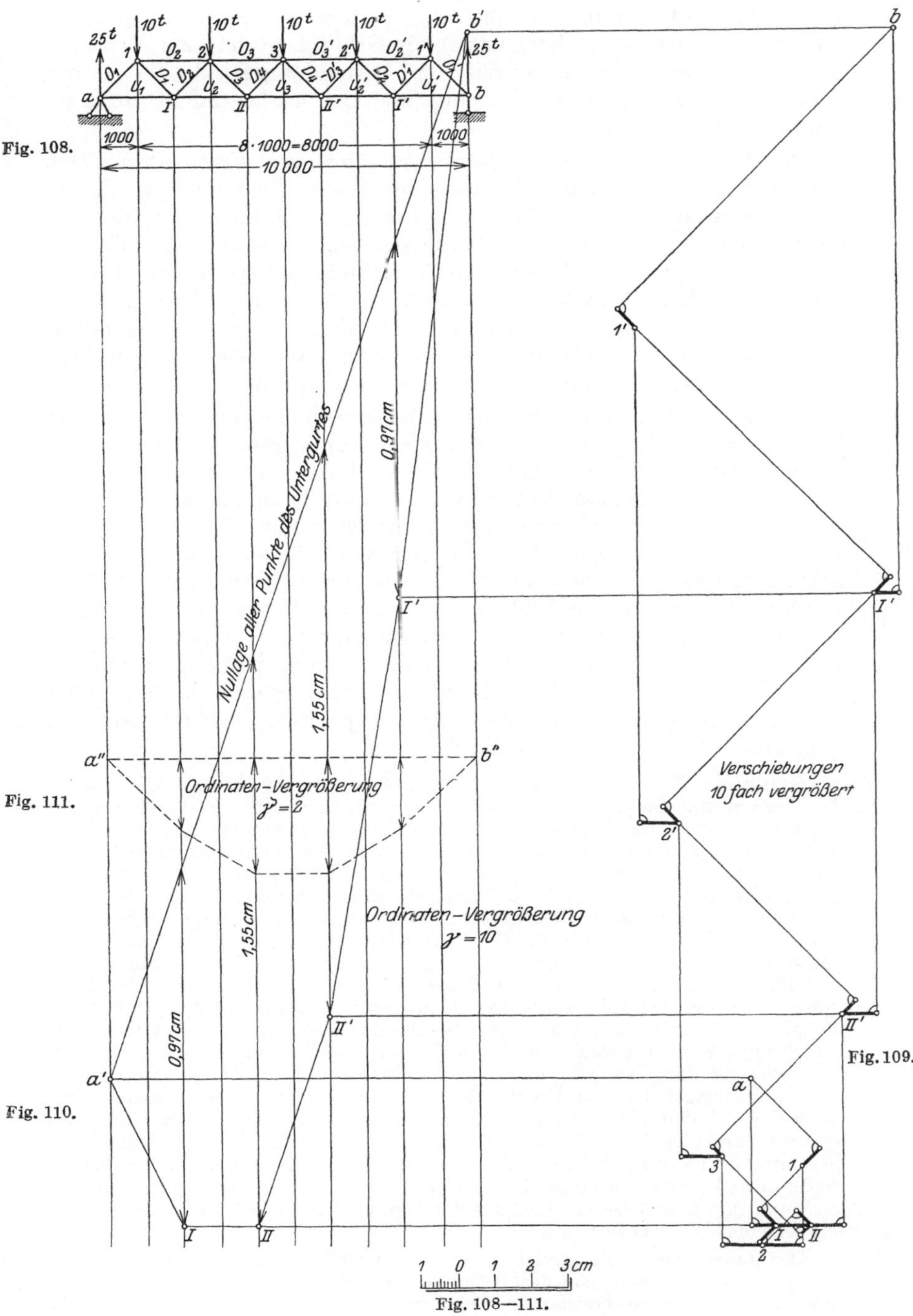

Fig. 108—111.

gurtes zur Auflagerlinie, nämlich δ_a, δ_b usw. zu erhalten. Wir gelangen also auch durch diese mittelbare Schlußfolgerung zur Erkenntnis der einfachen Tatsache, daß die Verbindungsgerade $f' \div g'$ die Schlußlinie der verlangten Biegungslinie bei festliegenden Auflagerpunkten ist.

Wir können nunmehr bereits die Ausführungen dieses Abschnittes auf die Lösung eines Zahlenbeispiels anwenden. Zuvor sei zur eigentlichen Darstellung des Verschiebungsplanes noch kurz folgendes bemerkt: Wir werden es bei der Lösung statisch unbestimmter Aufgaben immer mit der Entwicklung von Verschiebungsplänen für statisch bestimmt gegliederte Stabwerke, siehe Seite 15 u., zu tun haben, da wir ja stets (mit seltenen Ausnahmen) die Formänderungsgleichungen, deren Elemente wir mit dem Verschiebungsplane bestimmen wollen, für das statisch bestimmte Hauptsystem aufstellen.

Es ist jedoch selbstverständlich, daß wir nach der oben angegebenen Methode auch die Verschiebungen eines auflagerlosen, starren, aber nicht statisch bestimmt gegliederten Stabwerks bestimmen können, wenn eben die Längenänderungen wenigstens der dem statisch bestimmten Hauptsystem angehörenden Stäbe gegeben sind; die etwa berechneten Längenänderungen der übrigen Stäbe müssen dann mit denen übereinstimmen, die sich auch aus dem Verschiebungsplane für sie ergeben, da nämlich alle Stäbe gemäß unseren Voraussetzungen keine anderen Formänderungen als Längenänderungen erfahren sollen. Der Leser mag sich dieses als Wiederholung des früher Behandelten deutlich vorstellen, da sich der Nachdenkende hierdurch des Sinnes der Formänderungsgleichungen sowie überhaupt des Begriffes „statisch unbestimmt" intuitiv bewußt wird.

Beispiel: Für den gleichen Fachwerkträger, für den bereits auf Seite 49 die Biegungslinie für die Senkung des Untergurtes mit Hilfe des Verfahrens der fingierten Lasten gezeichnet wurde, soll diese Biegungslinie nunmehr auch mittels Verschiebungsplanes dargestellt werden. In Fig. 108 ist das System dieses Trägers nochmals aufgezeichnet worden; die Abmessungen sind der Tabelle Nr. 3, Seite 50, zu entnehmen. Da auch schon die Längenänderungen durch Tabelle Nr. 4 bekannt sind, so kann sofort mit der Entwicklung des Verschiebungsplanes begonnen werden. Der mit I bezeichnete Untergurtknoten wurde als Festpunkt, Untergurtstab $I \div II$ als feste Lage angesehen. Praktisch wird es im allgemeinen vorteilhafter sein, einen Punkt auf Trägermitte als fest zu wählen. Natürlich müssen wir die Verschiebungen in einem vergrößernden Maßstabe auftragen; die gleiche Vergrößerung wird selbstverständlich dann auch in den Ordinaten der Biegungslinie auftreten. Fig. 109 stellt den Verschiebungsplan in zehnfacher Vergrößerung dar; Fig. 110 die durch Projektion des Verschiebungsplanes erhaltene Biegungslinie. Mit Fig. 111 ist dann ein Übriges getan worden, indem darin der Geraden $a' \div b'$ ein der Auflagerlinie $a \div b$ (hier gleichzeitig Untergurtsystem) paralleler Verlauf gegeben worden ist; um die Übersichtlichkeit des Gesamtbildes nicht zu beeinträchtigen, ist für diese Biegungslinie der Ordinatenmaßstab 2 : 1 gewählt worden. Es ergibt sich übrigens bei einigermaßen genauem Zeichnen eine gute Übereinstimmung der Ordinatenwerte mit den bereits früher auf anderem Wege ermittelten.

Der Leser mag selbständig gleichfalls mittels Verschiebungsplanes eine Nachprüfung der Ergebnisse des Beispiels 2 auf Seite 52 vornehmen (Biegungslinie für das statisch bestimmte Hauptsystem des deutschen Bogens Fig. 85, Tabelle Nr. 5).

c) Die Mohrschen Arbeitsgleichungen.

Elastische Linie und Gurtbiegungslinie dienen insbesondere dazu, eine größere Zahl von Verschiebungen gemeinsam zu ermitteln, wie meist erforderlich. Zur Berechnung einzelner Punktverschiebungen von Fachwerkträgern, was gleichzeitig auch meist notwendig wird, ist dagegen die Anwendung der Mohrschen Arbeitsgleichungen vorzuziehen.

Es sei dieses an dem Beispiele über die Aufstellung der Formänderungsgleichung für den äußerlich statisch bestimmten Bogenträger mit Zugband (deutscher Bogen), Seite 18, Fig. 30, kurz erläutert. Die Formänderungsgleichung, aufgelöst nach der Kraft H des als überzählig gewählten Zugbandes s, lautete (vgl. Seite 18):

$$H = \frac{\Sigma P \delta_{bm}}{\delta_{bb} + \varrho_s}$$

Für ein gegebenes Tragwerk sind darin ohne weiteres bekannt die belastenden Kräfte P sowie die Längenänderung ϱ_s des Zugbandes für die Krafteinheit. Bezüglich der gleichartigen Verschiebungen δ_{bm} (also der Verschiebungen des Punktes b durch die nacheinander in den Punkten m wirkende Krafteinheit) ist hier nun vorauszubemerken, daß nach dem im folgenden noch zu behandelnden Lehrsatze von der Gegenseitigkeit der Verschiebungen allgemein an Stelle von δ_{bm} die Umkehrung δ_{mb} gesetzt werden kann. Größen δ_{mb} sind aber gemäß unserer auf Seite 14 erläuterten Bezeichnungsweise, die Verschiebungen der Punkte m für die Krafteinheit von H in b.

Diese Verschiebungen werden am besten gleichzeitig einer für $H = 1$ gezeichneten Biegungslinie für die Hebungen des Untergurtes bzw. des Obergurtes entnommen. Die einzelne Verschiebung δ_{bb} hingegen, also die Verschiebung des Punktes b durch eine in demselben Punkte b wirkende Kraft 1, kann, wie oben bereits gesagt, unmittelbar durch eine Arbeitsgleichung errechnet werden.

Die Grundlage der Mohrschen Arbeitsgleichungen ist das Prinzip der virtuellen Verrückungen; dieses kann wie folgt ausgedrückt werden: Ist die Resultierende von auf einen Massenpunkt wirkenden Kräften gleich Null, so ist die bei einer Verschiebung dieses Massenpunktes von den Kräften geleistete Arbeit ebenfalls gleich Null. Die Richtigkeit dieses Satzes ist bei Kenntnis des Begriffes der mechanischen Arbeit überhaupt, die hier vorausgesetzt wird, selbstverständlich; es erübrigt sich die Führung eines Beweises: denn die Grundlagen eines solchen könnten kaum klarer unmittelbar erfaßt werden als der Satz selbst.

Betrachten wir nun an Stelle eines „Massenpunktes" einen aus sehr vielen kleinen Massenteilchen zusammengesetzten Körper, der aus beliebigen Ursachen Formänderungen erfahre, und denken wir uns an diesem Körper beliebige Kräfte angreifend, denen von entsprechend zu denkenden inneren Kräften stets das Gleichgewicht gehalten wird, und die zu den vorausgesetzten Formänderungen in keiner ursächlichen

Beziehung stehen, so erkennen wir, daß das obengenannte Prinzip sich alsdann auch auf diesen Körper anwenden läßt, daß also die während der Formänderung (oder auch sonstigen Verschiebung des ganzen Körpers) von den gedachten Kräften geleistete Arbeit gleich Null sein muß. Es begreift sich dieses unmittelbar aus der Voraussetzung, wonach sich die gedachten Kräfte stets im Gleichgewichte befinden sollen. Da alsdann auch die Resultierende der auf jedes Massenteilchen einwirkenden gedachten Spannkräfte gleich Null sein muß, und damit auch gleichfalls die gedachte Arbeit der Spannkräfte, so muß auch die Summe der von allen an dem Körper während der Formänderung angreifend gedachten Kräften geleisteten Arbeit gleich Null sein.

Wir haben hierbei die gedachten Kräfte so, wie sie auf die Massenteilchen wirken, also in Gruppen, deren Resultierende gleich Null ist, betrachtet. Nachdem wir durch diese Vorstellungsweise die Gewißheit erlangt haben, daß die gedachte Arbeit bei Formänderung und Verschiebung des Körpers gleich Null sein muß $\Sigma \overline{A} = 0$ so können wir nunmehr die Kräfte auch einzeln im Produkte mit ihren Wegen in die Arbeitsgleichung einsetzen, und zwar, was naheliegt, unterschieden nach äußeren und inneren Kräften. Wir werden die gedachten Größen — die, wie nochmals bemerkt werden mag, in keiner Beziehung zu den Formänderungsursachen zu stehen brauchen — zur Unterscheidung von wirklichen Werten durch einen wagerechten Strich kennzeichnen, wie es bereits in der obenstehenden Gleichung geschehen ist.

Die Unterscheidung von inneren und äußeren Kräften ergibt:

$$\Sigma \overline{P}_m \delta_m + \Sigma \overline{S} \Delta s = 0$$

Lies im ersten Gliede: „P, gedacht, in m“. Diese Gleichung ist eine algebraische Summe, also eine solche, bei der die Vorzeichen, die die Einzelwerte in die Summe einbringen, noch nicht entschieden worden sind. Die Wege δ_m sind natürlich in den Richtungslinien der in den Punkten m angreifenden gedachten äußeren Kräfte $\overline{P}$ gemessen; das ergibt sich aus dem Begriffe der Arbeit. Das gleiche ist über die Beziehung zwischen den gedachten Spannkräften $\overline{S}$ und den wirklichen Formänderungswegen Δs zu sagen. Bei Formänderung werden sich natürlich die gedachten Spannkräfte $\overline{S}$ entsprechend der Lageveränderung der äußeren Kräfte $\overline{P}$ sowie der eigenen Lageveränderung in ihrer Größe ändern. Bei praktischen Aufgaben sind diese Änderungen jedoch so geringfügig, daß die Kräfte nach Lage und Größe als konstant angesehen werden können.

Praktisch ist es nun nötig, eine möglichst große Zahl von zusammenhängenden Massenteilchen zusammenzufassen, an denen gleiche und gleichgerichtete Kräfte $\overline{S}$ wirken: Beim Fachwerk können wir offenbar die einzelnen Stäbe als Ganzes mit der gedachten Stabkraft $\overline{S}$ und der tatsächlichen Stablängenänderung Δs in die Betrachtung einführen.

Wir schreiten nunmehr zur Untersuchung der Vorzeichen der zuletzt angeschriebenen Arbeitsgleichung: Lassen wir die gedachten äußeren Kräfte $\overline{P}$ etwa in der Richtung wirken, die die tatsächliche Formänderung δ_m nimmt, so ist die geleistete gedachte Arbeit positiv. Da diese Arbeit ferner laut diesen Voraussetzungen nicht gleich Null sein muß, so ergibt sich, daß das zweite Glied der Arbeitsgleichung negativ sein muß, wenn die rechte Seite des Ausdruckes, also die gedachte Gesamtarbeit, gleich Null sein soll. — Der Leser kann hiervon auch leicht eine unmittelbare Vorstellung gewinnen, wenn er beachtet, daß ja, wenn wir positive gedachte äußere Arbeit annehmen, die tatsächlichen wirkenden Ursachen der Formänderung in ihrer Gesamtheit ähnlich wirken müssen, um diese Wege der gedachten äußeren Kräfte zu veranlassen. Also müssen auch die tatsächlich wirksamen inneren Formänderungsursachen in ihrer Wirkungsrichtung überwiegend mit den gedachten Kräften übereinstimmen. Ist also $\varDelta s$ z. B. eine Verkürzung, so wird auch die gedachte Kraft $\overline{S}$ im allgemeinen eine Druckkraft sein, also eine solche Kraft, die — als innere, den äußeren und anderen inneren widerstehende — nach den Knotenpunkten hin gerichtet ist (wenn etwa von einem Fachwerke die Rede ist). Das Analoge ist bei einer Verlängerung der Fall. Die Wegrichtung ist also der Kraftrichtung entgegengesetzt, weshalb der Arbeit der inneren gedachten Kräfte das negative Vorzeichen zukommt, wenn wir diese und die Formänderungen ohne Rücksicht auf die hier vorliegende besondere Wirkungsweise mit den üblichen Vorzeichen versehen. Somit:

$$+\Sigma \overline{P} \delta_m + (-\Sigma \overline{S} \varDelta s) = 0$$

Daraus ergibt sich die grundlegende Mohrsche Arbeitsgleichung:

$$\Sigma \overline{P} \delta_m - \Sigma \overline{S} \varDelta s = 0 \quad \ldots\ldots\ldots\ldots (1)$$

Die Nutzanwendung dieser Arbeitsgleichung zur Bestimmung von Punktverschiebungen läßt sich allgemeingültig an dem im wesentlichen beliebigen Beispiele Seite 18, Fig. 30, darlegen.

Das statisch bestimmte Hauptsystem dieses Bogens (entstanden durch Entfernung des Zugbandes), dessen Auflagerpunkt a fest ist und dessen Auflagerpunkt b nur in der Richtung $a \div b$ verschoben werden kann, sei durch die Kräfte P_1, P_2, P_3 und ihre Auflagerreaktionen A und B beansprucht und damit einer Durchbiegung unterworfen, die auch eine Entfernung der Punkte a und b voneinander um die Strecke δ_{bm} zur Folge hat. Denkt man sich nun im Punkte b eine Kraft, und zwar praktisch zweckmäßig die Krafteinheit, in der Verschiebungsrichtung $a \div b$ angreifend, so leistet die gedachte Kraft $\overline{1}$ die äußere Arbeit $\overline{1}_b \cdot \delta_{bm}$. Der gedachten Kraft $\overline{1}$ entsprechen nun die inneren Stabkräfte $\overline{S}_b$, die in Anbetracht der durch die tatsächlich wirksamen Stabkräfte S_m oder etwa durch Temperaturänderungen verursachten Längenänderungen $\varDelta s$ die gedachte innere Arbeit $\Sigma \overline{S}_b \varDelta s$ leisten.

Die Mohrsche Arbeitsgleichung für einen solchen Fall lautet alsdann allgemein:

$$\mathbf{1}_b \cdot \boldsymbol{\delta}_{bm} - \boldsymbol{\Sigma} \boldsymbol{S}_b \cdot \boldsymbol{\varDelta s} = \mathbf{0} \quad \ldots\ldots (2)$$

Darin sind alle Größen außer δ_{bm} bekannt, die daher aus diesem Ausdrucke ermittelt werden kann. Die Größe δ_{bm} bezeichnet hier, was ja auch aus dem Wortlaute des Vorangegangenen hervorgeht, die Gesamtverschiebung des Punktes b unter der Einwirkung aller Kräfte P. Die Größen Δs bezeichnen, wie auch bereits bemerkt, die Stablängenänderungen infolge Einwirkung der wirklichen, durch die Kräfte P_m hervorgerufenen Stabspannkräfte S_m. Nennen wir hier wiederum die Stablängenänderung für die Krafteinheit wie bisher ϱ_s, so ergibt sich

$$\Delta s = S_m \cdot \varrho_s$$

worin in der Regel gemäß Seite 48

$$\varrho_s = \frac{s}{EF},$$

und die Mohrsche Arbeitsgleichung lautet:

$$\overline{\mathbf{1}}_b \cdot \boldsymbol{\delta}_{bm} - \Sigma \overline{\boldsymbol{S}}_b \boldsymbol{S}_m \boldsymbol{\varrho}_s = \mathbf{0}$$

oder, praktisch:

$$\boldsymbol{\delta}_{bm} = \Sigma \overline{\boldsymbol{S}}_b \boldsymbol{S}_m \boldsymbol{\varrho}_s \,.$$

Ist etwa ein beliebiger Fachwerkträger mit allen Abmessungen und den Lasten P_m gegeben, so hat man hiernach also zur Ermittlung der Verschiebung eines Punktes infolge Einwirkung der in den Punkten m angreifenden Lasten P_m folgendermaßen vorzugehen: Für die gegebenen Kräfte P_m sind die Stabspannkräfte S_m und mit deren Hilfe die Stablängenänderungen $\Delta s = S_m \varrho_s$ zu bestimmen. (Greifen die Kräfte P_m nicht in Knotenpunkten an, so muß natürlich statt „Stablängenänderungen" allgemeiner „Stabformänderungen" gesagt werden. Dieser Fall kommt jedoch für uns praktisch nicht in Betracht.) Alsdann ist eine gedachte Kraft $\overline{1}$ einzuführen, und zwar angreifend in dem Punkte und in der Richtung, für welche die Verschiebung ermittelt werden soll. Weiter sind für diese gedachte Kraft $\overline{1}$ die entsprechend zu setzenden Stabspannkräfte $\overline{S}_b$ zu ermitteln und dann unter Verwendung der vorher errechneten Werte $\Delta s = S_m \cdot \varrho_s$ für jeden Stab die Produkte $\overline{S}_b \cdot S_m \cdot \varrho_s$ zu bilden. Die Summe dieser Produkte ergibt die gesuchte Verschiebung des Punktes b in der gewählten Richtungslinie.

Die Gleichung (2), nämlich

$$\overline{1}_b \cdot \delta_{bm} - \Sigma \overline{S}_b \cdot S_m \cdot \varrho_s = 0$$

ist also die Mohrsche Arbeitsgleichung, von der man zur praktischen Ermittlung einer einzelnen Punktverschiebung eines Tragwerks von genügend bestimmter Formänderung auszugehen hat. Die Allgemeingültigkeit dieser Gleichung für alle Tragwerke haben wir im Vorangegangenen dargetan: Da wir jedoch für unsere Zwecke zur Ermittlung der Punktverschiebungen von Vollwandträgern mit der Darstellung der elastischen Linie (oder mit Durchbiegungsgleichungen) auskommen, so sei nur erwähnt, daß die Mohrschen Arbeitsgleichungen bei geeigneter Zusammenfassung der Spannungen (etwa gedachte Vereinigung auf die äußersten Fasern) auch praktisch auf Vollwandträger angewendet werden können. — Es braucht hiernach mit Bezug auf die Voraussetzungen der Ableitung auch nur erwähnt zu werden, daß die tatsächlichen Formänderungen Δs auch durch Temperaturänderungen verursacht werden können, ohne daß die gleichartige Anwendung der Ausgangsgleichung (2) dadurch ausgeschlossen wird.

Beispiel 1. Der gleiche deutsche Bogen, für den bereits auf Seite 52, Fig. 85 bis 94, die Biegungslinie ermittelt wurde, und dessen Abmessungen in Fig. 112 und 113 und Tabelle Nr. 7 nochmals angegeben worden sind, sei diesem Beispiele

Tabelle Nr. 7 zum Deutschen Bogen Fig. 112.
Berechnung der Horizontalverschiebung des beweglichen Auflagers für $H = 1^t$.

Stab	Stablänge in cm	Stabkraft für $H = 1^t$ in t	Querschnitts- Form	Querschnitts- Fläche cm²	ϱ_s Stablängenänderung für die Stabkraft-Einheit cm/t	$\overline{S}_b \cdot S_b \cdot \varrho_s$ cmt
O_1	355	+1,14	(120) 2 ⊏ NP. 14	40,8	0,00405	0,00526
O_2	346	+2,84	2 ⊏ NP. 14	40,8	0,00395	0,03180
O_3	341	+4,90	2 ⊏ NP. 14	40,8	0,00389	0,09350
O_4	338	+5,96	(120) 2 ⊏ NP. 16	40,8	0,00385	0,13650
U_1	446	−1,32	1 — 260 × 8	68,8	0,00303	0,00528
U_2	382	−2,35	2 ⊏ NP 16	48,0	0,00370	0,02040
U_3	352	−3,93	(120) 2 ⊏ NP. 16	48,0	0,00341	0,05260
U_4	339	−5,87	2 ⊏ NP. 16	48,0	0,00328	0,11300
D_1	373	−1,21	(100) 4 ∟ 40 × 40 × 4	12,3	0,01410	0,02060
D_2	350	−1,76	4 ∟ 40 × 40 × 4	12,3	0,01320	0,04080
D_3	345	−2,11	4 ∟ 40 × 40 × 4	12,3	0,01300	0,05790
D_4	348	−1,18	4 ∟ 40 × 40 × 4	12,3	0,01320	0,01840
V_1	450	+0,86	4 ∟ 40 × 40 × 4	12,3	0,01700	0,01260
V_2	270	+0,74	4 ∟ 40 × 40 × 4	12,3	0,01020	0,00558
V_3	170	+0,46	4 ∟ 40 × 40 × 4	12,3	0,00643	0,00136
V_4	117	−1,17	4 ∟ 40 × 40 × 4	12,3	0,00442	0,00009
						Σ 0,61567
V_5	101	−0,53	4 ∟ 40 × 40 × 4	12,3	0,00382	0,00107
$O_1' \div V_4'$	—	—	—	—	—	Σ 0,61567

$1 \cdot \delta_{bb} = 1,23241$

$\delta_{bb} = 1,23$ cm

zugrunde gelegt. Nach Entfernung des Zugbandes zur Herstellung des statisch bestimmten Hauptsystems, Fig. 113, wirke an Stelle der Spannkraft H des Zugbandes in gleicher Richtung in b eine äußere Kraft H, Fig. 113, deren Einheit eine Verschiebung δ_{bb} des Auflagerpunktes b in der Richtungslinie $a \div b$ bewirkt. Diese Verschiebung für $H = 1$ t, die auch durch eine Biegungslinie für die horizontalen Verschiebungen gefunden werden konnte, Fig. 94, soll hier durch Aufstellung einer Mohrschen Arbeitsgleichung ermittelt werden.

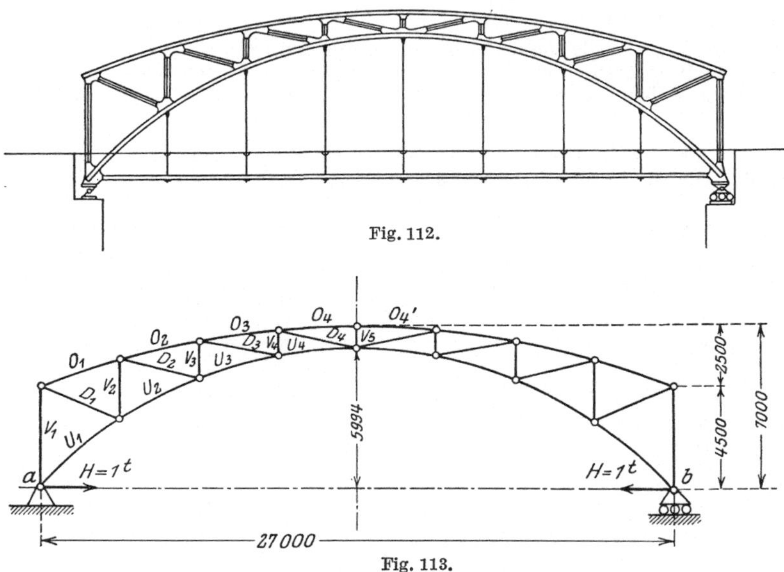

Fig. 112.

Fig. 113.

Gemäß unserer Feststellung auf Seite 70 haben wir alsdann in dem Punkte und in der Richtung, für welche die Verschiebung ermittelt werden soll, eine Kraft $\overline{1}$ angreifend zu denken. Unter Beibehaltung unserer bisher geübten Bezeichnungsweise lautet somit die Arbeitsgleichung:

$$\overline{1}_b \cdot \delta_{bb} = \Sigma \overline{S}_b \cdot S_b \cdot \varrho_s$$

oder

$$\delta_{bb} = \Sigma S_b^2 \cdot \varrho_s .$$

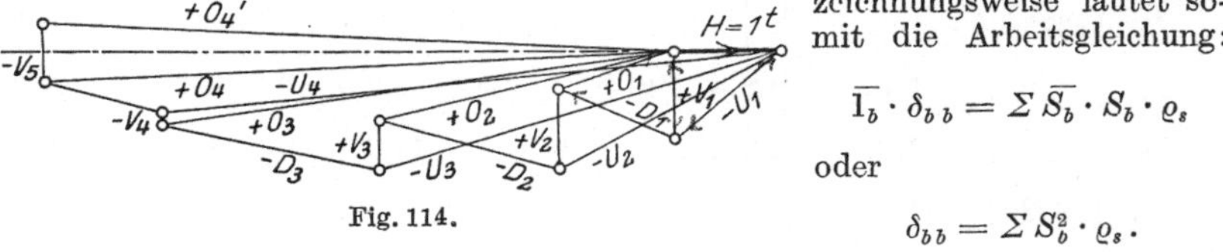

Fig. 114.

Da in dem vorliegenden Falle die tatsächlich wirkende Kraft, nämlich 1 t, und die gedachte Kraft $\overline{1}$ von gleicher Größe und Richtung sind, so sind auch die durch beide hervorgerufenen Stabkräfte einander gleich; es braucht in diesem besonderen Falle also nur ein Kräfteplan für eine Kraft $H = 1$ in b gezeichnet zu werden, wie in Fig. 114 geschehen, wenn nicht die rechnerische Ermittlung der Stabspannkräfte nach der Ritterschen Methode vorgezogen wird. — Nach den Ausführungen auf Seite 48 gilt:

$$\varrho_s = \frac{s}{F \cdot E} .$$

Es sei $E = 2150$ t/cm² für das gewählte Flußeisenmaterial. Die Werte für F und s sind in Tabelle Nr. 8 aufgeführt, ebenso die damit errechneten Stablängenänderungen und die Werte $S_b^2 \cdot \varrho_s$.

Die Summe dieser letzteren Werte ergibt die gesuchte Verschiebung des Auflagerpunktes b in der Zugbandlinie zu

$$\delta_{bb} = 1{,}23 \text{ cm.}$$

Beispiel 2. Durch Aufstellung einer Mohrschen Arbeitsgleichung soll eine Stichprobe auf die Richtigkeit der Biegungslinie vorgenommen werden, die für den soeben behandelten deutschen Bogen bereits auf Seite 57, Fig. 93, gezeichnet wurde. Es möge die Ordinate bei m_{IV} geprüft werden, also die Verschiebung des Punktes m_{IV} des Untergurtes in vertikaler Richtung. Der Darstellung der Biegungslinie war das statisch bestimmte Hauptsystem des Bogens zugrunde gelegt worden, belastet mit einer in der Zugbandrichtung wirkenden Kraft $H = 1$ t in b. Die Biegungslinie sollte die infolge dieser Belastung auftretenden Hebungen der Punkte des Untergurtes enthalten. Zur Ermittlung der Hebung des Untergurtpunktes m_{IV} für sich allein mit Hilfe einer Arbeitsgleichung ist, wie immer, zunächst in diesem Punkte eine Kraft $\overline{1}$ in Richtung der Verschiebung angreifend zu denken. Der Ausdruck für die gedachte Arbeit bzw. die Arbeitsgleichung lautet dann:

$$\overline{1}_{m_{IV}} \cdot \delta_{m_{IV}} = \Sigma\, \overline{S}_{m_{IV}} \cdot S_b \cdot \varrho_s$$

Hier fallen nun gedachte Kraft und wirkliche Formänderungsursache **nicht** zusammen, wie es im ersten Beispiele zufällig der Fall war. Zur Berechnung der Stablängenänderungen $S_b \cdot \varrho_s$ sind die Stabkräfte S_b für $H = 1$ t zu bestimmen, während die gedachten Stabkräfte $\overline{S}_{m_{IV}}$ für die gedachte Kraft $\overline{1}$ in m_{IV} zu er-

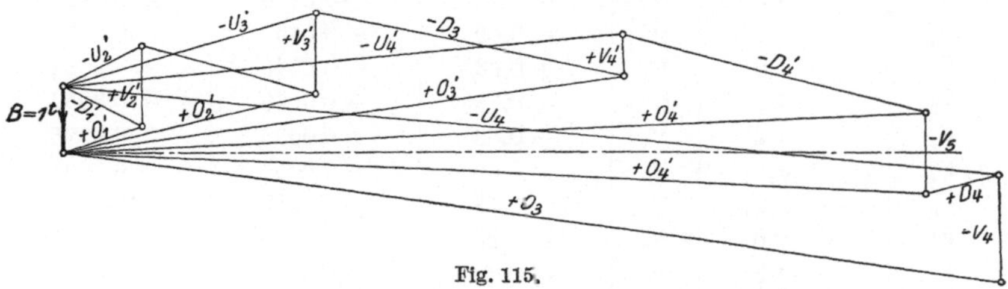

Fig. 115.

mitteln sind. Für die Stabkräfte S_b wurde bereits ein Kräfteplan in der vorangegangenen Aufgabe gezeichnet, siehe Fig. 114. Die Stabkräfte $\overline{S}_{m_{IV}}$ können bekanntlich einem bis m_{IV} über Systemmitte hinaus durchgeführten Kräfteplane für B oder $A = 1$ t, Fig. 115, entnommen werden, nur muß hierbei der wirkliche Wert der Auflagerdrücke, nämlich für $\overline{P}_{m_{IV}} = 1$ t, berücksichtigt werden. In Tabelle Nr. 8 sind alle für die Bildung der $\Sigma\,\overline{S}_{m_{IV}} \cdot S_b \cdot \varrho_s$ erforderlichen Einzelwerte aufgeführt. Die Stablängenänderungen für die Krafteinheit, ϱ_s, konnten als zufällig bereits ausgerechnet der vorigen Tabelle Nr. 7 entnommen werden. Das Vorzeichen der Formänderungsarbeit jedes einzelnen Stabes, $\overline{S}_{m_{IV}} \cdot \Delta s_b$, ergibt sich aus den Vorzeichen der beiden Faktoren des Produktes. Es ist im vorliegenden besonderen Falle vorwiegend oder gar ausschließlich positiv, wie das ja auch dem Umstande entspricht, daß wir die gedachte äußere Kraft von vornherein in die hier leicht voraussehbare Verschiebungsrichtung gelegt haben. Sind die Vorzeichen der gedachten Spannkraft und der zugehörigen wirklichen Stablängenänderung einander entgegengesetzt, so erhält also die Formänderungsarbeit das negative Vorzeichen. Zeigt auch die Summe der inneren Formänderungsarbeit das negative Vorzeichen, so erfolgt die gesuchte Verschiebung in der der äußeren gedachten Kraft entgegengesetzten Richtung. Es folgt das alles ja unmittelbar aus den Ausführungen zur Ableitung der Arbeitsgleichungen. Durch Summierung der Einzelarbeit $\overline{S}_{m_{IV}} \cdot \Delta s_b$, wie in Tabelle Nr. 8 geschehen, ergibt sich die gesuchte Vertikalverschiebung des Punktes m_{IV} zu

$$\delta_{m_{IV}} = 0{,}97 \text{ cm.}$$

Tabelle Nr. 8. Nachprüfung der Hebung des Punktes m_{IV} mittels Arbeitsgleichung für einen Horizontalschub $H = 1$ t.

Stabbezeichnung	$A = 1$ t $B = 1$ t	$\bar{S}_{m_{IV}}$ $A = \frac{5}{8}$ t $B = \frac{3}{8}$ t		$S_b \cdot \varrho_s$ Stablängenänderungen für $H = 1$ t (Berechnung s. Tabelle Nr. 6)	$\bar{S}_{m_{IV}} \cdot S_b \cdot \varrho_s$
O_1	+ 1,3	5/8	+ 0,81	+ 0,0046	+ 0,0037
O_2	+ 4,0	5/8	+ 2,50	+ 0,0112	+ 0,0280
O_3	+ 8,7	5/8	+ 5,44	+ 0,0190	+ 0,1033
O_4	+ 13,2	3/8	+ 4,95	+ 0,0229	+ 0,1132
U_1	− 0,0	5/8	− 0,00	− 0,0040	+ 0,0000
U_2	− 1,4	5/8	− 0,88	− 0,0145	+ 0,0128
U_3	− 4,1	5/8	− 2,56	− 0,0134	+ 0,0343
U_4	− 14,5	3/8	− 5,44	− 0,0193	+ 0,1050
D_1	− 1,4	5/8	− 0,87	− 0,0171	+ 0,0149
D_2	− 2,8	5/8	− 1,75	− 0,0233	+ 0,0408
D_3	− 4,8	5/8	− 3,00	− 0,0275	+ 0,0825
D_4	+ 1,3	3/8	− 0,49	− 0,0155	+ 0,0076
V_1	+ 1,0	5/8	+ 0,63	+ 0,0146	+ 0,0092
V_2	+ 1,2	5/8	+ 0,75	+ 0,0076	+ 0,0057
V_3	+ 1,3	5/8	+ 0,82	+ 0,0030	+ 0,0025
V_4	− 1,6	3/8	− 0,60	− 0,0006	+ 0,0004
V_5	− 1,3	3/8	− 0,49	− 0,0020	+ 0,0009
V_4'	+ 0,6	3/8	+ 0,23	− 0,0006	− 0,0001
V_3'	+ 1,3	3/8	+ 0,49	+ 0,0030	+ 0,0015
V_2'	+ 1,2	3/8	+ 0,45	+ 0,0076	+ 0,0034
V_1'	+ 1,0	3/8	+ 0,38	+ 0,0146	+ 0,0055
O_1'	+ 1,3	3/8	+ 0,49	+ 0,0046	+ 0,0022
O_2'	+ 4,0	3/8	+ 1,50	+ 0,0112	+ 0,0168
O_3'	+ 8,7	3/8	+ 3,26	+ 0,0190	+ 0,0618
O_4'	+ 13,2	3/8	+ 4,95	+ 0,0229	+ 0,1132
U_1'	+ 0,0	3/8	− 0,00	− 0,0040	+ 0,0000
U_2'	− 1,4	3/8	− 0,53	− 0,0145	+ 0,0077
U_3'	− 4,1	3/8	− 1,54	− 0,0134	+ 0,0206
U_4'	− 8,6	3/8	− 3,22	− 0,0193	+ 0,0622
D_1'	− 1,4	3/8	− 0,53	− 0,0171	+ 0,0090
D_2'	− 2,8	3/8	− 1,05	− 0,0233	+ 0,0245
D_3'	− 4,8	3/8	− 1,80	− 0,0275	+ 0,0495
D_4'	− 4,7	3/8	− 1,76	− 0,0155	+ 0,0272

$$1_{m_2} \cdot \delta_{m_2 b} = +\,0{,}9698$$

$$\delta_{m_2 b} = 0{,}97 \text{ cm}$$

Das ist der gleiche Wert, den auch die Biegungslinie Fig. 93 auf dem vom Punkte m_{IV} ausgehenden Verschiebungsstrahle abschneidet!

Der Leser möge den Träger Fig. 82 bzw. 108 zu seiner Übung selbständig auch noch einmal mit Hilfe der Arbeitsgleichung behandeln.

3. Die vereinfachte Berechnung mehrerer Punktverschiebungen einer Formänderungsgleichung durch Anwendung des Satzes von der Gegenseitigkeit der Verschiebungen.

a) Der Satz von der Gegenseitigkeit der Verschiebungen.

Aus den Mohrschen Arbeitsgleichungen kann der Satz von der Gegenseitigkeit der Verschiebungen, der auch Maxwellscher Lehrsatz genannt wird, hergeleitet werden. Dieser Satz ist in hohem Maße zur Vereinfachung statisch unbestimmter Rechnungen geeignet; er gestattet es, die Biegungslinien von Stabwerken sowohl als auch von Vollwandträgern zur Ermittlung auch solcher Punktverschiebungen zu verwenden, die zunächst nicht unmittelbar darin enthalten sind. Verstehen wir unter einem unveränderlich gegenwirkenden Körper einen solchen, dessen einzelne Elemente einschließlich der Auflager ihre Wirkungsweise während des im folgenden gedachten Belastungswechsels nicht ändern, worüber noch nähere Erläuterungen folgen, so lautet der Satz:

Die an einem unveränderlich gegenwirkenden Körper, der in allen seinen der Beanspruchung unterworfenen Teilen nur durch elastische Formänderungen verschieblich ist, durch eine im beliebigen Punkte m in der beliebigen Richtung $m \div p$ wirkende Kraft 1 hervorgerufene Verschiebung des beliebigen Punktes o in der beliebig gewählten Richtung $o \div n$ ist — vorausgesetzt, daß die Proportionalitätsgrenze an keiner Stelle überschritten wird — gleich der Verschiebung des Punktes m in der Richtung $m \div p$ bei Anbringung der Kraft 1 in o mit der Richtung $o \div n$. Oder kurz mit Bezug auf Fig. 116:

$$\delta_{om} = \delta_{mo} \,.$$

Darin sind m und o beliebige, äußeren Kräften zugängige Punkte des Körpers.

Die Führung des Beweises mit Hilfe von Mohrschen Arbeitsgleichungen gestaltet sich sehr einfach:

Man betrachte Fig. 116. Die in m tatsächlich angreifende Kraft 1 verursacht eine Verschiebung des Punktes o, die für die der Betrachtung zugrunde gelegte beliebige Richtung $o \div n$ die Größe δ_{om} habe. Mit Hilfe einer Arbeitsgleichung ergibt sich für δ_{om} die Beziehung:

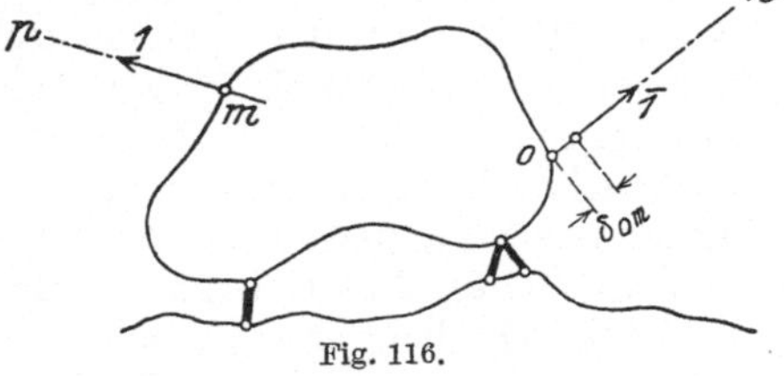

Fig. 116.

$$\overline{1}_o \cdot \delta_{om} = \Sigma \overline{S}_o \cdot \Delta s_m \,.$$

Darin ist

$$\Delta s_m = S_m \cdot \varrho_s \,,$$

wenn ϱ_s die Formänderung der Körperelemente (Stäbe oder sonstige geeignete Gruppen) für die Spannkrafteinheit bedeutet. Dieses eingesetzt in die Arbeitsgleichung:

$$\overline{1}_o \cdot \delta_{om} = \Sigma \overline{S}_o \cdot S_m \cdot \varrho_s \,.$$

Läßt man nun die wirksame Kraft 1 anstatt in m im Punkte o angreifen, so lautet die Arbeitsgleichung, nunmehr für δ_{mo} (gedachte Kraft also in m):

$$\overline{1}_m \cdot \delta_{mo} = \Sigma \overline{S}_m \varDelta s_o .$$

wie oben ergibt sich nach Einsetzung des Wertes für $\varDelta s$:

$$\overline{1}_m \cdot \delta_{om} = \Sigma \overline{S}_m \cdot S_o \cdot \varrho_s .$$

Der Übersichtlichkeit wegen seien die Ergebnisse der Verschiebung des Punktes m und der des Punktes o untereinander gestellt:

$$\overline{1}_o \cdot \delta_{mo} = \Sigma \overline{S}_o \cdot S_m \cdot \varrho_s$$

$$\overline{1}_m \cdot \delta_{mo} = \Sigma \overline{S}_m S_o \cdot \varrho_s$$

und man erkennt

$$\delta_{om} = \delta_{mo} .$$

Aus der Betrachtung der beiden Ausdrücke für die gedachte Formänderungsarbeit ergibt sich also unmittelbar, daß die beiden Verschiebungen einander gleich sind, womit der Satz von der Gegenseitigkeit der Verschiebungen bewiesen ist.

Es ist selbstverständlich, daß an Stelle der Kraft 1 auch die beliebige Kraft P mit der gleichen Wirkung an den beiden Angriffspunkten vertauscht werden kann, doch ist das für uns belanglos. Erforderlich ist es jedoch, zu entwickeln, wodurch die zu dem Lehrsatze gemachten Voraussetzungen bedingt sind, nämlich, daß die Anwendung nur auf Körper möglich ist, die unveränderlich gestützt und die in allen ihren der Beanspruchung unterworfenen Teilen nur durch elastische Formänderungen verschieblich sind. Natürlich muß diese Bedingung, da sie für die Mohrschen Arbeitsgleichungen nicht gestellt wird, in der Ableitung enthalten sein.

Zur Anwendung der Mohrschen Arbeitsgleichungen ist keinerlei Bedingung gestellt als die, daß die gedachten Kräfte sich — während der aus beliebigen Ursachen erfolgenden Formänderung beliebigen Grades eines beliebigen Körpersystems — dauernd im Gleichgewichte befinden. Der Leser mag sich klar zu machen versuchen, daß die Anwendung dieser Arbeitsgleichung ja auch nur ein mathematischer Kunstgriff ist, um der geometrischen Lageveränderung der Massenteilchen, die analytisch (= zerlegend) betrachtet, sehr verwickelt ist, synthetisch (= zusammenfassend) beizukommen und dadurch eine praktische Möglichkeit zu erzielen, Einzelverschiebungen, die aus dieser Lageveränderung der Systemelemente resultieren, zu berechnen. Die Elemente dieser Lageveränderung, deren Ursache beliebig ist, sind gegeben; bei der praktisch günstigen Gruppierungsmöglichkeit des Fachwerks treten an die Stelle der Massenteilchen die Stäbe. Bei Darstellung der Verteilung der gedachten, stets einander das Gleichgewicht haltenden Kräfte mittels Kräfteplänen usw. zwecks zahlenmäßiger Auswertung der Arbeitsgleichungen ist also der Begriff der Kraft ein Hilfsmittel, das in seiner physikalisch wesentlichen Bedeutung nicht interessiert; es kommt nur der geometrische Gehalt des Begriffs zur Geltung: aus Lage, Richtung und Größe der gedachten Kräfte werden innerhalb der Rechnung (gewissermaßen selbsttätig, dem Verstande kaum unmittelbar erfaßbar) geometrische Folgerungen bezüglich der Verschiebungen gezogen.

Obwohl nun der Satz von der Gegenseitigkeit der Verschiebungen durch Anwendung der allgemeingültigen Mohrschen Arbeitsgleichungen hergeleitet wurde, so ergeben sich doch aus einem Umstande der Ableitung Einschränkungen für die Gültigkeit dieses Lehrsatzes. Es ist dieses die Zerlegung der Größe Δs_m in $S_m \varrho_s$ und Δs_o in $S_o \varrho_s$ und die danach zwecks Ermöglichung der Schlußfolgerung vorzunehmende Gleichsetzung von gedachten mit wirklichen Kräften. Wir haben z. B. die gedachten Kräfte $\overline{S}_o$ der ersten Arbeitsgleichung den wirklichen Kräften S_o der zweiten Arbeitsgleichung gleich bewertet. Um unsere Schlußfolgerung, den Maxwellschen Lehrsatz, ziehen zu können, haben wir also unser Augenmerk nicht nur auf die einzelnen Formänderungen Δs richten müssen, sondern auch auf ihre Ursachen: damit aber die Ursache in der einen Gleichung gleich der gedachten Kraft in der anderen Gleichung sein kann, muß diese Ursache nicht nur selbst eine Kraft oder ein Moment sein, sondern es muß auch das Hookesche Gesetz Gültigkeit behalten, d. h. die Proportionalitätsgrenze darf in dem betrachteten Körper beim Endergebnis der jeweilig vorliegenden Tragwerksberechnung nicht überschritten sein: denn nur auf Grund des Hookeschen Gesetzes ist, wie bekannt, die Zerlegung der Stablängenänderung Δs in ein Produkt aus der wirkenden Kraft S und der Längenänderung für die Krafteinheit ϱ_s — die für beide Arbeitsgleichungen gleich ist — möglich.

Im allgemeinen werden uns bei der praktischen Anwendung des Satzes von der Gegenseitigkeit der Verschiebungen nur Endergebnisse der Rechnung hinsichtlich der Größe der Spannungen vorliegen, die die Proportionalitätsgrenze nicht überschreiten, da ja die behördlich zugelassenen Spannungen erheblich unterhalb dieser Grenze zu liegen pflegen. Doch ist dieses nicht allein für die Anwendbarkeit des Satzes entscheidend: man denke einmal an die Möglichkeit, daß schlaffe Diagonalen angeordnet sind. Auch auf diese kann, sobald sie Druck erhalten, das Hookesche Gesetz nicht mehr angewendet werden. Der Leser kann sich das Versagen des Maxwellschen Lehrsatzes in diesem Falle auch unmittelbar begreiflich machen, wenn er sich etwa ein viereckiges Fachwerkfeld mit zwei gekreuzten schlaffen Diagonalen vorstellt: Versetzt er an dem Tragwerke, das dieses Feld enthält, die Kraft 1 der Ableitung derart, daß in dem einen Falle nur die eine, im anderen nur die andere Diagonale beansprucht wird, so kann unmöglich stets $\delta_{mo} = \delta_{om}$ sein müssen, denn es steht uns ja frei, die eine der Diagonalen etwa zu verstärken, was auf die Größe der Verschiebung, die eintritt, wenn diese Diagonale schlaff ist, etwa δ_{om}, keinen Einfluß hat, während sich die Größe der anderen Verschiebung δ_{mo} alsdann ändert. — Der Leser mag selbst weitere Beispiele suchen. Z. B. mag er sich selbst näher erläutern, daß durch die Wirkung der Kraft auch keine

Abhebung des Tragwerkes von den Lagern erfolgen darf. Sind mehr Stützen vorhanden als notwendig, und gestattet eine oder mehrere der überzähligen eine Abhebung des Tragwerkes, so gelten dieselben Überlegungen wie zum offenbar wesensgleichen Falle des Vorhandenseins schlaffer Diagonalen. Bei statisch bestimmter Stützung würde die Abhebung mit beschleunigter Bewegung erfolgen: das Gleichgewicht wäre gestört: als Auflagerkraft würde in einem solchen Falle gewissermaßen der auf das ganze Tragwerk verteilte Beschleunigungswiderstand (Trägheitskraft) aufzufassen sein. Die Spannkräfte S werden also für die gedachte Kraft $\overline{1}$ andere sein, als die sich für die entgegengesetzt gerichtete wirkliche Kraft 1 ergebenden, wenn eine solche Abhebung dabei stattfinden kann (im Endergebnis der Rechnung): dann aber ist unsere Schlußfolgerung, $\delta_{mo} = \delta_{om}$, nicht mehr möglich.

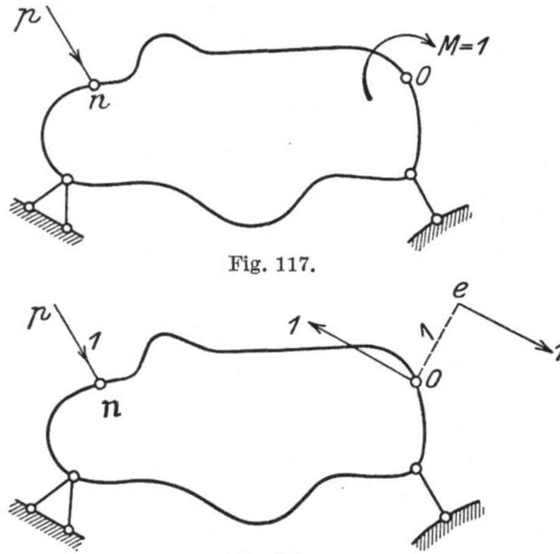

Fig. 117.

Fig. 118.

Es ist nützlich, schon hier eine Anwendung des Lehrsatzes von der Gegenseitigkeit der Verschiebungen zu behandeln, die die Gegenseitigkeit von Krafteinheit zu Momenteneinheit erläutert und in einfacher Weise ausdrückt.

Fig. 117: In n greife die Krafteinheit, in o die Momenteneinheit an. Das Moment läßt sich darstellen durch ein Einheitskräftepaar an einem materiellen aber starren Hebelarme senkrecht zur Kraft von der Länge $oe = 1$, Fig. 118. Nach dem Lehrsatze von der Gegenseitigkeit der Verschiebungen bestehen dann die Beziehungen

$$\delta_{ne} = \delta_{en} \text{ in Richtung } e \div 1$$

$$\underline{\delta_{no} = \delta_{on} \quad \text{,,} \qquad \text{,,} \qquad 1 \div o},$$

$$\delta_{ne} - \delta_{no} = \delta_{en} - \delta_{on}$$

und zwar zunächst für verschwindend kleine Verschiebungen δ_{ne} und δ_{no} in Richtung $p \div n$ und δ_{en} und δ_{on} senkrecht $o \div e$. Man kann aber eine zahlreiche Folge solcher Verschiebungen denken, für die immer die Gegenseitigkeit gültig ist: dann ist $\delta_{ne} - \delta_{no}$ eine Verschiebung von endlicher Größe in der Richtung $p \div n$, und $\delta_{en} - \delta_{on}$ ein Kreisbogen um o mit der Längeneinheit als Radius, also die Verdrehung der dem Punkte o unmittelbar benachbarten Punkte des Körpers. (Die Darlegung läßt erkennen, daß der Punkt o gleichzeitig eine Verschiebung δ_{on} von endlicher Größe in beliebiger Richtung erfahren kann.) Eine solche Verdrehung bzw. Winkeländerung pflegten wir mit w zu bezeichnen. Da ferner $\delta_{ne} - \delta_{no}$ gleichbedeutend ist mit δ_{no} aus $M_o = 1$, so ist

$$\delta_{no} = w_{on}$$

d. h. die Verschiebung des Punktes n durch die Momenteneinheit um den Punkt c ist gleich der Verdrehung des Nachbargebietes des Punktes o um diesen Punkt durch die Krafteinheit im Punkte n.

b) Nutzanwendung des Satzes von der Gegenseitigkeit der Verschiebungen: Die Einflußlinien.

Der in Fig. 119 dargestellte Träger auf zwei Stützen, $a \div b$, werde durch eine wandernde, lotrecht wirkende Einzellast 1 beansprucht; es soll die Kurve gezeichnet werden, deren Ordinaten unter dem wandernden Lastangriffspunkt m die jeweilige Größe der lotrechten Verschiebung des bestimmten Punktes c angeben. Eine solche Linie würde als Einflußlinie für die Verschiebungen des Punktes c aus einer wandernden Einzellast zu bezeichnen sein.

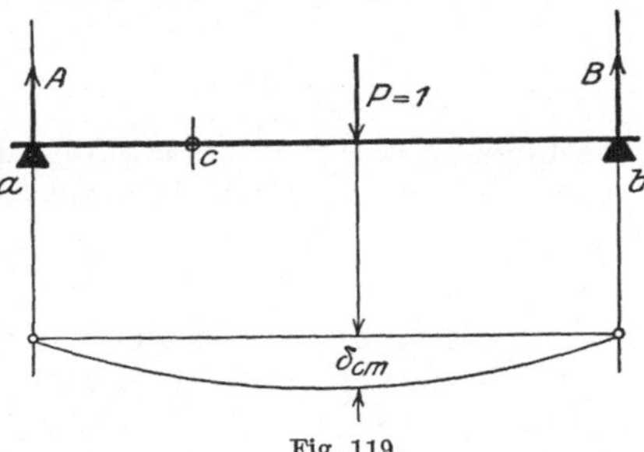

Fig. 119.

Ohne die Kenntnis des Satzes von der Gegenseitigkeit der Verschiebungen wären wir zur Lösung dieser wichtigen, bei fast jeder statisch unbestimmten Rechnung hervortretenden Aufgabe genötigt, die Durchbiegung des Trägers im Punkte c für eine größere Anzahl Lastangriffspunkte der Schwerlinie einzeln zu ermitteln und senkrecht unter diesen Punkten von einer etwa geraden Basis aus abzutragen; wäre der Träger von veränderlichem Trägheitsmomente, so würden wir also zur Ermittlung dieser Ordinaten für jede einzelne der gewählten Laststellungen die Biegungslinie zu zeichnen haben.

Der Satz von der Gegenseitigkeit der Verschiebungen enthebt uns jedoch dieser Mühe: denn nach diesem Satze ist, wie wir wissen:

$$\delta_{cm_1} = \delta_{m_1 c}$$

$$\delta_{cm_2} = \delta_{m_2 c}$$

$$\delta_{cm_3} = \delta_{m_3 c}$$

$$\cdot \quad \cdot \quad \cdot \quad \cdot \quad \cdot \quad \cdot$$

$$\delta_{cm} = \delta_{mc}$$

d. h.: alle Verschiebungen des Punktes c, die durch die wandernde Kraft 1 in dem Punkte m verursacht werden, sind gleich der Verschiebung der Punkte m durch die in c wirkende Krafteinheit. Der nur für die Kraft 1 in c gezeichneten Biegungslinie können also alle Verschiebungen des Punktes c entnommen werden, die durch eine nacheinander in den Punkten m wirkende Einzellast 1 hervorgerufen werden, und zwar sind diese Verschiebungen des Punktes c die senkrecht unter dem jeweiligen Lastpunkte m liegenden Ordinaten, so wie es eingangs für die gesuchte Einflußlinie verlangt wurde.

Die Einflußlinie für die Verschiebung eines Trägerpunktes durch eine wandernde Einzellast 1 ist also gleichbedeutend mit der für den Angriff der Kraft 1 in diesem Trägerpunkte selbst gezeichneten Biegungslinie.

Die für einen bestimmten Punkt eines Trägers gezeichnete Einflußlinie wird sich zunächst unmittelbar dazu verwenden lassen, die Durchbiegung des Trägers in diesem Punkte bei Einwirkung einer größeren Zahl von vorläufig unbewegt gedachten Einzellasten bequem zu ermitteln. Für den Träger $a \div b$, Fig. 120, bestimmt sich die Verschiebung des Punktes c infolge Einwirkung der Lasten P_1, P_2 und P_3 aus der für die Kraft $1c$ gezeichneten Biegungslinie zu

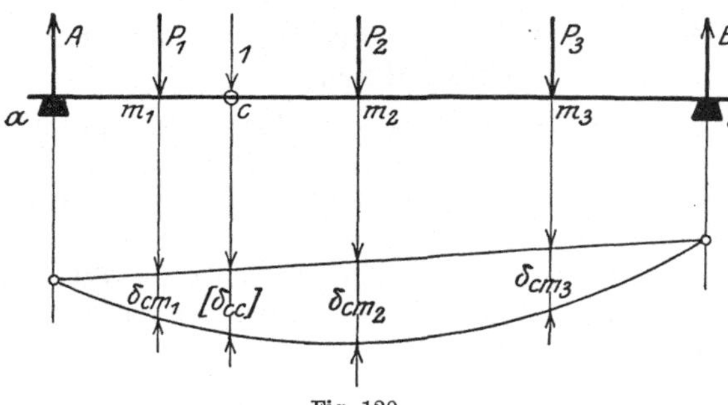

Fig. 120.

$$\delta_c = P_1\,\delta_{m_1c} + P_2\,\delta_{m_2c} + P_3\,\delta_{m_3c}\,,$$

denn die δ_m aus c sind gleich den gesuchten δ_c aus m.

Daraus ergibt sich nun aber bei Behandlung statisch unbestimmter Systeme die ganz besondere Bedeutung der Einflußlinie für die Verschiebung eines Trägerpunktes des statisch bestimmten Hauptsystems, und zwar wenn der betrachtete Trägerpunkt der Angriffspunkt (bzw. die beiden Stabendpunkte) einer Überzähligen ist. Es ist dann die für den Punkt gezeichnete Biegungslinie nicht nur die Einflußlinie der Verschiebung, sondern auch — was aus der Betrachtung der Formänderungsgleichungen unmittelbar erhellt — die Einflußlinie der Größe der Überzähligen für wechselnde Belastung. An dem einfachen Beispiele des Trägers auf drei Stützen läßt sich das Gesagte leicht erkennen. Fig. 119 stelle das statisch bestimmte Hauptsystem eines solchen Tragwerkes dar, belastet durch eine wandernde lotrechte Einzellast 1; aus der Betrachtung der Vorgänge bei Entfernung und Wiederanbringung der überzähligen Stütze c folgern wir die uns bereits bekannte Gleichung:

$$1 \cdot \delta_{cm} - C\,\delta_{cc} = 0\,,$$

woraus sich ergibt:

$$C = 1 \cdot \frac{\delta_{cm}}{\delta_{cc}}\,.$$

Da in der Biegungslinie für eine Kraft 1 im Punkte c sämtliche Verschiebungen dieses Punktes für die in beliebigen Punkten m wirkende Krafteinheit enthalten sind — in diesem Falle also auch die konstante

Verschiebung δ_{cc}, die ja nur einen bestimmten Fall der Verschiebungen δ_{cm} darstellt — so gibt die durch die unveränderliche Ordinate δ_{cc} dividierte veränderliche Ordinate δ_{cm} gemäß der letzten Gleichung auch die Größe der Überzähligen C für jede Stellung der wandernden Einzellast 1 in bestimmtem Maßstabe an. Die für die Kraft 1 in c gezeichnete Biegungslinie ist also nicht nur die Einflußlinie der Verschiebungen des Punktes c des statisch bestimmten Hauptsystems, sondern auch gleichzeitig die Einflußlinie für die Größe des überzähligen Stützendruckes C in c.

Hat die Last die Größe P_m, so ist die auf ihrer Wirkungslinie durch die Einflußlinie abgeschnittene Ordinate $\delta_{mc} = \delta_{cm}$ nach Division durch δ_{cc} noch mit P_m — gemäß dem Hookeschen Gesetze — zu multiplizieren, um für diesen Fall die Überzählige zu erhalten:

$$C = P_m \frac{\delta_{mc}}{\delta_{cc}} = P_m \frac{\delta_{cm}}{\delta_{cc}}.$$

Hat also die Biegungslinie den Ordinatenmaßstab $\gamma^{cm} = 1^{cm}$, so lautet ihr Maßstab als „C-Linie“: $1^{cm} = \left(\frac{P_m}{\gamma \cdot \delta_{cc}}\right)^t$. — Bei gleichzeitiger Belastung des Trägers mit mehreren Kräften P ist die Überzählige C natürlich gleich der Summe der Überzähligen, die sich für jede Last einzeln ergeben würde, also im Beispiele Fig. 120:

$$C = P_1 \frac{\delta_{m_1 c}}{\delta_{cc}} + P_2 \frac{\delta_{m_2 c}}{\delta_{cc}} + P_3 \frac{\delta_{m_3 c}}{\delta_{cc}}$$

oder praktischer:

$$C = \frac{P_1 \delta_{m_1 c} + P_2 \delta_{m_2 c} + P_{m_3 c}}{\delta_{cc}}$$

entsprechend unserer früher hergeleiteten allgemeinen Formänderungsgleichung:

$$C = \frac{\Sigma P \delta_{cm}}{\delta_{cc}} = \frac{\Sigma P \delta_{mc}}{\delta_{cc}}$$

Die erhebliche Vereinfachung der Berechnung von Verschiebungen der Angriffspunkte überzähliger Größen in den statisch bestimmten Hauptsystemen durch Anwendung des Satzes von der Gegenseitigkeit der Verschiebungen sei auch für den allgemeinen Fall des mehrfach statisch unbestimmten Systems Fig. 121 kurz dargestellt. Die zur Berechnung der Überzähligen als Ergänzung der Gleichgewichtsbedingungen aufgestellten Formänderungsgleichungen für das statisch bestimmte Hauptsystem lauteten (vgl. Seite 21):

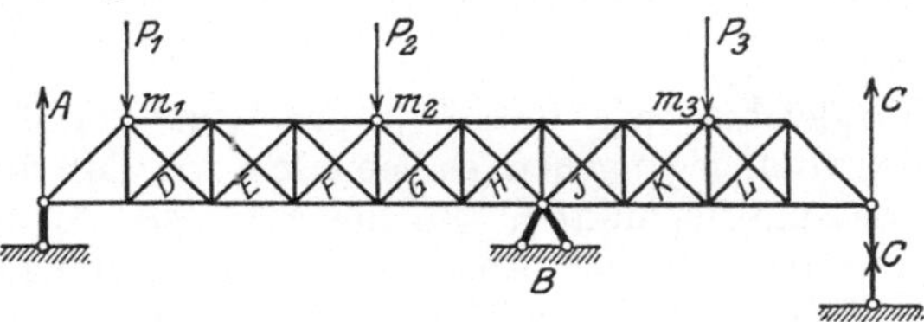

Fig. 121.

$$\Sigma P_m \delta_{cm} + C\delta_{cc} + D\delta_{cd} + E\delta_{ce} + F\delta_{cf} + \ldots = C\varrho_c$$
$$\Sigma P_m \delta_{dm} + C\delta_{dc} + D\delta_{dd} + E\delta_{de} + F\delta_{df} + \ldots = D\varrho_d$$
$$\Sigma P_m \delta_{em} + C\delta_{ec} + D\delta_{ed} + E\delta_{ee} + F\delta_{ef} + \ldots = E\varrho_e$$
$$\Sigma P_m \delta_{fm} + C\delta_{fc} + D\delta_{fd} + E\delta_{fe} + F\delta_{ff} + \ldots = F\varrho_f$$
$$\ldots\ldots\ldots\ldots\ldots\ldots\ldots\ldots\ldots$$

Jede dieser Gleichungen drückt die Bedingung aus, daß die Verschiebung der Angriffspunkte der Überzähligen, hervorgerufen durch die Einwirkung der Lasten P sowie aller im statisch bestimmten Hauptsysteme als äußere Kräfte angreifend gedachten überzähligen Stab- oder Stützenkräfte gleich ist der Längenänderung des jeweils betrachteten überzähligen Stabes (bzw. der Senkung oder Hebung der überzähligen Stützen — meist gleich Null —) durch die betrachtete Überzählige selbst. Zur zahlenmäßigen Ermittlung der als Faktoren der Unbekannten (also der Überzähligen) auftretenden Verschiebungsgrößen δ für die Krafteinheit würde ohne Anwendung des Satzes von der Gegenseitigkeit der Verschiebungen die Darstellung eines Verschiebungsplanes oder — geeignetenfalls — einer Biegungslinie für Angriff einer Kraft 1 nacheinander in jedem einzelnen Angriffspunkte der oben bezeichneten äußeren Kräfte des statisch bestimmten Hauptsystems, also auch der Lasten P_m, erforderlich sein.

Der Lehrsatz von der Gegenseitigkeit der Verschiebungen setzt uns jedoch in die Lage, jede der genannten Verschiebungen nur den für den Angriff der Kraft 1 in den Stabendpunkten der überzähligen Größen gezeichneten Verschiebungsplänen oder Biegungslinien (dann also Einflußlinien) entnehmen zu können: denn wir können schreiben, eingedenk der Beziehung

$$\delta_{mo} = \delta_{om}:$$

$$\Sigma P_m \delta_{mc} + C\delta_{cc} + D\delta_{dc} + E\delta_{ec} + F\delta_{fc} + \ldots = C\varrho_c$$
$$\Sigma P_m \delta_{md} + C\delta_{cd} + D\delta_{dd} + E\delta_{ed} + F\delta_{fd} + \ldots = D\varrho_d$$
$$\Sigma P_m \delta_{me} + C\delta_{ce} + D\delta_{de} + E\delta_{ee} + F\delta_{fe} + \ldots = E\varrho_e$$
$$\Sigma P_m \delta_{mf} + C\delta_{cf} + D\delta_{df} + E\delta_{ef} + F\delta_{ff} + \ldots = F\varrho_f$$
$$\ldots\ldots\ldots\ldots\ldots\ldots\ldots\ldots\ldots$$

Vergleichen wir diese Gruppe von Formänderungsgleichungen mit der vorangegangenen, so bemerken wir, daß die Verschiebungen aus den Lastangriffspunkten, also die δ aus m, fortfallen. Für die Punkte m brauchen also, wie behauptet, bei Anwendung des Satzes von der Gegenseitigkeit der Verschiebungen keine Verschiebungspläne oder Biegungslinien gezeichnet zu werden.

Beispiel 1. Für den auf Seite 31 in Fig. 48 gezeichneten Träger auf zwei Stützen, bestehend aus einem I-Träger Nr. 45, ist die elastische Linie für Angriff einer Kraft 1 im Punkte c der Schwerlinie zeichnerisch dargestellt worden. In Fig. 122 ist der gleiche Träger noch einmal schematisch aufgezeichnet worden, und zwar unmittelbar belastet durch die Räder eines vierachsigen Straßenbahnwagens. Der Raddruck betrage für jedes der vier Räder 1,4 t. Es soll die Senkung des Punktes c für die gezeichnete beliebig gewählte Laststellung ermittelt werden.

Die uns in diesem Beispiele bereits bekannte Biegungslinie für Angriff der Lasteinheit im Punkte c (Fig. 50 bzw. 123) ist nach dem im vorstehenden Gesagten die Einflußlinie der Senkungen des Punktes c für eine wandernde Einzellast 1. Zur Ermittlung der lotrechten Verschiebung des Punktes c für die gezeichnete Laststellung ist es also nur nötig, die Ordinaten unter den einzelnen Lastangriffspunkten zu messen, sie mit der zugehörigen Lastgröße zu multiplizieren und die Summe dieser Produkte zu nehmen. Die Messung der Ordinaten ergibt:

$$\begin{aligned} \delta_c \text{ aus } m_1 &= 0{,}125 \text{ cm} \\ \delta_c \;\;,,\;\; m_2 &= 0{,}165 \;\;,, \\ \delta_c \;\;,,\;\; m_3 &= 0{,}155 \;\;,, \\ \delta_c \;\;,,\;\; m_4 &= 0{,}120 \;\;,, \\ \hline \delta_c \text{ aus } m \;\; &= 0{,}565 \text{ cm} \end{aligned}$$

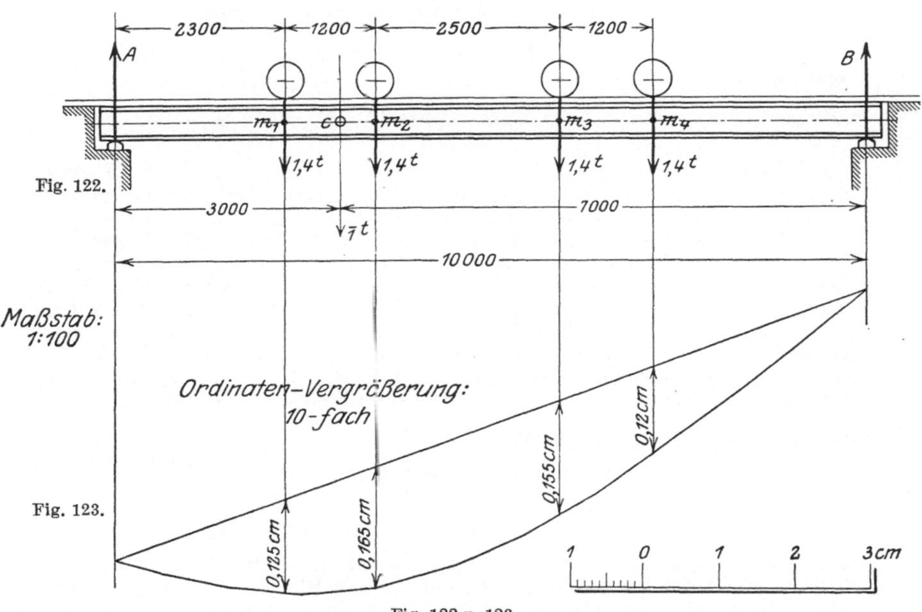

Fig. 122.

Fig. 123.

Fig. 122 u. 123.

Da in unserem Beispiele die Lasten gleich sind, so brauchen die Ordinaten nicht einzeln, sondern nur ihre Summe mit der Lastgröße 1,4 multipliziert zu werden. Das Ergebnis für die Gesamtverschiebung des Punktes c lautet also:

$$\Sigma P_m \delta_{cm} = 0{,}565 \cdot 1{,}4 = \underline{0{,}79 \text{ cm}}\,.$$

Schon bei der gegebenen festen Laststellung ist der Vorteil offenbar, den die Verwendung der Einflußlinie der Senkungen des Punktes c gegenüber der Darstellung der durch Einwirkung der vier Radlasten wirklich auftretenden elastischen Linie zur Lösung unserer Aufgabe gewährt; daß daher das Zeichnen einer Einflußlinie zur Ermittlung der Durchbiegung des Trägers im Punkte c für mehrere Stellungen desselben Lastensystems oder gar zur Ermittlung der größten Senkung des betrachteten Punktes bei Überfahren der Brücke durch den Straßenbahnwagen praktisch als Notwendigkeit bezeichnet werden muß, ist selbstverständlich.

Beispiel 2. Nachdem soeben die Verwendung der Einflußlinie zur Berechnung der Verschiebungen eines festliegenden Trägerpunktes bei einem statisch bestimmten Systeme behandelt wurde, soll nunmehr eine **Einflußlinie für die Überzählige** eines einfach statisch unbestimmten Systems betrachtet werden, und zwar werde dem Beispiele wiederum der schon mehrfach behandelte deutsche Bogen Fig. 85, Seite 52, zugrunde gelegt (siehe auch Fig. 124).

Wir haben zweckmäßig die Spannkraft des Zugbandes, H, als überzählige Größe gewählt: es ist daher die Aufgabe gestellt, diejenige Biegungslinie des Fachwerkes zu zeichnen, die den Einfluß der Lasten je nach ihrer Stellung auf der Fahrbahn auf die Größe der Spannkraft des Zugbandes angibt. Zur Erkenntnis der Gesetzmäßigkeit, von der die Größe der Überzähligen abhängt, oder was dasselbe ist, wie wir wissen, zur Aufstellung der Formänderungsgleichung, ist im allgemeinen zuerst das statisch bestimmte Hauptsystem durch Entfernung des als überzählig gewählten Stabes herzustellen. Aus der Betrachtung der Formänderung des Bogens ohne das Zugband infolge Einwirkung einmal der Lasten und zum andern der Überzähligen, in Beziehung gesetzt zur Formänderung des überzähligen Stabes selbst, vgl. den Abschnitt 1 des II. Kapitels „Die Aufstellung von Formänderungsgleichungen“, Seite 18, Fig. 30, ergibt sich:

$$\Sigma P\, \delta_{bm} - H\, \delta_{bb} = H \cdot \varrho_s$$

und daraus:

$$H = \frac{\Sigma P\, \delta_{bm}}{\delta_{bb} + \varrho_s}.$$

In diesem Ausdrucke sind für das gegebene Tragwerk konstant die Werte ϱ_s, d. i. die Längenänderung des Zugbandes für die Krafteinheit, und δ_{bb}, also die Verschiebung des Punktes b durch eine Kraft $H = 1$ in b selbst. Der Wert der Überzähligen wird also nur durch den Zähler des Ausdruckes für H beeinflußt. Es ist somit eine Einflußlinie zu zeichnen, der für jeden Punkt m des Lastgurtes die Verschiebung des Punktes b durch eine in m angreifende Kraft $P = 1$, also der Wert δ_{bm} des Zählers entnommen werden kann. Ohne Kenntnis des Lehrsatzes von der Gegenseitigkeit der Verschiebungen müßten wir also für **jeden** Knotenpunkt m die zugeordnete Ordinate δ_{bm} der Einflußlinie, also die Verschiebung des Zugbandangriffspunktes b durch eine Last 1 in m, mit Hilfe je einer **Mohr**schen Arbeitsgleichung oder je eines besonderen Verschiebungsplanes oder je einer Fachwerkbiegungslinie für horizontale fingierte Lasten $w = \frac{\Delta s}{r}$ ermitteln. Der Lehrsatz von der Gegenseitigkeit der Verschiebungen besagt jedoch, daß

$$\delta_{bm} = \delta_{mb},$$

d. h.: die Verschiebung des Punktes b in Richtung H durch eine Last $P = 1$ in m ist gleich der Verschiebung des Punktes m in Richtung P durch eine Kraft $H = 1$ in b. Zeichnen wir also für $H = 1$ eine Biegungslinie, und zwar die für die Hebung der Punkte m, so gibt die Ordinate der Biegungslinie unter jedem Punkte m die Größe der Verschiebung an, die der Punkt b durch eine Last 1 in jedem Punkte m erfährt. Diese Biegungslinie enthält also die einzige bei Änderung der Größe, Lage und Richtung der Lasten P sich gleichfalls verändernde Größe δ_{bm} der Formänderungsgleichung und ist damit die gesuchte Einflußlinie für die Überzählige, also die Spannkraft H des Zugbandes.

Für den deutschen Bogen Fig. 124 wurde die Biegungslinie bereits auf Seite 57 dargestellt, so daß sie fertig übernommen werden kann, Fig. 125. Für die beliebige Fahrbahneinzellast $P = 4$ t soll die Größe der Zugbandspannkraft bestimmt werden: Die Verschiebung des Punktes b für $P = 1$ ergibt sich aus der Einflußlinie zu:

$$\delta_{bP} = 0{,}87 \text{ cm}.$$

Für $P = 4$ t beträgt die Verschiebung mithin:

$$P \cdot \delta_{bm} = 4 \cdot 0{,}87.$$

Die Verschiebung des Punktes b durch eine Kraft $H = 1$ in b selbst wurde bereits mit Hilfe einer **Mohrschen** Arbeitsgleichung auf Seite 73 ermittelt:

$$\delta_{bb} = 1{,}23 \text{ cm}.$$

Wählen wir als Zugband 2 ⌊-Eisen 60 × 60 × 8 mit einem Querschnitte von $2 \times 9{,}03 \text{ cm}^2 = 18{,}06 \text{ cm}^2$, so ergibt sich die Verlängerung dieses Zugbandes für die Krafteinheit zu

$$\varrho_s = \frac{s}{E \cdot F} = \frac{2700 \text{ cm}}{2150 \text{ t/cm}^2 \cdot 18{,}06 \text{ cm}^2} = 0{,}0696 \text{ cm/t}.$$

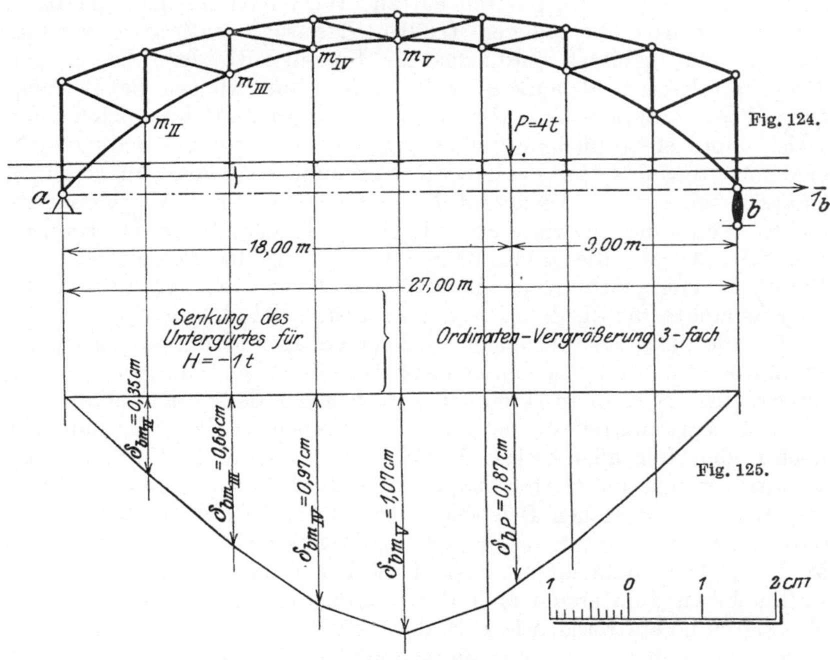

Fig. 124.

Fig. 125.

Fig. 124—125.

Setzen wir diese Werte nunmehr ein in die Formänderungsgleichung

$$H = \frac{P \cdot \delta_{bm}}{\delta_{bb} + \varrho_s}$$

so ergibt sich die gesuchte Überzählige zu

$$\underline{H} = \frac{4 \cdot 0{,}87}{1{,}23 + 0{,}0696} = \underline{2{,}68 \text{ t}}.$$

Soll die Biegungslinie unmittelbar als H-Linie verwendet werden, so ist der Maßstab zu berechnen; der Meßwert der Ordinate δ_{bm} war 2,61 cm ($= 3 \cdot 0{,}87$ cm):

$$26{,}1 \text{ mm} = 2{,}68 \text{ t};$$

daraus der **Maßstab der Biegungslinie als H-Linie**:

$$\underline{1 \text{ mm}} = \frac{2{,}68 \text{ t}}{26{,}1} = \underline{0{,}1027 \text{ t}}.$$

Vorbemerkungen zu Kapitel III und IV.

Im ersten Kapitel haben wir das Wesen der statisch unbestimmten Systeme erläutert; wir haben aus der Erläuterung die Methoden entwickelt, die zur Erkennung dieser Systeme geeignet sind. Alsdann haben wir im zweiten Kapitel die Aufstellung der Formänderungsgleichungen zur Ergänzung der Gleichgewichtsbedingungen behandelt, nachdem wir für die Formänderungselemente eine bestimmte algebraische Bezeichnungsweise gewählt hatten. Wir haben gesehen, wie durch Entfernung der überzähligen Größen das sog. statisch bestimmte Hauptsystem gebildet wird, das die Spannkräfte der überzähligen Tragwerkselemente als äußere Kräfte enthält, und wie sich bei Betrachtung dieses Hauptsystems die benötigten Formänderungsgleichungen meist unmittelbar niederschreiben lassen, wenn wir die Bedingungen erwägen, die das tatsächliche Vorhandensein der überzähligen Tragwerkselemente in bezug auf die Verschiebung ihrer Angriffspunkte stellt. Weiter haben wir dann schließlich, gleichfalls im II. Kapitel, von Seite 23 ab, die zahlenmäßige Ermittlung der Einzelglieder der Formänderungsgleichungen, nämlich die Verschiebungen der Kraftangriffspunkte für die Krafteinheiten, ausführlich dargestellt.

Da alle diese Ausführungen allgemeingültig und umfassend waren, so müßten wir streng genommen bereits in der Lage sein, jedes statisch unbestimmte System an Hand der Ausführungen des ersten und zweiten Kapitels einwandfrei zu berechnen. Dennoch wollen wir nunmehr noch in dem folgenden dritten Kapitel die statisch unbestimmten Vollwandträger und im vierten Kapitel die statisch unbestimmten Fachwerkträger in typischen Beispielen behandeln: denn abgesehen davon, daß es zweckmäßig ist, die notwendige Wiederholung des Lernstoffes an Beispielen vorzunehmen, anstatt die beiden ersten Kapitel sogleich nochmals wie zum ersten Male durchzuarbeiten, so werden auch noch einzelne Fälle auftreten, wie z. B. die statisch unbestimmten Vollwandbogen, bei denen der Leser ohne Sonderausführungen über die Art der Anwendung der im ersten und zweiten Kapitel dargelegten Rechnungsmethoden im Zweifel sein kann.

Aus den beiden vorangegangenen allgemeinen Kapiteln geht hervor, daß sich die Untersuchung der statisch unbestimmten Vollwandträger von der Untersuchung der statisch unbestimmten Fachwerkträger im wesentlichen nicht unterscheidet. Das theoretisch Wesentliche der Berechnung ist die Ermittlung der Funktion des Einflusses der Überzähligen, also die Aufstellung der Formänderungsgleichungen. Die Regeln hierfür — Bildung des statisch bestimmten Hauptsystems, Anbringung der Überzähligen als äußere Kräfte, usw. — sind für gegliederte und für Vollwandträger die gleichen.

Wenn hier dennoch diese beiden Tragwerksarten in zwei besonderen Kapiteln behandelt werden, so geschieht das mit Rücksicht auf die bereits bekannten Unterschiede in der Berechnung der Formänderungselemente. Die kompakte Behandlung jeder Tragwerkskategorie für sich wird die klare Einprägung der zugehörigen Methoden zur Ermittlung der Elemente der Formänderungsgleichungen beträchtlich fördern und widerstandsfähig machen, so daß die erheblich verschiedenartigen Eindrücke auch im Gedächtnis voneinander getrennt erhalten werden. In der praktischen Untersuchung statisch unbestimmter Tragwerke nimmt die zahlenmäßige Ermittlung der Formänderungselemente mit ihren Tabellen und graphischen Darstellungen den weitaus größten Raum ein.

Bei Vergegenwärtigung der Darlegungen der beiden ersten Kapitel tritt deutlich eine Ordnung hervor, in der alle zu untersuchenden statisch unbestimmten Tragwerke behandelt werden müssen; der Leser, besonders der Anfänger, darf diese Ordnung niemals aus dem Gedächtnisse verlieren, wenn er nicht selbst einfachen Fällen hilflos gegenüberstehen will, sobald er einmal auf seine Kenntnisse allein angewiesen ist. Die allgemeine Ordnung der Untersuchung statisch unbestimmter Tragwerke sei deshalb hier vor Eintritt in die Behandlung einzelner typischer Formen nochmals in übersichtlicher Kürze in Erinnerung gebracht.

Allgemeine Ordnung der Untersuchung aller statisch unbestimmten Systeme.

1. Sorgfältige statische Wertung des vorliegenden Tragwerkes. Stellung und Beantwortung der Fragen:
   a) Ist das Tragwerk unverschieblich?
   b) Ist es statisch unbestimmt und in welchem Grade?
   oder, was dasselbe ist:
   Sind mehr Tragwerkselemente vorhanden, als zu a) erforderlich und wieviel?
2. Herstellung des statisch bestimmten Hauptsystems durch Entfernung geeignet erscheinender Tragwerkselemente als überzählig in der unter 1. bestimmten Anzahl (wobei jedoch die Unverschieblichkeit des Systems erhalten bleiben muß!) und Einordnung der Spannkräfte der Überzähligen als äußere Kräfte.
3. Stellung und Beantwortung der Frage: Welche Bedingungen stellt die Wiederanbringung (bzw. eben das tatsächliche Vorhandensein) der einzelnen überzähligen Tragwerkselemente? Allgemeine Antwort: Die Summe der Verschiebungen der Angriffspunkte einer Überzähligen in der Wirkungslinie der Überzähligen, die im statisch bestimmten Hauptsysteme auftreten:
   a) infolge Belastung, Temperaturänderungen usw.,
   b) infolge Einwirkung der etwa vorhandenen anderen Überzähligen als äußere Kräfte,
   c) infolge Einwirkung der betrachteten Überzähligen selbst als äußere Kraft
   muß gleich sein:
   d) der Verschiebung, die der oder die Angriffspunkte des überzähligen Tragwerkelementes bei Aufbringung seiner eigenen

Spannkraft (also der gesuchten überzähligen Größe) erleiden müssen.

Möglichst einfache Darstellung dieser Bedingungen der einzelnen überzähligen Stäbe oder Stützen als „Formänderungsgleichungen" in algebraischer Form.

4. Überlegung, wie die Berechnung der Elemente der Formänderungsgleichungen, die Punktverschiebungen, am einfachsten erfolgen kann. Hierbei ist als ganz besonders nützlich die Gegenseitigkeit der Verschiebungen in Betracht zu ziehen.

Sind langwierige und unübersichtliche, schwierige Berechnungen zu erwarten, so ist an die Möglichkeit einer geschickteren Wahl der Überzähligen zu denken!

III. Die statisch unbestimmten Vollwandträger.

1. Die statisch unbestimmt gestützten geraden Balken.

a) Der gerade Balken auf drei Stützen.

Fig. 126 zeigt das allgemeine Schema dieses Tragwerkes. Der Leser weiß in diesem einfachen Falle auf Grund der allgemeingültigen Darlegungen der vorangegangenen Kapitel, daß dieser Träger nur eine überzählige Stütze aufweist, daß das Tragwerk mithin einfach statisch unbestimmt ist.

Die Herstellung des statisch bestimmten Hauptsystems erfolgt recht übersichtlich durch Entfernung der mittleren Stütze, hier c benannt. Der unbekannte Stützendruck dieses Auflagers wird als äußere Kraft C eingeführt.

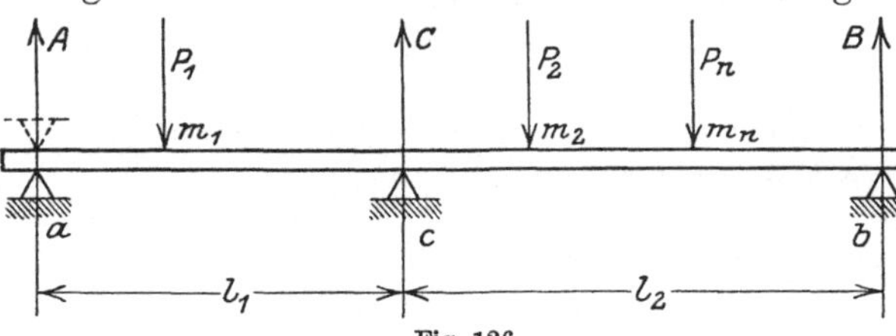

Fig. 126.

Das tatsächliche Vorhandensein der Stütze c, die ebenso wie die beiden anderen Stützen „unnachgiebig" sei, d. h. durch Belastung keine Verschiebung gegen ihre Lage im lastlosen Zustande erleide, stellt die Bedingung:

$$\Sigma\,\delta_c = 0\,,$$

somit, wie längst bekannt:

$$\Sigma\,\delta_c = \Sigma\,P\,\delta_{cm} - C\,\delta_{cc} = 0$$

oder:

$$C = \frac{\Sigma\,P\,\delta_{cm}}{\delta_{cc}}$$

Die Aufstellung der Formänderungsgleichungen ist hier wie auch in allen anderen Fällen bei einiger Übung in der algebraischen Bezeichnungsweise von Formänderungen nach einmal gewonnenem Einblicke in das Wesen der statisch unbestimmten Tragwerke nicht schwierig; erheblich schwieriger ist die richtige Auswertung der Gleichungen, besonders auch, wenn Veränderlichkeit der Belastung nach Größe, Lage oder Richtung in praktischer Weise berücksichtigt werden soll. Bei der Behandlung der typischen statisch unbestimmten Tragwerke in diesem und dem folgenden Kapitel werden wir uns deshalb nicht mit theoretischen Darlegungen über die Aufstellung der Bedingungsgleichungen für die Überzähligen begnügen, sondern für jede Besonderheit in der Auswertung der Formänderungsgleichungen Zahlenbeispiele durchrechnen. Für den Träger auf drei Stützen möge hier sogleich ein Beispiel folgen.

Aufgabe: Zur Überbrückung zweier Felder von 5 m und 7 m Stützweite soll ein durchgehender Blechträger gewählt werden, dessen Höchstspannungen bei unmittelbarer Belastung durch eine gleichmäßig verteilte Last von 5 t einschließlich Eigengewicht und bei gleichzeitiger Belastung durch eine wandernde Einzellast von 30 t den Wert 1200 kg/cm² nicht überschreiten (Fig. 135).

Hier kommt zu unserer eigentlichen Aufgabe, ein statisch unbestimmtes Tragwerk zu untersuchen, die Aufgabe hinzu, dieses Tragwerk zuvor zu entwerfen, Fig. 127—132.

Entwurf: Man kann auf mannigfaltige Weise vorgehen, je nach den Einzelheiten der Aufgabe. Es ist daher nicht gut angängig, ein für allemal anzuwendende Regeln anzugeben: Zweckmäßiges, praktisches Vorgehen ändert sich mit Größe und Bedeutung des Trägers, Zahl der Ausführungen des gleichen Tragwerkes, ferner besonders mit der Art der Belastung.

In unserem Falle wird es bereits wirtschaftlich sein, an den am höchsten beanspruchten Stellen, also offenbar über Feld $b \div c$ und über Stütze c, Lamellen anzuordnen. Zur Vereinfachung der Entwurfsberechnungen können wir jedoch die vorläufige Bestimmung der Überzähligen und der Momente unter Zugrundelegung unveränderlichen Trägheitsmomentes vornehmen; werden dann an den besonders gefährdeten Stellen Lamellen angeordnet, so sind die Abweichungen der eigentlichen statisch unbestimmten Untersuchung des gegebenen Tragwerkes von der Entwurfsberechnung im allgemeinen nicht so groß, um den Entwurf infolge Überschreitung der zulässigen Spannung umzustoßen. Natürlich muß bei Wahl der Querschnitte von vornherein ein Zuschlag für diese Abweichungen gegeben werden. Solche Zuschläge — für alle Querschnitte prozentual gleichmäßig, so lange die Veränderung des Spannungsbildes nicht mit Gewißheit vorauszusehen ist — empfehlen sich ja auch noch durch die Empfindlichkeit statisch unbestimmter Tragwerke gegen alle Abweichungen der Werkstatt- und Montagearbeit vom theoretischen Soll, wie an anderer Stelle (Seite 119) ausführlich dargelegt.

Wird die Entwurfsberechnung nicht in grober Annäherung des tatsächlichen Verhaltens des Tragwerkes durch geeignete fingierte Unterteilung für statisch bestimmten Aufbau durchgeführt, so ist auch für die Entwurfsberechnung die Formänderungsgleichung die Ausgangsbasis der Zahlenrechnungen. In dieser Aufgabe lautet die Formänderungsgleichung, gesondert nach der Überzähligen, wie schon bekannt:

$$C = \frac{\Sigma P \delta_{cm}}{\delta_{cc}}.$$

Wir wissen, daß nach dem Lehrsatze von der Gegenseitigkeit der Verschiebungen die

$$\delta_c \text{ aus } m = \delta_m \text{ aus } \underline{c}$$

sind, daß also alle benötigten Punktverschiebungen einer für $C = 1$ gezeichneten Biegungslinie entnommen werden können. Von großem praktischen Nutzen ist es, daß hierbei der Ordinatenmaßstab γ der Biegungslinie ohne Bedeutung ist, da laut Formänderungsgleichung ja nur das Verhältnis $\frac{\delta_{cm}}{\delta_{cc}}$ zu ermitteln ist.

Es ist also nicht erforderlich, Trägheitsmoment und Elastizitätsmodul sowie auch das Moment in der wahren Größe zur Berechnung der Winkeländerung der Balkenachse, $\omega = \frac{M}{J \cdot E}$, zu verwenden; die Wahl der endgültigen Größe des Trägheitsmomentes kann vielmehr noch bis zur weiteren Klärung des Beanspruchungsverlaufes aufgeschoben werden. Sollte etwa bereits bei der Entwurfsberechnung mit unterschiedlichem Trägheitsmomente gerechnet werden, so würde die Einsetzung von Verhältnisziffern an die Stelle des Trägheitsmomentes bereits der Formänderungsgleichung genügen.

Sieht man von der Berücksichtigung der beabsichtigten Veränderlichkeit des Trägheitsmomentes ab, was wir tun wollen, so ist bereits die Momentenfläche für $C = 1$ im statisch bestimmten Hauptsystem, die als Dreieck mit der Spitze über c in beweglichem Maßstabe zu zeichnen ist, das Bild der fingierten Belastung $\frac{M}{J \cdot E}$; siehe Fig. 127. Wir haben diese Fläche in 12 Streifen von je 1 m Breite eingeteilt und, in Anbetracht der Gleichheit dieser Breiten, die mittleren Längen dieser Streifen unmittelbar als Größen der Winkeländerungen bzw. als fingierte Lasten mit beliebiger Polweite zur bekannten Konstruktion der Biegungslinie verwendet; Fig. 128.

Es möge nun zunächst der Verlauf der Beanspruchungen des Trägers durch die wandernde Einzellast $P = 30$ t ermittelt werden. Wenn wir die mit Hilfe des Satzes von der Gegenseitigkeit der Verschiebungen umgeformte Formänderungsgleichung betrachten:

$$C = \frac{P\,\delta_{m\underline{c}}}{\delta_{c\underline{c}}},$$

so erkennen wir unmittelbar, daß die Veränderlichkeit der überzähligen Stützenkraft C für wandernde P nur von den Ordinaten δ_{mc} der Biegungslinie abhängig ist: Die Biegungslinie ist also, wie auch schon früher dargelegt, die Einflußlinie für den Stützendruck C, dessen Größe der Biegungslinie, nach Ermittlung des Maßstabes, unmittelbar als Ordinate unter P entnommen werden könnte. Weiter ist die Biegungslinie auch die Einflußlinie des Momentes in c, das im statisch bestimmten Hauptsystem von dem jeweiligen C hervorgerufen wird, denn dieses Moment hängt nur von der Größe von C ab, da die Momentenhebelarme unveränderlich sind; natürlich sind die Momente mit einem anderen Maßstabe aus der Biegungslinie abzugreifen, als die zugehörigen Stützendrücke C selbst.

Alle im statisch unbestimmten Systeme $(a \div b \div c)$ tatsächlich auftretenden Momente setzen sich zusammen aus den beiden Momentengattungen, die im statisch bestimmten Hauptsystem von P und von C, getrennt betrachtet, hervorgerufen werden. Auf Grund der Kenntnis der statischen Grundgesetze leuchtet nun unmittelbar ein, daß beim Wandern von P drei Größtmomente auftreten werden:

1. Über Stütze $c = M_{c\max}$;
2. Im Felde $a \div c = M_{l_1\max}$;
3. Im Felde $b \div c = M_{l_2\max}$.

1. Untersuchung der Momente im Querschnitte c bei Wandern der Einzellast $P = 30$ t von a nach b. Diese Untersuchung erfolgt am besten graphisch mit Hilfe von Momenten-Einflußlinien.

Die Einflußlinie für die Größe des Momentes im Querschnitte c, M_c, durch die im statisch bestimmten Hauptsystem wirksame Überzählige C ist, wie eben dargelegt, die Biegungslinie: Es ist also nur noch die Einflußlinie für die Momente in c aus der auf das statisch bestimmte Hauptsystem wirkenden Einzellast $P = 30$ t zu zeichnen. Steht P über c, so ist

$$P = C$$

und somit M_c aus C gleich M_c aus P: Die Einflußlinie für die M_c aus P muß also in c mit der Einflußlinie für die M_c aus C die Ordinate gemeinsam haben.

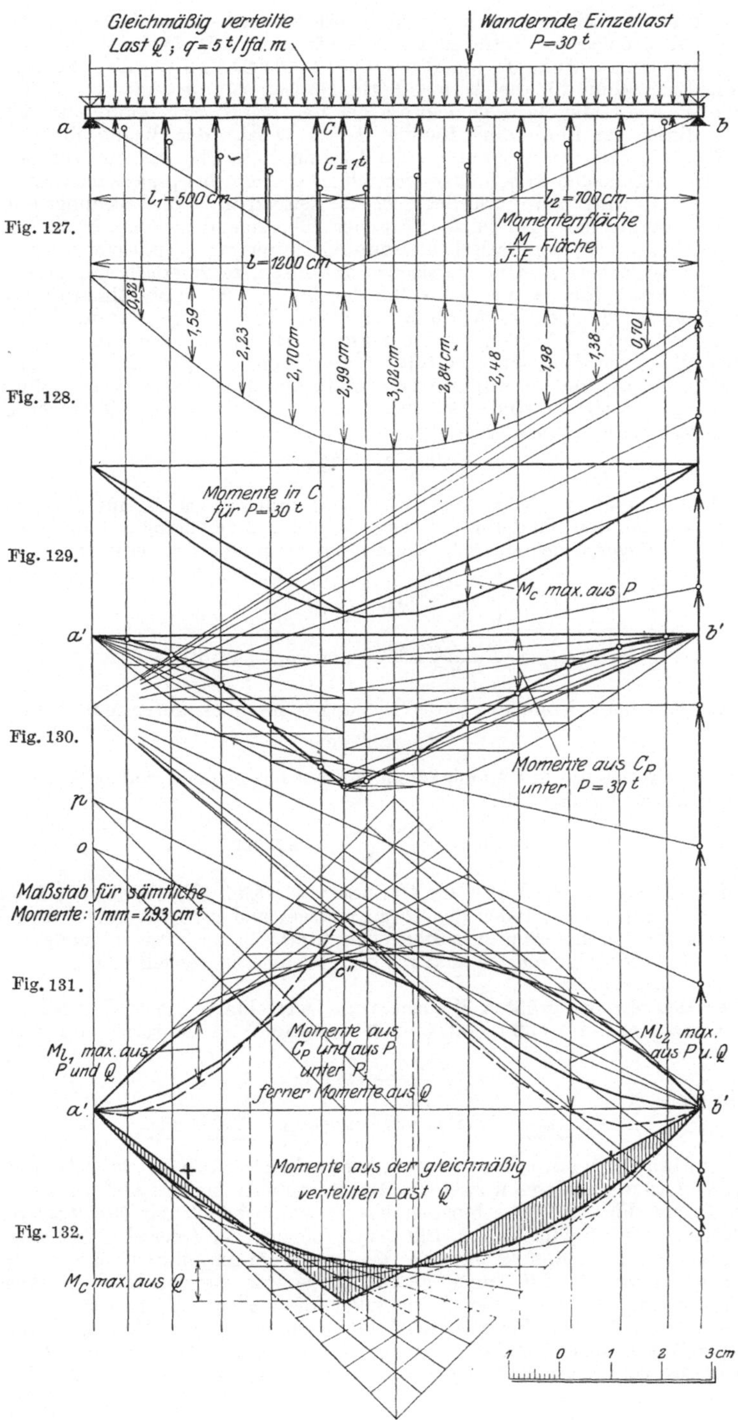

Fig. 127.

Fig. 128.

Fig. 129.

Fig. 130.

Fig. 131.

Fig. 132.

Fig. 127—132.

Wandert nun P von c aus nach den Auflagern a oder b, so muß sich das Moment in c proportional der Entfernung der Kraft P vom Querschnitte c verringern und schließlich, bei Ankunft von P in a oder b, gleich Null werden: Daraus folgt, daß die Einflußlinie für die M_c aus P ein Dreieck ist, das mit der Einflußlinie für die M_c aus C die Basis gemeinsam hat und dessen Spitzenordinate sich mit der c-Ordinate der Einflußlinie für die M_c aus C (also der Biegungslinie) deckt. Vgl. Fig. 129: Mit dieser Figur ist die Biegungslinie Fig. 128 nur zur besseren Verdeutlichung nochmals besonders gezeichnet worden; bei praktischen Entwurfsberechnungen wird man natürlich zwecks Zeitersparnis die Biegungslinie unmittelbar verwenden. Durch die Art der Übereinanderzeichnung der beiden Einflußlinien der M_c im statisch bestimmten Hauptsystem haben wir bereits die Momente, die ja verschiedene Vorzeichen aufweisen, zeichnerisch subtrahiert und damit die Einflußfläche für die Größe der im statisch unbestimmten System tatsächlich auftretenden Momente M_c erhalten. Die P-Lage, für die $M_{c\max}$ auftritt, ist in Fig. 129 hervorgehoben worden. Es ist nunmehr zu erwägen, in welcher Weise der Maßstab ermittelt werden kann, mit dem die Ordinaten der Einflußfläche, der die in willkürlichem Maßstabe gezeichnete Biegungslinie zugrunde liegt, zu messen sind. Wir brauchen uns hierzu nur der Tatsache zu erinnern, daß, wenn P in c steht,

$$C = P = 30\text{ t}$$

ist und daß somit die Größe der sich zu Null aufhebenden M_c aus P und C im statisch bestimmten Hauptsystem sich aus der Momentengleichung, bezogen etwa auf Auflager b des statisch bestimmten Hauptsystems, ergibt:

$$M_c = \frac{P \cdot l_2}{(l_1 + l_2)} \cdot l_1 ,$$

$$M_c = \frac{30\text{ t} \cdot 700\text{ cm}}{1200\text{ cm}} \cdot 500\text{ cm} = 8750\text{ cmt}.$$

Der Meßwert dieses Momentes in der Biegungslinie unbekannten Maßstabes γ ist:

$$M_c = 2{,}99\text{ cm}.$$

Aus der Vergleichung des Momentenmeßwertes mit seinem reellen Werte ergibt sich der Momentenmaßstab:

$$1\text{ mm} = \frac{8750\text{ cmt}}{29{,}9} = 293\text{ cmt}.$$

Mit diesem Maßstabe sind also alle Ordinaten der Einflußfläche für die Momente im Querschnitte c bei wanderndem P zu messen, und man tut gut, diesen Maßstab auch für die weiterhin zu zeichnenden Einflußlinien, etwa für andere Querschnitte, für die Feldmomente und für die gleichmäßig verteilte Last nach Möglichkeit beizubehalten.

Der Meßwert des größten Momentes im Querschnitte c aus der wandernden Einzellast $P = 30$ t, tatsächlich auftretend im statisch unbestimmten System, ist

$$M_{c\max} = 7{,}8\text{ mm},$$

mithin reell:

$$\underline{M_{c\max}} = 7{,}8\text{ mm} \cdot 293\text{ cmt/mm} = \underline{2280\text{ cmt}}.$$

2. Aufsuchung der Größtmomente in den beiden Feldern. Erwägung: Bei jeder Laststellung treten zwei Größtmomente auf: das eine über c, das andere unter P; vgl. Fig. 133. Das Moment über c wurde bereits für jede Laststellung ermittelt, vgl. Einflußfläche Fig. 129. Die Momente der Querschnitte des gerade unbelasteten Feldes sind kleiner als M_c; sie verringern ihre Größe zwischen c und a bzw. b von M_c auf Null in gerader Linie, wie aus den Grundgesetzen der Statik bekannt. Im belasteten Felde fallen die sich an M_c mit gleichem Vorzeichen anschließenden Momente gleichfalls ab und gehen in Momente entgegengesetzten Vorzeichens über, die unter P ihren Größtwert erreichen. Das Maximum dieses Vorzeichens tritt bei jeder Laststellung nur unter P auf, also sind

auch die beiden absoluten Größtmomente dieses Vorzeichens, die Feldmomente $M_{l_1 \max}$ und $M_{l_2 \max}$, unter P selbst zu suchen.

Das tatsächlich im statisch unbestimmten System $a \div b \div c$ auftretende Moment unter P setzt sich wiederum zusammen aus den beiden Momenten, die wir im statisch bestimmten Hauptsystem getrennt unterscheiden, nämlich aus P unter P und aus dem entsprechenden C gleichfalls unter P. Es sind also auch hier wieder zwei Einflußlinien zu zeichnen und zu vereinigen: Die Einflußlinie für die Momente unter P aus P allein im statisch bestimmten Hauptsystem $a \div b$, d. h. also diejenige Linie, die das jeweilige Moment unter dem Lastpunkte als Ordinate enthält, ist bekanntlich eine Parabel vom Scheitel $\frac{P \cdot l}{4}$ in der Mitte zwischen den Auflagern a und b. (Es ist das rasch zu erweisen durch Verschiebung der Koordinatenachsen in a auf den Scheitel der Kurve, also durch Transformation mittels der Gleichungen

$$x = \xi + \frac{l}{2}$$

$$M_P = -\eta + \frac{Pl}{4},$$

worin ξ und η die neuen, auf den Scheitel bezogenen Koordinaten sind. Eingesetzt in

$$M_P = \frac{Px(l-x)}{l} = P\left(x - \frac{x^2}{l}\right)$$

ergibt sich

$\eta = \xi^2$: Parabel, Achse senkrecht zu $a \div b$ durch $l/2$.

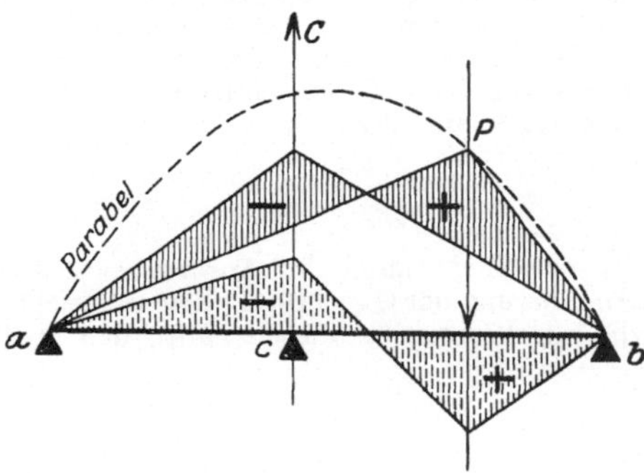

Fig. 133.

Für den Geübten weist das allerdings auch schon die Gleichung für M_P aus).

Weniger einfach ist die Darstellung der Einflußlinie für die Momente aus C unter P. Wie wir schon bei Ermittlung des größten Stützenmomentes M_c feststellten, ist die Biegungslinie gleichzeitig die Einflußlinie für die Momente aus C in c. Die Biegungslinie gibt also für jede Laststellung als Ordinate M_c an. Beachten wir nun, daß für jeden Stützendruck C die Momentenlinie im statisch bestimmten Hauptsystem $a \div b$ ein Dreieck mit der Spitze bei c ist, so leuchtet ein, daß die gesuchte Einflußlinie wie folgt in die Biegungslinie hineinkonstruiert werden kann: Man projiziert jede Ordinate der Biegungslinie, also das M_c der zugehörigen Laststellung, auf die c-Ordinate und verbindet jeden Projektionsendpunkt mit dem zugeordneten Basisendpunkte a' bzw. b'. Fig. 130. Diese Verbindungslinien schneiden auf ihrer Ausgangsordinate das dieser Ordinate M_c entsprechende Moment unter P aus C_P ab. Die Ordinatendurchschnittspunkte bestimmen also den Verlauf der gesuchten Einflußlinie.

Bei der gemeinsamen Darstellung der beiden Einflußlinien zur Gewinnung der Einflußfläche für die tatsächlich auftretenden Momente im statisch bestimmten System ist zu beachten, daß die Ordinaten der beiden Einflußlinien über c — bei entgegengesetzten Vorzeichen — einander gleich sein müssen: denn bei Laststellung in c ist $P = C$ und das Moment unter beiden Kräften gleich, also tatsächlich, d. h. im statisch unbestimmten System, gleich Null.

Es ist daher auch nicht nötig, die Formel für die Pfeilhöhe der Parabel

$$M_{p \max} = \frac{P \cdot l}{4}$$

auszuwerten: Der Endpunkt der c-Ordinate der Einflußlinie für die M aus C ist ein Punkt der M_P-Parabel über $a' \div b'$, Fig. 131, daraus kann der Scheitelpunkt der Parabel durch die angedeuteten Hilfslinien leicht gefunden werden. (Die Aufgabe ist aus der Geometrie bekannt: Zur Erinnerung mögen folgende Angaben dienen: Man ziehe $b'o$ durch c'', weiter $m\,p$ parallel $c'o$ und schließlich $p\,b'$; der Schnittpunkt dieser Linie mit der Mittelordinate ist der gesuchte Scheitelpunkt). Die weiter in einem Verfahren angedeutete Darstellung der Parabel selbst kann bekanntlich auch auf mannigfaltige andere Weise praktisch ausgeführt werden. (Vgl. Seite 161, Fig. 225, sowie die Angaben der Taschenbücher usw.)

Die durch die beiden Einflußlinien begrenzte Einflußfläche für die Momente aus der wandernden Einzellast $P = 30$ t, Fig. 131, gibt bereits die Größe und Lage der gesuchten Größtmomente $M_{l_1\max}$ und $M_{l_2\max}$ für Beanspruchung des Tragwerkes aus P allein an. Der Maßstab, mit dem die Ordinaten zu messen wären, ist in Anbetracht der unmittelbaren Darstellung aus der M_c-Einflußlinie (Biegungslinie) der gleiche wie bei dieser. Da jedoch die Berücksichtigung der gleichmäßig verteilten Last, die von der Aufgabe verlangt ist, eine erhebliche Änderung von Größe und Lage der Größtmomente herbeiführt, so mögen vor der Auswertung der dargestellten Einflußfläche die Momente aus der gleichmäßig verteilten Last dargestellt werden.

Darstellung der Trägerbeanspruchung durch die gleichmäßig verteilte Last $Q \cdot q = 5$ t/lfd. m. Zunächst ist offenbar der überzählige Auflagerdruck aus Q zu ermitteln:

$$C_Q = \frac{\Sigma P_m \delta_{cm}}{\delta_{cc}}$$

Zwecks Errechnung des Ausdruckes $\Sigma P_m \delta_{cm}$ möge die Last Q in genügender Annäherung der Gleichförmigkeit in gleiche Einzellasten von 5 t eingeteilt werden; die zugehörigen Ordinaten haben den Meßwert:

$$\begin{aligned}
\eta_I &= 0{,}82\\
\eta_{II} &= 1{,}59\\
\eta_{III} &= 2{,}23\\
\eta_{IV} &= 2{,}70\\
\eta_c &= 2{,}99 = \delta_{cc}\\
\eta_{VI} &= 3{,}02\\
\eta_{VII} &= 2{,}84\\
\eta_{VIII} &= 2{,}48\\
\eta_{IX} &= 1{,}98\\
\eta_X &= 1{,}38\\
\eta_{XI} &= 0{,}70\\
\hline
\Sigma P_m \delta_{cm} &= 22{,}73 \cdot 5 = 113{,}65\,.
\end{aligned}$$

Der P-Faktor ist für alle Ordinaten der gleiche: es braucht also nur die Summe der Ordinaten mit 5 multipliziert zu werden. Es ergibt sich folgender Zahlenwert für den Stützendruck C_Q:

$$C = \frac{113{,}65}{2{,}99} = 38 \text{ t}.$$

Auf den Träger $a \div b$ wirken also die gleichmäßig verteilte Last Q und, in entgegengesetzter Richtung, die Einzellast $C = 38$ t; daraus erhellt die Darstellung der resultierenden Momentenfläche: Die Momentenfläche aus Q über $a \div b$ wird, wie bekannt, durch eine Parabel mit der Pfeilhöhe $\frac{Q \cdot l}{8}$ begrenzt, während die Momentenfläche aus C ein Dreieck mit der Spitze über c ist, dessen Höhe sich aus $\frac{C \cdot l_2 \cdot l_1}{l}$ berechnet. Als Maßstab wird zweckmäßig der bisherige verwendet:

$$1 \text{ mm} = 293 \text{ cmt}.$$

$$\text{Parabelpfeil} = \frac{Q \cdot l}{8} = \frac{5\ \text{t/m} \cdot 12\ \text{m} \cdot 1200\ \text{cm}}{8} = 9000\ \text{cmt}$$

$$= 9000\ \text{cmt} \cdot \frac{1}{293}\ \text{mm/cmt} = \underline{30{,}8\ \text{mm.}}$$

$$\text{Dreieckhöhe} = \frac{C \cdot l_2 \cdot l_1}{l} = \frac{38\ \text{t} \cdot 700\ \text{cm} \cdot 500\ \text{cm}}{1200\ \text{cm}} = 11\,100\ \text{cmt}$$

$$= 11\,100\ \text{cmt} \cdot \frac{1}{293}\ \text{mm/cmt} = \underline{37{,}9\ \text{mm.}}$$

In Fig. 132 ist die Darstellung der resultierenden Momentenfläche für Q mit diesen Maßen durchgeführt worden. Gemäß der Aufgabe, die gleichzeitige Beanspruchung des Trägers durch Q und durch die wandernde Einzellast $P = 30$ t vorschreibt, ist nunmehr die Einflußfläche für die Momente unter P, Fig. 131, durch Vereinigung ihrer Ordinaten mit der Q-Momentenfläche zu vervollständigen. In der Fig. 131 wird diese Summierung der Ordinaten durch die gestrichelte Linie bezeichnet.

Daraus ergeben sich nun folgende, der Berechnung zugrunde zu legende größten positiven Feldmomente aus Q und P:

$$\underline{M_{l_1 \max}} = 12{,}5\ \text{mm} \cdot 293\ \text{cmt/mm} = \underline{3\,660\ \text{cmt}},$$

$$\underline{M_{l_2 \max}} = 22{,}0\ \text{mm} \cdot 293\ \text{cmt/mm} = \underline{6\,440\ \text{cmt.}}$$

Die Lage dieser Momente sowie die verhältnismäßige Größe der Nachbarmomente ist der Fig. 131 genau genug zu entnehmen. Als weitere Berechnungsgrundlage ist jetzt das Stützenmoment, $M_{c\max}$, aus Q und P zahlenmäßig festzustellen. Das größte Stützenmoment für die wandernde Einzellast ist bereits in der Einflußfläche Fig. 129 gekennzeichnet worden; die Messung der Ordinate ergab (vgl. Seite 92):

$$M_c = 2280\ \text{cmt.}$$

Für die gleichmäßig verteilte Last Q ergibt sich ein Stützenmoment von

$$M_c = 8{,}3\ \text{mm} \cdot 293\ \text{cmt/mm} = 2430\ \text{cmt.}$$

Beide Stützenmomente sind negativ, sind also zu addieren:

$$\underline{M_{c\max}} = 2280 + 2430 = \underline{4\,710\ \text{cmt.}}$$

Der Trägerentwurf ist also unter Zugrundelegung folgender Größtmomente, bei Beachtung ihrer Lage, vorzunehmen:

1. $M_{l_1} = 3660$ cmt,
2. $M_c = 4710$ cmt,
3. $M_{l_2} = 6440$ cmt.

Diese Momente erfordern folgende Widerstandsmomente:

1. $W_{l_1} = \dfrac{3660\ \text{cmt}}{1{,}2\ \text{t/m}^2} = 3050\ \text{cm}^3,$
2. $W_c = \dfrac{4710}{1{,}2} = 3930\ \text{cm}^3,$
3. $W_{l_2} = \dfrac{6440}{1{,}2} = 5370\ \text{cm}^3.$

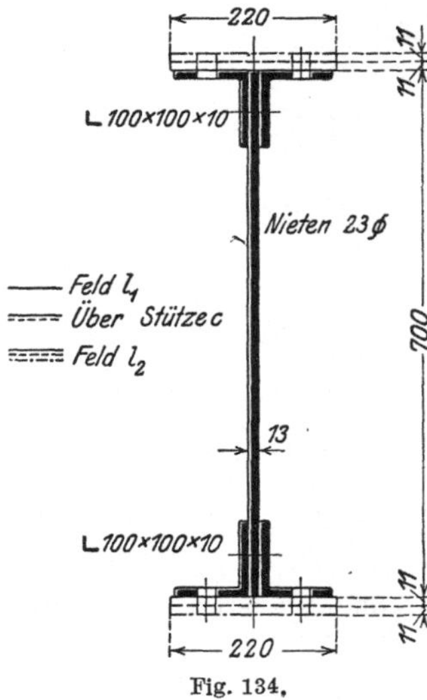

Fig. 134.

Danach mögen die nachstehend aufgeführten Querschnitte gewählt werden Fig. 134:

Feld l_1:

J ohne Nietabzug = 117 400 cm⁴,

W bei Nietabzug = 3 050 cm³;

Über Stütze c:

J ohne Nietabzug = 172 860 cm⁴,

W bei Nietabzug = 4 170 cm³.

Feld l_2:

J ohne Nietabzug = 237 520 cm⁴,

W bei Nietabzug = 5 430 cm³;

Die Bestimmung der Lamellenlänge aus dem Verlaufe der Momentenlinien ist bekannt; aus Fig. 135 ist die Länge der gewählten Lamellen ersichtlich.

Damit ist die Entwurfsberechnung beendet. Wegen des erfahrungsgemäß geringen Einflusses, den eine nachträgliche Verstärkung, wie hier die Anbringung der Lamellen, auf die Rechnungsergebnisse hat, pflegt man sich oft mit der Entwurfsberechnung zu begnügen. Zu billigen ist dieses Verfahren jedoch nur bei großer praktischer Rechnungserfahrung des Ausführenden. Ohne diese Erfahrung kann man die so sehr verschiedene Empfindlichkeit der statisch unbestimmten Systeme gegen Nichteinhaltung einer oder mehrerer der verschiedenen theoretischen Voraussetzungen nicht mit hinreichender Sicherheit abschätzen und man tut gut, der Entwurfsberechnung die eigentliche Untersuchung des mit dem Entwurfe gegebenen statisch unbestimmten Tragwerkes folgen zu lassen. Es möge das auch hier geschehen.

Eigentliche Untersuchung des gewählten Trägers auf drei Stützen. Der Gang der Rechnung unterscheidet sich im wesentlichen nicht von dem der hier gewählten Entwurfsberechnung. Ausgangsbasis ist wiederum die Formänderungsgleichung:

$$C = \frac{\Sigma P \delta_{cm}}{\delta_{cc}}.$$

Da alle Abmessungen des Trägers gegeben sind, kann nunmehr die wahre Biegungslinie für $C = 1$ gezeichnet werden, wie es hier geschehen ist (vgl. Tabelle Nr. 9 und Fig. 136, 137 und 138). Nötig ist das nicht; die Formänderungsgleichung läßt erkennen, daß zur Ermittlung von C und damit der Momente nur das Verhältnis der Trägheitsmomente berücksichtigt werden muß. Jedoch kann die Konstruktion der wahren Biegungslinie praktisch sein, wenn später etwa die wahren Durchbiegungen des Tragwerkes ermittelt werden sollen, zumal auch der Mehraufwand an Rechnungsarbeit nur gering ist, besonders bei Verwendung des Rechenschiebers.

Aufsuchung der Größtmomente aus der wandernden Einzellast $P = 30$ t. Es kann hinsichtlich des Wesentlichen auf die Entwurfsberechnung verwiesen werden, so daß hier nur die Rechnungsdaten aufgeführt zu werden brauchen.

Untersuchung des Stützenmomentes aus der wandernden Last P. Die Biegungslinie Fig. 138 bildet mit ihren Sekanten $a' c''$ und $b' c''$ die Einflußfläche. Meßwert des Größtmomentes:

$$M_{C\max} = 4{,}6 \text{ mm}.$$

Fig. 135.
Gleichmäßig verteilte Last Q; q = 5 t/lfd. m
P = 30 t
5000 l_1
7000 l_2
Fig. 136.
J = Fläche
E = Fläche
M = Fläche
Fig. 137.
M/J·E = Fläche
4·100 cm = 400 cm
100 cm
5·100 cm = 500 cm
H = 4 cm
Bieg.-linie für C = 1 t und Momente in c für P = 30 t
Fig. 138.
$M_{c\,max}$ aus der wandernden Einzellast P = 30 t
ΣW = 4,76 cm
Maßstäbe:
Ordinaten für d. Bieg.-linie f. C = 1 t
γ = 25
Sämtliche Momente:
1 mm = 385 mt
Momente unter P für P = 30 t
Fig. 139.
$M_{l_1\,max}$ aus P und Q
$M_{l_2\,max}$ aus P und Q
Momente aus der gleichmäßig verteilten Last Q
Fig. 140.
M_c aus der gleichm. vert. Last Q
1 0 1 2 cm

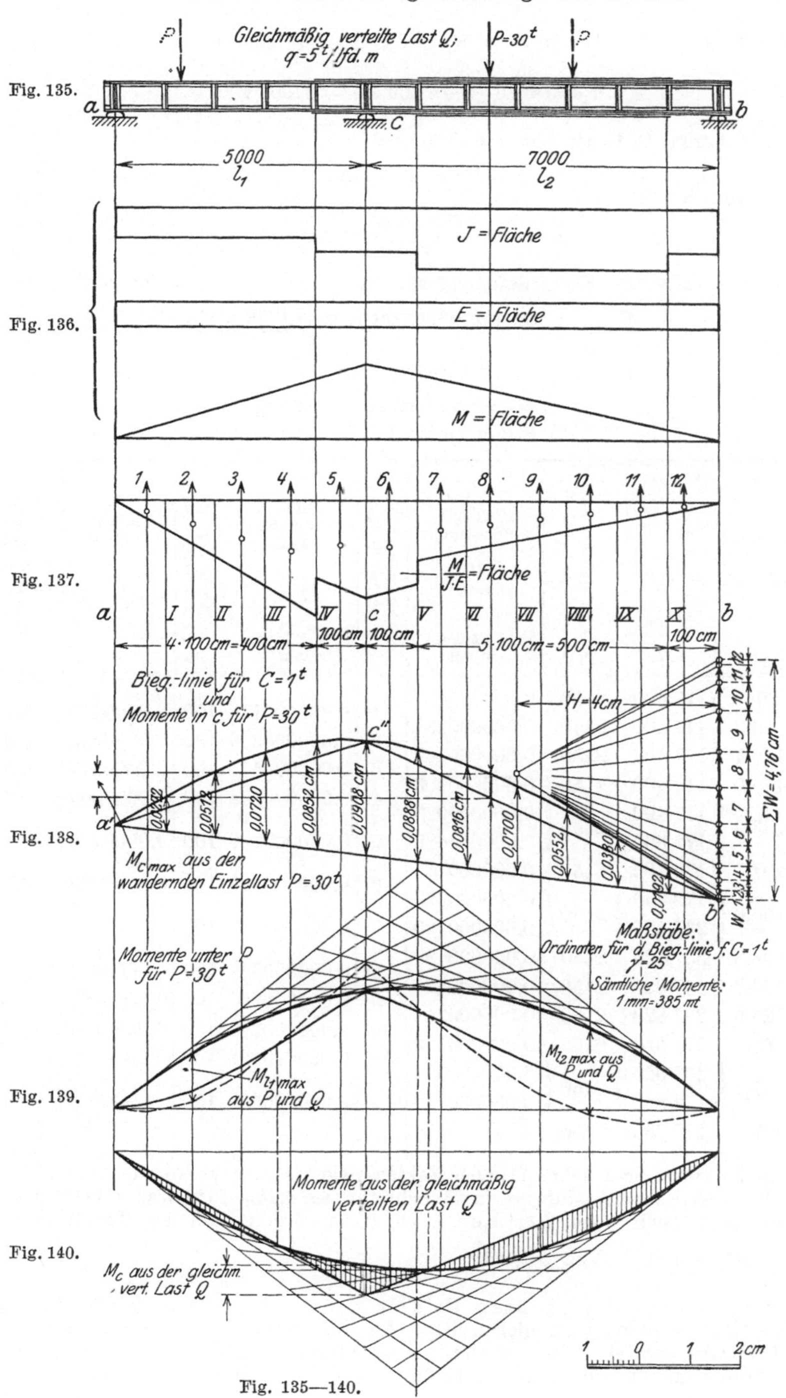

Fig. 135—140.

Maßstab: Für $P = C = 30$ t ist M_C aus C bzw. P allein:

$$M_C = \frac{30\text{ t} \cdot 700}{1200} \cdot 500\text{ cm} = 8750\text{ cmt}.$$

Die zugehörige Ordinate hat den Meßwert

$$M_C = 22{,}7\text{ mm},$$

also Maßstab

$$1\text{ mm} = \frac{8750\text{ cmt}}{22{,}7} = 385\text{ cmt}.$$

Somit hat das größte Stützenmoment aus der wandernden Last den reellen Wert

$$\underline{M_{c\max}} = 4{,}6\text{ mm} \cdot 385\text{ cmt/mm} = \underline{1770\text{ cmt}}.$$

Tabelle Nr. 9.

Träger auf drei Stützen.

Biegungslinie für $C = 1$ t.

Ordinaten	Moment für $C = 1$ t (cmt)	Trägheitsmoment (cm^4)	Elastizitätsziffer (t/cm^2)	Fingierte Belastung $\frac{M}{J \cdot E}$ per Längeneinheit
a	0	117 400	2150	0
I	58,3	117 400	2150	0,000000231
II	116,7	117 400	2150	0,000000462
III	175,0	117 400	2150	0,000000693
IV	233,3	117 400	2150	0,000000923
		172 860		0,000000628
c	291,7	172 860	2150	0,000000785
V	250,0	172 860	2150	0,000000673
		237 820		0,000000490
VI	208,3	237 820	2150	0,000000408
VII	166,7	237 820	2150	0,000000326
VIII	125,0	237 820	2150	0,000000245
XI	83,3	273 820	2150	0,000000163
X	41,7	237 820	2150	0,000000082
		172 860		0,000000112
b	0	172 860	2150	0

Wirkungslinien der fingierten Teillast	Mittlere fingierte Last $\frac{M}{J \cdot E}$ per Längeneinheit	Breite des Belastungsstreifens Δz (cm)	Fingierte Teillast $w = \frac{M}{J \cdot E} \cdot \Delta z$	Erweiterte fingierte Teillast $W = \cdot w \alpha \cdot \beta \cdot \gamma$; $\alpha = 100$, $\beta = 4$ (cm), $\gamma = 25$
1	0,000000115	100	0,0000115	0,115
2	0,000000346	100	0,0000346	0,346
3	0,000000577	100	0,0000577	0,577
4	0,000000808	100	0,0000808	0,808
5	0,000000706	100	0,0000706	0,706
6	0,000000729	100	0,0000729	0,729
7	0,000000449	100	0,0000449	0,449
8	0,000000367	100	0,0000367	0,367
9	0,000000285	100	0,0000285	0,285
10	0,000000204	100	0,0000204	0,204
11	0,000000122	100	0,0000122	0,122
12	0,000000056	100	0,0000056	0,056
				$\Sigma W = 4{,}764$ cm

Bemerkung: Bei sehr geringen Zahlen, wie sie hier vorkommen, empfiehlt sich bei praktischen Ausführungen die Schreibweise $0{,}163 \cdot 10^{-6}$ statt 0,000000163, wobei man auch noch 10^{-6} fortlassen kann, wenn man im Tabellenkopfe $\frac{M}{E \cdot J} \cdot 10^6$ schreibt. Vgl. Seite 193.

Aufsuchung der größten Feldmomente. Fig. 139 zeigt die Einflußlinien: Da Berechnung für gleichzeitige Beanspruchung des Tragwerkes durch Q und P vorgeschrieben ist, so wäre es zwecklos, wie schon in der Entwurfsberechnung gesagt wurde, diesen Einflußlinien die größten Feldmomente für P allein zu entnehmen.

Untersuchung der Momente aus der gleichmäßig verteilten Last Q: Mit genügender Annäherung der Gleichförmigkeit gewählt: 11 Einzellasten von je 5 t, zugeordnete Ordinaten der elastischen Linie für $C = 1$:

	Meßwerte η in cm	Wirkliche Punktverschiebungen ($\gamma = 25$) $\delta_{cm} = \delta_{me}$ in cm
I	0,68	0,0272
II	1,28	0,0512
III	1,80	0,0720
IV	2,13	0,0852
c	2,27	0,0908 $= \delta_{ce}$
VI	2,22	0,0888
VII	2,04	0,0816
VIII	1,75	0,0700
IX	1,38	0,0552
X	0,95	0,0380
XI	0,48	0,0192

$$\Sigma P_m \delta_{cm} = 0{,}6792 \cdot 5 = 3{,}396$$

$$C = \frac{\Sigma P_m \delta_{cm}}{\delta_{cc}} = \frac{3{,}396}{0{,}0908} = 37{,}4 \text{ t.}$$

Höhe des C-Momentendreiecks:

$$M_C = 22{,}7 \text{ mm} \cdot \frac{37{,}4 \text{ t}}{30 \text{ t}} = \underline{28{,}3 \text{ mm}},$$

oder

$$M_C = \frac{(37{,}4 \cdot 700 \cdot 500)}{1200} \text{ cmt} \cdot \frac{1}{385} \text{ mm/cmt} = \underline{28{,}3 \text{ mm.}}$$

Pfeilhöhe der P-Parabel:

$$M_P = \frac{P \cdot l}{8} = \frac{5 \text{ t/m} \cdot 12 \text{ m} \cdot 1200 \text{ cm}}{8} = 9000 \text{ cmt}$$

$$M_P = 9000 \text{ cmt} \cdot \frac{1}{385} \text{ mm/cmt} = \underline{23{,}4 \text{ mm.}}$$

In Fig. 140 sind diese Momente in der üblichen Weise zeichnerisch addiert worden; die Ordinaten der so gewonnenen resultierenden Momentenfläche sind zur Ergänzung der Einflußfläche Fig. 139 in diese Figur übertragen worden.

Das Stützenmoment aus der gleichmäßig verteilten Last hat den Meßwert

$$M_c = 5{,}8 \text{ mm},$$

somit reell:

$$M_c = 5{,}8 \text{ mm} \cdot 385 \text{ cmt/mm} = 2230 \text{ cmt.}$$

Das $M_{c\max}$ aus P wandernd hat laut dem Vorangegangenen den Wert:

$$\underline{M_{cP} = 1770 \text{ cmt},}$$

somit für Q und P

$$\underline{M_{c\max} = 4000 \text{ cmt.}}$$

Ferner ergeben sich aus der vervollständigten Einflußfläche Fig. 139 die größten Feldmomente:

$$\underline{M_{l_1\max}} = 9{,}5 \text{ mm} \cdot 385 \text{ cmt/mm} = \underline{3660 \text{ cmt}}$$

$$\underline{M_{l_2\max}} = 16{,}9 \text{ mm} \cdot 385 \text{ cmt/mm} = \underline{6500 \text{ cmt}}.$$

Vorhandenes Widerstandsmoment (siehe Entwurf, Seite 96):

$$W_c = 4170\ \text{cm}^3,$$
$$W_{l_1} = 3050\ \text{cm}^3,$$
$$W_{l_2} = 5430\ \text{cm}^3.$$

Somit Spannungen in den drei Maximapunkten:

$$\sigma_c = \frac{4\,000\,000\ \text{cmkg}}{4170\ \text{cm}^3} = 960\ \text{kg/cm}^2,$$

$$\sigma_{l_1} = \frac{3\,660\,000}{3050} = 1200\ \text{kg/cm}^2,$$

$$\sigma_{l_2} = \frac{6\,500\,000}{5430} = 1200\ \text{kg/cm}^2.$$

Der bloße Augenschein der Momentenlinien gibt bereits Gewißheit, daß eine höhere Spannung in anderen Querschnitten (z. B. den an den Lamellenenden) nicht erreicht wird. Damit ist der gestellten Aufgabe genügt worden. Daß der höchst zugelassene Wert in der Rechnung bereits erreicht wird, ist in Anbetracht der Empfindlichkeit statisch unbestimmter Systeme gegen Abweichungen der Ausführung und Montage gegen die theoretischen Voraussetzungen bedenklich. Es ist also, wie gesagt, nützlich — wenn man häufige Wiederholung der Rechnung vermeiden will — bereits bei der Entwurfsberechnung Querschnittszuschläge in solcher Höhe zu machen, daß die Querschnitte etwaigen erheblichen Mehrbeanspruchungen, die die Schlußuntersuchung nachweist, gewachsen sind. (Im vorliegenden bereits übersichtlichen Falle könnte natürlich eine geringe Trägerverstärkung ohne nochmalige Nachprüfung vorgenommen werden).

Sehr geeignet ist oft auch die zeichnerische Untersuchung solcher Tragwerke von Querschnitt zu Querschnitt in nicht zu großen Abständen. Auch kann die Anwendung dieses Verfahrens durch besondere Umstände hinsichtlich der Querschnittsausbildung (große Unregelmäßigkeiten, Schwächungen, usw.) geboten sein. Die Untersuchung der Momente eines Querschnittes für eine wandernde Einzellast erfolgt zeichnerisch mittels Einflußlinien, die unter P das jeweilige Querschnittsmoment als Ordinate enthalten. Im Vorangegangenen wurden bereits solche Einflußlinien für den Querschnitt c gezeichnet; Fig. 129 und 138. Der Leser möge die zugehörigen Ausführungen (Entwurfsberechnung, Seite 90) nötigenfalls nochmals nachlesen. Fig. 142 stellt nur eine maßstäbliche Wiederholung der Fig. 138 dar; die Momente sind also mit dem gleichen Maßstabe — 1 mm = 385 cmt — zu messen.

Fig. 138 bzw. 142 stellt einen Sonderfall einer Querschnittsuntersuchung dar. Die Erwägungen, aus denen die Darstellung der Einflußlinien eines beliebigen Querschnittes gefolgert werden sollen, haben sich jedoch in den gleichen Bahnen zu bewegen. Es möge der beliebige Querschnitt $i \div i$ (vgl. Fig. 141) untersucht werden: Wir betrachten die Momente zweckmäßig im statisch bestimmten Hauptsystem, für P und C_P getrennt, wie bisher.

Einflußlinie für P allein: Das Moment im Querschnitte $i \div i$ ist am größten, wenn P über i steht; am kleinsten, nämlich gleich Null, wenn P über den Auflagern a bzw. b des statisch bestimmten Hauptsystems steht. Bei Wanderung der Last P von i nach a oder b muß sich das Moment im Querschnitte $i \div i$ proportional der Vergrößerung des Abstandes der Last P von diesem Querschnitte verringern. Gemäß dieser aus der Statik der bestimmten Systeme folgenden Gesetzmäßigkeit ist die Einflußlinie für P somit ein Dreieck über der Basis $a' \div b' = a \div b$ mit der Spitze über i; Fig. 143. Der zweite geometrische Ort dieser Spitze ist eine Parabel gleichfalls über $a' \div b'$ als Basis mit der Pfeilhöhe $M = \frac{P \cdot l}{8}$ (siehe ebenfalls Fig. 143).

Einflußlinie für C allein: Für jeden Auflagerdruck C ist die Momentenfläche ein Dreieck mit der Spitze über c. Daraus folgt, daß das Moment eines beliebigen Querschnittes sich zu dem des Querschnittes c verhält, wie der Abstand des be-

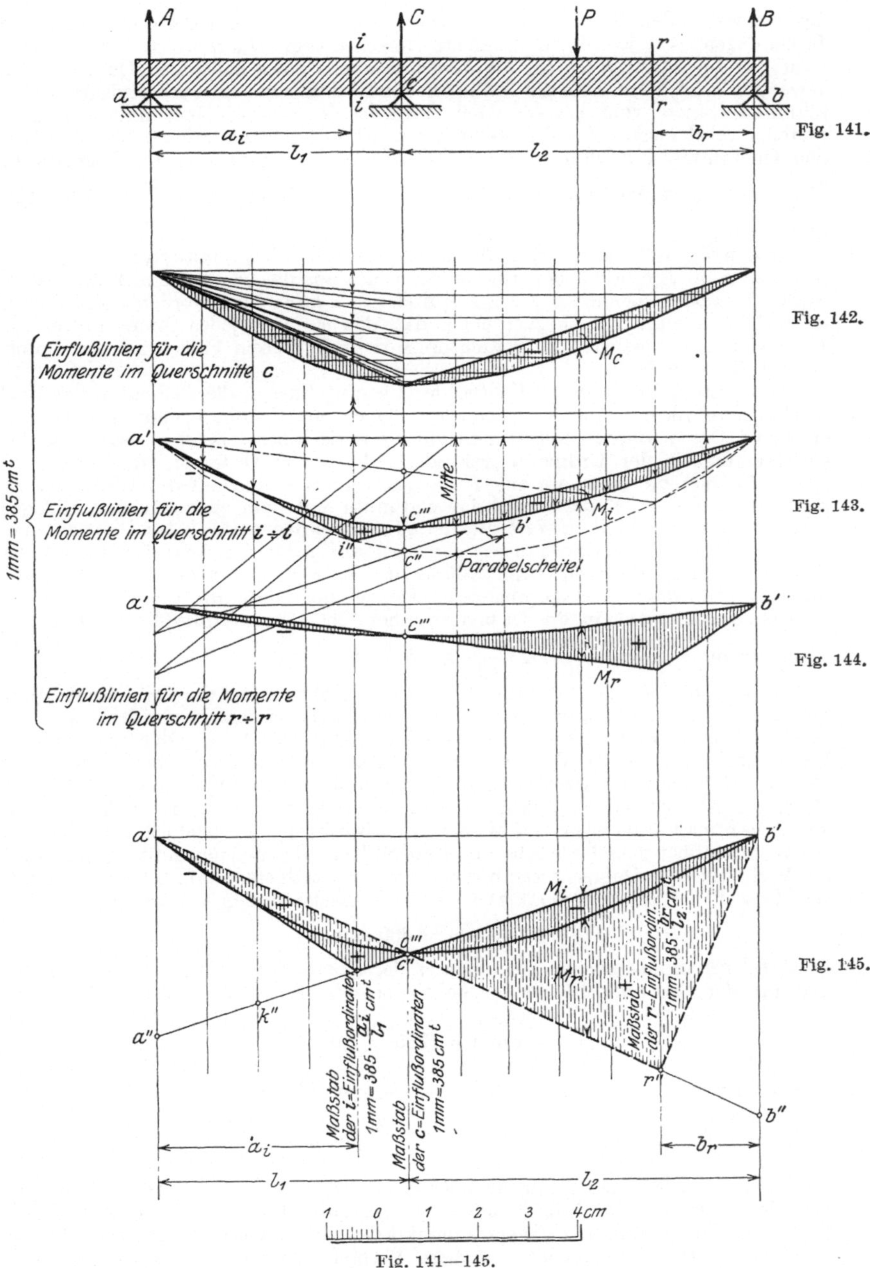

Fig. 141—145.

liebigen Querschnittes vom zugeordneten Auflager im statisch bestimmten Hauptsysteme zum Abstande des Querschnittes c von diesem Auflager.

Gemäß den Ausführungen auf Seite 90 ist die Einflußlinie für das Moment aus C im Querschnitte c gleich der Biegungslinie aus $C = 1$, unter Beachtung des zu wählenden Momentenmaßstabes. Aus unseren Überlegungen über die Beziehungen der jeweiligen Momente verschiedener Querschnitte aus C folgt nun, daß die Einflußlinie für die Momente aus C eines beliebigen Querschnittes gewonnen wird, wenn man die Ordinaten der Biegungslinie im Verhältnis der Querschnittsabstände vom zugeordneten Auflager des statisch bestimmten Hauptsystems verkleinert. Zur Darstellung der Einflußlinie der Momente aus C für den Querschnitt i müßten also die Ordinaten der Biegungslinie im Verhältnisse $\frac{a_i}{l_1}$ verkleinert werden. Für Querschnitt $r \div r$ lautet dieser Faktor $\frac{b_r}{l_2}$ (s. Fig. 141), und so fort.

In den Fig. 143 und 144 sind die für das statisch unbestimmte System $a \div c \div b$ resultierenden Einflußflächen für die Momente aus der wandernden Einzellast P in den beliebigen Querschnitten $i \div i$ und $r \div r$ gezeichnet worden. Aus diesen Einflußlinien muß u. a. hervorgehen, daß das Moment jedes Querschnittes für Laststellung in c gleich Null werden muß; denn in diesem Falle wird $C = P$ und A und B gleich Null.

Die Umwandlung der Ordinaten der Biegungslinie in die Ordinaten der Einflußlinien für die C-Momente verschiedener Querschnitte kann bequem zeichnerisch erfolgen: Das Verfahren folgt unmittelbar aus der obenstehenden Darlegung der Gesetzmäßigkeit der Ordinantenveränderlichkeit: die Ordinaten der Biegungslinie, also hier die Momente aus P im Querschnitt c sind auf die c-Ordinate zu projizieren; ferner ist der Projektionsendpunkt mit dem zugeordneten Auflager geradlinig — gemäß dem Verlaufe der Momentenfläche für jedes C — zu verbinden. Diese Verbindungslinien schneiden auf jeder Querschnittsordinate die Ordinaten der zugehörigen C-Einflußlinie ab. Es folgt das, wie schon gesagt, unmittelbar aus dem Vorangegangenen, wonach die Ordinaten der Biegungslinie zwecks Umwandlung in die Ordinaten einer Querschnittseinflußlinie für die C-Momente im Verhältnis $\frac{a}{l_1}$ bzw. $\frac{\mathrm{b}}{\mathrm{l}_2}$ zu verkleinern sind.

In Fig. 142 ist zur Wahrung der Übersichtlichkeit nur die Ordinatenbestimmung der C-Momentenlinie für den Querschnitt $i \div i$ gezeigt worden.

Werden die Einflußlinien einer Reihe von Querschnitten in der geschilderten Weise dargestellt, so ist der Momentenmaßstab für alle diese Einflußlinien der gleiche. Es ist nun unmittelbar einleuchtend, daß man auch die einmal gezeichnete Biegungslinie für die Einflußlinien aller Querschnitte unverändert beibehalten kann, daß man dann aber den Momentenmaßstab für jede Querschnitts-Einflußfläche gegenüber dem Maßstabe der Einflußfläche des c-Querschnittes (Fig. 142) im Verhältnis der Querschnittsabstände vom zugeordneten Auflager ändern muß. Ist also z. B. der Momentenmaßstab der Einflußfläche für den Auflagerquerschnitt c

$$1 \text{ mm} = 385 \text{ cmt},$$

so wird, bei unmittelbarer Verwendung derselben Biegungslinie der Ordinatenmaßstab der Einflußfläche für den beliebigen Querschnitt $i \div i$ im Felde l_1:

$$1 \text{ mm} = \left(385 \frac{a_i}{l_1}\right) \text{cmt}$$

und der für den beliebigen Querschnitt $r - r$ im Felde l_2:

$$1 \text{ mm} = \left(385 \frac{b_r}{l_2}\right) \text{cmt}.$$

Die Einflußlinie aus P für einen Querschnitt, z. B. $r \div r$, wird aus der Biegungslinie, also der Einflußlinie aus C, leicht dadurch dargestellt, daß man den Endpunkt der c-Ordinate, c''', geradlinig mit dem dem anderen Felde zugeordneten Auflagerpunkte, a', verbindet und diese Verbindungslinie bis zur Querschnittsordinate, also in dem gewählten Beispiele die Ordinate r verlängert und den Schnittpunkt mit dem zugeordneten Auflagerpunkte, hier b', verbindet; Fig. 145.

Die Richtigkeit dieser Konstruktion ist durch die beiden Sätze bewiesen: Die Einflußlinie für P ist ein Dreieck mit der Spitze über dem zu untersuchenden Querschnitte und sodann: Bei Laststellung über dem Auflager c muß das Moment im statisch unbestimmten System gleich Null sein, d. h. die Ordinate der resultierenden Einflußlinie muß ebenfalls gleich Null sein. Es folgt daraus, daß bei dieser Art der Darstellung, die eine Veränderlichkeit des Momentenmaßstabes in der bereits entwickelten Gesetzmäßigkeit im Gefolge hat, der eine geometrische Ort der P-Dreieckspitzen nicht mehr eine Parabel ist, sondern ein gebrochener Linienzug aus den Verlängerungen der Seiten des P-Dreiecks für den Querschnitt c, also in Fig. 145 der gebrochene Linienzug $a''c''b''$.

Natürlich muß die analytische Geometrie diese Schlußfolgerungen bestätigen. Auf Grund der Beweiskraft des Vorangegangenen bedarf es hier jedoch einer solchen Bestätigung nicht: Um indessen den Leser vor der hier dennoch naheliegenden Anfechtung zu bewahren, sich in müßige Spekulationen zu verlieren, die das Wesen des vorliegenden Studiums nur leicht berühren, so möge ihm hier durch einen raschen Beweis der Stoff zu Abschweifungen entzogen werden.

Die Aufgabe lautet: Welche Gestalt nimmt der geometrische Ort für die Spitzen der P-Momentendreiecke an, wenn der Maßstab, in dem die Spitzenordinate des Dreiecks (ebenso wie alle seine anderen Ordinaten) zu messen sind, sich mit einem Faktor $\frac{a}{l_1}$ in Feld l_1 bzw. $\frac{b}{l_2}$ in Feld l_2 ändert?

Der geometrische Ort der Dreieckspitzen ist bei gleichbleibendem Maßstabe eine Parabel, gegeben durch die Gleichung:

$$-M_P = \frac{P(l-a)}{l} \cdot -a$$

(= Auflagerdruck A mal Hebelarm a), bezogen auf die Koordinaten durch a. (Daß dieses die Gleichung einer Parabel ist, wurde bei anderer Gelegenheit, Seite 93, durch Umwandlung dieser Gleichung in die Scheitelgleichung bereits bewiesen.)

Die Parabelordinaten müssen nun, damit sie bei Messung mit dem veränderlichen Maßstabe, z. B. $\left(\frac{a}{l_1}\right)$ für Feld l_1, doch dasselbe Moment M_P ergeben, mit dem Faktor $\left(\frac{l_1}{a}\right)$ erweitert werden; also:

$$-M_P = \left[\frac{P(l-a)}{l} \cdot -a\right] \cdot \left(\frac{l_1}{a}\right)$$

daraus:

$$-M_P = P\frac{l_1}{l}(a-l)$$

und schließlich:

$$-M_P = \left(\frac{Pl_1}{l}\right) a - (Pl_1).$$

Das ist die Gleichung einer Geraden, sie entspricht der Form

$$-y = Bx + c.$$

Setzt man die Veränderliche a, also den Abstand der Last vom Auflager a, mit dem Werte l_1 in die vorletzte Gleichung für M_P ein, so erhält man

$$-M_P = P\frac{l_1}{l}(l_1 - l).$$

Darin ist

$$(l_1 - l) = -l_2,$$

somit

$$-M_P = -\frac{Pl_2}{l}l_1.$$

Wenn aber $a = l_1$, so steht P über c, also $P = C$. Die c-Ordinate der Biegungslinie, d. h. der C-Momentenlinie, erhält dann gleichfalls den Wert

$$-M_c = -\frac{P l_2}{l} l_1,$$

d. h. also: Die Gerade geht durch den Endpunkt der c-Ordinate, also durch den Punkt c'' in Fig. 145.

Setzt man ferner die Veränderliche a mit der Gesamtlänge l ein, so erhält man

$$-M_P = P \frac{l_1}{l} (l - l)$$

darin ist

$$(l - l) = 0,$$

mithin

$$-M_P = 0,$$

d. h. die Verlängerung der Geraden in das nicht zugeordnete Feld l_2 hinein geht durch den Auflagerpunkt b'. In analoger Weise muß sich natürlich ergeben, das der zu bestimmende geometrische Ort für die Spitzen der P-Momentendreiecke auch in Feld l_2 eine Gerade ist, die gleichfalls durch c'' sowie durch den jenseitigen Auflagerpunkt, in diesem Falle b', geht.

Nach Durcharbeitung des folgenden Abschnittes behandle der Leser dieses Beispiel noch einmal unter Einführung von M_c als überzählige Größe.

b) Der gerade Balken auf mehr als drei Stützen.

Die Wertung eines solchen Systems ergibt mehrfache statische Unbestimmtheit. Das statisch bestimmte Hauptsystem kann auf mannigfaltige Weise gebildet werden: Die Entfernung der Stützen zwischen den Endstützen als überzählig ist naheliegend und für die Aufstellung der Formänderungsgleichungen durch unmittelbare Sinnfälligkeit der Stützenbedingungen sehr bequem. Es kann jedoch auch mit Vorteil ein anders gebildetes Hauptsystem gewählt werden: z. B. kann über jeder Stütze ein Gelenk eingeschaltet werden, wodurch bei n-Stützen $(n - 1)$ „Träger auf zwei Stützen“ als Hauptsystem entstehen. Jede Gelenkeinschaltung ist der Entfernung eines überzähligen Stabes gleichwertig, da hierdurch eine Unbekannte, das Moment, ausgeschaltet wird. Die Fig. 148 und 149 deuten an, wie man sich das Wesentliche des Gesagten mittels einer Fingierung, die das Wesen der Sache nicht verändert (nämlich der Konzentrierung der Spannungen auf die äußerste Faser) abstrakt vorstellen kann. Als Überzählige treten in diesem Falle nicht die Auflagerdrücke, sondern die Stützenmomente auf.

Wählen wir als statisch bestimmtes Hauptsystem den Träger auf zwei Stützen $a \div b$ (siehe Fig. 147), so lauten die Bedingungen, die das tatsächliche Vorhandensein der überzähligen Stützen stellt, die „Stützenbedingungen“: Die Summe der Verschiebungen jedes Stützpunktes im statisch bestimmten Hauptsystem aus allen wirkenden Kräften muß für jede Belastung gleich Null sein; algebraisch, mit Bezug auf Fig. 147:

$$1.\ \Sigma\delta_c = 0,$$

$$2.\ \Sigma\delta_d = 0,$$

$$3.\ \Sigma\delta_e = 0.$$

Setzen wir in jede Stützenbedingung die Einzelverschiebungen ein, die jeder Stützpunkt im statisch bestimmten Hauptsysteme aus jeder Last und jeder als äußere Kraft anzubringenden Überzähligen erfährt, so erhalten wir die Formänderungsgleichungen:

$$1.\ \Sigma\delta_c = \Sigma P\delta_{cm} - C\delta_{ce} - D\delta_{cd} - E\delta_{ce} = 0\,.$$

$$2.\ \Sigma\delta_d = \Sigma P\delta_{dm} - C\delta_{dc} - D\delta_{dd} - E\delta_{de} = 0\,.$$

$$3.\ \Sigma\delta_e = \Sigma P\delta_{em} - C\delta_{ec} - D\delta_{ed} - E\delta_{ee} = 0\,.$$

Vgl. die früheren allgemeineren Ausführungen aus Seite 20ff. Wollte man diese Gleichungen ohne weitere Umformung zahlenmäßig auswerten, so müßte zwecks Ermittlung der Verschiebungselemente für die Kraft-

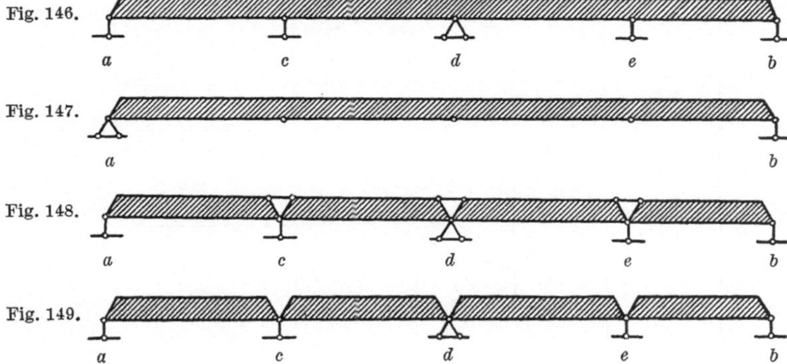

einheiten nicht nur für jede Stützkrafteinheit eine Biegungslinie gezeichnet werden, sondern es müßte auch für jede einzelne Last die Biegungslinie dargestellt werden. Wie wir bereits wissen, erweist sich hier die Anwendung des Satzes von der Gegenseitigkeit der Verschiebungen

$$\delta_{om} = \delta_{mo}$$

als sehr vorteilhaft. Mit Hilfe dieses Satzes umgeformt, lauten die Formänderungsgleichungen:

$$1.\ \Sigma\delta_c = \Sigma P\delta_{mc} - C\delta_{cc} - D\delta_{dc} - E\delta_{ec} = 0\,.$$

$$2.\ \Sigma\delta_d = \Sigma P\delta_{md} - C\delta_{cd} - D\delta_{dd} - E\delta_{ed} = 0\,.$$

$$3.\ \Sigma\delta_e = \Sigma P\delta_{me} - C\delta_{ce} - D\delta_{de} - E\delta_{ee} = 0\,.$$

Vgl. die allgemeineren Ausführungen in Kapitel II auf Seite 81ff. Wir bemerken, daß bei dieser Fassung der Formänderungsgleichungen die Biegungslinie für jede Lasteinheit in den Punkten m aus der Rechnung verschwindet: die nunmehr nur für die Stützkrafteinheiten zu zeichnenden Biegungslinien sind dann als Einflußlinien für die Verschiebung des zugehörigen Stützpunktes zu bezeichnen, denn man kann diesen Biegungslinien unter jeder Last die aus ihr folgende Verschiebung des Stützpunktes, aus dem die Biegungslinie hervorgerufen wurde, als Ordinate entnehmen. Sind die Verschiebungselemente zahlenmäßig ermittelt, so stellen die Formänderungsbedingungen n-Gleichungen mit n-Unbekannten, nämlich den überzähligen Stützendrücken, dar, aus denen die Größe der Unbekannten leicht, wenn auch etwas umständlich, mit Hilfe der bekannten Regeln der Mathematik bestimmt werden kann.

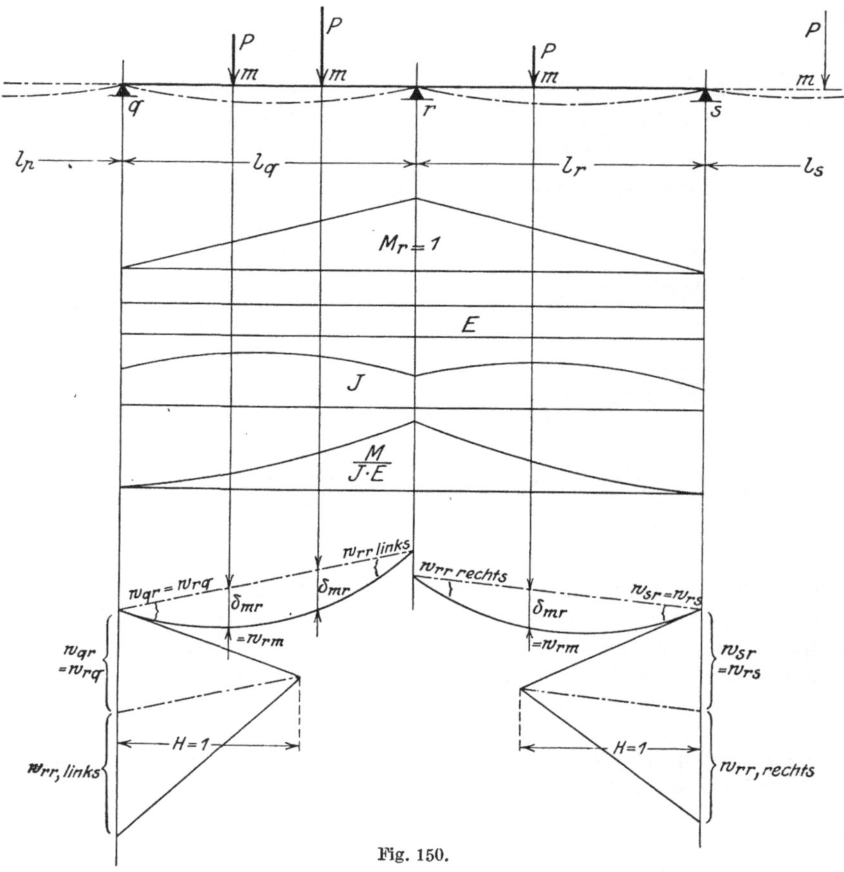

Fig. 150.

Aus den damit für eine bestimmte Laststellung bekannten überzähligen Auflagerkräften lassen sich dann alle anderen Unbekannten wie bei statisch bestimmten Systemen mit Hilfe der Gleichgewichtsbedingungen berechnen.

Die Verwendung solcher für die Stützendrücke als Überzählige aufgestellten Formänderungsgleichungen hat nun aber einen sehr großen Nachteil, der um so größer ist, je größer die Zahl der Stützen: die zeichnerische Darstellung der Biegungslinien ist dafür ganz unzulänglich. Rechnerische Bestimmung der Momente der fingierten Belastung, also der Punktverschiebungen, und zwar mit größter Genauigkeit, ist unerläßlich, wenn ein einigermaßen brauchbares Ergebnis erzielt werden soll. Ein Zusammenfassen von verteilter Last zu mehreren Einzellasten führt hier zu groben Ungenauigkeiten, die das Ergebnis völlig entstellen können. Es erklärt sich das daraus, daß bei diesen Formänderungsgleichungen die wirklichen Punktverschiebungen als geringfügige Differenzen der sehr großen Ordinaten der Biegungslinien auftreten, die zwischen den Endstützen als einzigen Stützen zu zeichnen sind. *Die Verwendung der oben aus didaktischen Gründen aufgestellten Formänderungsgleichungen für Zahlenrechnungen ist also nicht zu empfehlen.* Der Leser mag sich vom Gesagten durch eine Vergleichsrechnung überzeugen.

Ein befriedigendes Verfahren ist die Einführung der Stützenmomente als Überzählige. Nach dem Aufschneiden des Balkens über den Stützen (vgl. Fig. 149) sind die überzähligen Momente als äußere Momente an den Schnittflächen angebracht zu denken, und zwar in solcher Größe, daß die geometrische Wiedervereinigung der Querschnitte dadurch herbeigeführt wird. Dieser Vorgang läßt die Stützenbedingungen klar erkennen: Die endgültige Biegungslinie des ganzen Balkens, gezeichnet über ein und derselben Geraden als Basis, darf über keinem Stützpunkte einen Knick aufweisen. Algebraisch ausgedrückt für die beliebige Stütze r (vgl. Fig. 150):

$$\underline{\Sigma w_r} = \Sigma w_r \text{ von links } + \Sigma w_r \text{ von rechts } \underline{= 0}\,,$$

oder ausführlicher, indem man sich die Strecke $q \div s$ aus dem statisch bestimmten Hauptsystem herausgehoben denkt:

$$\Sigma P w_{rm} + M_r w_{rr} + M_q w_{rq} + M_s w_{rs} = 0\,.$$

Das Vorzeichen der Momente in dieser algebraischen Summe wird durch die Ausrechnung selbsttätig entschieden. Wir nennen, wie bisher, Momente positiv, wenn sie in der oberen Balkenfaser Druckspannungen erzeugen. Demgemäß sind die Lasten positiv einzuführen, wenn sie nach unten wirken. Es ist nun infolge der Gegenseitigkeit der Verschiebungen (vgl. nötigenfalls Seite 78):

$$w_{rm} = \delta_{m\underline{r}}$$

$$w_{rq} = w_{q\underline{r}}$$

$$w_{rs} = w_{s\underline{r}}$$

$$w_{rr} = w_{r\underline{r}}$$

so daß sämtliche benötigten Werte den beiden Biegungslinien aus $M_r = +1$ über l_q und l_r entnommen werden können. Die endgültige Formänderungsgleichung lautet sodann:

$$(1) \qquad \boldsymbol{\sum P\delta_{m\underline{r}} + M_q w_{q\underline{r}} + M_r w_{r\underline{r}} + M_s w_{s\underline{r}} = 0}\,.$$

Soviele Überzählige vorhanden sind, soviele Formänderungsgleichungen sind aufzustellen und lassen sich aufstellen. Für den Träger auf 7 Stützen Fig. 151 z. B. lauten somit diese Gleichungen:

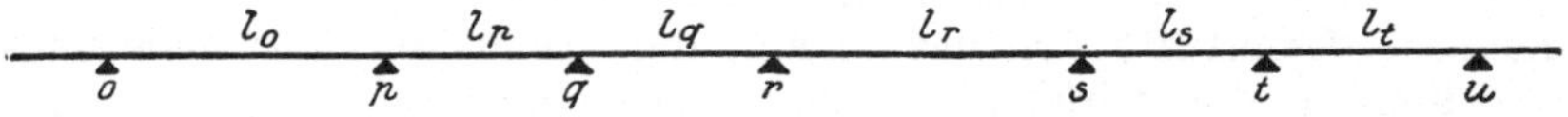

Fig. 151.

$$\begin{array}{llllllllll}
\text{I} & M_o w_{op} & + M_p w_{pp} & + M_q w_{qp} & + 0 & + 0 & + 0 & + 0 & = -\Sigma P\delta_{mp}. \\
\text{II} & 0 & + M_p w_{pq} & + M_q w_{qq} & + M_r w_{rq} & + 0 & + 0 & + 0 & = -\Sigma P\delta_{mq}. \\
\text{III} & 0 & + \; 0 & + M_q w_{qr} & + M_r w_{rr} & + M_s w_{sr} & + 0 & + 0 & = -\Sigma P\delta_{mr}. \\
\text{IV} & 0 & + \; 0 & + \; 0 & + M_r w_{rs} & + M_s w_{ss} & + M_t w_{ts} & + 0 & = -\Sigma P\delta_{ms}. \\
\text{V} & 0 & + \; 0 & + \; 0 & + 0 & + M_s w_{st} & + M_t w_{tt} & + M_u w_{ut} & = -\Sigma P\delta_{mt}.
\end{array}$$

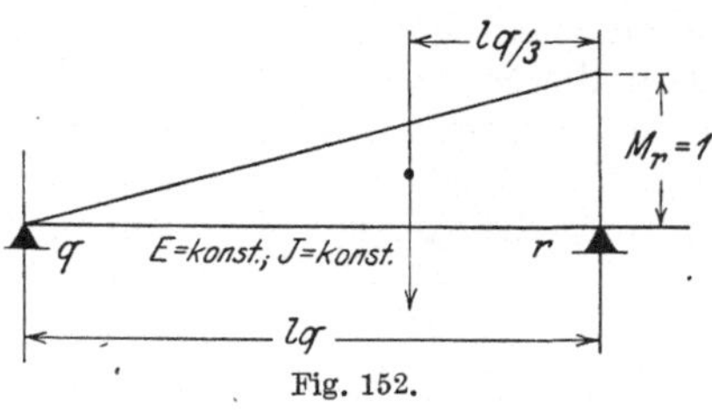

Fig. 152.

Für innerhalb jedes Feldes unveränderliches Trägheitsmoment gestatten diese Gleichungen eine Umformung für eine bequeme, rein rechnerische Ermittlung der Stützenmomente; denn in diesem Falle sind ja die Momentenflächen bereits selbst ähnliche Bilder der fingierten Belastung: Die Fläche der fingierten Belastung für die Einheit der Stützenmomente ist also ein Dreieck (Fig. 152). Die Winkeländerung an den Stützen ist gleich den Auflagerdrücken der fingierten Belastung (vgl. Fig. 50), somit

$$w_{rr}\,\text{links} = \frac{\frac{1}{2}\frac{M_r}{J_q E_q}\cdot l_q \cdot \frac{2}{3} l_q}{l_q} = \frac{M_r l_q}{3 J_q E_q},$$

$$w_{rr}\,\text{rechts} = \frac{\frac{1}{2}\frac{M_r}{J_r E_r}\cdot l_r \cdot \frac{2}{3} l_r}{l_r} = \frac{M_r l_r}{3 J_r E_r},$$

$$w_{rr} = \frac{M_r}{3}\left(\frac{l_q}{J_q E_q} + \frac{l_r}{J_r E_r}\right),$$

und ferner:

$$w_{rq} = w_{qr} = \frac{\frac{1}{2}\frac{M_q}{J_q E_q}\cdot l_q \cdot \frac{l_q}{3}}{l_q} = \frac{M_q l_q}{6 J_q E_q},$$

$$w_{rs} = w_{sr} = \frac{\frac{1}{2}\frac{M_s}{J_r E_r}\cdot l_r \cdot \frac{l_r}{3}}{l_r} = \frac{M_s l_r}{6 J_r E_r},$$

damit lautet nun die Formänderungsgleichung:

$$\frac{l_q}{J_q E_q}\frac{M_q}{6}+\left(\frac{l_q}{J_q E_q}+\frac{l_r}{J_r E_r}\right)\frac{M_r}{3}+\frac{l_r}{J_r E_r}\frac{M_s}{6}+w_{rm}=0\,.$$

Bezeichnet man das statische Moment der Momentenfläche über q aus der Belastung bezogen auf das links benachbarte Auflager mit L_q, das statische Moment der Momentenfläche über r bezogen auf das rechte Auflager mit R_r, (zur Erläuterung diene Fig. 153), so ergibt sich:

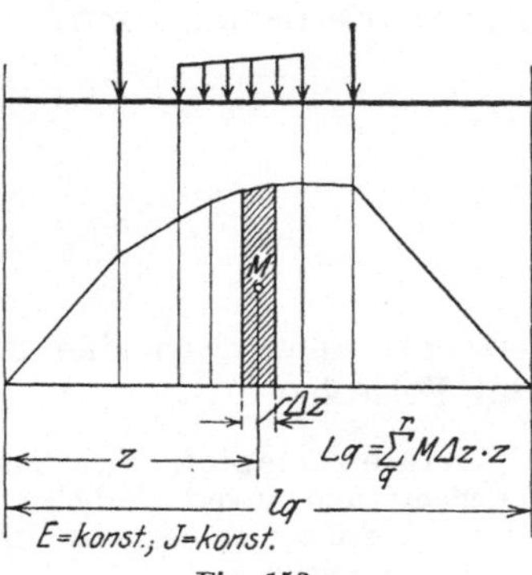

Fig. 153.

$$w_{rm}=\frac{L_q}{l_q J_q E_q}+\frac{R_r}{l_r J_r E_r}\,.$$

Es kann nunmehr, unter gleichzeitiger Erweiterung mit 6, die vereinfachte Formänderungsgleichung angeschrieben werden:

$$\text{(2)}\qquad \left(\frac{l_q}{J_q E_q}\right)M_q+2\left(\frac{l_q}{J_q E_q}+\frac{l_r}{J_r E_r}\right)M_r+\left(\frac{l_r}{J_r E_r}\right)M_s=-\frac{6\,L_q}{l_q J_q E_q}-\frac{6\,R_r}{l_r J_r E_r}\,.$$

Diese Gleichung führt den Namen „Dreimomentensatz“; sie vereinfacht sich noch weiter, wenn J und E über den ganzen Balken unveränderlich sind, und lautet dann:

$$\text{(3)}\qquad M_q l_q+2\,M_r\,(l_q+l_r)+M_s\,l_r=-\frac{6\,L_q}{l_q}-\frac{6\,R_r}{l_r}\,.$$

Liegt gleichmäßig verteilte Belastung vor, q_q und q_r, so sind die Momentenflächen der Belastung Parabelflächen von der Höhe $h=\frac{ql^2}{8}$ und der Basis l. Der Flächeninhalt ist bekanntlich gleich $\frac{2}{3}h\,l$, der Schwerpunktsabstand gleich $\frac{l}{2}$; somit das statische Moment:

$$L_q=\frac{2}{3}\frac{q_q l_q^2}{8}\cdot l_q\cdot\frac{l_q}{2}\,,$$

$$\frac{6\,L_q}{l_q}=\frac{q_q l_q^3}{4}\,,$$

ebenso:

$$\frac{6\,R_r}{l_r}=\frac{q_r l_r^3}{4}\,,$$

daher:

$$\text{(4)}\qquad M_q l_q+2\,M_r\,(l_q+l_r)+M_s\,l_r=-\frac{1}{4}(q_q l_q^3+q_r l_r^3)\,.$$

Wenn Bau- und Lastsymmetrie vorliegt, so zeigt sich bei Eintritt in die Überlegungen zur Rechnungsdurchführung sogleich, daß man von den n-Formänderungsgleichungen $\frac{n}{2}$ bzw. $\frac{n-1}{2}$ durch die Symmetrie-Bedingungen

$$(M_o = M_n)$$
$$M_1 = M_{n-1}$$
$$M_2 = M_{n-2}$$
$$\cdot \; \cdot \; \cdot \; \cdot \; \cdot \; \cdot$$

ersetzen kann, was eine bedeutende Erleichterung der Ausrechnung zur Folge hat.

Zahlenbeispiel: Der Träger Fig. 154 von unveränderlichem Trägheitsmomente und unveränderlicher Elastizitätsziffer sei mit $q = 3$ t/m belastet. Es sind die Stützenmomente zu ermitteln und danach die resultierende Momentenfläche zu zeichnen.

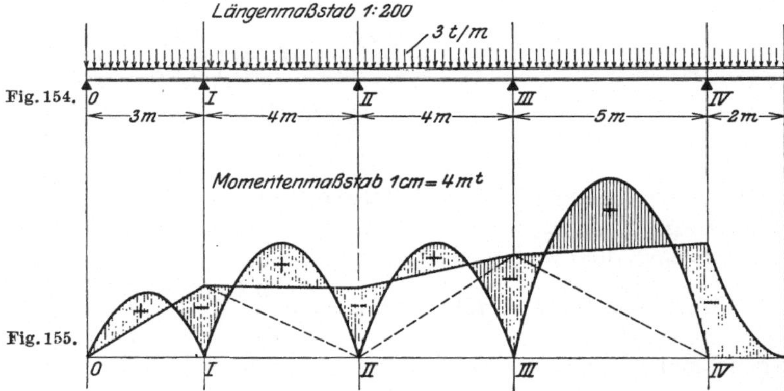

Ausführung: Es kann Gleichung (4) in Anwendung gebracht werden, also:

$$\text{I} \quad 3M_o + 14M_I + 4M_{II} = -\frac{+3}{4}(3^3 + 4^3) = -68{,}25\,.$$

$$\text{II} \quad +4M_I + 16M_{II} + 4M_{III} = -\frac{+3}{4}(4^3 + 4^3) = -96{,}00\,.$$

$$\text{III} \quad +4M_{II} + 18M_{III} + 5M_{IV} = -\frac{+3}{4}(4^3 + 5^3) = -141{,}75\,.$$

$$M_o = 0\,; \qquad M_{IV} = \frac{3 \cdot 2 \cdot 2}{2} = -6\,\text{mt}\,.$$

$$\text{I} \quad +14M_I + 4M_{II} + 0 = -68{,}25\,.$$

$$\text{II} \quad +4M_I + 16M_{II} + 4M_{III} = -96{,}00\,.$$

$$\text{III} \quad +0 + 4M_{II} + 18M_{III} = -111{,}75\,.$$

I $\quad + 14 M_I + 4 M_{II} + 0 M_{III} = - 68{,}25 .$

II $\quad + 14 M_I + 56 M_{II} + 14 M_{III} = - 336{,}00 .$

erw.

a $\quad + 52 M_{II} + 14 M_{III} = - 267{,}75 .$

III $\quad + 52 M_{II} + 234 M_{III} = - 1452{,}75 .$

erw.

$$+ 220 M_{III} = - 1185{,}00 .$$

$$M_{III} = \frac{-1185{,}00}{220} = - 5{,}38636 .$$

$$\underline{M_{III} = - 5{,}39^{mt}}$$

a) $\quad 52 M_{II} + 14 \cdot 5{,}38636 = - 267{,}75 .$

$$M_{II} = \frac{-192{,}34096}{52} = - 3{,}69886 .$$

$$\underline{M_{II} = - 3{,}70^{mt}.}$$

I $\quad 14 M_I + 4 \cdot 3{,}69886 = - 68{,}25 ,$

$$M_I = \frac{-53{,}45456}{14} = - 3{,}818182 .$$

$$\underline{M_I = - 3{,}82^{mt} .}$$

Die Proben gehen in befriedigender Weise auf. Fig. 155 zeigt die Darstellung der resultierenden Momentenfläche.

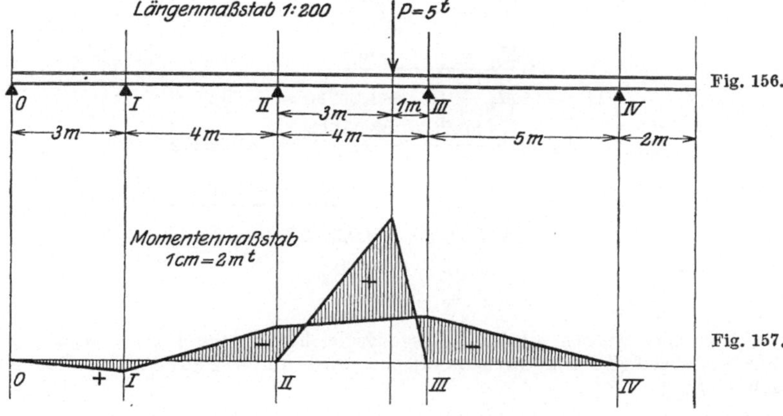

Fig. 156.

Fig. 157.

Der Leser untersuche selbständig den Fall unbelasteter Felder l_2 und l_4 nebst unbelastetem Kragarme. Hier seien noch die Stützenmomente für eine Einzellast $P = 5$ t im Abstande von 1 m links von Stütze *III* ermittelt. Es ist zweckmäßig, Gleichung (3) in Anwendung zu bringen. Mit Bezug auf Fig. 156 ist:

$$M_P = \frac{5^t \cdot 3^m \cdot 1^m}{4^m} = + \frac{15^{mt}}{4} .$$

$$L_3 = \frac{1}{2}\left(\frac{15}{4}\right)^{mt} \cdot 3^m \cdot \frac{2}{3} 3^m + \frac{1}{2}\left(\frac{15}{4}\right)^{mt} \cdot 1^m \cdot \left(3^m + \frac{1^m}{3}\right) = + 17{,}5 .$$

$$R_3 = \frac{1}{2}\left(\frac{15}{4}\right)^{mt} \cdot 3^m \cdot \left(1^m + \frac{3^m}{3}\right) + \frac{1}{2}\left(\frac{15}{4}\right)^{mt} \cdot 1^m \cdot \frac{2^m}{3} = + 12{,}5 .$$

In Ermangelung einer Belastung der übrigen Felder ist

$$L_1 = L_2 = L_4 = 0\,.$$
$$R_1 = R_2 = R_4 = 0\,.$$

Es lauten somit die Bestimmungsgleichungen für die Stützenmomente:

$$\text{I}\quad 3M_o + 14M_I + 4M_{II} = -0 \quad -0\,.$$
$$\text{II}\quad + 4M_I + 16M_{II} + 4M_{III} = -0 \quad -\frac{6\cdot 12{,}5}{4}\,.$$
$$\text{III}\quad + 4M_{II} + 18M_{III} + 5M_{IV} = -\frac{6\cdot 17{,}5}{4} - 0\,.$$

$$M_o = 0\,; \qquad M_{IV} = 0\,.$$

$$\text{I}\quad + 14M_I + 4M_{II} + 0M_{III} = -0\,.$$
$$\text{II}\quad + 4M_I + 16M_{II} + 4M_{III} = -18{,}75\,.$$
$$\text{III}\quad + 0M_I + 4M_{II} + 18M_{III} = -26{,}25\,.$$

$$\text{I}\quad + 14M_I + 4M_{II} + 0M_{III} = -0\,.$$
$$\text{II erw.}\quad + 14M_I + 56M_{II} + 14M_{III} = -65{,}625\,.$$
$$\text{a}\quad + 52M_{II} + 14M_{III} = -65{,}625\,.$$
$$\text{III erw.}\quad + 52M_{II} + 234M_{III} = -341{,}250\,.$$
$$+ 220M_{III} = -275{,}625\,.$$

$$M_{III} = \frac{-275{,}625}{220} = -1{,}25284\,.$$
$$\underline{M_{III} = -1{,}25\,\text{m/t}}$$

$$\text{III}\quad + 4M_{II} + 18\cdot -1{,}25284 = -26{,}25\,.$$
$$M_{II} = \frac{-26{,}25 + 22{,}55114}{4} = -0{,}92472\,.$$
$$\underline{M_{II} = -0{,}92^{mt}\,.}$$

$$\text{I}\quad + 14M_I + 4\cdot -0{,}92472 = -0\,.$$
$$M_I = +0{,}26420\,.$$
$$M_I = +0{,}26^{mt}\,.$$

Auch hier werden alle drei Ausgangsgleichungen durch die errechneten M-Werte befriedigt. Die Momentenfläche wird durch Fig. 157 zur Darstellung gebracht.

c) Der einseitig eingespannte gerade Balken auf zwei Stützen.

Die Behandlung solcher und ähnlicher statisch unbestimmter Balken findet keine Schwierigkeiten bei Anwendung der in Kapitel I und II entwickelten und in Kapitel III einleitend nochmals übersichtlich zusammengestellten Rechnungsgrundlagen. Neuartig, wenn auch nicht im wesentlichen, ist bei entsprechender Wahl des Hauptsystems die Darstellung der Biegungslinie für einen Freiträger. Das Tragwerk möge daher sogleich im Zahlenbeispiel behandelt werden.

Fig. 158 stellt einen einseitig eingespannten Balken auf zwei Stützen von 10 m Spannweite dar. Das Trägheitsmoment ist für die ganze Länge das gleiche.

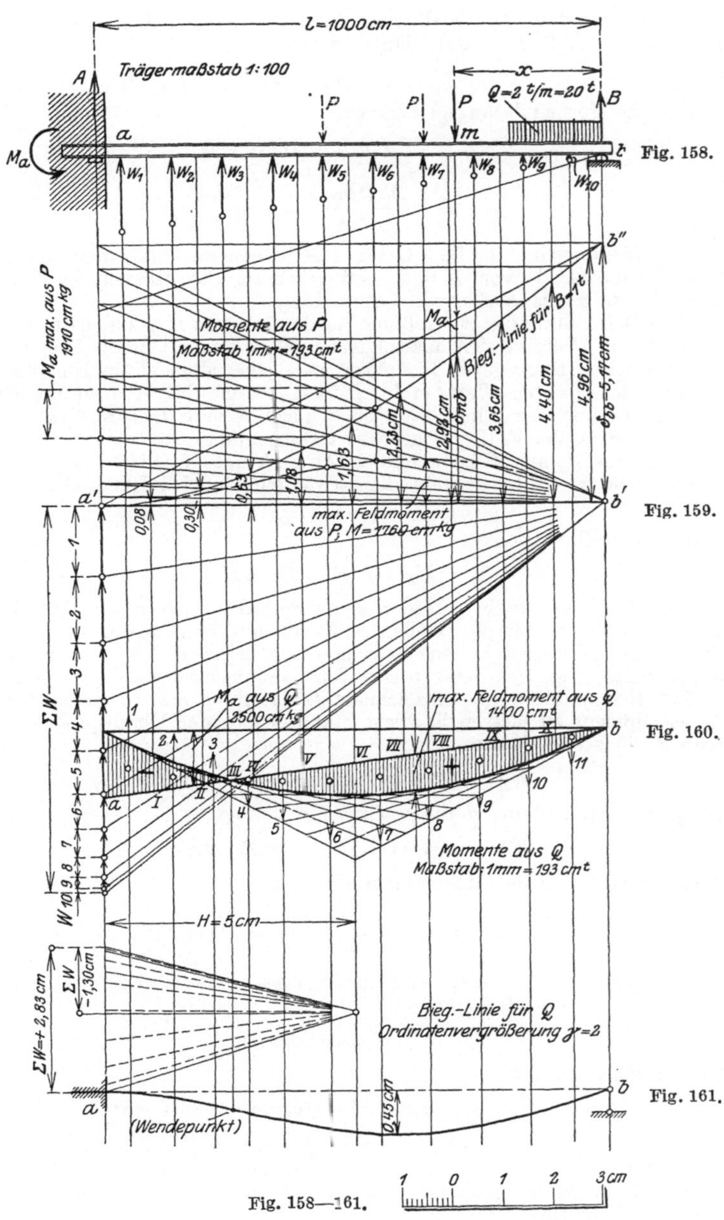

Fig. 158.

Fig. 159.

Fig. 160.

Fig. 161.

Fig. 158—161.

Es sollen die Größtmomente einmal für eine wandernde Einzellast $P = 10$ t und zum anderen für eine gleichmäßig verteilte Last Q von $q = 2$ t/m ermittelt werden.

Das Tragwerk ist einfach statisch unbestimmt: Die Entfernung des Stützenstabes b, siehe Fig. 158, würde das System in ein statisch bestimmtes verwandeln. Das statisch bestimmte Hauptsystem möge durch Entfernung des Auflagers b

hergestellt werden: Die Bedingung, die das tatsächliche Vorhandensein dieses überzähligen Auflagers stellt, lautet dafür:

$$\Sigma \delta_b = 0\,,$$

mithin die Formänderungsgleichung:

$$\Sigma P \delta_{bm} - B \delta_{bb} = 0$$

oder

$$B = \frac{\Sigma P \delta_{bm}}{\delta_{bb}} = \frac{\Sigma P \delta_{m\underline{b}}}{\delta_{b\underline{b}}}\,.$$

Die Biegungslinie für $B = 1$, Fig. 159, ist also auch hier wiederum die Einflußlinie für die Größe von B und somit auch für das Moment im Einspannungsquerschnitte a aus B für jede Laststellung.

Die Darstellung der Einflußlinie für das Moment in a aus der wandernden Einzellast P ergibt sich aus folgenden Erwägungen: Steht P in b, so erlangt — im statisch bestimmten Hauptsystem — das Moment im Einspannungsquerschnitte den größten Wert; steht P in a, so hat das Moment die Größe Null. Bei Wanderung der Einzellast von a nach b muß das Einspannungsmoment proportional der Entfernung von der Einspannungsstelle wachsen: Die Einflußlinie für die M_a aus P ist somit ein Dreieck mit der Spitze über b. Die Höhe dieses Dreiecks ergibt sich aus der Erwägung, daß bei Laststellung über b

$$P = B$$

wird und mithin auch

$$M_a \text{ aus } P = M_a \text{ aus } B\,.$$

Die Einflußlinien für diese beiden Momente haben also in b die gleiche Ordinate. Die Einflußfläche für die Größe des Einspannungsmomentes wird also begrenzt durch die Biegungslinie einerseits und die Sehne $a' \div b''$ dieser Biegungslinie andererseits; Fig. 159. Das größte Einspannungsmoment tritt hiernach für die in Fig. 158 punktiert gekennzeichnete Laststellung auf. Der Maßstab, mit dem dieses Moment zu messen ist, bestimmt sich aus der Überlegung, daß die Ordinate δ_{bb} in b dem Momente

$$P \cdot l = B \cdot l = 10\text{ t} \cdot 1000\text{ cm} = 10\,000\text{ cmt}$$

entspricht. Der Meßwert dieser Ordinate beträgt

$$P \cdot l = B \cdot l = 5{,}17\text{ cm};$$

daraus ergibt sich der Momentenmaßstab

$$1\text{ mm} = \frac{10000\text{ cmt}}{51{,}7} = 193\text{ cmt}\,.$$

Das größte Einspannungsmoment aus der wandernden Einzellast $P = 10$ t, das den Meßwert

$$M_{a\max} = 9{,}9\text{ mm}$$

hat, erreicht somit die Größe

$$\underline{M_{a\max}} = 9{,}9\text{ mm} \cdot 193\text{ cmt/mm} = \underline{1910\text{ cmt}}\,.$$

Wir haben bemerkt, daß es nicht nötig ist, den Maßstab der Ordinaten der Biegungslinie als solche in Betracht zu ziehen. Da ferner gemäß Aufgabe ein unveränderliches Trägheitsmoment vorliegt, und laut Formänderungsgleichung nur das Verhältnis

$$\frac{\delta_{m\,b}}{\delta_{b\,b}}$$

von Einfluß ist, so konnte die Momentenfläche beliebigen Maßstabes für $B = 1$ t, siehe Fig. 158, unmittelbar als gedachte Belastungsfläche verwendet werden; infolge gleicher Einteilung der Momentenfläche konnten weiter die Mittelordinaten der Belastungsstreifen unmittelbar als die resultierenden gedachten Einzellasten angesehen und mit der willkürlich gewählten Polweite $a' \div b'$, Fig. 159, zum Kräftezuge nebst Polstrahlen aneinandergereiht werden. Die Lage des Poles, die bekanntlich eine beliebige sein darf, konnte zur Erhöhung der Anschaulichkeit gleich so gewählt werden, daß die erste Umhüllungstangente der Biegungslinie, also $a' \div b'$, die Richtung der Trägerachse an der Einspannungsstelle hat; auf Grund des bei der Herleitung der zeichnerischen Darstellung der elastischen Linie Gesagten leuchtet unmittelbar ein, daß die erste Umhüllungstangente $a' \div b'$ die Basis der Biegungslinie ist, was besonders bei beliebiger Pollage zu beachten ist.

Es ist für das gewählte Zahlenbeispiel nunmehr noch das größte Feldmoment zu bestimmen: dieses Moment muß unter P auftreten; die Momente unter P sind zu bestimmen aus der Gleichung

$$M_P = B \cdot x\,,$$

wenn x der Abstand zwischen P und dem überzähligen Auflagerdrucke B. In Fig. 159 ist die Biegungslinie die Einflußlinie für die Einspannungsmomente aus B, also für die Momente in a:

$$M_a = B \cdot l\,.$$

Projiziert man diese Momente $B \cdot l$ auf die a'-Ordinate und verbindet die Projektionsendpunkte mit b', vgl. Fig. 159, so schneiden die Verbindungslinien auf der $M_a = B \cdot l$ - Ordinate die $M_P = B \cdot x$ - Ordinate ab; es ergibt sich dieses, wie bei der analogen Konstruktion beim Träger auf drei Stützen, aus der Proportion

$$\frac{M_P}{M_a} = \frac{x}{l}\,.$$

Die Kraft P selbst hat im statisch bestimmten Hauptsystem keinen Einfluß auf das Querschnittsmoment in ihrer Wirkungslinie; sie hat bei diesem Tragwerke nur einen Einfluß durch die von ihr hervorgerufene Auflagerkraft B: Die in Fig. 159 durch Strichpunktierung gekennzeichnete Einflußlinie der $M_P = B \cdot x$ ist also bereits die Einflußlinie für die M_P im statisch unbestimmten System. Es ergibt sich das größte Feldmoment für die in Fig. 158 genau genug vermerkte Laststellung zu

$$\underline{M_{P\max}} = 9{,}1 \text{ mm} \cdot 193 \text{ cmt/mm} = \underline{1760 \text{ cmt}\,.}$$

Untersuchung der Momente aus einer gleichmäßig verteilten Belastung: Q mit $q = 2$ t/m. Es empfiehlt sich hierzu, wie im analogen Falle beim Träger auf drei oder mehr als drei Stützen, vgl. Fig. 149 und 154, die Wahl eines anderen Hauptsystems: An Stelle der Entfernung des Auflagers b möge in a ein Gelenk eingeschaltet werden, so daß nunmehr das Einspannungsmoment als überzählige Größe auftritt. Natürlich werden wir dieses Moment nicht von Grund auf mittels einer Biegungslinie für $M_b = 1$ cmt ermitteln, sondern wir werden es aus der Überzähligen B für Q des ersten Hauptsystems bestimmen.

Ordinaten der Biegungslinie für $B = 1$ t im Abstande 1 m voneinander (willkürlicher Maßstab):

$$0{,}08+0{,}30+0{,}63+1{,}08+1{,}63+2{,}23+2{,}92+3{,}65+4{,}40+(1/_2 \cdot 4{,}96 = 2{,}48) = 19{,}40\,.$$

Auf jede Ordinate entfallen 2 t, somit

$$\underline{B} = \frac{\Sigma\,(q_m \cdot \Delta l)\,\delta_{mb}}{\delta_{bb}} = \frac{19{,}4 \cdot 2 \text{ t}}{5{,}17} = \underline{7{,}5 \text{ t}\,.}$$

Daraus berechnet sich das Einspannungsmoment aus der gleichmäßig verteilten Last zu

$$M_a = B \cdot l - \frac{q\,l^2}{2} = 7{,}5 \text{ t} \cdot 1000 \text{ cm} - \frac{2 \text{ t/m} \cdot 10 \text{ m} \cdot 1000 \text{ cm}}{2}$$

$$\underline{M_a = -2500 \text{ cmt}\,.}$$

Das größte Feldmoment aus der gleichmäßig verteilten Last kann man hier auch zeichnerisch bestimmen, indem man für das zweite statisch bestimmte Hauptsystem — Gelenk bei a — die Momentenfläche für Q und für M_a zeichnet. Die Momentenfläche für das als äußeres Moment anzubringende überzählige Moment M_a ist ein Dreieck mit der Spitze in a, die Momentenfläche für Q bekanntlich eine Parabel mit der Scheitelhöhe

$$\frac{Q \cdot l}{8} = \frac{20\,\text{t} \cdot 1000\,\text{cm}}{8} = 2500\,\text{cmt}\,.$$

Den gleichen Wert hat das Einspannungsmoment aus Q; beide Momente haben also bei Verwendung des Maßstabes

$$1\,\text{mm} = 193\,\text{cmt}$$

den Meßwert

$$M_a = \frac{Q \cdot l}{8} = 2500\ \text{cmt} \cdot \frac{1}{193}\,\text{mm/cmt} = 13\,\text{mm}\,.$$

Fig. 160 zeigt die hiermit dargestellten Momentenflächen für Q; die für das statisch unbestimmte System resultierende Momentenfläche ist durch Schraffierung hervorgehoben worden. Das größte Feldmoment hat darin den Meßwert

$$M_{\max} = 7{,}3\,\text{mm}\,.$$

Dieses Moment hat also den tatsächlichen Wert

$$\underline{M_{\max}} = 7{,}3\,\text{mm} \cdot 193\,\text{cmt/mm} = \underline{+1400\,\text{cmt}}\,.$$

Mit der Bestimmung dieser Werte ist der Aufgabe Genüge geleistet worden. Zur Übung der zeichnerischen Darstellung elastischer Linien auch für solche Balken, die in ihrer Beanspruchung gleichzeitig Momente entgegengesetzten Vorzeichens enthalten, möge hier noch nach der größten Durchbiegung des Trägers Fig. 158 bei Belastung mit der gleichmäßig verteilten Last Q gefragt werden. Hierzu ist natürlich ein bestimmter Trägerquerschnitt zu wählen: Der Balken habe ein Trägheitsmoment von 110 100 cm⁴ (nämlich $W_{erf} = \frac{M_{\max}}{k_b} = \frac{(2500 + 1910)\,\text{cmt}}{1{,}2\,\text{t/cm}^2} = 3670\,\text{cm}^3$. Es werde ein Blechträger, 600 mm hoch, gewählt: Trägheitsmoment: $3670\,\text{cm}^3 \cdot 30\,\text{cm} = 110\,100\,\text{cm}^4$).

Wäre die Biegungslinie für $B = 1$ t in einem bestimmten Maßstabe gezeichnet worden, so könnten die Ordinaten der zu zeichnenden Biegungslinie unter geeigneter Anwendung des Satzes von der Gegenseitigkeit der Verschiebungen ermittelt werden. Ein Zeitgewinn gegenüber der Darstellung von Grund auf würde damit alles in allem jedoch nicht erzielt werden.

Die gesuchte Biegungslinie wird bei der Art des hier vorliegenden Rechnungsganges am besten als Seilpolygon aus der resultierenden Q-Momentenfläche als gedachte Last, Fig. 160, dargestellt. Die Belastungsfläche Fig. 160 ist in 11 Streifen eingeteilt worden, deren Ordinaten und Längen nebst den daraus folgenden W-Einzellasten in Tabelle Nr. 10 geordnet zusammengestellt worden sind. Es ergeben sich, entsprechend den Momenten, gedachte W-Kräfte, reell: Winkeländerungen, von entgegengesetzter Richtung; unter Beachtung dieses Umstandes sind sie in Fig. 161 aneinandergereiht worden. Bei richtiger Rechnung und genauer Zeichnung muß die nach der Polfigur zu zeichnende und von a aus horizontal begonnene Biegungslinie in b enden, Fig. 161. Weicht die Basis $a \div b$ von der Horizontalen etwas ab, so ist der Fehler in der Größe der eigentlichen Durchbiegung meist noch unmerklich: die Ordinaten über der dann leicht schräg liegenden Basis brauchen alsdann nur über der horizontalen abgetragen zu werden, wenn man auf die Richtigkeit der Stützenlage Wert legt.

Die graphische Darstellung der für die gleichmäßig verteilte Last Q wirklich auftretenden elastischen Linie ergibt für einen Träger von 110 100 cm⁴ Trägheitsmoment eine größte Durchbiegung von 0,45 cm. Sehr einfach ist die genaue Lage des Wendepunktes festzustellen: Dieser Punkt muß auf der Ordinate liegen, für die das Moment unter Übergang vom negativen Werte zum positiven gleich Null ist. Diese Ordinate ist in Fig. 160 mit III bezeichnet worden. Die Winkeländerung $\omega = \frac{M}{J \cdot E}$ muß an dieser Stelle gleichfalls ihr Vorzeichen wechseln.

Tabelle Nr. 10.

Biegungslinie des einseitig eingespannten Trägers auf zwei Stützen; Berechnung der Winkeländerungen.

Ordinaten	Moment in cmt	Wirkungslinien d. fing. Lasten	Mittleres Moment in cmt	Länge der Teilbelastungsfläche Δz cm	Fingierte Einzellast $w = \frac{M}{J \cdot E} \cdot \Delta z$; $J = 110\,100$ cm^4; $E = 2150$ t/cm^2	$W = w \cdot \alpha \cdot \beta \cdot \gamma$ für die zeichn. Darstellung; $\alpha = 100$; $\beta = 5$ (cm); $\gamma = 2$	
a	− 2500						
		1	− 1985	100	− 0,000838	− 0,838	$\Sigma = -1{,}301$ cm
I	− 1470						
		2	− 975	100	− 0,000412	− 0,412	
II	− 480						
		3	− 240	50	− 0,000051	− 0,051	
III	0						
		4	+ 145	50	+ 0,000031	+ 0,031	$\Sigma = +2{,}833$ cm
IV	+ 290						
		5	+ 570	100	+ 0,000241	+ 0,241	
V	+ 850						
		6	+ 1035	100	+ 0,000437	+ 0,437	
VI	+ 1220						
		7	+ 1300	100	+ 0,000549	+ 0,549	
VII	+ 1380						
		8	+ 1350	100	+ 0,000570	+ 0,570	
VIII	+ 1320						
		9	+ 1200	100	+ 0,000507	+ 0,507	
IX	+ 1080						
		10	+ 860	100	+ 0,000363	+ 0,363	
X	+ 640						
		11	+ 320	100	+ 0,000135	+ 0,135	
b	0						

d) Verhalten der statisch unbestimmt gestützten Balken bei Stützensenkungen verschiedener Natur.

Man hat im wesentlichen zwei Arten von Stützensenkungen zu unterscheiden: Bleibende Senkungen und elastische Senkungen, also solche, die eine Funktion des Auflagerdruckes sind. Die ersteren bestehen in einer Abweichung der Stützpunktlage des unbelasteten Tragwerks gegenüber der Stützpunktlage der Fundamente; natürlich gehören zu diesen Senkungen auch solche Stützpunktabweichungen, die im Sprachgebrauche als Hebung bezeichnet würden; mathematisch entscheidet hier nur das Vorzeichen. Bleibende Senkungen brauchen nicht immer in einem Werkstatt- oder Montagefehler zu bestehen; sie können bei schlechtem Baugrunde auch durch die Belastung verursacht werden. Elastische Senkungen treten insbesondere bei Verwendung von Stützenstäben auf, die ihre Länge mit der Größe der auf sie entfallenden Stützkraft ändern. Diese Längenänderung wird im allgemeinen der Stabkraft einfach proportional sein; liegt dagegen eine elastische Senkung des Baugrundes vor, so ist die Funktion zwischen Senkung und Stützkraft meist nicht geradlinig, sie kann jedoch nach versuchsweiser Bestimmung zwecks Vereinfachung der Rechnung durch eine geradlinige Proportion angenähert werden. Als elastische Senkungen sind auch die Senkungen zu behandeln, die als Stütze dienende Schiffe oder andere Schwimmkörper erfahren (Montagerüstung, Schiffbrücken usw.). Hier verlangt der Ausgleich zwischen Stützkraft und Auftrieb gleichfalls eine Senkung. Die Funktion zwischen Senkung und Stützkraft richtet sich nach der Veränderlichkeit des Auftriebes während der Senkung, also im wesentlichen nach der Veränderlichkeit des Schiffslängsschnittes parallel dem Wasserspiegel.

α) Bleibende Senkungen.

Sind bei einem statisch unbestimmt gestützten geraden Vollwandträger bleibende Senkungen vorhanden, so ist zunächst zu fragen, ob in solchem Falle alle Stützen überhaupt zur Wirkung gelangen: Sie werden nur dann eine Stützkraft ausüben, wenn Belastung oder hinreichende Befestigung die Berührung der Trägerstützpunkte mit den Fundamentpunkten erzwingen. Wir gehen hier natürlich von diesem Falle aus, da ja im anderen Falle aus dem Balken von der beabsichtigten Stützung ein solcher anderer Stützenzahl wird; vgl. Fig. 163.

Der beliebige statisch unbestimmt gestützte gerade Balken Fig. 162 erfahre eine Stützensenkung bei c, siehe Fig. 163. Für jeden Belastungszustand soll jedoch keine Trennung der Stützenpunkte c eintreten, siehe Fig. 164. Es ist zu fragen: Welcher Unterschied besteht zwischen den beiden bis auf die Stützensenkung gleichen Balken Fig. 162 und 164 hinsichtlich des inneren und äußeren Belastungszustandes? Die Antwort ist leicht zu folgern aus der Vergleichung der beiden Träger im lastlosen Zustande: Soll in diesem Falle, wie in Fig. 164 geschehen, trotz erfolgter Stützensenkung eine Vereinigung der Stützenpunkte c erzwungen werden, so ist in c eine negative Kraft C_0 anzubringen (etwa durch Befestigung), die im Tragwerk $a \div b \div d$ gerade eine Verschiebung Δc von der Größe der Senkung hervorruft. Offenbar nur um den hierdurch hervorgerufenen äußeren und inneren Belastungszustand sind die Zustände der beiden Tragwerke Fig. 162 und 164 für jede Belastung verschieden. Liegt also für das ideelle Tragwerk Fig. 162 bereits eine vollständige Berechnung für eine bestimmte Belastung vor, so ist nur noch der Belastungszustand für C_0 zu ermitteln und mit dem ideellen Zustande algebraisch zu summieren, um den wirklichen Zustand zu erhalten.

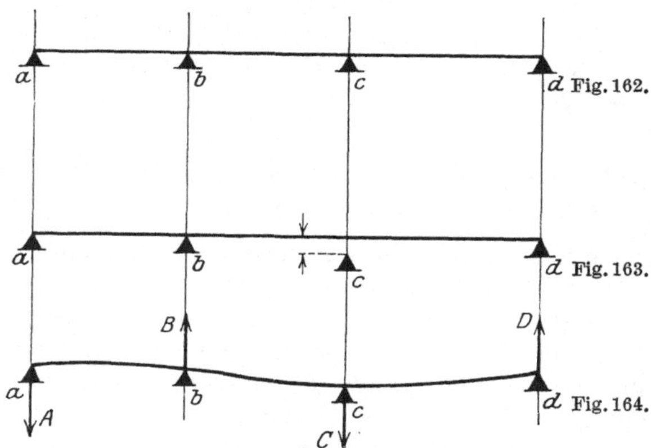

Fig. 162.
Fig. 163.
Fig. 164.

Beispiel: Ein Monteur habe den auf Seite 89ff. bestimmten, in Fig. 135 dargestellten Träger auf drei Stützen aufzustellen. Er bemerkt nicht, oder hältes nicht für wesentlich, daß an Ort und Stelle die Mittelstütze 0,8 cm tiefer liegt, als in den Zeichnungen vorgesehen Fig. 165. Gelegentlich der Untersuchung eines Unfalles erinnert sich einer der Montagebeteiligten dieses Umstandes und macht Mitteilung davon. Selbstverständlich wird dann auch dieser Umstand Gegenstand der rechnerischen Nachprüfungen sein.

Es wird hier im Interesse des Studiums nützlich sein, zunächst die bereits vorliegende ideelle Berechnung nebst Belastungsbildern nicht zu berücksichtigen, sondern die Berechnung von Grund auf unter sofortiger Berücksichtigung der Senkung als Verschiebungselement vorzunehmen: Es muß sich dann auch auf diesem Wege bestätigen, daß sich der ideelle Zustand ohne Senkung von dem bei eingetretener bleibender Senkung nur um einen unveränderlichen Spannungszustand, durch die Kraft C_o genügend gekennzeichnet, unterscheiden muß.

Für Wahl des Trägers auf zwei Stützen $a \div b$ als statisch bestimmtes Hauptsystem lautet die durch Anbringung der überzähligen Stütze c gestellte Bedingung

$$\Sigma \delta_c = \Delta c = -0{,}8 \text{ cm}$$

und damit, nach Einsetzung der Einzelverschiebungen, die Formänderungsgleichung:

$$-\Sigma P \delta_{cm} + C \delta_{cc} = -0{,}8 \text{ cm}$$

oder gesondert:

$$C = \left(\frac{\Sigma P \delta_{cm}}{\delta_{cc}}\right) - \left(\frac{0{,}8}{\delta_{cc}}\right).$$

In dem Sonderfalle $C = C_o$ zur Erzwingung der Berührung des Auflagers c durch den Träger im sonst lastlosen Zustande ($\Sigma P = 0$) lautet die Bedingungsgleichung

$$C_o \cdot \delta_{cc} = -0{,}8 \text{ cm}$$

$$C_o = -\left(\frac{0{,}8}{\delta_{cc}}\right).$$

C_o ist also eine Konstante, die nur von der Größe der bleibenden Senkung und der Ausbildung des Trägers abhängig ist, denn δ_{cc} ist die Senkung des Punktes c für $C = 1$ t. Der Ausdruck für C_o ist nun aber gleich dem zweiten Gliede der allgemeinen Formänderungsgleichung, das somit gleich der Unveränderlichen C_o gesetzt werden kann, somit

$$\boldsymbol{C = \frac{\Sigma P \delta_{cm}}{\delta_{cc}} + C_o}.$$

Die Veränderlichkeit der Überzähligen und ihrer Wirkungen ist also genau wie beim ideellen Zustande

$$C = \frac{\Sigma P \delta_{cm}}{\delta_{cc}}$$

nur durch die Biegungslinie der δ_{mc} als Einflußlinie bestimmt, während zu dem veränderlichen $C = \frac{\Sigma P \delta_{cm}}{\delta_{cc}}$ und seinen Wirkungen nur das konstante C_o und seine Wirkungen algebraisch zu addieren sind. Der analytische Gedankengang bestätigt also unsere synthetische Schlußfolgerung aus der Betrachtung der Fig. 162 und 164.

Für den diesem Beispiele zugrunde liegenden Träger auf drei Stützen, Fig. 135, war laut Aufgabe auf Seite 89 die gleichzeitige Wirkung einer wandernden Einzellast $P = 30$ t und einer gleichmäßig verteilten Last $q = 5$ t/m zu untersuchen.

Für irgendeine bestimmte Lage (m) von P lautet dann die Formänderungsgleichung:

$$C = \frac{P \delta_{cm}}{\delta_{cc}} + \frac{\Sigma (q \cdot \Delta l) \cdot \delta_{cm}}{\delta_{cc}} + C_o.$$

Wir sehen also, daß wir den Zustand C_o im ganzen nur einmal algebraisch zu addieren haben, ganz gleich, wieviel und welche Einzelbelastungen kombiniert betrachtet werden. Es leuchtet das auf Grund der vorangegangenen klaren Entwicklung auch unmittelbar ein; dennoch ist der Hinweis erfordert: Wenn der Leser bei selbständiger Arbeit die vollständige, in sich geschlossene Wirkung einzelner Belastungen ermittelt, so muß er natürlich in jede Einzelbetrachtung die Wirkung C_o einbeziehen. Hat er sich dann die Grundlagen der Berechnung nicht vorher derart eingehend erläutert, wie es hier geschehen ist, so kann er leicht den Fehler begehen, bei später zu prüfender gleichzeitiger Einwirkung der Belastungen die Ergebnisse der Einzelprüfungen, die doch sämtlich die Wirkung C_o enthalten, algebraisch zu addieren.

Es mögen hier kurz die Einzelheiten der zeichnerischen Darstellungen und der Zahlenrechnung für das gewählte Beispiel folgen. Fig. 165 zeigt den Träger Fig. 135 nochmals, jedoch mit Andeutung der Stützensenkung $\Delta c = 0{,}8$ cm.

Untersuchung der Momente im Querschnitte c bei wandernder Einzellast: Fig. 166 stellt zunächst nur eine Übertragung der Biegungslinie Fig. 138 dar, gleichzeitig unter Einzeichnung der punktierten Linien $a' \div c''$ und $c'' \div b'$ zwecks Vervollständigung der Biegungslinie zur Einflußlinie für die c-Momente ohne Stützensenkung. Die Stützensenkung erzeugt nun in c zunächst die konstante und negative Stützenkraft C_o, die auf allen Ordinaten der Biegungslinie von der Basis aus im C-Maßstabe als C_o anzutragen ist, sofern sie als die Einflußlinie für die Größe der Überzähligen betrachtet wird, oder als Mc_o im Momentenmaßstabe, sofern die Biegungslinie die Einflußlinie für die Momente in c aus C ist. In der Fig. 166 ist diese Eintragung der C_o-Wirkung vorgenommen worden. Die Basis der C-Linie bzw. der Mc-Linie wird durch die Subtraktion von C_o bzw. Mc_o nach $a'' \div b''$ verlegt. Da die Momente in c aus P im statisch bestimmten Hauptsystem natürlich keine Änderung erfahren können, so bewegt sich die Spitze des P-Einflußdreiecks von c'' nach c''': Mit der Verschiebung der Geraden $a' \div c''$ nach $a'' \div c'''$ und $c'' \div b'$ nach $c''' \div b''$ ist das konstante Moment in c aus C_o, Mc_o, das positiv ist, von den im ideellen Stützungszustande Fig. 135 negativen Momenten subtrahiert worden. Die Momentenordinaten sind unterhalb der Basis gestrichelt dargestellt, weil diese Vergrößerung des Momentes in c aus P allein im Träger auf zwei Stützen $a \div b$ (bestimmt durch das Dreieck $a''\,c'''b''$) nur auftritt, wenn eine Befestigung in c vorgenommen wurde oder wenn außer P eine hinreichende andere Belastung vorhanden ist. Die Biegungslinie (C-Linie, Mc-Linie) $a'\,c''\,b'$ über der Basis $a''\,b''$ läßt erkennen, daß C bei Stellung der wandernden Einzellast in p und q gleich Null wird und bei Überschreitung dieser Punkte durch die Last das Vorzeichen wechselt.

An Hand der Zahlenrechnung für den Träger ohne Stützensenkungen sind hiernach folgende Änderungen niederzuschreiben:

$$\underline{C_o} = \frac{-0{,}80}{\delta_{cc}} = \frac{-0{,}80}{0{,}0908} = \underline{8{,}8\text{ t}}\,.$$

Für P in c wird, ohne Stützensenkung

$$C = P = 30\text{ t} = 2{,}27\text{ cm}$$

Meßwert von C_o in der Biegungslinie (C-Linie) also:

$$\underline{C_o} = \frac{8{,}8\text{ t}}{30\text{ t}} \cdot 2{,}27\text{ cm} = \underline{0{,}67\text{ cm}}\,.$$

Als Moment Mc_o ist dieser Wert alsdann mit dem Maßstabe

$$1\text{ mm} = 385\text{ cmt}$$

zu messen, wie aus der Berechnung des senkungsfreien Trägers bekannt; mithin

$$Mc_o = 6{,}7\text{ mm} \cdot 385\text{ cmt/mm}$$

$$\underline{Mc_o = 2580\text{ cmt}}\,.$$

Die durch Schraffur hervorgehobene Einflußfläche für die Momente in c, Fig. 166, zeigt, daß infolge der großen Stützensenkung das positive Moment das

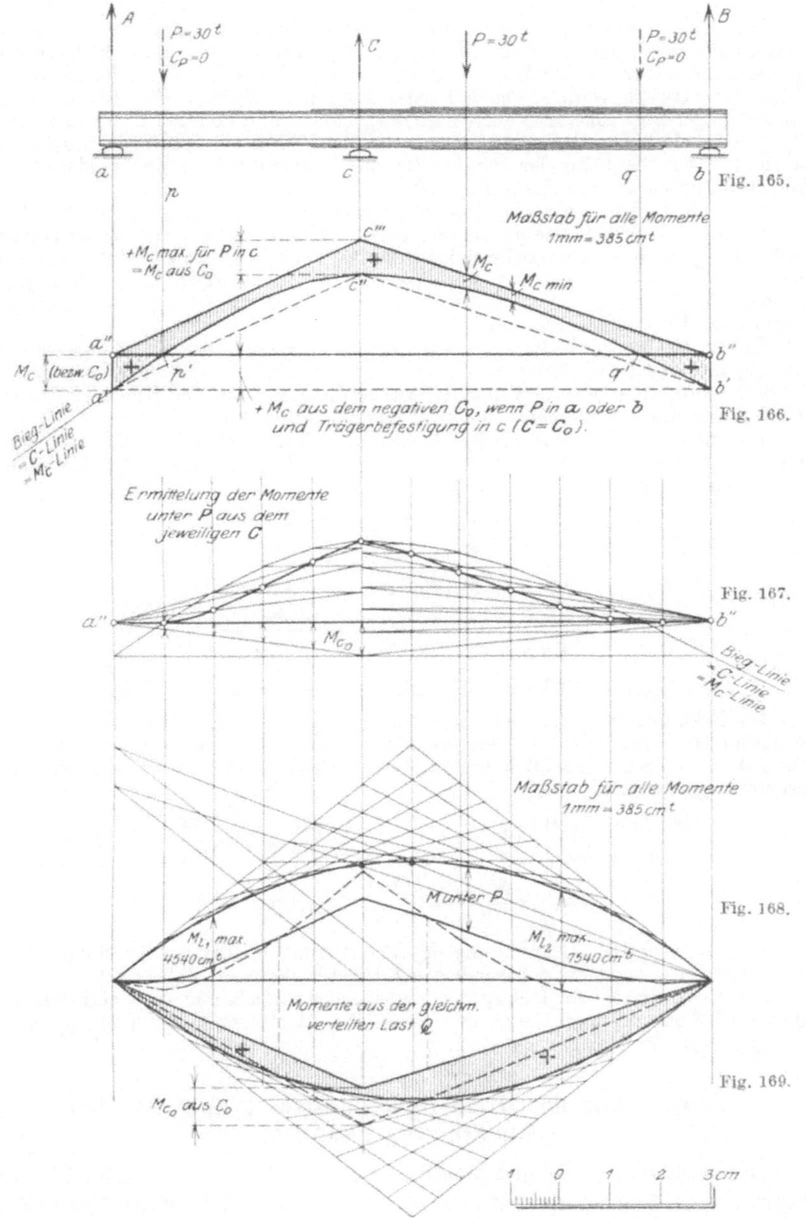

Fig. 165—169.

sonst ausschließlich negative Moment völlig verdrängt, und daß das Größtmoment in c den Wert

$$M_{c\,\max} = Mc_o = +2580\,\text{cmt}$$

hat. Dieses Moment tritt auf für P in c und, hervorgerufen durch die Befestigung (oder innerhalb anderer Belastungszustände durch diese), bei Laststellung in a oder b.

Wir gehen nunmehr zur Untersuchung der Änderung der Feldmomente über: Die Einflußlinie für die Momente aus C_P unter P kann entweder unmittelbar aus der M_c-Linie über der neuen Basis $a'' \div b''$ in der bekannten Weise konstruiert werden, Fig. 167, oder aus der Einflußlinie für den senkungsfreien Träger Fig. 139 (bzw. auch Fig. 130), indem man von den Ordinaten dieser die unveränderlichen Ordinaten aus Mc_0 (in Fig. 167 durch Pfeile gekennzeichnet) abzieht. Die Pfeilhöhe der Parabel für im Hauptsystem $a \div b$ wanderndes P bleibt natürlich unverändert; Fig. 168.

Fig. 169 enthält zwischen Q-Momentenparabel und der punktierten C_0-Momentenfläche die Momente aus der gleichmäßig verteilten Last Q im statisch unbestimmten System ohne Berücksichtigung von C_0; sie ist also insofern lediglich eine Übertragung der Fig. 140. Die schraffierte Fläche Fig. 169 dagegen enthält die Wirkung von C_0; sie stellt mithin eine Betrachtung des Belastungszustandes Q für sich allein dar.

In Fig. 168 ist die Wirkung des wandernden P und der Last Q vereinigt worden: hierbei darf also die Wirkung von C_0, wie eingangs erläutert, nur einmal algebraisch addiert werden; in der vorliegenden Darstellung ist das bei Konstruktion der Einflußlinie für die Momente unter P aus C_P geschehen.

Es ergeben sich nunmehr bei Beachtung einer bleibenden Stützensenkung von 0,8 cm folgende Größtmomente aus P und Q gleichzeitig (in Klammern die entsprechenden Momente für $\Sigma\delta_c = 0$):

$$M_{c\max} \text{ aus } Q = -2230 \text{ cmt}$$

$$M_{c\min} \text{ aus } P$$

$$= 2{,}3 \text{ mm} \cdot 385 \text{ cmt/mm} = +\ \ 890 \text{ cmt}$$

$$\underline{M_{c\max} = -1340 \text{ cmt}}\ (-4000)\ .$$

$$M_{l_1\max} = 11{,}8 \text{ mm} \cdot 385 \text{ cmt/mm} = +\,4540 \text{ cmt}\ (+\,3660)$$

$$M_{l_2\max} = 19{,}6 \text{ mm} \cdot 385 \text{ cmt/mm} = +\,7540 \text{ cmt}\ (+\,6500)\,.$$

Die Feldmomente sind somit erheblich größer als die für $\Sigma\delta_c = 0$ bestimmten; während bei diesen die Spannung gerade den Wert 1,2 t/cm² erreichte, wird sie für $\Sigma\delta_c = -0{,}8$ cm erheblich überschritten. Das Stützenmoment dagegen bleibt erheblich geringer.

$$\sigma_1 = \frac{M_{l_1\max}}{W_{l_1}} = \frac{4540}{3050} = 1{,}5 \text{ t/cm}^2, \quad \sigma_2 = \frac{M_{l_2\max}}{W_{l_2}^{u}} = \frac{7540}{5430} = 1{,}4 \text{ t/cm}^2,$$

$$\sigma_c = \frac{M_{c\max}}{W_c} = \frac{1340}{4170} = 0{,}3 \text{ t/cm}^2.$$

Durch absichtliche Anwendung des Prinzips der bleibenden Senkungen kann also eine Entlastung etwa besonders gefährdeter Stellen erzielt werden.

Der Leser möge zur Übung der selbständigen Rechnung eine Hebung, also $\Delta c = +0{,}8$ cm zugrunde legen und ferner das hier Gesagte auf mehr als zweimal gestützte Balken anwenden.

Erweiterung des Dreimomentensatzes (vgl. Seite 109) für Stützensenkungen.

Der Träger auf vielen Stützen $\ldots \div q \div r \div s \div \ldots$, Fig. 170, erfahre die Stützensenkungen $\ldots, y_q, y_r, y_s, \ldots$. Wir setzen feste Verbindung der Stützenpunkte mit den Trägerpunkten voraus, so daß also der Träger in die Lage $\ldots \div q' \div r' \div s' \div \ldots$ hineingezwungen wird.

Die Ursache kann sein: Zeichnungsfehler, Montagefehler in Fabrik oder auf Bau, falsche Stützenlage, Setzen der Fundamente. Der Fall „bleibender" Stützensenkungen liegt auch vor bei Trägern auf mehr als zwei Stützen, die neben ihrer Eigenschaft als Biegungsträger gleichzeitig Gurte einer gegliederten Tragwand sind, wenn deren Knotensenkungen ohne Berücksichtigung der Änderung der Auflagerdrücke des Gurtes mit den Senkungen gerechnet worden sind, was wegen des fast immer verschwindend geringen Einflusses meist unbedenklich geschehen kann. Bei auftauchenden Bedenken kann man nach Beendigung der Trägerrechnung die Auflagerdrücke, also die Gurt-Knotenlasten, neu bestimmen und danach die Senkungen berichtigen: damit wieder die Auflagerdrücke und so fort. Das Verfahren konvergiert so rasch zum tatsächlichen Zustande, daß bereits der Ansatz für eine sichere Abschätzung des geringen Fehlers hinreichend ist. Neuerdings sind solche Erwägungen durch den Flugzeugbau zu größerer Bedeutung gelangt: Die Flugzeugholme, das sind die von den Flügelrippen (Spieren) belasteten Flügellängsträger, dienen gleichzeitig als Gurte der des weiteren von Rohren und Kabeln gebildeten Tragwände; diese erfahren Punktverschiebungen von bei anderen Bauwerken bisher nicht gekannter Größe.

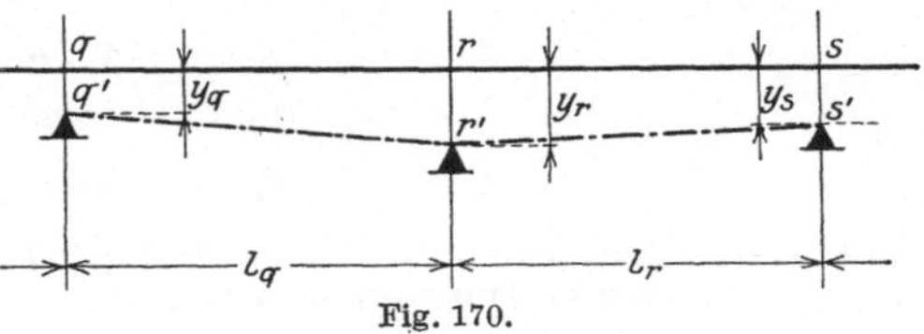

Fig. 170.

Die Berücksichtigung des Einflusses solcher Senkungen im Dreimomentensatze ist auf Grund der Ausführungen auf Seite 107ff. ganz einfach: Das im statisch bestimmten Hauptsystem von den Lasten erzeugte Klaffen der Querschnitte von der Größe $w_{rm} = \Sigma P \delta_{mr}$, vermindert sich um

$$w'_{rr} = \frac{y_r - y_q}{l_q} + \frac{y_r - y_s}{l_r}.$$

Gleichung (1), Seite 107, lautet dann: wenn sie wieder die δ und w für $M_r = +1$ als positiv bezeichnen, dagegen S t ü t z e n senkungen als negativ, S t ü t z e n hebungen als positiv, wie früher festgesetzt:

(1a) $$\Sigma P \delta_{m\underline{r}} + M_q w_{q\underline{r}} + M_r w_{r\underline{r}} + M_s w_{s\underline{r}} + \frac{y_r - y_q}{l_q} + \frac{y_r - y_s}{l_r} = 0.$$

Der Leser kann, wiederum auf Grund der früheren Ausführungen, Seite 109, leicht selbst entwickeln, wie sich für innerhalb jedes Feldes unveränderliches Trägheitsmoment ergibt:

(2a) $$\left(\frac{l_q}{E_q J_q}\right) M_q + 2\left(\frac{l_q}{E_q J_q} + \frac{l_r}{E_r J_r}\right) M_r + \left(\frac{l_r}{E_r J_r}\right) M_s + \frac{6 L_q}{l_q E_q J_q} + \frac{6 R_r}{l_r E_r J_r} + 6\left(\frac{y_r - y_q}{l_q} + \frac{y_r - y_s}{l_r}\right) = 0$$

ferner, wenn E und J über dem ganzen Balken unveränderlich sind:

3a) $$M_q l_q + 2 M_r (l_q + l_r) + M_s l_r + \frac{6 L_q}{l_q} + \frac{6 R_r}{l_r} + 6 E J \left(\frac{y_r - y_q}{l_q} + \frac{y_r - y_s}{l_r}\right) = 0$$

und schließlich, für gleichmäßig verteilte Last:

4a) $$M_q l_q + 2 M_r (l_q + l_r) + M_s l_r + \frac{1}{4}(q_q l_q^3 + q_r l_r^3) + 6 E J \left(\frac{y_r - y_q}{l_q} + \frac{y_r - y_s}{l_r}\right) = 0.$$

Es ist also eine Winkeländerung, die, infolge Stützensenkung im statisch bestimmten Hauptsystem allein auftretend, einen Knick über der Stütze im Sinne der Wirkung eines an der Schnittstelle angebrachten positiven Momentes erzeugen würde, als positiv in die Rechnung einzuführen.

Man beachte, daß die Stützenmomente in diesen Gleichungen nicht verschwinden, wenn die Lasten auf Null verringert werden.

Beispiel: Der mit 3 t/m belastete Träger auf fünf Stützen Fig. 154 bzw. 171 erfahre die Stützensenkungen

$$y_o = -1\text{ cm},$$
$$y_I = -0\text{ cm},$$
$$y_{II} = -2\text{ cm},$$
$$y_{III} = -1\text{ cm},$$
$$y_{IV} = -0\text{ cm}.$$

Das Trägheitsmoment des Balkens betrage $J = 9800\text{ cm}^4$, die Elastizitätsziffer $E = 2150\text{ t/cm}^2$; es lautet dann der Ansatz:

$$\text{I)}\quad \frac{+3}{4}(3^3+4^3)+3M_o+14M_I+\ 4M_{II} \qquad +\left(\frac{0+1}{300}+\frac{0+2}{400}\right)6\,\frac{2150\cdot 9800}{10000\text{ cm}^2/\text{m}^2}=0.$$

$$\text{II)}\quad \frac{+3}{4}(4^3+4^3) \qquad +\ 4M_I+16M_{II}+\ 4M_{III} \qquad +\left(\frac{-2+0}{400}+\frac{-2+1}{400}\right)6\,\frac{2150\cdot 9800}{10000\text{ cm}^2/\text{m}^2}=0.$$

$$\text{III)}\quad \frac{+3}{4}(4^3+5^3) \qquad +\ 4M_{II}+18M_{III}+5M_{IV}+\left(\frac{-1+2}{400}+\frac{-1+0}{500}\right)6\,\frac{2150\cdot 9800}{10000\text{ cm}^2/\text{m}^2}=0$$

$$M_o = 0^{mt}; \qquad M_{IV} = \frac{3\cdot 2\cdot 2}{2} = -6^{mt}.$$

$$\text{I)}\quad +14M_I+\ 4M_{II}+\ 0M_{III} = -\ 173{,}558.$$
$$\text{II)}\quad +\ 4M_I+16M_{II}+\ 4M_{III} = -\ 1{,}185.$$
$$\text{III)}\quad +\ 0M_I+\ 4M_{II}+18M_{III} = -\ 118{,}071.$$

$$\text{I)}\quad +14M_I+\ 4M_{II}+\ 0M_{III} = -\ 173{,}558.$$
$$\text{II) erw.}\quad +14M_I+56M_{II}+14M_{III} = -\ 4{,}148.$$
$$\text{a)}\quad +52M_{II}+\ 14M_{III} = +\ 169{,}410.$$
$$\text{III) erw.}\quad +52M_{II}+234M_{III} = -\ 1534{,}923.$$
$$+220M_{III} = -\ 1704{,}333.$$
$$M_{III} = -\ 7{,}74697.$$
$$\underline{M_{III} = -\ 7{,}75^{mt}.}$$

$$\text{II)}\quad +\ 4M_{II}+18\cdot 7{,}74697 = -\ 118{,}071$$
$$M_{II} = +\ 5{,}34363$$
$$\underline{M_{II} = +\ 5{,}34^{mt}.}$$

$$\text{I)}\quad +14M_I+4\cdot 5{,}34363 = -\ 173{,}558$$
$$M_I = -\ 13{,}92374$$
$$\underline{M_I = -\ 13{,}92^{mt}.}$$

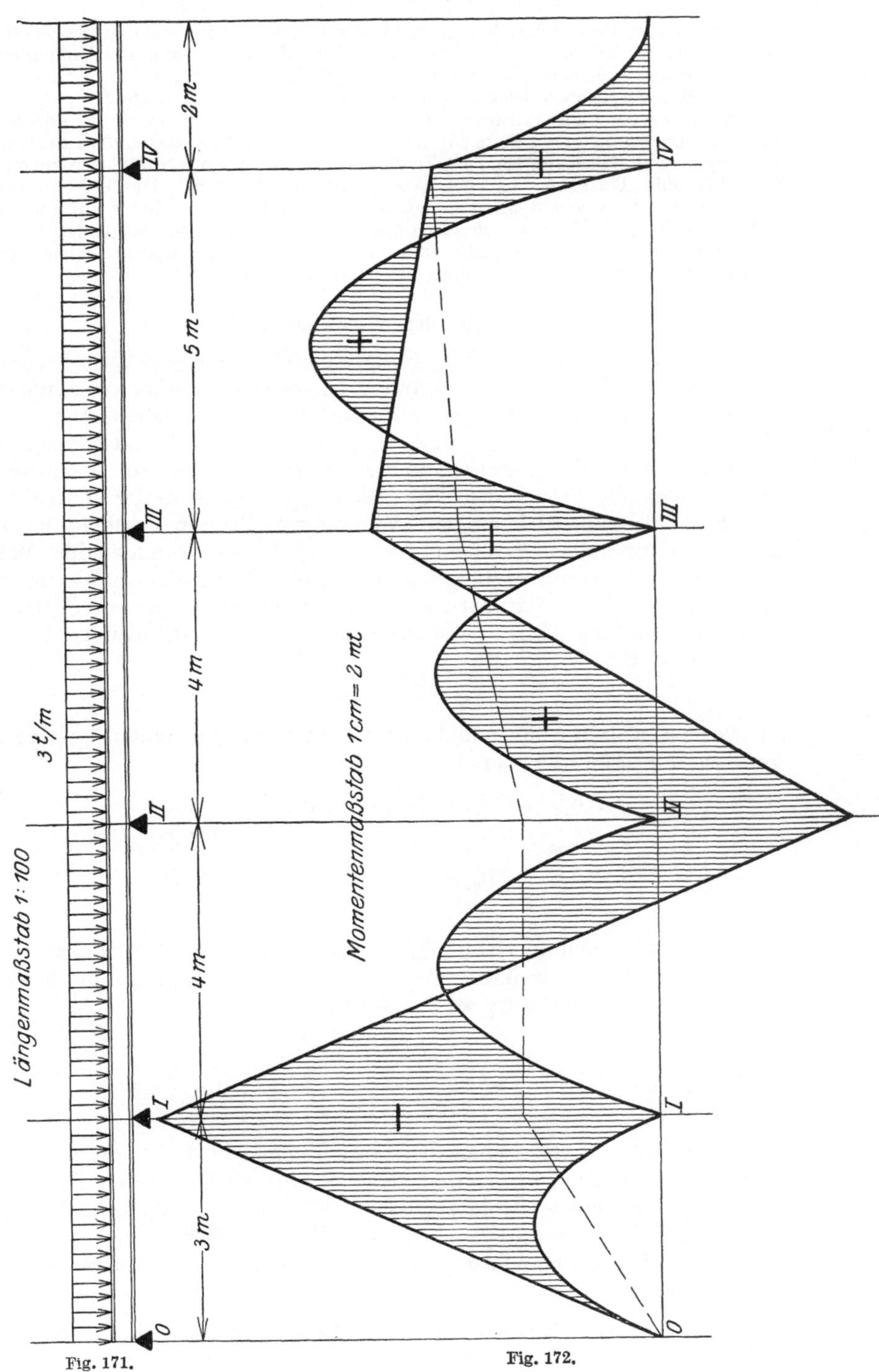

Fig. 171. Fig. 172.

Ergebnis der Probe: Alle drei Ausgangsgleichungen werden von den errechneten Werten hinreichend genau befriedigt. Fig. 172 ist die Darstellung der Momentenfläche. Die gestrichelt eingezeichnete Momentenlinie, die der Fig. 155 entnommen wurde, zeigt vergleichsweise den Einfluß der vorgegebenen Senkung.

Der Leser berechne zu seiner Übung die Momente des unbelasteten Balkens. Laut den Darlegungen auf Seite 118 muß die Vereinigung des Zustandes „Stützensenkungen ohne Belastung“ und des Zustandes „Belastung ohne Stützensenkungen“ den Zustand „Belastung bei gesenkten Stützen“ ergeben. Die sichere Vermeidung von Vorzeichenfehlern hängt von Verständnis und Übung ab; zur Erzielung beider Erfordernisse ist zu empfehlen, eine Folge von Beispielen, in der zwei benachbarte Beispiele nicht zu sehr voneinander abweichen, zahlenmäßig auszuwerten und die Momentenlinie zeichnerisch darzustellen.

β) Elastische Senkungen.

Statisch unbestimmte Tragwerke, die elastisch senkbare Stützen enthalten — sei es infolge Anordnung langer Stützenstäbe oder infolge einer der anderen bereits geschilderten Stützungsmöglichkeiten von elastischer Nachgiebigkeit — sind offenbar nur praktisch und im Sprachgebrauche von anderen statisch unbestimmten Systemen unterschieden, jedoch nicht hinsichtlich des Wesentlichen, also nicht in der Herleitung der Formänderungsgleichungen: Wie unmittelbar einzusehen, ist in diesen Formänderungsgleichungen lediglich die Summe der Verschiebungen δ eines Stützpunktes nicht gleich Null, sondern gleich der als Funktion des Auflagerdruckes ausgedrückten elastischen Stützensenkung zu setzen. Liegt, was meist der Fall, eine geradlinige Funktion vor, z. B.:

$$\Delta c = C\,\delta_c,$$

so würden also die Formänderungsgleichungen für einen beliebigen statisch unbestimmten geraden Balken lauten:

$$\begin{aligned}
\Sigma P\,\delta_{cm} + C\,\delta_{cc} + D\,\delta_{cd} + E\,\delta_{ce} + \ldots &= C\,\delta_c \\
\Sigma P\,\delta_{dm} + C\,\delta_{dc} + D\,\delta_{dd} + E\,\delta_{de} + \ldots &= D\delta_d \\
\Sigma P\,\delta_{em} + C\,\delta_{ec} + D\,\delta_{ed} + E\,\delta_{ee} + \ldots &= E\,\delta_e \\
\ldots\ldots\ldots\ldots\ldots\ldots\ldots\ldots\ldots
\end{aligned}$$

worin die Verschiebungen δ_c, δ_d, δ_e usw. die elastischen Stützensenkungen für die Stützenkrafteinheit sind. Liegen Stützenstäbe s vor, so wird man üblicherweise an Stelle von

$$\Delta c = C\,\delta_c$$

schreiben

$$\Delta s = S \cdot \varrho_s .$$

Setzen wir die elastischen Stützensenkungen in dieser Form in die obigen Gleichungen ein, so sind sie auch äußerlich mit den für jedes statisch unbestimmte System gültigen allgemeinen auf Seite 21 entwickelten Formänderungsgleichungen völlig identisch.

Lautet die Formänderungsgleichung für einen deutschen Bogen mit Zugband

$$\Sigma P\,\delta_{bm} - H\,\delta_{bb} = \Delta s = H \cdot \varrho_s,$$

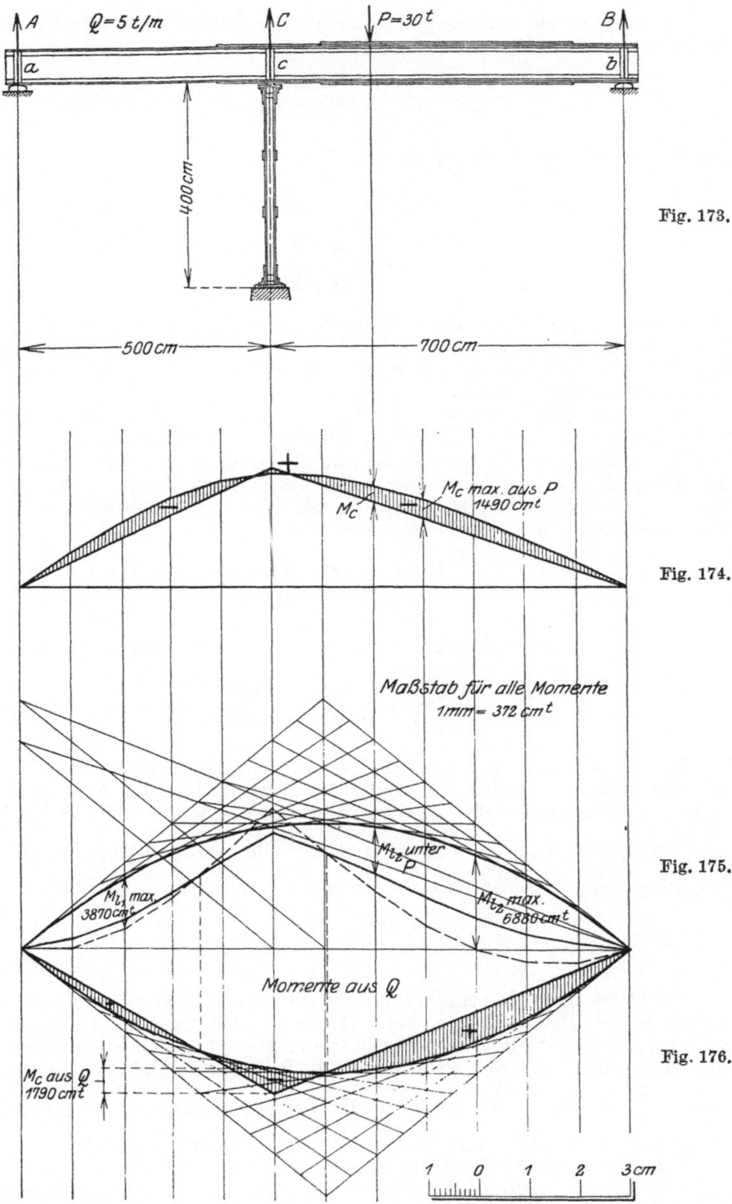

Fig. 173.

Fig. 174.

Fig. 175.

Fig. 176.

so lautet sie für einen Träger auf drei Stützen mit elastisch nachgiebiger Mittelstütze:

$$\Sigma P \delta_{cm} - C \delta_{cc} = \Delta s = C \cdot \varrho_s .$$

Zahlenbeispiel: Der auf Seite 89 ff. bestimmte und in Fig. 135 dargestellte Träger auf drei Stützen soll unter Beibehaltung aller Abmessungen und der Belastung mit einer Mittelstütze von 4 m Länge versehen werden, Fig. 173; unveränderlicher Querschnitt der Stütze:][-Eisen N. 18 von $2 \cdot 28 = 56$ cm².

Die Längenänderung dieser Stütze für die Krafteinheit berechnet sich nach dem Hookeschen Gesetze zu

$$\varrho_s = \frac{s}{F \cdot E} = \frac{400 \text{ cm}}{56 \text{ cm}^2 \cdot 2150 \text{ t/cm}^2} = 0{,}00332 \text{ cm/t}.$$

Die Formänderungsgleichung lautet:

$$\Sigma P \delta_{cm} - C \delta_{cc} = C \varrho_s$$

oder

$$C = \frac{\Sigma P \delta_{cm}}{\delta_{cc} + \varrho_s}.$$

(Der Leser vergleiche diesen Wert für C bei elastischer Stützensenkung mit den für bleibende Senkung, Seite 119). Es sind somit folgende Änderungen der für den Träger ohne Senkung auf Seite 89ff. und in den Fig. 135 bis 140 zeichnerisch dargestellten Rechnung vorzunehmen:

Die Biegungslinie für $C = 1$ t kann zwar in gleicher Größe übernommen werden, siehe Fig. 174, doch ist ihr Maßstab als Einflußlinie der Momente in c aus C_P im Hauptsystem $a \div b$ zu ändern, da der unveränderliche Wert, durch den die $P \delta_{cm}$ der gesonderten Formänderungsgleichung nicht mehr δ_{ce}, sondern $(\delta_{ce} + \varrho_s)$ lautet. Ermittlung der Überzähligen und gleichzeitig des Maßstabes: Für Laststellung in c wurde ohne Senkung:

$$C = \frac{P \cdot \delta_{mc}}{\delta_{cc}} = \frac{30 \text{ t} \cdot 0{,}0908}{0{,}0908} = 30 \text{ t}.$$

Dagegen erreicht die Stützkraft bei der elastischen Stützensenkung nur den Wert:

$$C = \frac{P \cdot \delta_{mc}}{\delta_{cc} + \varrho_s} = \frac{30 \text{ t} \cdot 0{,}0908}{0{,}0908 + 0{,}00332} = 29{,}0 \text{ t}.$$

Da sich die Momente in c aus diesen Stützkräften so zueinander verhalten wie die Stützkräfte selbst, so würde die Biegungslinie Fig. 174 als M_c-Einflußlinie bei Verwendung des früheren Maßstabes 1 mm = 385 cmt im Verhältnis $\frac{30 \text{ t}}{29 \text{ t}}$ $\left(\text{oder einfach: } \frac{\delta_{mc} + \varrho_s}{\delta_{mc}}\right)$ zu groß gezeichnet worden sein: Bei Beibehaltung der Biegungslinie ist der Maßstab daher zu ändern in

$$\underline{1 \text{ mm}} = 385 \frac{29}{30} = \underline{372 \text{ cmt}.}$$

Bei Darstellung der Einflußlinie für die Momente in c aus P, also des Dreieckes mit der Spitze über c, Fig. 174, ist zu beachten, daß bei dieser Stützensenkung bei Laststellung in c nicht mehr $P = C = 30$ t wird: C hat nur noch den Wert 29,0 t, die Spitzenordinate des P-Momentendreieckes ist also im Verhältnis $\frac{30}{29}$ größer zu zeichnen als die C-Momentenlinie. Für Stellung der Last in c ergibt sich daher auch ein positives Moment in c; Fig. 174.

Der Untersuchung der Feldmomente unter P dient Fig. 175: die Spitze der aus der C-Momentenlinie, Fig. 174, in der bekannten Weise gewonnenen Einflußlinie für die Momente unter P aus C_P darf die Parabel für die P-Momente nicht, wie bei senkungsfreier Stützung, berühren; vielmehr muß sich ein Abstand gleich der Ordinate des positiven Momentes in c, Fig. 174, ergeben.

Die Berechnung der Momente aus der gleichmäßig verteilten Last Q nebst Darstellung der Momentenfläche aus der Formänderungsgleichung:

$$C_Q = \frac{\Sigma (q_m \Delta l) \cdot \delta_{cm}}{\delta_{cc} + \varrho_s}$$

bietet keine Schwierigkeiten mehr. Auf Grund der früheren Berechnungen (Seite 99 und Seite 128) ergaben sich für die Elemente dieser Gleichung die Werte:

$$\Sigma (q_m \Delta l) \delta_{mc} = 3{,}396$$

$$+\begin{cases} \delta_{cc} = 0{,}09080 \\ \varrho_s \; = 0{,}00332 \end{cases}$$

$$(\delta_{cc} + \varrho_s) = 0{,}09412 .$$

Daraus ergibt sich:

$$\underline{C_Q} = \frac{3{,}396}{0{,}0941} = \underline{36{,}1 \text{ t}} .$$

Darstellung der Momentenfläche, Fig. 168:

Dreieckhöhe bei c:

$$\underline{M_c} = 2{,}27 \text{ cm} \cdot \frac{36{,}1}{29} = \underline{2{,}83 \text{ cm}} .$$

Parabelpfeil für Q:

$$\underline{M_Q} = \frac{5 \text{ t/m} \cdot 12 \text{ m} \cdot 1200 \text{ cm}}{8 \cdot 3720 \text{ cmt/cm}} = \underline{2{,}42 \text{ cm}} .$$

Die Ordinaten dieser Momentenfläche sind in die Einflußlinie für die Momente unter P, Fig. 175, übertragen worden.

Die zeichnerischen Darstellungen ergeben nun folgende in Betracht zu ziehenden Zahlenwerte:

$$\underline{M_{l1\max}} \text{ aus } P \text{ und } Q = 10{,}4 \text{ mm} \cdot 372 \text{ cmt/mm} = \underline{3870 \text{ cmt}}$$

$$\underline{M_{l2\max}} \quad \text{desgl.} \quad = 18{,}5 \text{ mm} \cdot 372 \text{ cmt/mm} = \underline{6880 \text{ cmt}}$$

$$M_{c\max} \quad \text{aus } P \quad = \;\; 4{,}0 \text{ mm} \cdot 372 \text{ cmt/mm} = 1490 \text{ cmt}$$

$$M_{c\max} \quad \text{aus } Q \quad = \;\; 4{,}8 \text{ mm} \cdot 372 \text{ cmt/mm} = 1790 \text{ cmt}$$

$$\underline{M_{c\max}} \text{ aus } Q \text{ und } P = \underline{3280 \text{ cmt}}$$

Die in Betracht kommenden Widerstandsmomente hatten die Werte (vgl. Seite 96):

$$W_c \; = 4170 \text{ cm}^3 ,$$

$$W_{l1} = 3050 \text{ cm}^3 ,$$

$$W_{l2} = 5430 \text{ cm}^3 .$$

Für Anbringung der 4 m langen Stütze ergeben sich somit folgende Spannungen:

$$\sigma_c \; = \frac{3280}{4170} = 0{,}80 \text{ t/cm}^2 ,$$

$$\sigma_{l1} = \frac{3870}{3050} = 1{,}27 \text{ t/cm}^2 ,$$

$$\sigma_{l2} = \frac{6880}{5430} = 1{,}27 \text{ t/cm}^2 .$$

Die beim Träger mit senkungsfreier Stützung zugelassenen Spannungen (vgl. Seite 100) werden also bereits durch Anordnung eines elastischen Stützenstabes merklich überschritten. In diesem Falle war die Anbringung einer Stütze beabsichtigt, die Senkung hätte also von vornherein berücksichtigt werden können. Es kann jedoch gerade die oft nicht vorhergesehene Nachgiebigkeit anderer Auflager einen erheblich größeren Wert annehmen. Man sieht also, daß es gut ist, in die Berechnung von statisch unbestimmten Systemen mit Rücksicht auf ihre Empfindlichkeit gegen Bau- und Montagefehler sowie Stützennachgiebigkeit eine höhere Sicherheit einzuführen, als für statisch bestimmte Tragwerke, die gegen Stützensenkungen und Baufehler unempfindlich sind, d. h. in dem hier wesentlichen Sinne.

Der Leser hat bemerkt, daß sowohl bei der Behandlung der Wirkung von P wie auch der von Q der Stützeneinfluß berücksichtigt wurde, und daß die so gewonnenen Einflußlinien zur Betrachtung der gemeinsamen Wirkung lediglich addiert wurden: Bei bleibender Stützensenkung durfte die Wirkung der Senkung nur einmal berücksichtigt werden. Der Unterschied ergibt sich, was der Leser wahrscheinlich auch schon selbst bemerkt hat, klar aus dem Unterschiede der Formänderungsgleichungen. Diese lautet **für bleibende Senkung,** vgl. Seite 119:

$$C = \frac{P\delta_{cm}}{\delta_{cc}} + \frac{(\sum q_m \Delta l)\delta_{cm}}{\delta_{cc}} + C_o .$$

Dagegen **für elastische Nachgiebigkeit:**

$$C = \frac{\sum P\delta_{cm}}{(\delta_{cc} + \varrho_s)} = \frac{P\delta_{cm}}{(\delta_{cc} + \varrho_s)} + \frac{(\sum q_m \Delta l)\delta_{cm}}{(\delta_{cc} + \varrho_s)} .$$

2. Die armierten geraden Balken.

a) Der mit Zugband und zwei Vertikalen armierte Vollwandträger auf zwei Stützen.

Fig. 177 stellt einen solchen Träger mit regelmäßiger Gliederung dar, so wie wir ihn im Zahlenbeispiel behandeln wollen. Der Leser wird jedoch sehen, daß die zur Bestimmung der Überzähligen anzuwendenden Rechnungsgrundlagen allgemeiner Natur sind und daher auch auf jeden Träger von unregelmäßiger Gliederung angewendet werden können.

Wir betrachten dieses auch wohl „doppelt armierter Vollwandträger" genannte Tragwerk an erster Stelle und in einem zahlenmäßig durchgeführten Beispiele, weil diese Ausbildung des armierten Vollwandträgers am häufigsten auftritt.

Bei Betrachtung der Fig. 177 erkennt man, daß die Entfernung z. B. eines der mit s oder v bezeichneten Stäbe das Tragwerk in ein statisch bestimmtes verwandeln würde; daraus geht hervor, daß der Träger einfach statisch unbestimmt ist.

In diesem Falle sei die Aufgabe gestellt, die Beanspruchung der einzelnen Glieder eines vorhandenen Tragwerkes zu ermitteln. Es ist daher die Bemessung der einzelnen Stäbe des Tragwerkes bekannt. Ist der Träger erst zu entwerfen, so sind zuvor auf Grund von Annäherungsberechnungen, etwa solche, wie sie am Schlusse dieses Abschnittes an die Hand gegeben werden oder auf Grund ähnlicher bereits ausgeführter Konstruktionen die Querschnitte oder entsprechende Verhältniszahlen zu wählen.

Der gewählte Träger, vgl. Fig. 177, hat eine Spannweite von 10 m und sei statisch bestimmt gestützt. Der Obergurt, d. h. der eigentliche Biegungsträger, besteht aus 2 U-Eisen N. 16 mit einem Querschnitte von $2 \cdot 24\ \text{cm}^2$ und einem Trägheitsmomente $J_x = 2 \cdot 925\ \text{cm}^4$. Die Armierung wird gebildet von einem Zugbande, das aus 2 L-Eisen $70 \times 70 \times 7$ mit einem Querschnitte von $2 \cdot 9{,}4\ \text{cm}^2$

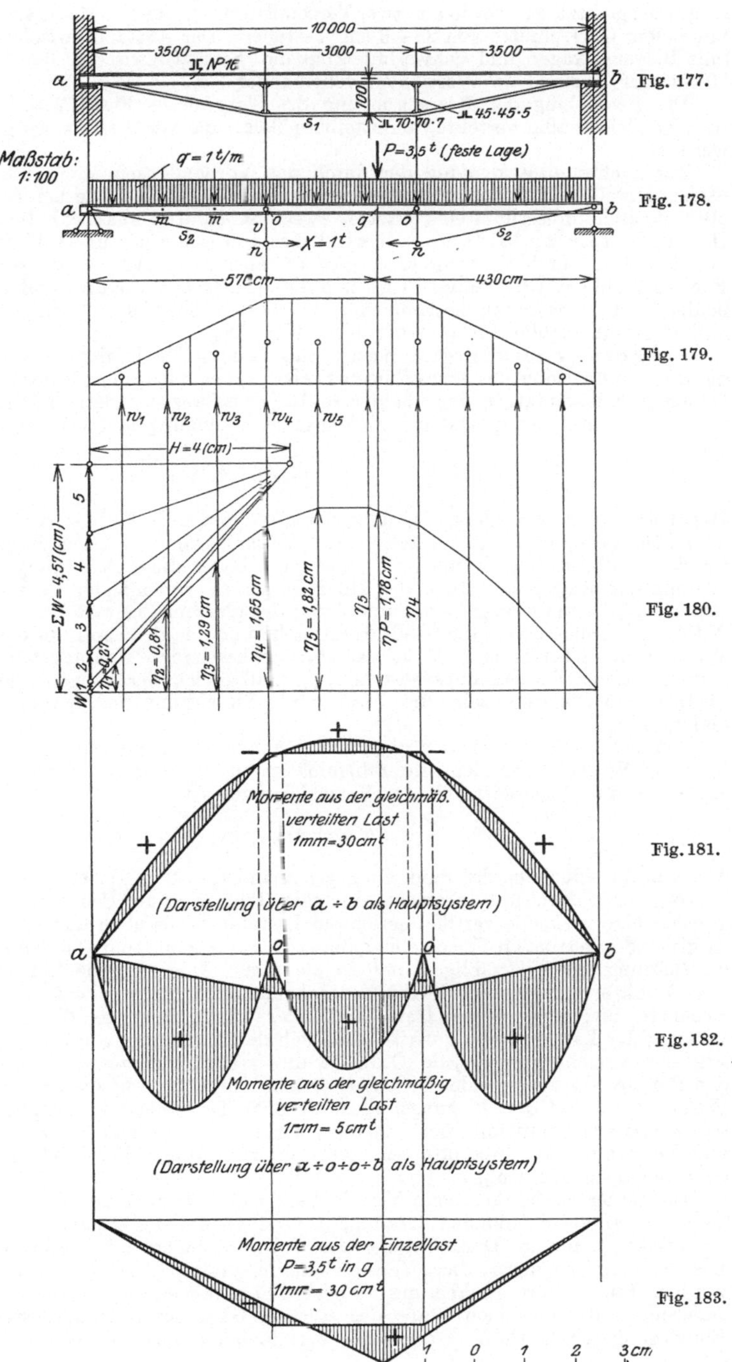

Fig. 177.

Fig. 178.

Fig. 179.

Fig. 180.

Fig. 181.

Fig. 182.

Fig. 183.

zusammengesetzt ist, sowie aus zwei Vertikalen, die je aus 2 L-Eisen 45 × 45 × 5 mit einem Querschnitte von 2 · 4,3 cm² bestehen. Der Abstand zwischen Schwerlinie Biegungsträger und Schwerlinie Zugband beträgt zwischen den Vertikalen 70 cm; der Abstand der Vertikalen voneinander 3 m.

Die Ermittlung der Beanspruchung des Tragwerkes Fig. 177 soll zunächst für eine gleichmäßig verteilte, unmittelbare Belastung von 1 t/lfdm vorgenommen werden.

Zur leichteren Erkennung der durch das Vorhandensein eines überzähligen Stabes gestellten Formänderungsbedingung ist es auch hier, wie bei Behandlung aller statisch unbestimmten Systeme, zweckmäßig, das statisch bestimmte Hauptsystem zu bilden durch wirkliches Entfernen des überzähligen Stabes aus der Skizze und die Spannkraft dieses Stabes als äußere Kraft einzuführen. Für die Wahl der Überzähligen ist allein die anzustrebende Kürze und Übersichtlichkeit der Berechnung bestimmend. In diesem Beispiele ist die Entfernung von s_1 als überzähliger Stab vorteilhaft, Fig. 178.

Die Formänderungsgleichung muß alsdann die Bedingung ausdrücken, die die Einschaltung des überzähligen Stabes s_1 bezüglich der Entfernung seiner beiden Angriffspunkte n voneinander stellt. Diese aus der Betrachtung des statisch bestimmten Hauptsystems zu folgernde Bedingung lautet in algebraischer Form:

$$\Sigma P \delta_{nm} - X \delta_{nn} = X \varrho_s .$$

Darin bezeichnet m die Angriffspunkte der Last (in diesem Falle streng genommen unendlich viele) und ϱ_s, wie bisher, die Verlängerung des überzähligen Stabes für die Krafteinheit (gewählt 1 t). In Worten lautet diese Bedingung: Die Entfernung der Angriffspunkte n der Überzähligen X voneinander im statisch bestimmten Hauptsystem infolge Einwirkung der gleichmäßig verteilten Belastung, $\Sigma P \delta_{nm}$, vermindert um die Größe der Annäherung der gleichen Punkte bei bloßer Wirkung der Überzähligen X auf das statisch bestimmte Hauptsystem, nämlich gemäß unserer Bezeichnungsweise $X \delta_{nn}$, muß gleich der Längenänderung des überzähligen Stabes s_1 sein, die dieser unter Einwirkung der Spannkraft X erleidet, also $X \cdot \varrho_s$.

Nunmehr sind die in der oben entwickelten Formänderungsgleichung enthaltenen Verschiebungselemente zahlenmäßig zu bestimmen. Nach dem Lehrsatze von der Gegenseitigkeit der Verschiebungen ist

$$\delta_{nm} = \delta_{mn} ,$$

d. h.: die Verschiebung der Punkte n gegeneinander, also in Richtung der Kraft X, hervorgerufen durch die in einem beliebigen Punkte m der Schwerlinie des Biegungsträgers wirkende vertikal gerichtete Lasteinheit, nämlich das gesuchte δ_{nm}, ist gleich der vertikalen Verschiebung dieses Punktes m durch die in den Punkten n in Richtung der Überzähligen angreifende Kraft $X = 1$ t. Die Verschiebungen aller Punkte m lassen sich hiernach durch nur eine für den Biegungsträger gezeichnete Biegungslinie ermitteln, und zwar durch diejenige, die infolge Einwirkung der Last $X = 1$ t auftritt. Da nach dem Lehrsatze von der Gegenseitigkeit der Verschiebungen jede Ordinate dieser Biegungslinie die Verschiebung der Punkte n gegeneinander bedeutet, welche durch die mit dieser Ordinate als Wirkungslinie auf den Biegungsträger wirkende Lasteinheit hervorgerufen wird, so ist also zur Ermittlung der Gesamtverschiebung der Punkte n gegeneinander nur die Summe der Produkte aus Last und zugehöriger Verschiebungsordinate zu nehmen, also $\Sigma P \delta_{mn}$.

Die ferner zu betrachtende Verschiebung $X \delta_{nn}$ kann man sich zweckmäßig als aus zwei Verschiebungen zusammengesetzt vorstellen. Zunächst werden sich die Punkte n infolge Durchbiegung des Vollwandträgers unter Einwirkung der Last X einander nähern; diese Verschiebung mag mit δ_{1nn} für $X = 1$ t bezeichnet werden. Eine weitere Annäherung der beiden Punkte n ergibt sich aus den Längenänderungen der einzelnen Stäbe des statisch bestimmten Hauptsystems unter Einwirkung der Kraft $X = 1$ t; diese Verschiebung möge die Bezeichnung δ_{2nn} erhalten.

Wir haben uns also zuerst mit der Annäherung δ_{1nn} der beiden Angriffspunkte n infolge Durchbiegung des Biegungsträgers unter Einwirkung der Kraft $X = 1$ t zu befassen. Diese Verschiebung berechnet sich rein geometrisch aus der vertikalen Hebung der Punkte o der Trägerschwerlinie, die gleichzeitig die oberen Angriffspunkte der beiden Vertikalen sind. Die Hebung δ_{on} der Angriffspunkte der beiden Vertikalen ist bereits in der für $X = 1$ gezeichneten Biegungslinie enthalten.

In Anbetracht des Umstandes, daß es sich bei diesen Rechnungen immer nur um sehr kleine Verschiebungen handelt, sowie des weiteren Umstandes, daß wir zur Berechnung von δ_{1nn} die Längenänderung der Stäbe, insbesondere des mit v bezeichneten Vertikalstabes vorläufig außer Betracht lassen, können wir die vertikale Verschiebung des Punktes o gleich der des Punktes n setzen. Die Hypotenuse des kleinen Verschiebungsdreiecks, das am Punkte n von den beiden Verschiebungen $^1/_2\delta_{1nn}$ und δ_{on} gebildet wird, vgl. Fig. 184, muß auf dem Stabe s_2 senkrecht stehen, da dieser zur Bestimmung von δ_{1nn}, wie bereits in anderer Form vorausgesetzt, als starr angesehen wird; daraus ergibt sich die Ähnlichkeit zwischen dem kleinen Verschiebungsdreieck und dem von s_2, v und p gebildeten Stabdreieck. Es folgt

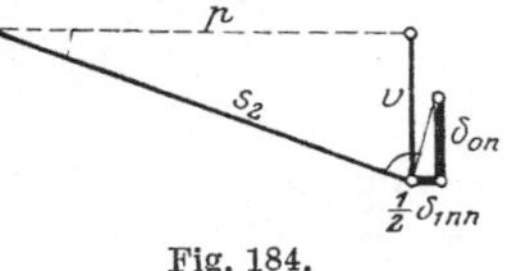

Fig. 184.

$$\frac{^1/_2\,\delta_{1nn}}{\delta_{on}} = \frac{v}{p}, \qquad \text{also} \qquad \delta_{1nn} = 2\,\delta_{on} \cdot \frac{v}{p}.$$

Hiernach ist der Anteil der Stablängenänderung an der Verschiebung δ_{nn}, nämlich δ_{2nn}, zu ermitteln. Infolge Belastung der beiden Punkte n durch die Kraft $X = 1$ erfahren die Vertikalen und der Biegungsträger eine Verkürzung, die beiden Zugstäbe s_2 eine Verlängerung; sämtliche Stablängenänderungen tragen zur Annäherung der beiden Punkte n bei. Die Summe dieser Verschiebungen, nämlich δ_{2nn}, läßt sich durch Aufstellung einer Mohrschen Arbeitsgleichung leicht bestimmen (vgl. Seite 69). Denken wir uns in den Punkten n je eine gedachte Kraft $\bar{1}$ in der Wirkungslinie von X angebracht, so leistet diese Kraft $\bar{1}$ die gedachte Arbeit

$$\bar{A} = \bar{1} \cdot \delta_{2nn}.$$

Diese Arbeit muß gleich derjenigen sein, die von den gedachten inneren Kräften S geleistet wird; somit:

$$1 \cdot \delta_{2nn} = \Sigma S \varDelta s.$$

Darin bedeutet $\varDelta s$ die Stablängenänderungen, also:

$$\varDelta s = S \varrho_s.$$

Dieses in die Arbeitsgleichung eingesetzt ergibt:

$$1 \cdot \delta_{2nn} = \Sigma \bar{S} S \varrho_s.$$

Mit Rücksicht darauf, daß bei dieser Anwendung der Mohrschen Arbeitsgleichung

$$\bar{S} = S$$

ist, können wir praktisch schreiben:

$$\delta_{2nn} = \Sigma S^2 \varrho_s.$$

Wir sind also nunmehr in der Lage, die Elemente der oben entwickelten Formänderungsgleichung:

$$\Sigma P \delta_{mn} - X \delta_{1nn} - X \delta_{2nn} = X \varrho_s$$

zahlenmäßig zu bestimmen. Damit ist uns also die Überzählige gegeben. Aus der Formänderungsgleichung ausgesondert, ergibt sich die überzählige Spannkraft zu

$$X = \frac{\Sigma P \delta_{mn}}{[\delta_{1nn} + \delta_{2nn} + \varrho_s]}.$$

Die Darstellung der elastischen Linie des Biegungsträgers für $X = 1$ t erfolgt am besten auf zeichnerischem Wege als Seileck von fingierten Lasten:

$$w = \frac{M}{J \cdot E} \cdot \Delta l .$$

Die Momentenfläche ist ein Trapez von der größten Breite $X \cdot v$, also:

$$M = 1\,\text{t} \cdot 70\,\text{cm} = 70\,\text{cmt} .$$

Da in diesem Beispiele das Trägheitsmoment unveränderlich ist, nämlich

$$J = 2 \cdot 925\,\text{cm}^4 = 1850\,\text{cm}^4$$

ebenso die Elastizitätsziffer:

$$E = 2150\,\text{t/cm}^2 ,$$

so kann die Momentenfläche zugleich als Bild der gedachten w-Belastung dienen, Fig. 179. In Fig. 177 ist der Träger ebenso wie die Basis der w-Belastungsfläche im Maßstabe 1 : 100 aufgezeichnet worden. Die aus der Gleichung $w = \frac{M}{J \cdot E}$ sich ergebenden Werte sind daher mit einem Faktor $\alpha = 100$ zu multiplizieren, ebenso mit dem Faktor $\beta = 4$, da die Polweite aus praktischen Gründen zu 4 cm gewählt wurde. Da auch eine Vergrößerung der Durchbiegungsordinaten angezeigt erscheint, so ist ein weiterer Faktor $\gamma = 2$ als Vergrößerungsziffer gewählt worden. Somit:

$$W\,(\text{cm}) = \frac{M}{J \cdot E} \cdot \Delta l \cdot 100 \cdot 4\,(\text{cm}) \cdot 2 \cdot$$

Teilen wir die W-Belastungsfläche in 10 gleiche Teile $\left(\text{also } \Delta l = \frac{l}{10}\right)$, wie dieses in Fig. 179 geschehen ist, so ergeben sich nach dieser Formel für die als Einzellasten betrachteten Resultierenden der Belastungsstreifen folgende Zahlenwerte:

$$\begin{aligned} W_1 &= 0{,}201\ (\text{cm}) \\ W_2 &= 0{,}603\ \text{,,} \\ W_3 &= 1{,}005\ \text{,,} \\ W_4 &= 1{,}357\ \text{,,} \\ W_5 &= 1{,}407\ \text{,,} \\ \hline A_W &= 4{,}573\ (\text{cm}) \end{aligned}$$

In Fig. 180 ist für das Krafteck aus diesen Größen die Biegungslinie als Seileck gezeichnet worden.

Die Belastungsfläche aus der tatsächlich wirkenden gleichmäßig verteilten unmittelbaren Belastung von 1 t/lfdm ist ein Rechteck, vgl. Fig. 178. Diese Belastung werde praktisch als aus zehn gleichen Einzellasten $P = 1$ t bestehend angesehen. Die Messung der Ordinaten δ_{nm} unter diesen Einzellasten ergibt:

$$\begin{aligned} \eta_1 = \eta_1' &= 0{,}27\ \text{cm/t} \\ \eta_2 = \eta_2' &= 0{,}81\ \text{,,} \\ \eta_3 = \eta_3' &= 1{,}29\ \text{,,} \\ \eta_4 = \eta_4' &= 1{,}65\ \text{,,} \\ \eta_5 = \eta_5' &= 1{,}82\ \text{,,} \\ \hline \Sigma &= 5{,}84\ \text{cm/t} \end{aligned}$$

Das erste Glied der Formänderungsgleichung, nämlich $\Sigma P \delta_{nm}$, berechnet sich also, da sämtliche Kräfte P einander gleich sind, zu

$$\Sigma P \delta_{nm} = 2 \cdot (5{,}84\ \text{cm/t} \cdot 1\ \text{t}),$$

$$\underline{\Sigma P \delta_{nm} = 11{,}68\ \text{cm}} .$$

Das zweite Glied der Formänderungsgleichung berechnet sich gemäß der geometrischen Ableitung auf Seite 133 aus der Formel:

$$\delta_{1nn} = 2\delta_{on} \cdot \frac{v}{p}.$$

δ_{on} ist in der Biegungslinie für $X = 1$ t enthalten. Die Messung ergibt:

$$\delta_{on} = 1{,}65 \text{ cm/t}.$$

v ist die Systemlänge der Vertikalen, p die Länge des Vollwandträgers zwischen Auflager und Vertikalen; somit:

$$\delta_{1nn} = 2 \cdot 1{,}65 \text{ cm/t} \cdot \frac{70}{350},$$

$$\underline{\delta_{1nn} = 0{,}66 \text{ cm/t}}.$$

Für die weiter zu berechnende Verschiebungsgröße δ_{2nn} ergab sich durch Aufstellung einer Mohrschen Arbeitsgleichung der Ausdruck

$$\delta_{2nn} = \Sigma S^2 \varrho_s.$$

Der Wert ϱ_s ist die Verlängerung jedes einzelnen Stabes für die Krafteinheit; nach dem Hookeschen Gesetze, wonach die Dehnung proportional der Spannung wächst, ist daher

$$\varrho_s = \frac{s}{E \cdot F}.$$

Hiernach läßt sich die folgende Tabelle anschreiben, die alle notwendigen Zahlenwerte enthält.

Tabelle Nr. 11.

Stab	Stablänge s in cm	Spannkraft für $X = 1$ t in t	Stabquerschnitt F in cm²	$\varrho_s = \frac{s}{E \cdot F}$ in cm/t	$S^2 \varrho_s$
][	1000	1,00	2 · 24	(2 ·) 0,00485	0,00485
S_2	357	1,02	2 · 9,4	0,00885	0,00920
v	70	0,20	2 · 4,3	0,00380	0,00015
				$\delta_{2nn} = \Sigma S^2 \cdot \varrho_s =$	$2 \cdot 0{,}01420$
				$\delta_{2nn} =$	$0{,}0284$
S_1	300	1,00	2 · 9,4	0,00740	

Aus dieser Tabelle ergibt sich also:

$$\underline{\delta_{2nn} = 0{,}0284 \text{ cm}}$$

und gleichzeitig die schließlich noch benötigte Verlängerung des überzähligen Stabes s_1 für die Krafteinheit:

$$\varrho_s = 0{,}0074 \text{ cm/t}.$$

Der Leser ersetze zur Übung die geometrische Berechnung von δ_{1nn}, Fig. 184, durch Anwendung einer Arbeitsgleichung, und versuche sodann, δ_{nn} ohne Zerlegung zu finden.

Setzen wir nun diese Zahlenwerte in die gesonderte Bedingungsgleichung für die Überzählige ein, so ergibt sich

$$X = \frac{11{,}68}{0{,}66 + 0{,}0284 + 0{,}0074}$$

und damit:

$$\underline{X = 16{,}8 \text{ t}.}$$

Bei Betrachtung der Zahlenwerte des Ausdruckes für X erkennt man, daß die Stablängenänderungen gegenüber den infolge Durchbiegung des Vollwandträgers hervorgerufenen Verschiebungen im allgemeinen nur geringen Einfluß auf die Größe der Überzähligen und damit auf die Beanspruchung des Tragwerkes überhaupt haben. Bei Entwurf eines solchen Tragwerkes ist also das Hauptaugenmerk darauf zu richten, möglichst gleich die richtige Wahl hinsichtlich der Bemessung des Vollwandträgers zu treffen. Ergeben die schließlich errechneten Beanspruchungen die Notwendigkeit, ein anderes Profil für den Biegungsträger zu wählen, so ist ein erheblicher Teil der Rechnung von neuem durchzuführen. Eine mäßige Änderung der Armierungsstäbe wird dagegen (nach überschläglicher Schätzung des Einflusses) in den meisten Fällen mit einem diesbezüglichen Hinweise vernachlässigt werden können.

Ehe wir für die Wahl eines Biegungsträgers bei Entwurfsberechnungen Anhaltspunkte zu gewinnen suchen, wird es nützlich sein, das gewählte Beispiel zu Ende zu führen, also wie in den früheren Beispielen die Bestimmung der Beanspruchung in Erinnerung zu bringen; auch wollen wir die Veränderlichkeit der Überzähligen bei Belastung des Tragwerkes durch eine wandernde Einzellast zuvor untersuchen.

Nach Bestimmung der Überzähligen ergeben sich die übrigen Stabkräfte einschließlich der Axialkraft des Vollwandträgers unmittelbar aus der Betrachtung des statisch bestimmten Hauptsystems Fig. 178.

Für die gewählte gleichmäßig verteilte Belastung von 1 t/m ist auch die Ermittlung der Beanspruchung des Vollwandträgers durch Momente sehr einfach: Zeichnerisch erfolgt sie derart, daß man von der Momentenfläche der Belastung, die in diesem Falle bekanntlich von einer Parabel begrenzt wird, die Momentenfläche für die Biegungsbeanspruchung durch die Überzählige (X t $\cdot v$ cm), die ein Trapez ähnlich Fig. 179 sein muß, abzieht; vgl. Fig. 181. Fig. 182 gibt die deutlichere Darstellung durch rechnerische Vorausbestimmung der Momente in o. Fig. 183 zeigt die Momentenfläche für eine Einzellast von 3,5 t in dem bestimmten Punkte g.

Nicht so einfach gestaltet sich die Bestimmung der größten Beanspruchung des Materials bei Belastung des Tragwerkes durch eine wandernde Einzellast. Die Untersuchung der Biegungsbeanspruchung des Vollwandträgers erfolgt hierbei am besten von Querschnitt zu Querschnitt, je nach der erforderlichen Genauigkeit der Rechnung in mehr oder weniger großen Abständen.

Dem folgenden Beispiele dazu sei in Fig. 185 der gleiche Träger zugrunde gelegt, wie im vorangegangenen Beispiele zur Aufnahme der gleichmäßig verteilten Belastung. Die Biegungslinie, also die Einflußlinie für die Größe der Verschiebung der Punkte n gegeneinander durch Einwirkung einer wandernden Einzellast $P = 1$ t, bleibt demgemäß unverändert. Da das gleiche auch von den Verschiebungen δ_{nn} und ϱ_s, durch die Einheit der überzähligen Spannkraft selbst zu sagen ist, und da diese Werte für jede Laststellung die gleichen sind, so ist also die für $X = 1$ in Fig. 180 gezeichnete Biegungslinie auch die Einflußlinie für die Größe der Überzähligen bei Belastung des Trägers durch eine wandernde Einzellast. Die Ordinate η unter der wandernden Last P ergibt die Verschiebung

$$(P \cdot \delta_{nm}) = P \cdot \eta .$$

Damit ist also der Wert X und damit die Axialbeanspruchung des Stabwerkes fast unmittelbar aus der Biegungslinie Fig. 180 abzugreifen.

Nun zur Biegungsbeanspruchung des Vollwandträgers. Bezeichnen wir den unveränderlichen Wert

$$(\delta_{nn} + \varrho_s) = \frac{1}{\text{const.}},$$

so kann man den allgemeinen Ausdruck für die Überzählige (Seite 132) schreiben:

$$X = P \cdot \eta \cdot (\text{const.})$$

oder, da man zweckmäßig zunächst nur die Wirkung der wandernden Lasteinheit betrachten wird:

$$X = \eta \cdot (\text{const.}).$$

Untersuchen wir zunächst die Querschnitte des Vollwandträgers **zwischen den Vertikalen**, so ist klar, daß das auf diese Querschnitte einwirkende Moment infolge Belastung durch X, nämlich:

$$M = X \cdot v$$

nur von der Größe der Überzähligen verändert wird, da v der unveränderliche Abstand des Zugbandes ist. Es kann also die Einflußlinie für die in einem Querschnitte auftretenden Biegungsbeanspruchungen durch Einwirkung der wandernden Lasteinheit mit Hilfe der Ordinaten der Biegungslinie derart gezeichnet werden, daß man lediglich ihre durch Multiplikation mit der Verhältniszahl $[v \cdot (\text{const.})]$ veränderte Länge auf der gleichen Basis aufträgt, vgl. Fig. 186; unter der jeweiligen Stellung der Lasteinheit kann alsdann unmittelbar das durch die zugehörige Überzählige in dem betrachteten Querschnitte des Vollwandträgers hervorgerufene Moment gemessen werden.

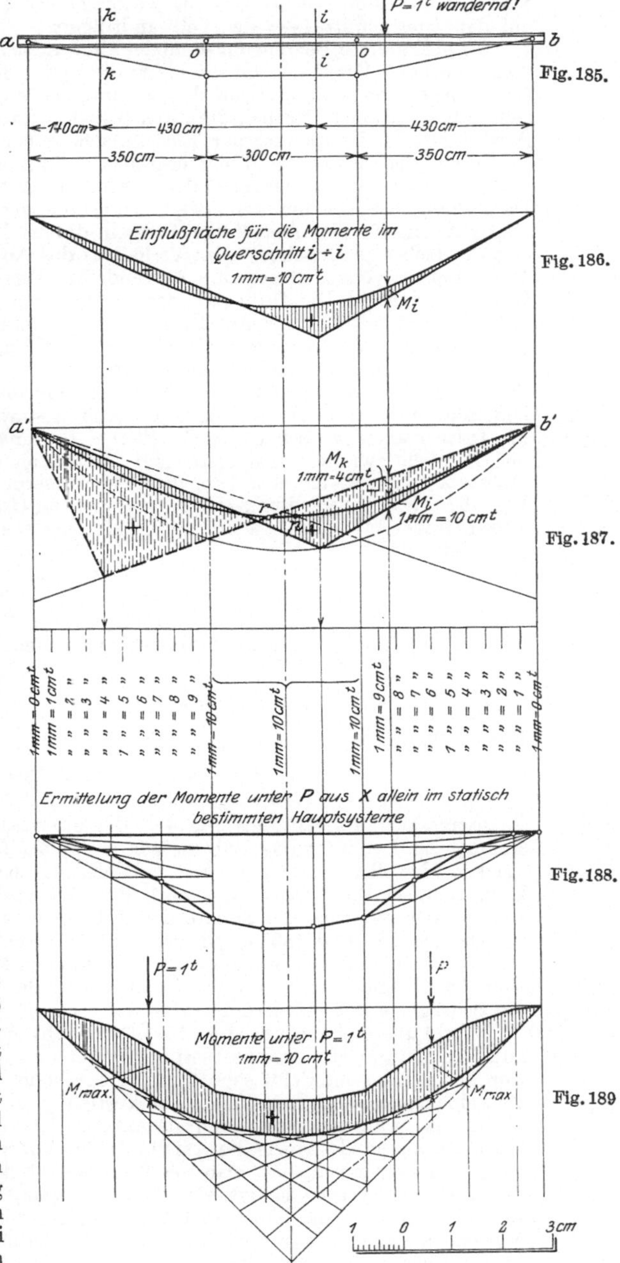

Fig. 185. Fig. 186. Fig. 187. Fig. 188. Fig. 189

Es bleibt danach noch übrig, die Einflußlinie für das Moment einzuzeichnen, das die Belastung des statisch bestimmten Hauptsystems durch die Lasteinheit selbst in dem betrachteten Querschnitte hervorruft. Dieses Moment muß bei der Wanderung der Lasteinheit zwischen Querschnitt und Auflagern proportional wachsen, was als bekannt vorausgesetzt wird und auch unmittelbar einzusehen ist. Da das Moment in dem Querschnitte bei Stellung der Last über den Auflagern gleich Null ist, dagegen bei Stellung der Last über dem Querschnitte selbst seinen Größtwert erreicht, so ist also die Einflußlinie für das Querschnittsmoment durch Einwirkung der Last selbst ein Dreieck mit der Spitze unter dem Querschnitte.

Die sich aus der Zusammenzeichnung der beiden Einflußlinien ergebende resultierende Einflußfläche ist in Fig. 186 durch Schraffur hervorgehoben worden.

Sie ist die Einflußfläche der Biegungswirkung einer wandernden Einzellast $P = 1$ t auf den Querschnitt $i \div i$ des Vollwandträgers.

Die gekrümmte Begrenzungslinie der Einflußfläche bleibt für die Querschnitte zwischen den Vertikalen unverändert; die Spitze der geradlinig begrenzten Einflußfläche dagegen wandert mit dem zu untersuchenden Querschnitte und bewegt sich dabei auf einer Parabel, die ihren Scheitel unter Trägermitte hat und deren Äste durch die Endpunkte der Einflußfläche gehen.

Das bezüglich der geradlinig begrenzten Einflußfläche Gesagte gilt auch für die Untersuchung von Querschnitten zwischen Vertikale und Auflager. Bei der Darstellung der gekrümmten Begrenzungslinie der Einflußfläche, nämlich der Einflußfläche für die Überzählige X, ist in diesem Falle jedoch zu beachten, daß sich der bisherige Hebelarm v im Verhältnis des Abstandes des zu betrachtenden Querschnittes vom Auflager zum Abstande der Vertikalen zum Auflager in seiner Länge verringert. Die Ordinaten der gekrümmten Begrenzungslinien verringern sich also proportional der Annäherung des zu untersuchenden Querschnittes an die Auflager. Will man den Maßstab beibehalten, so muß man demnach die Fig. 186 für jeden Querschnitt besonders zeichnen. Nimmt man die Unbequemlichkeit wechselnden Maßstabes in Kauf, so kann man die M_X-Einflußfläche beibehalten; mit der fortschreitenden Querschnittsuntersuchung wandert dann die M_P-Dreieckspitze zwischen den Vertikalen bei unveränderlichem Maßstabe auf der Parabel, zwischen Auflagern und Vertikalen dagegen, bei veränderlichem Maßstabe, auf geraden Strecken, deren Verlängerungen durch a' bzw. b' führen, Fig. 187. Die Verwandlung der Kurve zweiten Grades, der Parabel, in Kurven ersten Grades, also in Geraden, erfolgt durch Erweiterung der Parabelgleichung (vgl. Seite 93)

$$M_P = \frac{Px\,(l-x)}{l}$$

mit dem Faktor $\frac{350}{x}$, um die X-Linie beibehalten zu können:

$$M_P = \frac{350\,P\,(l-x)}{x}.$$

Das ist eine Gerade:

$$M_P = -\left(\frac{350\,P}{l}\right)x + (350P).$$

Es ergibt sich übrigens aus Fig. 187 die interessante Tatsache, daß bei Laststellung im Punkte r das Balkenstück $a \div o$, bei Laststellung in q das Balkenstück $o \div b$ völlig biegungsfrei ist; vgl. hiermit auch Fig. 183. Dieser Umstand kann u. a. bei Einzeldarstellung nach Fig. 186 wiederum zur vereinfachten Auffindung der reduzierten Ordinate der X-Linie herangezogen werden.

Die Fig. 188 und 189 zeigen uns, wie wir vorgehen können, wenn es uns nur auf die Ermittlung der Momente unter P ankommt. Fig. 188 zeigt die Reduktion der Ordinaten der X-Linie entsprechend der Hebelarmverringerung durch die Schräglage des Armierungsstabes s_2.

Vorläufige Ermittlung des Querschnittes des Vollwandträgers für den Entwurf. Ist eine bestimmte Systembemessung nicht durch die Situation bedingt, so empfiehlt es sich, die Trägerhöhe $= {}^1/_{10}$ bis ${}^1/_{15}$ der Trägerlänge zu wählen und als Systempunkte der Vertikalen die Drittelpunkte des Vollwandträgers zu wählen. Man kann alsdann die Überzählige und damit die Spannkraft des Zugbandes sowie die Axialkraft des Vollwandträgers leicht derart überschläglich bestimmen, daß man die Biegungsfestigkeit des Vollwandträgers über den Vertikalen vernachlässigt, also die Systempunkte o der Fig. 177 als reibungslose Gelenke ansieht, dabei aber Unverschieblichkeit des Feldes zwischen den Vertikalen fingiert. Der für die Beanspruchung durch die axiale Druckkraft und für die Biegungsbeanspruchung der gedachten Teilstäbe des Obergurtes für diesen zu wählende Querschnitt wird meist auch der nachfolgenden statisch unbestimmten Rechnung genügen. Will man genauer vorarbeiten, so rechnet man den Obergurt nach den Gleichungen Seite 109 oder 123; bei großen Durchbiegungen, wie sie im Luftfahrzeugbau vorkommen, ist hierbei auch der knickende Einfluß der Axialkraft in der vertikalen Ebene durch Nachprüfung der Momentenlinie in sinngemäßer Anwendung des auf Seite 194 entwickelten Verfahrens zu berücksichtigen. Bei gewöhnlichen Baukonstruktionen genügen Zuschläge auf Grund der Annäherungsformeln der anerkannten Taschenbücher.

Diese Ausführungen finden sinngemäße Anwendung auch auf die im folgenden behandelten armierten Balken mit anderer Vertikalenzahl.

b) Der mit Zugband und einer Vertikalen armierte Vollwandträger.

Die Berechnung dieses auch „einfach armierter Vollwandträger" genannten Tragwerkes unterscheidet sich von der des „doppelt armierten Vollwandträgers" hinsichtlich des Wesentlichen nicht.

Fig. 190 stellt ein solches Tragwerk in regelmäßiger Form dar.

Die Bildung des statisch bestimmten Hauptsystems kann durch Entfernung des in Fig. 190 mit v bezeichneten Stabes erfolgen.

Für Belastung des Tragwerkes mit den beliebigen Kräften P läßt sich alsdann folgende Formänderungsgleichung aufstellen:

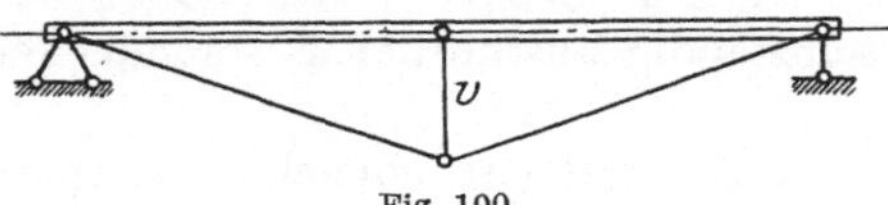

Fig. 190.

$$\sum P \delta_{nm} - X \delta_{nn} = X \cdot \varrho_v .$$

Wie beim doppelt armierten Vollwandträger kann man auch hier δ_{nn} als aus zwei Einzelwerten zusammengesetzt betrachten, nämlich getrennt in

$$\delta_{1nn}$$

der Verschiebung der Punkte n gegeneinander infolge Einwirkung der Überzähligen auf die Durchbiegung des Vollwandträgers und

$$\delta_{2nn}$$

die Verschiebung der Punkte n gegeneinander infolge der Längenänderung der drei Stäbe des statisch bestimmten Hauptsystems. Die Formänderungsgleichung lautet somit unter Berücksichtigung der Teilung des Wertes δ_{nn}:

$$\Sigma P \delta_{nm} - X \delta_{1nn} - X \delta_{2nn} = X \varrho_v .$$

Ausgesondert ergibt sich alsdann die Überzählige

$$X = \frac{\Sigma P \delta_{nm}}{\delta_{1nn} + \delta_{2nn} + \varrho_v} .$$

Von den in dieser Gleichung enthaltenen Formänderungselementen lassen sich zunächst die Werte

$$\delta_{nm} = \delta_{mn}$$

mit Hilfe einer für $X = 1$ gezeichneten Biegungslinie ermitteln. Die für die zeichnerische Darstellung dieser Biegungslinie benötigte Momentenfläche ist ein Dreieck von der Höhe $M = \left(\frac{l}{4}\right)$ cmt mit der Spitze über n.

Die nächste Verschiebungsgröße δ_{1nn} kann bei diesem Tragwerk unmittelbar als Ordinate der Biegungslinie über n abgegriffen werden.

Die Verschiebung δ_{2nn} berechnet man mit Hilfe einer Arbeitsgleichung analog dem Vorgange des Beispieles des doppelt armierten Vollwandträgers. Der Wert für die Verkürzung ϱ_v lautet bekanntlich

$$\varrho_v = \frac{v}{E \cdot F_v} .$$

Nach erfolgter zahlenmäßiger Bestimmung würden die Höchstbeanspruchungen des gegebenen oder gewählten Tragwerkes, als eigentlicher Zweck der ganzen Berechnung, zu bestimmen sein. Da sich die Berechnungsweise, auch zur Bestimmung des gefährdeten Querschnitts für eine wandernde Einzellast, in bezug auf das Wesentliche mit den im vorangegangenen Beispiele ausführlich behandelten Methoden durchaus deckt, so erübrigt sich ein nochmaliges Eingehen darauf bei diesem Beispiele. Der Leser mag das Beispiel zu seiner Übung selbständig ausführlicher durchdenken.

c) Der mit parabolischem Zugbande armierte Vollwandträger.

Auch die Berechnung dieses Tragwerkes, Fig. 191, unterscheidet sich nur unwesentlich von der des doppelt armierten Vollwandträgers. Zur Bildung des statisch bestimmten Hauptsystems genügt die Entfernung eines Armierungsstabes, denn auch dieses System ist, wie die beiden vorangegangenen, nur einfach statisch unbestimmt. Es empfiehlt sich, den horizontalen Zugstab s_1 in der Mitte des Tragwerkes zu entfernen.

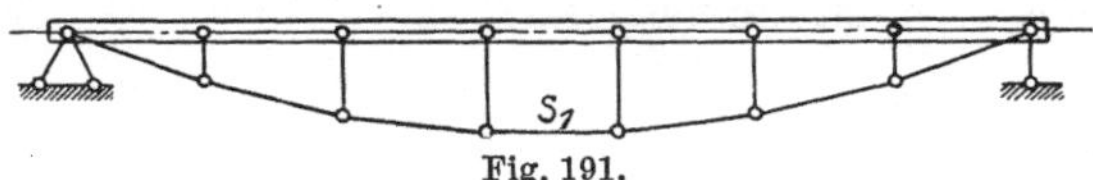

Fig. 191.

Die Formänderungsgleichung lautet genau wie die für das erste Beispiel der armierten Vollwandträger.

Die zur zeichnerischen Darstellung der elastischen Linie benötigte Momentenfläche wird in diesem Falle von einer Parabel begrenzt: denn da das Zugband parabolisch geformt ist, ändert sich auch der Hebelarm der Horizontalkraft X für die verschiedenen Querschnitte nach einer Parabel; sämtliche Vertikalen erhalten gleiche Druckkräfte und wirken somit ungefähr wie eine gleichmäßig verteilte Last auf den Vollwandträger. Es empfiehlt sich, die Zugband-Linienführung aus einer Polstrahlenfigur mit dem Polabstande $X = 1$ für aneinandergereihte gleiche Vertikalendrücke zu finden: zunächst nur durch Skizze, um leicht zu übersehen, welche Beziehungen zwischen X, Vertikalenbelastung, Zugbandabstand und Spannweite bestehen. Das führt dann zu Vereinfachungen der Formänderungsgleichungen, die sich bei als starr angesehenen Armierungsstäben zu Annäherungsrechnungen für den Entwurf eignen.

Die Verschiebungsgröße δ_{1nn} kann auch hier wieder mit Hilfe geometrischer Umformung des zugehörigen Meßwertes der Biegungslinie wie im Beispiele des doppelt armierten Vollwandträgers oder mittels Arbeitsgleichung, auch gemeinsam mit δ_{2nn}, berechnet werden.

Auch bei Bestimmung der Höchstbeanspruchungen kann man so vorgehen, wie es in den vorangegangenen Beispielen ausführlich erläutert wurde.

Die Trägerhöhe wählt man im allgemeinen gleich $^1/_{10}$ bis $^1/_{15}$ der Stützweite.

d) Der einseitig eingespannte und mit Zugband armierte Vollwandträger.

Fig. 192. Zur Bildung des statisch bestimmten Hauptsystems genügt die Entfernung des Zugbandes z; das Tragwerk ist also einfach statisch unbestimmt. Für die Ableitung der benötigten Formänderungsgleichung ist es alsdann erforderlich, die Spannkraft Z des Zugbandes bzw. ihre Seitenkräfte $Z \cdot \sin\alpha$ und $Z \cdot \cos\alpha$ als äußere Kräfte in das statisch bestimmte Hauptsystem einzuführen und sich zu vergegenwärtigen, welche Entfernungsänderung zwischen den beiden Festpunkten m und o die Verschiebung des Punktes m zur Folge haben muß. Diese Entfernungsänderung muß gleich derjenigen Längenänderung des Zugbandes sein, die durch die überzählige Spannkraft Z selbst erzeugt wird. Das Tragwerk Fig. 192 sei im Angriffspunkte m mit der lotrechten Kraft P belastet. Die Last $(P - Z \sin\alpha)$ wird eine Senkung des Punktes m von der Größe

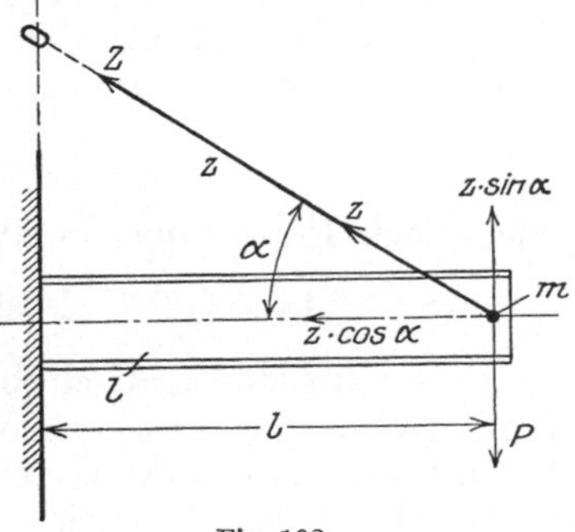

Fig. 192.

$$\Sigma\delta_{mm} = (P - Z \cdot \sin\alpha)\,\delta_{mm}$$

hervorrufen. Dieser Senkung entspricht eine Verlängerung des Zugbandes

$$\Delta z_1 = \Sigma\delta_{mm} \sin\alpha\,,$$

vgl. Fig. 193; oder, mit Berücksichtigung des soeben angeführten Wertes für $\Sigma\delta_{mm}$:

$$\Delta z_1 = [(P - Z \cdot \sin\alpha)\,\delta_{mm}] \sin\alpha\,.$$

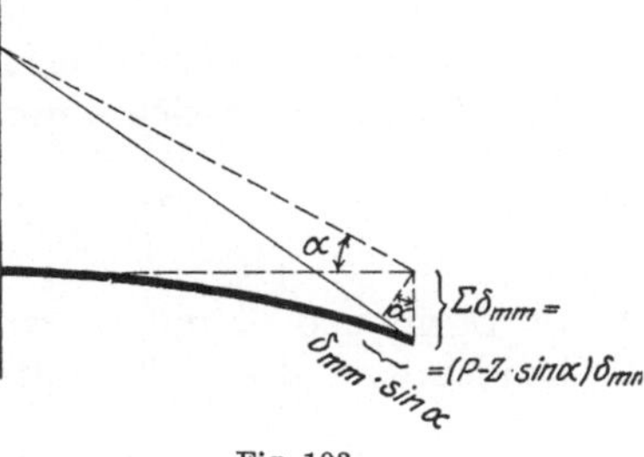

Fig. 193.

Außer den beiden vertikalen Kräften P und $Z \cdot \sin\alpha$ wirkt nur noch die Seitenkraft $Z \cdot \cos\alpha$ im Punkte m als axiale Druckkraft auf das statisch bestimmte Hauptsystem, also den Vollwandfreiträger. Betrachten wir nunmehr die Wirkung dieser Kraft auch für sich allein, so erkennen wir, daß die durch sie erzeugte Verkürzung des Biegungsträgers auch eine Verkürzung des Zugbandes zur Folge haben muß. Die Verkürzung des Vollwandträgers ist gleich

$$\Delta l = Z \cdot \cos\alpha \cdot \varrho_l\,,$$

worin ϱ_l die Verkürzung des Vollwandträgers für die Krafteinheit bedeutet. Der Verkürzung des Vollwandträgers entspricht eine Verkürzung des Zugbandes von

$$\Delta z_2 = \Delta l \cdot \cos\alpha\,,$$

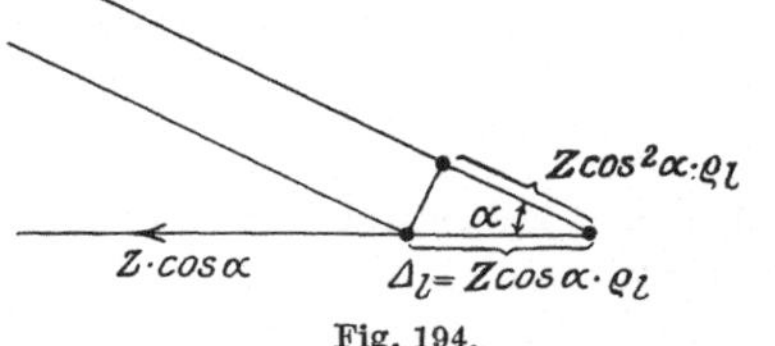

Fig. 194.

vgl. Fig. 194; oder, mit Berücksichtigung des für Δl bereits ermittelten Wertes:

$$\Delta z_2 = Z \cdot \cos^2\alpha \cdot \varrho_l\,.$$

Die gesamte Entfernungsänderung der beiden Anschlußpunkte des Zugbandes voneinander infolge Verschiebung des Punktes m im statisch bestimmten Hauptsysteme ergibt sich somit zu

$$\Delta z = \Delta z_1 - \Delta z_2$$

oder, nach Einsetzung der Werte für Δz_1 und Δz_2

$$\Delta z = [(P - Z \cdot \sin\alpha)\,\delta_{mm}]\sin\alpha - Z\cos^2\alpha \cdot \varrho_l\,.$$

Dieser für das statisch bestimmte Hauptsystem ermittelten Entfernungsänderung zwischen o und m muß eine Verlängerung des Zugbandes durch Einwirkung seiner Zugkraft Z selbst von gleicher Größe entsprechen, also Δz auch:

$$\Delta z = Z \cdot \varrho_z\,.$$

Aus der Gleichsetzung der beiden Werte für Δz ergibt sich nunmehr die gesuchte Formänderungsgleichung

$$Z \cdot \varrho_z = [(P - Z \cdot \sin\alpha)\,\delta_{mm}]\sin\alpha - Z\cos^2\alpha\,\varrho_l\,,$$

da alle Werte außer Z bereits für sich zahlenmäßig ermittelt werden können, so ergibt sich, ausgesondert, für Z der Wert:

$$Z = P\,\frac{\delta_{mm} \cdot \sin\alpha}{\delta_{mm} \cdot \sin^2\alpha + \varrho_l\cos^2\alpha + \varrho_z}\,.$$

Darin sind ϱ_z und ϱ_l, wie bekannt, die Längenänderungen des Zugbandes bzw. des Vollwandträgers für die Stabkrafteinheit, also

$$\varrho_x = \frac{z}{E_z \cdot F_z}\,. \qquad \varrho_l = \frac{l}{E_l \cdot F_l}\,.$$

Die Verschiebung δ_{mm}, die gemäß Voraussetzung der Ableitung die Senkung des Punktes m infolge Biegungsbeanspruchung des Vollwandträgers l durch die vertikale Lasteinheit in diesem Punkte bedeutet, ergibt sich für den gewählten einfachen Fall der Belastung durch die Einzellast P im Punkte m und in der Annahme, daß das Trägheitsmoment des Trägers unveränderlich ist, bekanntlich zu

$$\delta_{mm} = \frac{l^3}{E \cdot J}\,.$$

Ist der Träger mit abgestuften Lamellen versehen oder findet sonst eine Veränderlichkeit des Trägheitsmomentes statt, so empfiehlt sich auch hier wieder die zeichnerische Darstellung der elastischen Linie als Seilpolygon für die gedachte Belastung

$$\Sigma w = \Sigma \frac{M}{J \cdot E} \Delta z .$$

Zur weiteren Übung mag sich der Leser selbst über die Änderung der Berechnung der überzähligen Größe für andere Belastungsfälle Klarheit verschaffen.

3. Die statisch unbestimmt gestützten Vollwandbogenträger.

Die Ermittlung von Punktverschiebungen bei gebogenen Balken.

Mit Rücksicht auf den praktischen Zweck unserer Betrachtung wird es von Nutzen sein, sich zunächst an einem bestimmten Beispiele für einen statisch unbestimmt gestützten gebogenen Balken zu veranschaulichen, welche Verschiebungen in den Formänderungsgleichungen auftreten.

Für den beliebig belasteten und beliebig, jedoch nicht zu scharf gekrümmten Vollwandzweigelenkbogen Fig. 195 sollen die Querschnittsmomente ermittelt werden. Wir wissen, daß der Träger einfach statisch unbestimmt ist, da die Stützung durch zwei „feste“ Lager erfolgt, also vierstäbig ist. Ferner wissen wir, daß die zur Ergänzung der Gleichgewichtsbedingungen benötigte Formänderungsgleichung, hier also eine „Stützenbedingung“, am besten durch Herstellung des statisch bestimmten Hauptsystems sinnfällig wird; dazu ist die Entfernung des überzähligen Stützenstabes erfordert, die hier am einfachsten durch Umwandlung des einen festen Lagers, etwa b, in ein bewegliches erfolgt; Fig. 196. Die überzählige Stützenkraft ist dann als äußere, im Punkte b wirkende Kraft einzuführen. Es ist dabei offenbar zweckmäßig, die Verschiebungsrichtung des beweglichen Lagers in die Verbindungslinie der beiden Auflagergelenkpunkte zu legen; Fig. 196 und 197: Als überzählige Größe tritt alsdann der Horizontalschub H im Punkte b auf. Aus dem hier wiederholungsweise Vorgetragenen ergibt sich die bekannte Formänderungsgleichung:

$$\Sigma P \delta_{bm} - H \delta_{bb} = 0 ,$$

daraus:

$$H = \frac{\Sigma P \delta_{bm}}{\delta_{bb}} .$$

Nach der zahlenmäßigen Auswertung dieses Ausdrucks für den Horizontalschub ergeben sich die gesuchten Querschnittsmomente mit Hilfe der Gleichgewichtsbedingungen.

Gehen wir nun aber näher ein auf die Bedeutung der im Ausdrucke für H allein unbekannten Punktverschiebungen δ_{bm} und δ_{bb}, so tritt die Frage an uns heran, wie wir das uns zur Ermittlung der Punktverschiebungen gerader und nicht zu scharf gekrümmter Vollwandträger zur Verfügung stehende, auf Seite 24ff. abgeleitete Verfahren zur zeichnerischen Darstellung der elastischen Linie in Anwendung bringen können. Es bedeutet bekanntlich der für die Auswertung der Gleichung für den Horizontalschub H zuvor zu bestimmende Nennerwert δ_b aus b die Verschiebung des Punktes b im statisch bestimmten Hauptsysteme durch die in b wirkend gedachte Einheit des Horizontalschubes; δ_b aus m dagegen sind die Verschiebungen des Punktes b durch Lasten $P = 1$ in den Punkten m, oder auch — nach dem Gesetze von der Gegenseitigkeit der Verschiebungen — gleich der Verschiebung des Punktes m gleichfalls durch den in b angreifenden Horizontalschub $H = 1$. Zur praktischen Durchführung der Rechnung sind also zu ermitteln: einmal die Verschiebungen der Punkte m durch die Kraft $H = 1$ und zwar, gemäß der Bedeutung des zur Vereinfachung der Berechnung herangezogenen Satzes von der Gegenseitigkeit der Verschiebungen, in Richtung der Lasten P und zum anderen die gleichfalls durch die Einheit des Horizontalschubes bewirkte Verschiebung des Punktes b selbst in der Richtung dieses Horizontalschubes.

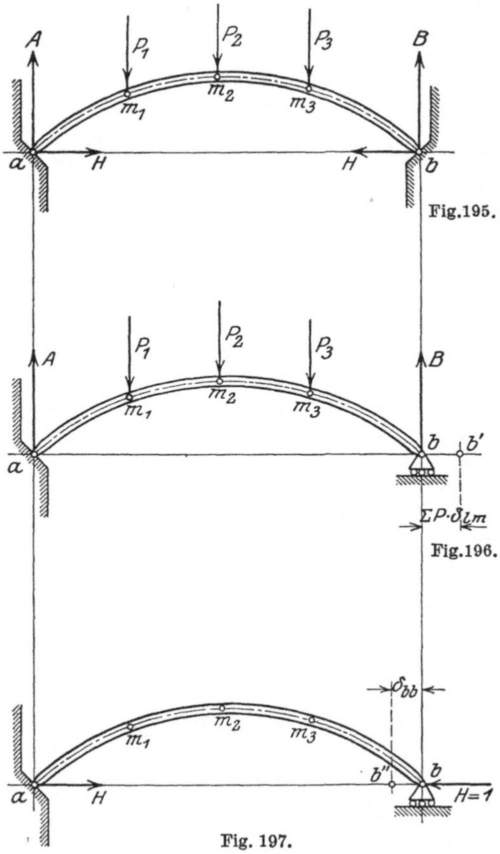

Fig. 195.

Fig. 196.

Fig. 197.

Wollten wir die uns aus dem Verfahren der zeichnerischen Darstellung der elastischen Linie bekannte Bestimmung der Winkeländerungen für die Längeneinheit der Stabachse

$$\omega = \frac{M}{J \cdot E}$$

[bzw. für die angenäherte, auf Strecken Δb zusammengefaßte Gesamtwinkeländerung $w = \frac{M}{J \cdot E} \cdot \Delta b$]

ohne analytische Umformung benutzen, so würde die Bestimmung der Überzähligen in diesem Falle ein ziemlich umständliches Verfahren sein: Man würde eine Art Verschiebungsplan zeichnen müssen; Fig. 198. Ein Punkt des Bogens, etwa p, ist vorläufig als festliegend anzusehen, ebenso die Lage der Tangente in diesem Punkte an den Bogen (gedachte Einspannung). Unter der Einwirkung beliebiger über den gebogenen Balken verteilter Momente, etwa der aus $H = 1$ t, wird pro Längeneinheit die Winkeländerung

$$\omega = \frac{M}{J \cdot E}$$

auftreten. Da diese Winkeländerung meist stetig veränderlich ist, so müßte die Winkeländerung theoretisch für nahezu unendlich kleine Bogenstrecken bestimmt und summiert werden. Für die praktische Rechnung genügt die Einteilung des Bogens in 10 bis 20 Teile $\varDelta b$. Die für jede Bogenteilstrecke zusammengefaßte Winkeländerung berechnet sich alsdann aus dem Ausdrucke

$$w = \frac{M}{J \cdot E} \cdot \varDelta b$$

und die absolute Verschiebung $\varDelta \eta$ des Endpunktes jeder Bogenstrecke $\varDelta \beta$ (siehe Fig. 199) hat somit den Wert

$$\varDelta \eta = \Sigma w \cdot \varDelta \beta ,$$

denn w ergibt sich im Bogenmaße (laut früherer Ableitung), also als Verschiebung für die Längeneinheit. Die Verschiebung $\varDelta \eta$ muß, wie unmittelbar einleuchtend, auf der kleinen Bogensehne $\varDelta \beta$ senkrecht stehen.

Reiht man diese Teilverschiebungen $\varDelta \eta$ von dem ersten frei beweglichen $\varDelta \beta$-Endpunkte aus aneinander, wie in Fig. 198 geschehen, so erhält man für jeden Punkt den absoluten Verschiebungsweg aus der Beanspruchung des ganzen Bogens. Dieser absoluten Verschiebung können dann durch Zerlegung die Verschiebungen in beliebigen Richtungen entnommen werden. In Fig. 198 ist diese Zerlegung in die senkrechte und in die wagerechte Richtung für jeden der gewählten Bogenpunkte vorgenommen worden. Fig. 200 zeigt die damit gezeichnete Biegungslinie für die senkrechte Richtung, einmal für Einspannung des Bogens an der Stelle p, zum andern für unveränderliche Auflagerhöhen. Erfolgen die Senkungen der Stützpunkte von der Einspannungsachse des Punktes p aus in gleicher Höhe, so ist die Basis für unveränderliche Auflagerhöhen parallel der für Einspannung des Bogens an der Stelle p. Im anderen Falle ist die schräge Verbindungslinie der Endpunkte der Biegungslinie die Basis, z. B. $a' b'_2$: Denn man könnte natürlich, wenn unsymmetrische Stützensenkung vorliegt, die schräge Basis in die horizontale Lage hineindrehen: sämtliche Ordinaten erfahren dann eine Längsverschiebung proportional der Entfernung ihrer Fußpunkte von a' und verkürzen die ursprünglich über der Basis p' dargestellten Verschiebungen im geradlinigen Verhältnis der Auflagerabstände, wie das auch bei einer tatsächlichen Drehung des Bogens selbst nach Durchbiegung bei gedachter Einspannung eines Bogenelementes um das Auflager a in die wirkliche Auflagerhöhe stattfindet. Selbstverständlich handelt es sich nach wie vor bei unseren theoretischen Betrachtungen um Verschiebungen, deren Größe im Verhältnis zur

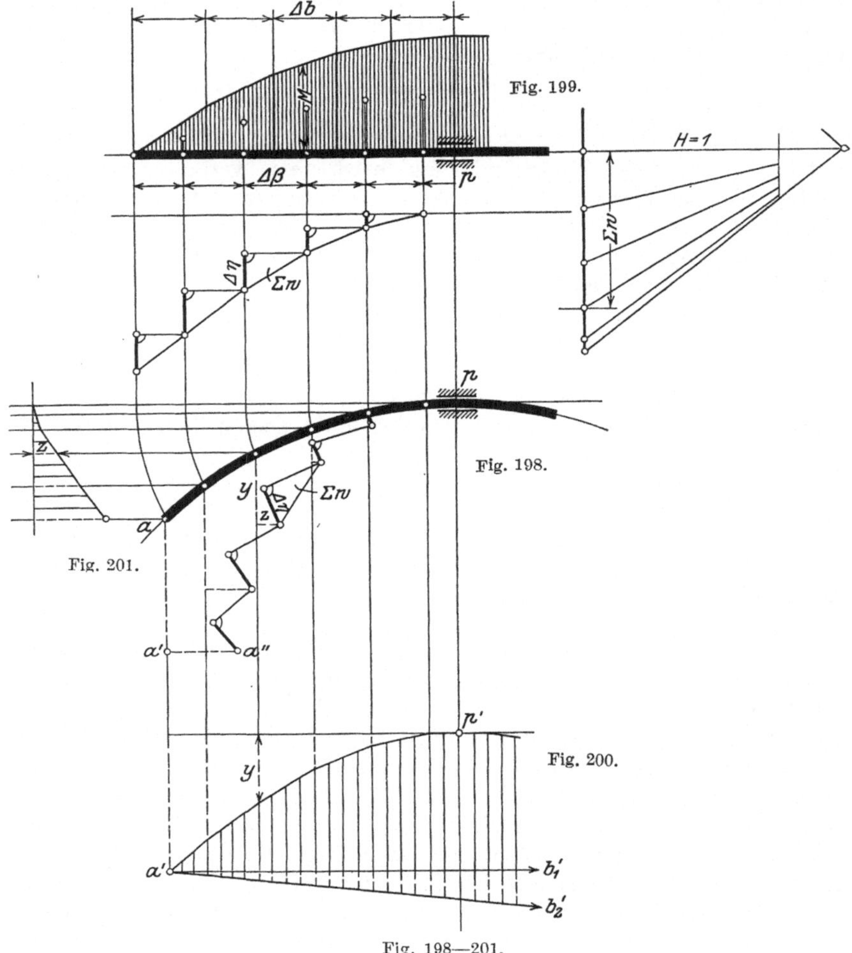

Fig. 198—201.

Trägerlänge verschwindend gering ist. Aus diesem Grunde mußten auch die absoluten Teilverschiebungen $\Delta\eta$ vergrößert aufgetragen werden, während die die Endpunkte dieser Verschiebungen verbindenden Bogenstrecken im Trägermaßstabe zu zeichnen sind, und zwar parallel dieser ursprünglichen Lage. Fig. 201 zeigt die mit den horizontalen Komponenten der Punktverschiebungen dargestellte Biegungslinie. Da der Verschiebungsplan die absoluten Verschiebungen enthält, so kann aus ihm natürlich in analoger Weise auch die Biegungslinie für die auf jede andere Parallelrichtung entfallenden Seitenverschiebungen dargestellt werden. Ein solcher Verschiebungsplan bietet ferner den Vorteil einer recht übersichtlichen Berücksichtigung der Schub- und Achsenkräfte, von denen die letzteren bisweilen einen auch praktisch merklichen Einfluß ausüben (bei im Verhältnis zu den hervorgerufenen Momenten großen äußeren Kräften): Längenänderungen aus Achsenkraft

$$\Delta(\Delta\beta)_R = R\frac{\Delta\beta}{EF}$$

sind parallel $\Delta\beta$ an den Endpunkt der Teilverschiebung $\Delta\eta$ anzutragen (man vergegenwärtige sich das an Fig. 198; die Längenänderungen aus der Schubkraft sind senkrecht zu $\Delta\beta$ an den Endpunkt von $\Delta(\Delta\beta)_R$ anzutragen; sie haben die Größe

$$\Delta(\Delta\beta)_S = S\frac{\Delta\beta}{GF},$$

worin G bekanntlich die Gleitziffer bedeutet, die jedem Taschenbuche entnommen werden kann.

Wir werden nun aber sehen, daß wir im Falle der Vernachlässigung dieser Verschiebungen die Biegungslinien für die Punktverschiebungen in bestimmten Parallelrichtungen in der gleichen Weise wie die Biegungslinien gerader Balken unmittelbar aus den Winkeländerungen

$$w = \frac{M}{J \cdot E}\Delta b$$

zeichnerisch darstellen können, und zwar auf Grund einer einfachen trigonometrischen Beziehung.

Man betrachte Fig. 202 und 198: Der gesamte Verschiebungszuwachs auf der Strecke $\Delta\beta$ von p ausgehend, als $\Delta\eta$ bezeichnet, erfolgt senkrecht zur Bogenteilstrecke $\Delta\beta$. Den gleichen Winkel φ, den das Bogenelement mit einer beliebigen Parallelrichtung einschließt, schließt der absolute Verschiebungszuwachs $\Delta\eta$ mit seinem senkrechten Projektionsstrahl auf die Parallelrichtung ein: der auf diese Parallelrichtung entfallende Seitenverschiebungszuwachs Δz hat somit den Wert

$$\Delta z = \Delta\eta \cdot \sin\varphi .$$

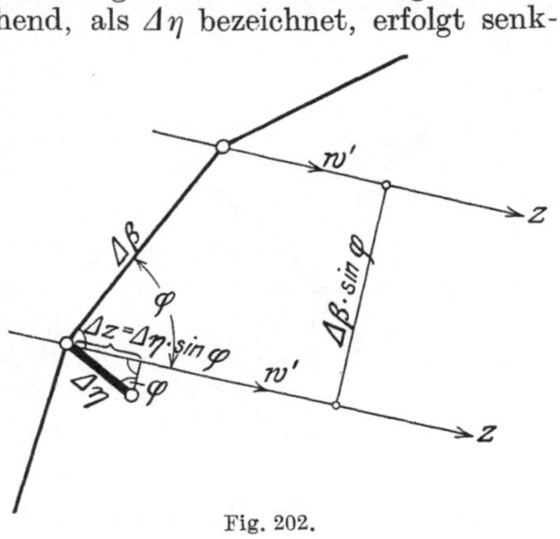

Fig. 202.

Dieser Zuwachs Δz ist gleichbedeutend mit dem Zuwachse, den die zwischen die parallelen Richtungslinien zu zeichnende Biegungslinie in gleicher Richtung aufweisen soll. Der Abstand dieser parallelen Richtungslinien beträgt

$$\Delta\beta \cdot \sin\varphi .$$

Soll nun die Biegungslinie als Seilpolygon zu gedachten Lasten w gezeichnet werden, die in den $\Delta\beta$-Endpunkten angreifen und in der vorliegenden Parallelrichtung wirken, so müssen diese w'-Lasten, damit ihre Polstrahlen zwischen ihren parallelen Wirkungslinien vom Abstande

$$\Delta\beta \cdot \sin\varphi$$

den verlangten Zuwachs

$$\Delta z = \Delta\eta \cdot \sin\varphi$$

abschneiden, die Größe haben

$$\sum w' = \frac{\Delta z}{\Delta\beta \cdot \sin\varphi}.$$

Setzen wir den Wert für Δz in diese Gleichung ein, so ergibt sich

$$\sum w' = \frac{\Delta\eta \cdot \sin\varphi}{\Delta\beta \cdot \sin\varphi} = \frac{\Delta\eta}{\Delta\beta}.$$

In dieser Gleichung ist für jeden Bogenpunkt

$$\Delta\eta = \sum w \cdot \Delta\beta = \sum\left(\frac{M}{J \cdot E}\Delta b\right) \cdot \Delta\beta$$

und somit schließlich:

$$\underline{w'} = \frac{M}{J \cdot E} \cdot \Delta b = \underline{w}.$$

Wir sehen also, daß die gleiche Winkeländerung $\boldsymbol{w} = \frac{\boldsymbol{M}}{\boldsymbol{J \cdot E}}\Delta\boldsymbol{b}$ die den absoluten Verschiebungszuwachs zur Folge hat, als gedachte w-Kraft in beliebiger Parallelrichtung als Seilzug für die Parallelrichtung die zugehörige Biegungslinie ergibt!

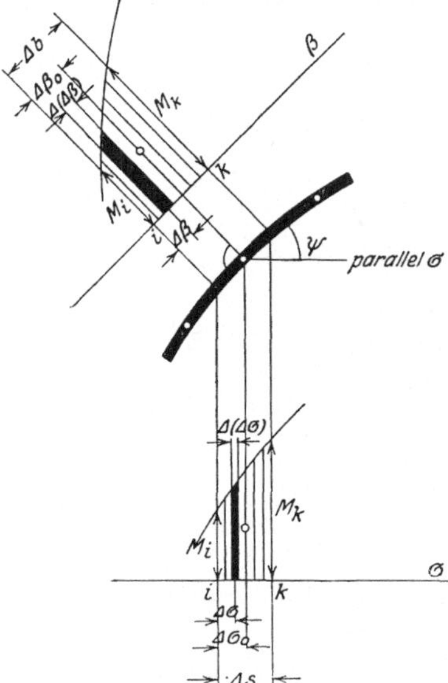

Fig. 203.

Die zeichnerische Darstellung der Biegungslinie gestaltet sich also recht einfach, zumal es auch nicht nötig ist, zwecks Auffindung der $\Delta\beta$-Endpunkte die Momente über dem ausgestreckten Balken darzustellen: Diese können auf von den Punkten der Bogenschwerachse ausgehenden Parallelstrahlen beliebiger Richtung über einer beliebigen Geraden σ aufgetragen werden; denn es ist (mit Bezug auf Fig. 203) in beiden Fällen

$$M = \frac{M_i + M_k}{2}$$

und ferner: Der Schwerpunktsabstand, der sich aus der Momentenfläche über dem ausgestreckten Balken ergibt, ist $\Delta\beta_0$, der aus der über σ gezeichneten Momentenfläche $\Delta\sigma_0$. Es muß sein:

$$\Delta\sigma_0 = \Delta\beta_0 \cos\psi ,$$

wenn auch die Momentenfläche über σ ein richtiges Ergebnis haben soll!

Teile ich einen Abschnitt Δb der ersten Momentenfläche in verschwindend kleine Flächenstreifen $\Delta(\Delta b)$, und den entsprechenden Abschnitt Δs der zweiten Momentenfläche in entsprechende kleine Flächenstreifen $\Delta(\Delta\sigma)$, so ist bekanntlich

$$\Delta\beta_0 = \frac{\Sigma M \cdot \Delta(\Delta\beta) \cdot \Delta\beta}{\Sigma M \cdot \Delta(\Delta\beta)} \quad \text{und} \quad \Delta\sigma_0 = \frac{\Sigma M \cdot \Delta(\Delta\sigma) \cdot \Delta\sigma}{\Sigma M \cdot \Delta(\Delta\sigma)} .$$

Nun ist

$$\Delta\sigma = \Delta\beta \cdot \cos\psi$$

und

$$\Delta(\Delta\sigma) = \Delta(\Delta\beta) \cdot \cos\psi$$

mithin

$$\Delta\sigma_0 = \frac{\cos^2\psi\, \Sigma M \cdot \Delta(\Delta\beta) \cdot \Delta\beta}{\cos\psi\, \Sigma M \cdot \Delta(\Delta\beta)} ,$$

$$\Delta\sigma_0 = \Delta\beta \cdot \cos\psi ,$$

was zu beweisen war.

Auch ist hier ohne weiteres klar, daß die Ableitung nur für verschwindend kleine Strecken Δb streng ist, da der Winkel ψ nur dann als für das Bogenelement Δb konstant zu setzen ist. Der Leser mag durch vergleichende Übungsrechnungen den Nachweis führen, daß auch hier die Praxis in der Regel eine im Verhältnisse zur Krümmung grobe Teilung gestattet. Für die Auftragung der Trägheitsmomente und der Elastizitätsziffern gilt offenbar die gleiche Vereinfachung wie für die Momentenflächen. Die folgenden Beispiele werden das Gesagte noch deutlicher erkennen lassen.

a) Der Vollwand-Zweigelenkbogen.

Dieses Tragwerk sowie die theoretischen Grundlagen seiner Untersuchung bis zur Aufstellung der Formänderungsgleichung einschließlich sind dem Leser auf Grund der häufigen beispielsweisen Verwendung geläufig. Da auch die Grundlagen der Berechnung der Elemente der Formänderungsgleichungen soeben eingehend erläutert wurden, so möge hierunter nur noch ein Zahlenbeispiel zur Übung durchgerechnet werden.

Für den gebogenen zweigelenkigen Balken der Fußgängerbrücke Fig. 204 soll ein durchgehendes Trägerprofil gewählt werden, dessen Spannungen laut irgendeiner Vorschrift 1,1 t/cm² nicht überschreiten soll. Die Spannweite des Bogens beträgt 10 m, die Pfeilhöhe 2 m; als Krümmungslinie des Balkens ist die Kreisform gewählt worden. Die Brücke ist 4 m breit und besitzt zwei symmetrisch angeordnete Tragbalken. Der Balkenbestimmung soll folgende Belastung zugrunde gelegt werden: Eigengewicht und Nutzlast: 500 kg/m², d. h. pro Träger eine gleichmäßig verteilte Last q von

$$\frac{500\ \mathrm{kg/m^2} \cdot 4\ \mathrm{m}}{2} = 1000\ \mathrm{kg}$$

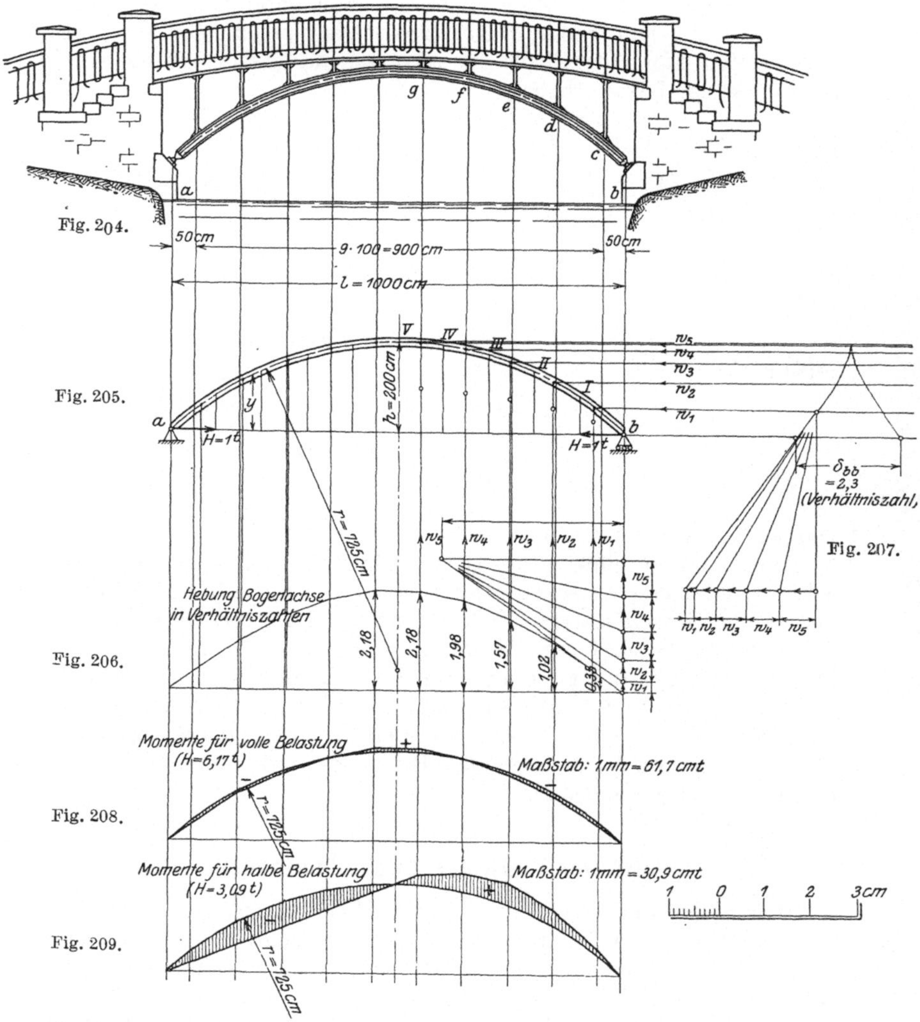

Fig. 204.

Fig. 205.

Fig. 206.

Fig. 207.

Fig. 208.

Fig. 209.

pro laufenden Meter Brückenlänge. Ferner die gleiche Last von 1000 kg/m einseitig wirkend, und zwar nur über der halben Trägerlänge; zur Vereinfachung der Rechnung bei gleichzeitiger Erhöhung der Sicherheit soll also das Eigengewicht nicht ausgesondert werden. Gleichzeitig mit diesen beiden Belastungsmöglichkeiten soll laut jener Vorschrift eine wandernde Last von 1 t maximal auftreten können, die zur Erhöhung der Sicherheit und zur Vereinfachung der Rechnung als Einzellast behandelt werden soll. Ferner soll der Einfluß der größten Temperaturänderung berücksichtigt werden.

Die allgemeine Formänderungsgleichung für das statisch bestimmte Hauptsystem Fig. 205 lautet:

$$\boldsymbol{H} = \frac{\boldsymbol{\Sigma P \delta_{bm}}}{\boldsymbol{\delta_{bb}}}$$

oder, umgeformt auf Grund des Satzes von der Gegenseitigkeit der Verschiebungen:

$$H = \frac{\Sigma P \delta_{m\underline{b}}}{\delta_{b\underline{b}}}.$$

Die Hebungen der Bogenachse δ_m aus $\underline{b}$ sind einer Biegungslinie für $H = 1$ t, gezeichnet als Seilpolygon für gedachte Lasten

$$w = \frac{M}{J \cdot E} \Delta b$$

zwischen senkrechte w-Wirkungslinien, zu entnehmen, Fig. 206; zur Ermittlung der Verschiebung des Punktes b in der H-Richtung ist eine Biegungslinie als Seilzug für die gleichen w-Lasten

$$w = \frac{M}{J \cdot E} \Delta b ,$$

jedoch für horizontale Wirkungslinien zu zeichnen, Fig. 207. Da laut Formänderungsgleichung nur das Verhältnis der δ_{mb} zu den δ_{bb} benötigt wird, so braucht der Maßstab, in dem die Ordinaten beider Biegungslinien auftreten, nicht beachtet zu werden. Die Elastizitätsziffer kann gleich einer Einheit gesetzt werden; ferner würde es genügen, die etwaige Veränderlichkeit des Trägheitsmomentes in Verhältnisziffern zu berücksichtigen. Da hier auch das Trägheitsmoment unveränderlich ist, so ist die Momentenfläche für $H = 1$ t gleich der $\frac{M}{J \cdot E}$-Fläche der fingierten Belastung. Das Moment für H ist

$$M_H = H \cdot y ,$$

wenn y die Schwerpunktshöhe jedes Querschnittes über der Auflagerverbindungslinie ist. Also für $H = 1$:

$$M_H = y ,$$

d. h. die Fläche zwischen dem Bogen und seiner Basis ist bereits die Momentenfläche für $H = 1$ t. In der Fig. 205 ist die M- bzw. $\frac{M}{J \cdot E}$-Fläche in 10 gleiche Teile eingeteilt worden, durch deren Schwerpunkte die senkrechten w-Wirkungslinien gehen und auf der Bogenachse die Bogenelemente Δb (vgl. die vorangegangenen Ableitungen) bestimmen.

Aus den beiden Biegungslinien Fig. 206 und 207 ergeben sich folgende Ordinatenmeßwerte

$$\delta_{bb} = 2{,}3$$

sowie

$$\begin{aligned} \delta_{gb} &= 2{,}18 \\ \delta_{fb} &= 1{,}98 \\ \delta_{eb} &= 1{,}57 \\ \delta_{db} &= 1{,}02 \\ \delta_{cb} &= 0{,}35 \\ \hline \tfrac{1}{2}\Sigma\delta_{mb} &= 7{,}10 . \end{aligned}$$

Berechnung des Horizontalschubes H_Q für volle Belastung durch Eigengewicht und Nutzlast:

$$H_Q = \frac{\Sigma 1\,\mathrm{t} \cdot \delta_{mb}}{\delta_{bb}} \quad \frac{1\,\mathrm{t} \cdot \Sigma \delta_{mb}}{\delta_{bb}} = \frac{1\,\mathrm{t} \cdot 2 \cdot 7{,}1}{2{,}3} = 6{,}17\,\mathrm{t} .$$

Es soll die aus Q und H resultierende Momentenfläche gezeichnet werden. Die Momentenlinie für

$$H \cdot y = 6{,}17 \cdot y$$

ist ein Kreisbogen genau gleich der Bogenachse, wenn der Maßstab wie folgt berechnet wird:

$$M_{H\max} = (H \cdot 200)\,\text{cmt}\,.$$

Gewünschter Meßwert:

$$M_{H\max} = 20\ \text{mm}\,,$$

somit entsprechen:

$$20\ \text{mm} = (H \cdot 200)\,\text{cmt}\,;$$

daraus der Maßstab:

$$1\ \text{mm} = 61{,}7\ \text{cmt}\,.$$

Die Q-Momentenfläche ist somit zu zeichnen als Parabel von der Pfeilhöhe:

$$\underline{M_{Q\max}} = \frac{1\ \text{t/m} \cdot 10\ \text{m} \cdot 1000\ \text{cm}}{8 \cdot 61{,}7\ \text{cmt/mm}} = \underline{20{,}3\ \text{mm}}\,.$$

Die mit diesen Meßwerten gezeichneten beiden Momentenlinien weichen nur wenig voneinander ab; Fig. 208. Es folgt daraus, daß die aus den äußeren Kräften durch Zusammensetzung ähnlich Fig. 218 gezeichnete Drucklinie fast mit der Bogenachse zusammenfällt. Fiele die Drucklinie vollkommen mit der Bogenachse zusammen (wie das bei parabolischer Bogenachse und direkter Belastung eintreten könnte) und kämen Momente aus andersartiger Belastung nicht in Frage, so wäre der Bogenquerschnitt nur nach den dann axialen Druckkräften R zu bemessen. Der Fig. 208 könnte die genaue Größe der Momente nicht entnommen werden. Die rechnerische Bestimmung erübrigt sich jedoch hier, da bereits aus der Belastung mit $Q/2$ größere Momente zu erwarten sind.

Berechnung des Horizontalschubes für $Q/2$:

$$H_{Q/2} = \frac{1\ \text{t} \cdot \frac{1}{2} \Sigma \delta_{mb}}{\delta_{bb}} = \frac{7{,}16}{2{,}3}\,,$$

somit

$$\underline{H_{Q/2}} = \tfrac{1}{2} H_Q = \underline{3{,}09\ \text{t}}\,.$$

Soll die Momentenlinie für die Momente aus $H_{Q/2}$ wie für H_Q als Kreisbogen von der Pfeilhöhe 20 mm gezeichnet werden, so lautet der Maßstab hierfür, wie oben dargelegt:

$$1\ \text{mm} = (10 \cdot H)\,\text{cmt}\,,$$

also in diesem Falle:

$$1\ \text{mm} = 30{,}9\ \text{cmt}\,.$$

Die gleichfal s mit diesem Maßstabe aufzutragende Momentenfläche für $Q/2$ ist ein unsymmetrischer Linienzug, dessen Ordinaten nach Bestimmung der Auflagerdrücke A und B in bekannter Weise aus Momentengleichungen, bezogen auf einen Auflagerpunkt, bestimmt werden können. Die zeichnerische Darstellung der Momentenfläche als Seileck aus dem Kräftezuge ist dem Leser gleichfalls bekannt. Das Studium der ausführlichen Zeichnung Fig. 218, die gelegentlich der Ermittlung des Einflusses der Schub- und Druckkräfte auf die Spannungen auf Seite 156 zu zeichnen ist, wird den Leser nötigenfalls die gebräuchlichen statischen Verfahren zur Ausführung der Einzelheiten in Erinnerung bringen. Fig. 209 zeigt die aus den Momentenlinien für $H_{Q/2}$ und $Q/2$ selbst resultierende Momentenfläche.

Laut Aufgabe tritt ferner eine über den ganzen Träger wandernde Einzellast $P = 1$ t auf. Zur Übung soll die Untersuchung der Balken auf verschiedene Weise vorgenommen werden.

Die dem Leser aus der Statik bestimmter Systeme geläufigste Untersuchungsmethode ist die Darstellung der Momentenflächen für eine Reihe über den ganzen Träger verteilter Laststellungen; sie möge hier zunächst zur Beendigung der eigentlichen Aufgabe angewendet werden, und zwar unter Zugrundelegung der fünf Laststellungen $c \div g$. Berechnung des Horizontalschubes für jede Laststellung:

$$\text{Für } P \text{ in } c: \quad H = \frac{P_c \cdot \delta_{mb}}{\delta_{bb}} = \frac{1 \cdot 0{,}35}{2{,}3} = 0{,}15 \text{ t}.$$

$$\text{,, } P \text{ ,, } d: \quad H = \frac{1 \cdot 1{,}02}{2{,}3} = 0{,}44 \text{ t},$$

$$\text{,, } P \text{ ,, } e: \quad H = \frac{1 \cdot 1{,}57}{2{,}3} = 0{,}68 \text{ t},$$

$$\text{,, } P \text{ ,, } f: \quad H = \frac{1 \cdot 1{,}98}{2{,}3} = 0{,}86 \text{ t},$$

$$\text{,, } P \text{ ,, } g: \quad H = \frac{1 \cdot 2{,}18}{2{,}3} = 0{,}95 \text{ t}.$$

Die Momentenlinie für jeden Horizontalschub

$$M = H \cdot y$$

könnte als Kreisbogen gleich der Bogenachse gezeichnet werden, wenn wir den Maßstab

$$1 \text{ mm} = 10 \cdot H \text{ cmt},$$

wählen würden; mit dem gleichen Maßstabe wären die P-Momentenflächen einzutragen. Die Darstellung könnte bequem völlig zeichnerisch erfolgen. Fig. 210

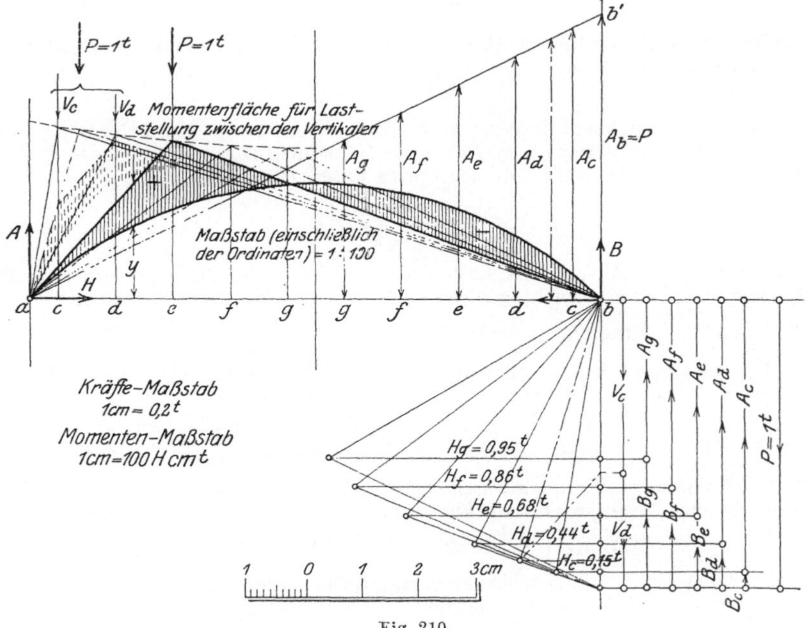

Fig. 210.

wird genügen, den Leser an die in Frage kommenden Verfahren der Statik bestimmter Systeme zu erinnern. Die Gerade $a' \div b'$ schneidet auf jeder Laststellung den zugehörigen Auflagerdruck A ab, wenn $b \div b' = P$. Das für den Kräfteplan aus A, B und H über $a \div b$ gezeichnete Seilpolygon ist die Momentenfläche für P allein im statisch bestimmten Hauptsystem $a \div b$. Dieses Seilpolygon ist ein Dreieck, wenn die Last gerade über einer Vertikalen steht, sonst ein Viereck, da der Polstrahl für die beiden Vertikalen hinzutritt; vgl. die strichpunktierten Linien in Fig. 210. Die in natürlicher Größe, also mit dem Trägermaßstabe 1 : 100 zu messenden Ordinaten sind, wie bekannt, mit der Polweite H des Kräfteplanes, also dem zugehörigen Horizontalschube zu multiplizieren.

$$M_P = H\,\mathrm{t} \cdot (y + \eta)\,\mathrm{cm}\,.$$

Von dieser Momentenfläche ist die Momentenfläche

$$M_H = H\,\mathrm{t} \cdot y\,\mathrm{cm}$$

abzuziehen. Daraus ergibt sich die resultierende Momentenfläche für das statisch unbestimmte System:

$$\underline{M} = H(y + \eta) - Hy = \underline{H\mathrm{t} \cdot \eta\,\mathrm{cm}}\,.$$

Der Leser wird übrigens die Erfahrung machen, daß die Spitze des P-Momentendreieckes bei parabolischen Bögen unveränderlichen Querschnittes auf einer Geraden wandert, daß also nur eine Größe H für wanderndes P berechnet zu werden braucht, um den Abstand dieser Parallelen festzulegen. Die Größen H für andere Laststellungen können dann durch Konstruktion des Kraftecke**s** nach dem Seileck gefunden werden.

Bei einer solchen Darstellung tritt also jede der fünf resultierenden Momentenflächen in einem anderen Maßstabe auf, was die erwünschte Ermittlung des überhaupt größten Momentes durch anschauliche Vergleichung ausschließt. Es empfiehlt sich daher, sämtliche Momentenlinien im gleichen Maßstabe aufzutragen. In Fig. 211 bis 215 haben wir auch diese Darstellung vorgeführt, und zwar mit dem Maßstabe

$$1\,\mathrm{mm} = 5\,\mathrm{cmt}\,.$$

Die Momentenflächen für den Horizontalschub allein werden dann durch Ellipsenbögen von der Pfeilhöhe

$$H\,\mathrm{t} \cdot 200\,\mathrm{cm}$$

begrenzt, die zeichnerisch oder auch rechnerisch durch Ermittlung einzelner Momente dargestellt werden können. Die Momentenflächen für die Last P allein sind bekanntlich Dreiecke mit der Spitze unter P und der Höhe

$$M_{P\max} = \frac{P(l-a)}{l}\,a\,,$$

wenn darin a den Abstand der Last von einem der beiden Auflager bedeutet. Die Spitzenhöhen können auch, wie bereits öfters erwähnt, einer Parabel von der Pfeilhöhe $\frac{P \cdot l}{4}$ entnommen werden.

Das überhaupt größte Moment ergibt sich für Laststellung in e und zwar für e selbst, siehe Fig. 213:

$$M_{P\max} = 16{,}4\,\mathrm{mm} \cdot 5\,\mathrm{cmt/mm} = +82\,\mathrm{cmt}$$

(negatives Maximum, gleichfalls in e, -45 cmt).

Dieses Maximum fällt in diesem Beispiele fast genau zusammen mit dem Maximum für die einseitige gleichmäßig verteilte Last

$$M_{Q\max} = +160\,\mathrm{cmt}\ (-175\,\mathrm{cmt},\ \text{gleichfalls in } e)\,.$$

Eine zeichnerische Addition der Momentenflächen erübrigt sich daher hier: Das der Querschnittsbestimmung zugrunde zu legende Gesamt-Größtmoment hat den Wert

$$\underline{M_{\max}} = 160 + 82 = \underline{242\,\mathrm{cmt}\,.}$$

Zur Herstellung der beiden gebogenen Balken scheint hiernach ein I-Eisen NP. 22 mit $W_x = 278\,\mathrm{cm}^3$ geeignet zu sein:

$$\sigma_b = \frac{242000\,\mathrm{cmkg}}{278\,\mathrm{cm}^3} = 870\ \mathrm{kg/cm}^2\,.$$

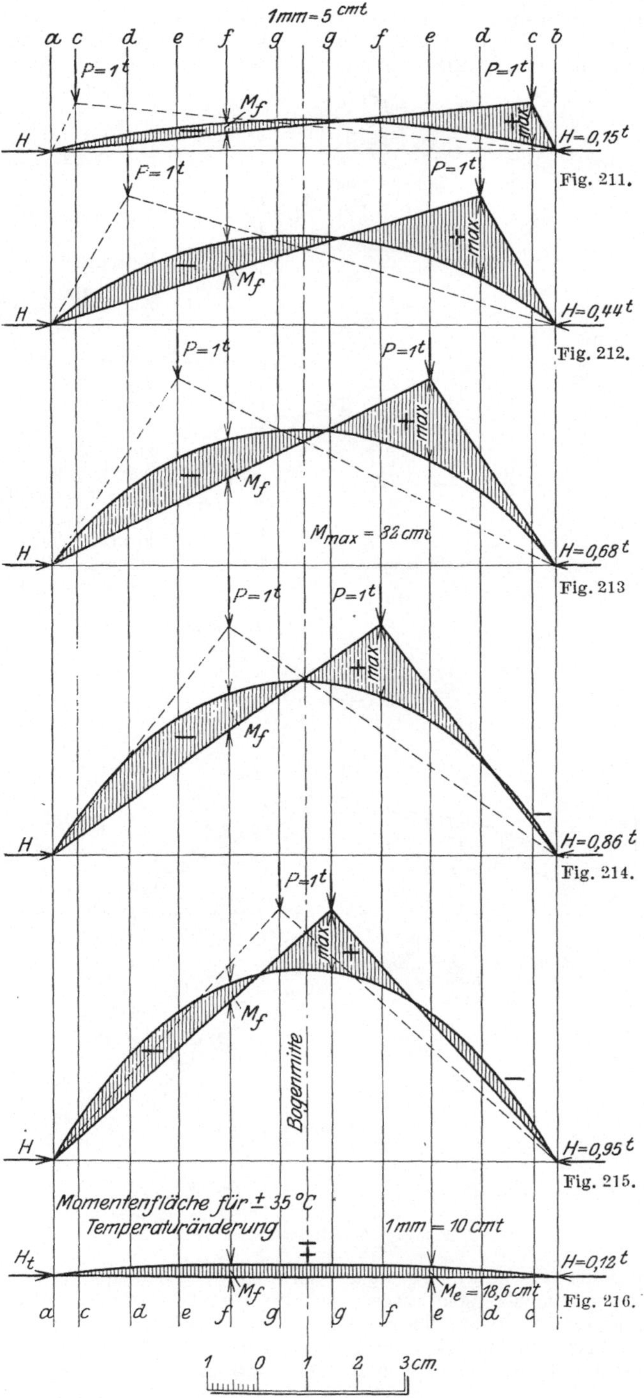

Fig. 211—216. Momentenflächen für eine Reihe von Laststellungen.

Die Druckkraft in diesem Querschnitte — einmal aus der gleichmäßig verteilten Last $Q/2$, sodann aus der Last P in e —, kann mittels Kräfteplanes ermittelt werden, wie hier in Fig. 218 und Fig. 217 nach dem Leser geläufigen Verfahren geschehen:

$$D_{Q/2} = 3{,}5 \text{ t}$$
$$\underline{D_P = 0{,}9 \text{ t}}$$
$$\Sigma D = 4{,}4 \text{ t}.$$

Ein I-Eisen NP. 22 hat einen Querschnitt von 39,6 cm²; mithin:

$$k = \frac{4400}{39{,}6} = 110 \text{ kg/cm}^2.$$

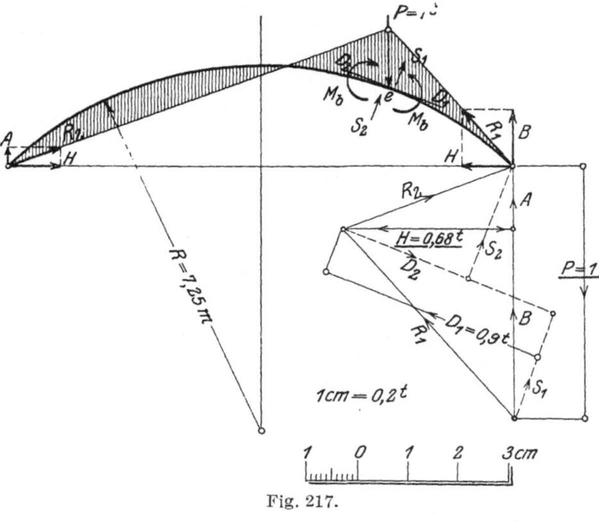

Fig. 217.

Die Wirkung der Druckkraft ist nur für die gleichmäßig verteilte Last erheblich im Verhältnis zum Momente. Für die wandernde Einzellast ist die Axialkraft dagegen verschwindend gering und kann daher meist nach überschläglicher Schätzung vernachlässigt werden.

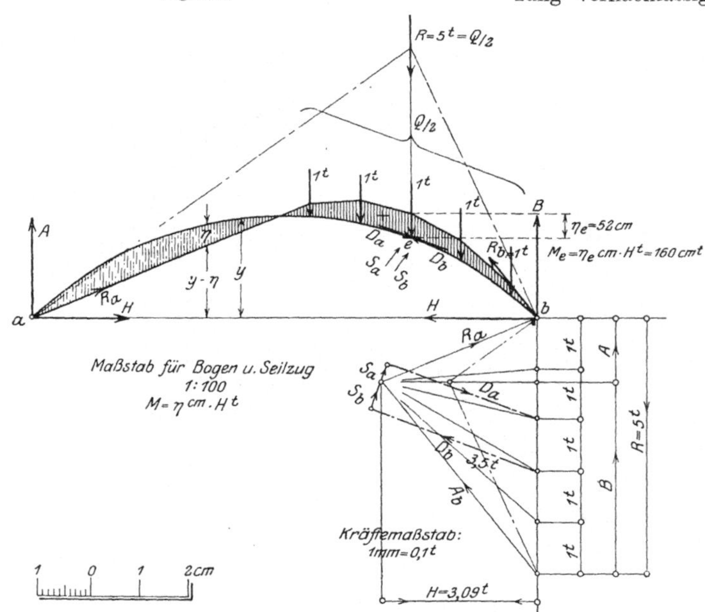

Fig. 218. Belastungszustand $Q/2$.

Die gleichfalls nur unerhebliche Wirkung der Schubspannung pflegt man überhaupt zu vernachlässigen, ebenso wie bei statisch bestimmten Vollwandträgern; immerhin ist die Ermittlung der Schubkräfte zweckmäßig, wenn für ein zusammengesetztes Trägerprofil die Nietteilung zu berechnen ist. Diese Berechnung unterscheidet sich natürlich nicht von der für statisch bestimmte Balken üblichen.

Bestimmung des Spannungszuwachses für die größte Temperaturänderung. Es möge zwecks Vereinfachung der Rechnung angenommen werden, daß die Temperatur stets für jeden Punkt des Bogens die gleiche ist. Die Differenz zwischen der Montagetemperatur und der höchsten sowie auch der niedrigsten Temperatur betrage

$$\Delta t = 35^\circ .$$

Kann sich der Bogen ungehindert ausdehnen, d. h. ohne daß Zwangsspannungen auftreten, wie das bei statisch bestimmten Systemen der Fall ist, so wird sich jede seiner Abmessungen proportional vergrößern bzw. verkleinern. Die Längenänderungen berechnen sich bekanntlich durch Multiplikation der ursprünglichen Länge mit einem nahezu konstanten Faktor; für Flußeisen und 1° C hat dieser Faktor den Wert:

$$\alpha = 0{,}000012 .$$

Hat die an dem Bogen betrachtete beliebige gerade oder gekrümmte Punktentfernung den Wert l, so beträgt die Längenänderung für t° Temperaturänderung:

$$\Delta l_t = \alpha \cdot \Delta t \cdot l .$$

In dem hier gewählten Hauptsystem, Fig. 205, würde sich also der freie Auflagerpunkt b in der Auflagerverbindungslinie $a \div b = l$ verschieben um:

$$\Delta l_t = 0{,}000012 \cdot 35 \cdot 1000 \text{ cm} = 0{,}42 \text{ cm} .$$

Im statisch unbestimmten System wird diese Verschiebung aber durch feste Lagerung von b verhindert, und zwar durch Aufbringung eines angemessenen Horizontalschubes H_t. Die Einheit dieses Horizontalschubes bewirkt laut Biegungslinie eine Verschiebung in entgegengesetzter Richtung von der Größe δ_{bb}. Für $\Sigma\delta_b = 0$ muß also sein:

$$H_t \cdot \delta_{bb} = \Delta l_t ,$$

somit:

$$H_t = \frac{\Delta l_t}{\delta_{bb}} .$$

Berechnen wir die wahre Größe von δ_{bb}, etwa mittels sinngemäßer Anwendung des auf Seite 202 gegebenen Verfahrens zur Bestimmung einzelner Ordinaten oder aus dem Meßwerte 2,3 in der Biegungslinie Fig. 207, indem wir dem Maßstabe γ nachgehen durch Verfolgung der eingesetzten Verhältniswerte, des Maßstabes α und der Polweiteneinheit β, sowie durch Berücksichtigung des tatsächlich vorhandenen Trägheitsmomentes $J = 3060 \text{ cm}^4$, so erhält man:

$$\delta_{bb} = 3{,}5 \text{ cm} ,$$

daraus:

$$H_t = \frac{0{,}42 \text{ cm}}{3{,}5 \text{ cm/t}} = \pm 0{,}12 \text{ t} .$$

Die Momentenfläche für diesen Horizontalschub zeigt Fig. 216 im Maßstabe

$$1 \text{ mm} = 10 \text{ cmt}.$$

Das Moment unter e hat die Größe:

$$M_{te} = 0{,}12 \text{ t} \cdot 155 \text{ cm} = \pm 18{,}6 \text{ cmt}$$

und die Spannung daraus:

$$\underline{\sigma_{te}} = \frac{M_{bt}}{W} = \frac{18\,600 \text{ cmkg}}{278 \text{ cm}^3} = \underline{\pm 67 \text{ kg/cm}^2}.$$

Wir sind nunmehr in der Lage, die größte Normalspannung der Bogenträger durch Addition der Einzelbeanspruchungen auszurechnen:

$$\begin{array}{ll} \sigma_{b\,\max} \text{ aus } Q/2 \text{ und } P & = 870 \text{ kg/cm}^2 \\ k \quad\;\; \text{„} \;\; Q/2 \;\; \text{„} \;\; P & = 110 \quad \text{„} \\ \sigma_t \text{ aus } 35^\circ \text{ Temp.-Änd.} & = 67 \quad \text{„} \\ \hline & \Sigma\sigma = 1047 \text{ kg/cm}^2. \end{array}$$

Die in der Aufgabe vorgeschriebene Größtspannung von 1100 kg/cm² wird also nicht überschritten, die beiden Bogenträger können somit aus zwei **I**-Eisen NP. 22 gebildet werden.

Einflußlinien für die Momente einzelner Querschnitte bei wandernder Einzellast oder Gruppen von Einzellasten, die unter jeder Laststellung die Größe des Querschnittsmomentes als Ordinate anzeigen. Behandlung an dem der vorangegangenen Aufgabe zugrunde liegenden Systeme.

Die Einflußlinie, die unter der wandernden Last P die Größe des jeweiligen Horizontalschubes H anzeigt, ist die Biegungslinie für die Hebungen δ_{mb} (vgl. Fig. 206), und zwar auf Grund der Formänderungsgleichung:

$$H = \frac{P \cdot \delta_{mb}}{\delta_{bb}},$$

worin P und δ_{bb} unveränderlich sind, die allein veränderlichen δ_{mb} aber die Ordinaten der Biegungslinie sind. Der Maßstab ist durch die Formänderungsgleichung bei Einsetzung der Unveränderlichen ausgedrückt.

Für einen bestimmten Querschnitt ist der Abstand y des Horizontalschubes H unveränderlich. Daraus folgt, daß die Einflußlinie, die unter P die Größe des jeweiligen H anzeigt, also die Biegungslinie, auch die Einflußlinie für die Momente irgendeines bestimmt gewählten Querschnittes ist, natürlich unter Beachtung eines bestimmten von Querschnitt zu Querschnitt mit dem Wachstume des H-Hebelarmes y veränderlichen Maßstabes.

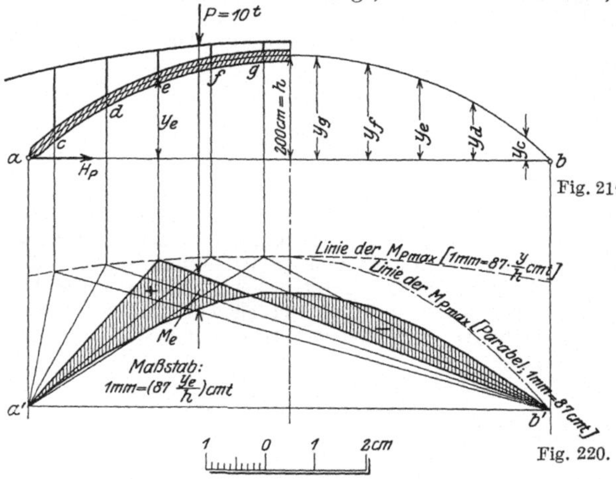

Fig. 219.

Fig. 220.

Fig. 220 zeigt die Einflußlinien für die Querschnitte c bis g; als Einflußlinie für die Momente aus H allein ist die Biegungslinie Fig. 206 unverändert verwendet worden: der Ordinatenmaßstab der einzelnen Querschnitts-Einflußflächen ist daher veränderlich. Die Maßstäbe bestimmen sich aus folgender Überlegung: Für Laststellung in der Bogenmitte tritt ein Horizontalschub von der Größe

$$H = \frac{10\text{ t} \cdot 2{,}18}{2{,}3} = 9{,}48\text{ t}$$

auf, wenn wir P etwa gleich 10 t wählen.

Für den Mittenquerschnitt, V, ist der Hebelarm gleich der Pfeilhöhe des Trägers, also gleich 200 cm; mithin erreicht das Moment in diesem Querschnitte bei Laststellung P in Bogenmitte

$$M_V = 9{,}48 \cdot 200 = 1896 \text{ cmt}.$$

Der Meßwert dieses Momentes beträgt in Fig. 206 bzw. 220:

$$M_V = 21{,}8 \text{ mm}.$$

Daraus ergibt sich der Maßstab der Ordinaten der Biegungslinie als Momente aus H für wanderndes P im Querschnitte V:

$$21{,}8 \text{ mm} = 1896 \text{ cmt},$$

somit der Maßstab:

$$1 \text{ mm} = 87 \text{ cmt}.$$

Für jeden anderen Querschnitt ist das dem Meßwerte 21,8 mm für $M_{H\max}$ entsprechende tatsächliche Moment $M_{H\max}$ geringer, und zwar im Verhältnis der Verringerung des Hebelarmes der Schubkraft, also der Querschnittsordinate y zur Mittenordinate h. Soll also die Biegungslinie unverändert als M_H-Einflußlinie eines beliebigen Querschnittes dienen, so ist der Maßstab zu verwenden:

$$1 \text{ mm} = \left(87 \cdot \frac{y}{h}\right) \text{ cmt}.$$

Wir haben nun noch die Einflußlinien für die Momente aus der wandernden Last P allein zu bestimmen: Wir wissen auf Grund früherer Darlegungen bereits, daß die Einflußlinie ein Dreieck ist, dessen Spitze auf der Ordinate des zu untersuchenden Querschnittes liegt; vgl. Fig. 220: denn wie bekannt, tritt das Größtmoment dieses Querschnittes auf, wenn P gerade über ihm steht; dagegen wird das Querschnittsmoment gleich Null, wenn P über den Auflagern a und b steht. Bei Wanderung zwischen a und b muß sich das Moment proportional seiner Entfernung vom Querschnitte verringern. Das P-Momentendreieck ist natürlich im gleichen Maßstabe aufzutragen, der der Biegungslinie als Einflußlinie der Momente aus H für den betreffenden Querschnitt zukommt: die Spitzen der P-Momentendreiecke werden also nicht mehr von einer Parabel bestimmt, sondern von einer stetigen Linie, deren Ordinaten man durch Erweiterung der Parabelordinaten mit dem Faktor $\frac{h}{y}$ erhält.

Es läßt sich leicht dartun, daß diese Linie, deren Ordinaten aus den Ordinaten der P-Momentenparabel durch Multiplikation mit dem Faktor $\frac{h}{y}$ entstehen, eine der Basis parallele Linie ist, wenn der Bogenträger nach einer Parabel gekrümmt ist. Während beim Kreisbogenträger am besten Einzelordinaten rechnerisch oder zeichnerisch bestimmt werden, so ist also der geometrische Ort aller Spitzen der P-Einflußdreiecke beim Parabelbogen nach Bestimmung nur einer Ordinate sogleich geometrisch gegeben; aus diesem Grunde ist es gerechtfertigt, die Ableitung hier folgen zu lassen:

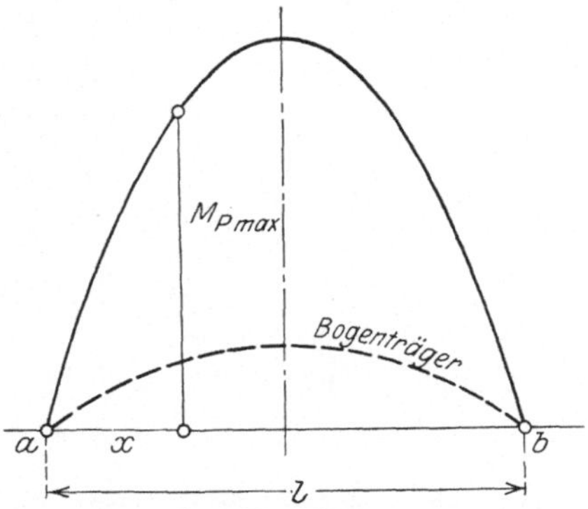

Für einen Querschnitt im Abstande x vom Auflager a hat das größte Moment aus P den Wert

$$M_{P\max} = \frac{P(l-x)}{l}\,x\,.$$

Fig. 221.

Fig. 221. — Bei Veränderlichkeit der Querschnittslage ist dieses die Gleichung der M_P-Parabel. Die Ordinate $M_{P\max}$ soll nun mit dem Faktor $\frac{h}{y}$ erweitert aufgetragen werden. In diesem Faktor ist h die unveränderliche Bogenpfeilhöhe, y dagegen, als Höhenordinate der

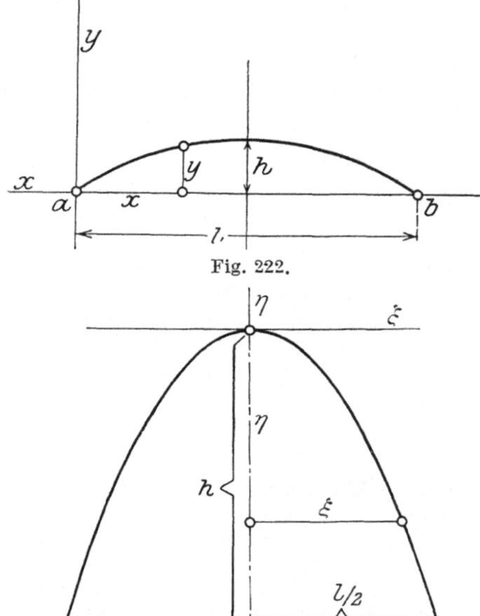

Fig. 222.

Fig. 223.

Bogenträgerquerschnitte, ebenfalls nach einer Parabelgleichung veränderlich; Fig. 222.

Die Gleichung, die y als Veränderliche enthält, ist auf das Auflager a als Koordinatenanfang und die Auflagerverbindungslinie $a \div b$ als Basis bezogen; sie kann leicht aus der Scheitelgleichung gefunden werden (siehe hierzu Fig. 223):

Die Scheitelgleichung der Achse des Parabelbogenträgers lautet:

$$-\xi^2 = 2\,p\,\eta\,, \qquad -2\,p = \frac{\xi^2}{\eta}$$

für $\xi = -\frac{l}{2}$ wird $\eta = -h$; mithin:

$$2\,p = \frac{l^2}{4\,h}$$

eingesetzt:

$$-\xi^2 = \frac{l^2}{4\,h}\cdot\eta\,.$$

Soll der Koordinatenanfang in das Auflager a verlegt werden, so ist bekanntlich in die Scheitelgleichung einzusetzen für

$$\xi = -\frac{l}{2} + x\,, \qquad \eta = -h + y\,.$$

Die auf a bezogene Bogengleichung lautet dann:

$$\left(\frac{l}{2} - x\right)^2 = \frac{l^2}{4\,h}(h - y) \qquad \text{[Fig. 222]}$$

oder, zweckentsprechend umgeformt:

$$y = h - \frac{4\,h}{l^2}\left(\frac{l}{2} - x\right)^2,$$

Nun ist:

$$M_{P\max} = \frac{P(l - x)}{l}\,x\cdot\left(\frac{h}{y}\right) = \frac{P(l - x)\cdot x\cdot h}{l\cdot y}\,.$$

Wert für y eingesetzt:

$$M_{P\max} = \frac{P(l - x)\cdot x\cdot h}{l\left[h - \frac{4\,h}{l^2}\left(\frac{l}{2} - x\right)^2\right]} = \frac{P(l - x)\cdot x}{l - \frac{4}{l}\left(\frac{l}{2} - x\right)^2} = \frac{P(l - x)\cdot x}{l - \frac{4}{l}\left(\frac{l^2}{4} - l\,x + x^2\right)}$$

$$= \frac{P(l - x)\cdot x}{l - l + 4\,x - \frac{4\,x^2}{l}} = \frac{P(l\,x - x^2)}{4\left(x - \frac{x^2}{l}\right)} = \frac{P(l\,x - x^2)\cdot l}{4(l\,x - x^2)} = \frac{P\,l}{4}\,.$$

Das ist ein unveränderlicher Wert! Die Linie der $M_{P\max}$ für den veränderlichen Maßstab ist also, wie behauptet, eine Gerade parallel zur Basis der Einflußflächen. $\frac{P\cdot l}{4}$ ist die Höhe der P-Momentenparabel sowohl wie die Höhe der Parallelen für den unveränderlichen Maßstab, denn die Mittelordinate der Parabel bleibt,

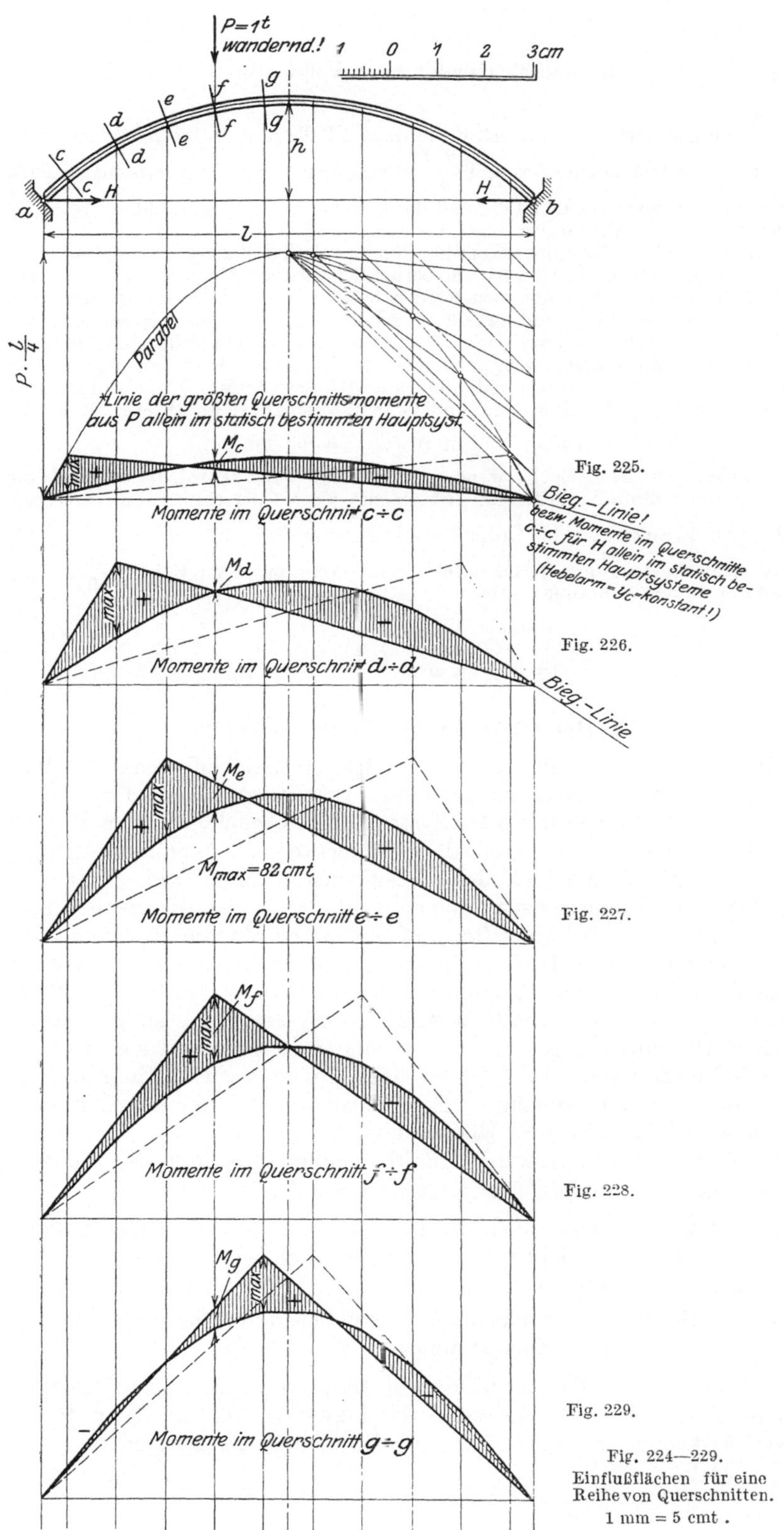

Fig. 225.

Fig. 226.

Fig. 227.

Fig. 228.

Fig. 229.

Fig. 224—229.
Einflußflächen für eine Reihe von Querschnitten.
1 mm = 5 cmt.

mit $\frac{h}{y}$ multipliziert, unverändert, da in diesem Falle $y = h$. Die Bestimmung des Maßstabes, in dem nun der Abstand $\frac{P \cdot l}{4}$ aufzutragen ist, wurde bereits auf Seite 159 dargelegt, und zwar für den Fall, daß die Ordinaten der Biegungslinie überhaupt nicht geändert werden sollen.

Die Darstellung über einer Basis hat den Nachteil, daß die graphische Addition der in dieser Aufgabe gleichzeitig zu berücksichtigenden Momente aus $Q/2$ nicht übersichtlich genug vorgenommen werden kann. Auch die Veränderlichkeit des Maßstabes ist nachteilig (und zwar auch schon dann, wenn nur die Momente für P allein zu ermitteln sind), weil dadurch eine anschauliche Vergleichung der Momente verschiedener Querschnitte ausgeschlossen ist. Zur eigentlichen Lösung der Aufgabe haben wir deshalb nochmals die Einflußlinien für die Querschnitte $c \div g$ einzeln gezeichnet, Fig. 225—229, und zwar untereinander im gleichen Maßstabe

$$1 \text{ mm} = 5 \text{ cmt für die Lasteinheit.}$$

Die Spitzen der M_P-Dreiecke wandern dann auf einer Parabel, während die Ordinaten der Einflußlinie für die H-Momente jedes Querschnittes zu berechnen sind durch Erweiterung der Ordinaten der Biegungslinie mit dem Faktor $\frac{y}{h}$ für die Veränderlichkeit des H-Hebelarmes und ferner mit dem Faktor $\frac{87}{50}$ für die Veränderung des Grundmaßstabes

in
$$\left.\begin{array}{r} 1 \text{ mm} = 87 \text{ cmt} \\ 1 \text{ mm} = 50 \text{ cmt.} \end{array}\right\} \text{für } P = 10^t.$$

b) Der eingespannte Vollwandbogen.

Der eingespannte Bogen ist dreifach statisch unbestimmt. Man kann sich das auf verschiedene Weise vergegenwärtigen: Der Bogen wird in ein statisch bestimmtes System umgewandelt, wenn man drei Gelenke einschaltet, wodurch drei Momente als überzählig entfernt werden. Zwischenzustand der Gelenkeinschaltung: vgl. Tragwerk Fig. 148: die Momentenspannungen sind darin auf die Stäbe und, einschließlich der Schubkräfte, auf die zugeordneten Gelenke vereinigt gedacht. Zur Herstellung des statisch bestimmten Systems (Dreigelenkbogen) sind alsdann die drei Stäbe zu entfernen. Noch einfacher kann ein statisch bestimmtes System hergestellt werden durch Entfernung der gesamten Lagerung eines Bogenendes einschließlich der Einspannung: Es entsteht dann ein statisch bestimmter einseitig eingespannter Freiträger. Eine Einspannung ist eine dreistäbige Stützung; es sind also drei Überzählige vorhanden.

Wählt man diese Stützung als überzählig, so werden die Stützenbedingungen zweckmäßig wie folgt aufgestellt:

1. und 2. Der eigentliche Stützpunkt muß in zwei voneinander verschiedenen Richtungen unverschieblich sein, d. h. er ist überhaupt unverschieblich.

3. Das Bogenende darf keine Winkeländerung erfahren (Bedingung der eigentlichen Einspannung).

Die als äußere Kräfte in das statisch bestimmte Hauptsystem einzuführenden Überzähligen sind dann zwei in verschiedenen Richtungen wirkende Auflagerdrücke und das Einspannungsmoment.

Zahlenbeispiel: Es sollen die Überzähligen des durch Fig. 230 mit allen Abmessungen gegebenen eingespannten Vollwandbogenträgers berechnet werden: 1. für die in die Fig. 231 eingetragene Belastung, sodann 2. für eine Temperaturänderung von $\pm 35^\circ$ gegen die Montagetemperatur.

Als statisch bestimmtes Hauptsystem werde der bei a einseitig eingespannte Freiträger gewählt, Fig. 231. Als die der Berechnung zugrunde zu legenden Verschiebungsrichtungen des Punktes b mögen aus praktischen Gründen die horizontale und die vertikale gewählt werden. Aus den gleichen Gründen mögen auch die beiden Überzähligen im eigentlichen Stützpunkte b in der Größe berechnet werden, in der sie in dieser Richtung wirken.

Die Stützenbedingungen lauten alsdann, algebraisch ausgedrückt:

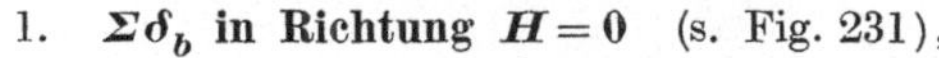

1. $\Sigma\delta_b$ **in Richtung** $H = 0$ (s. Fig. 231),

2. $\Sigma\delta_b$ „ „ $B = 0$ (s. Fig. 236),

3. $\Sigma w_b = 0$ (s. Fig. 241).

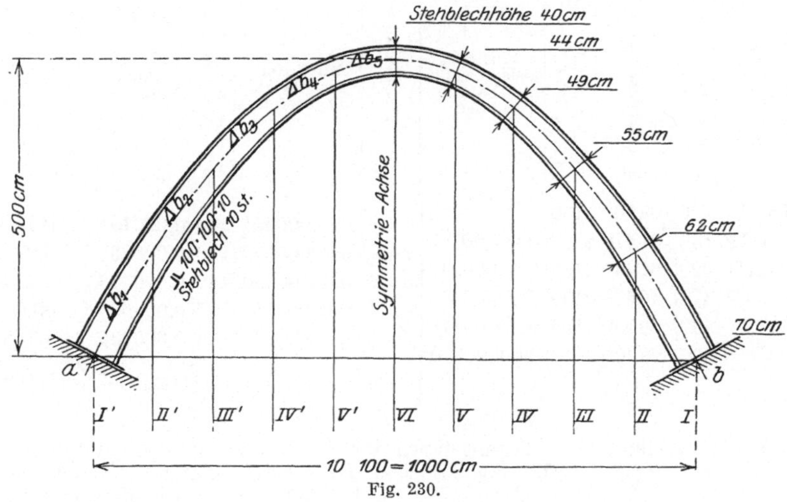

Fig. 230.

In der letzten Bedingung bedeutet w_b die einzelnen Winkeländerungen der Lage der Stabachsentangente im Punkte b des statisch bestimmten Hauptsystems als Summe der Winkeländerungen der gesamten Stabachse $a \div b$ selbst.

Die Zerlegung dieser Winkeländerung und der Verschiebungen durch Betrachtung der Einzelursachen ergibt die Formänderungsgleichungen:

1. Verschiebungen in Richtung H:

$$+\Sigma P_m \delta_{bm} + H\,\delta_{bb} + B\,\delta_{bb} - M\,\delta_{bb} = 0\,;$$

2. Verschiebungen in Richtung B:

$$-\Sigma P_m \delta_{bm} - H\,\delta_{bb} + B\,\delta_{bb} + M\,\delta_{bb} = 0\,;$$

3. Verdrehung der Stabachse im Punkte b:

$$-\Sigma P_m w_{bm} - H\,w_{bb} + B\,w_{bb} + M\,w_{bb} = 0\,.$$

Nach dem Satze von der Gegenseitigkeit der Verschiebungen kann das erste Glied der drei Gleichungen, wie wir wissen, in eine für die Zahlenrechnung bequemere Form gebracht werden:

$$1)\quad \underset{\substack{\text{in Richtung } H \\ \text{für } P_m = 1}}{\Sigma P_m \, \delta_{bm}} = \underset{\substack{\text{in Richtung } P_m \\ \text{für } H = 1}}{\Sigma P_m \, \delta_{mb}}$$

$$2)\quad \underset{\substack{\text{für Richtung } B \\ \text{für } P_m = 1}}{\Sigma P_m \, \delta_{bm}} = \underset{\substack{\text{in Richtung } P_m \\ \text{für } B = 1}}{\Sigma P_m \, \delta_{mb}}$$

$$3)\quad \underset{\text{für } P_m = 1}{\Sigma P_m \, w_{bm}} = \underset{\text{für } M_b = 1}{\Sigma P_m \, \delta_{mb}}$$

Die ohne Anwendung des Satzes erforderlichen drei Biegungslinien für die Einheit jeder Last P_m erübrigen sich alsdann.

Tabelle Nr. 12.

Berechnung der Winkeländerungen der Bogenachse für $H = 1$ t.

Teilordinaten der $\frac{M}{J \cdot E}$ - Fläche	M Biegungsmoment für $H = 1$ t cmt	J Trägheitsmoment cm⁴	E Elastizitätsziffer t/cm²	$\frac{M}{J \cdot E}$ Fingierte Belastung für die Längeneinheit	Ordinatenabschnitte	$\frac{M}{J \cdot E}$ Mittl. fing. Last für die Längeneinheit	Δb Abschnitt der Bogenschwerlinie cm	$w = \frac{M}{J \cdot E} \cdot \Delta b$ Fing. Einzellast	(cm) $W = w \cdot \alpha \cdot \beta \cdot \gamma$, $\alpha = 100$, $\beta = 4$ (cm), $\gamma = 2,5$
I u. I′	0	108 900	2150	0					
					1 u. 1′	0,00000051	206	0,000105	0,105
II u. II′	180	81 410	2150	0,00000103					
					2 u. 2′	0,00000172	172	0,000296	0,296
III u. III′	320	61 440	2150	0,00000242					
					3 u. 3′	0,00000330	142	0,000468	0,468
IV u. IV′	420	46 570	2150	0,00000418					
					4 u. 4′	0,00000518	117	0,000606	0,606
V u. V′	480	36 050	2150	0,00000618					
					5 u. 5′	0,00000714	103	0,000735	0,735
VI	500	28 700	2150	0,00000810					
						$\frac{\Sigma w}{2}$ =		0,002210 $\frac{\Sigma W}{2}$ =	2,210

Die Darstellung der Biegungslinien für H, B und M. Biegungslinien für $H = 1$ t, Fig. 231—235. Fig. 231 zeigt das statisch bestimmte Hauptsystem, zunächst nur belastet mit der Einheit der Überzähligen H. Die Momentenfläche für $H = 1$ t wird begrenzt durch die Bogenachse und die Auflagerbasis $a \div b$. In Fig. 232 ist die Fläche der Trägheitsmomente aufgetragen worden. Die nach Fig. 230 berechneten Einzelwerte sind in der Tabelle Nr. 12 enthalten. Fig. 233 stellt die Vereinigung der M-Fläche mit der J-Fläche zur $\frac{M}{J \cdot E}$-Fläche dar. Diese Fläche der fingierten Belastung wurde in 10 Streifen zerlegt von der mittleren Höhe $\frac{M}{J \cdot E}$. Die durch die Schwerpunkte dieser Belastungsstreifen gelegten Vertikalen bestimmen auf der Bogenachse die fingierten Angriffspunkte der w-Einzellasten. Jede w-Einzellast hat den Wert:

$$w = \frac{M}{J \cdot E} \cdot \Delta b \,,$$

worin Δb die Bogenstrecke bedeutet, auf der der Belastungsstreifen wirksam ist. Die so berechneten Zahlenwerte der Winkeländerungen w sind in Tabelle Nr. 12 aufgeführt worden. Die Vertikalverschiebungen enthält die für die vertikal wirkend gedachten w-Lasten als Seilzug gezeichnet die Biegungslinie Fig. 234, während zur Ermittlung der horizontalen Verschiebungen die Biegungslinie als Seilzug für die horizontal angreifend gedachten w-Lasten Fig. 235 zu zeichnen ist. Zu beachten ist, daß die Basis der Biegungslinien, also die Gerade, von der

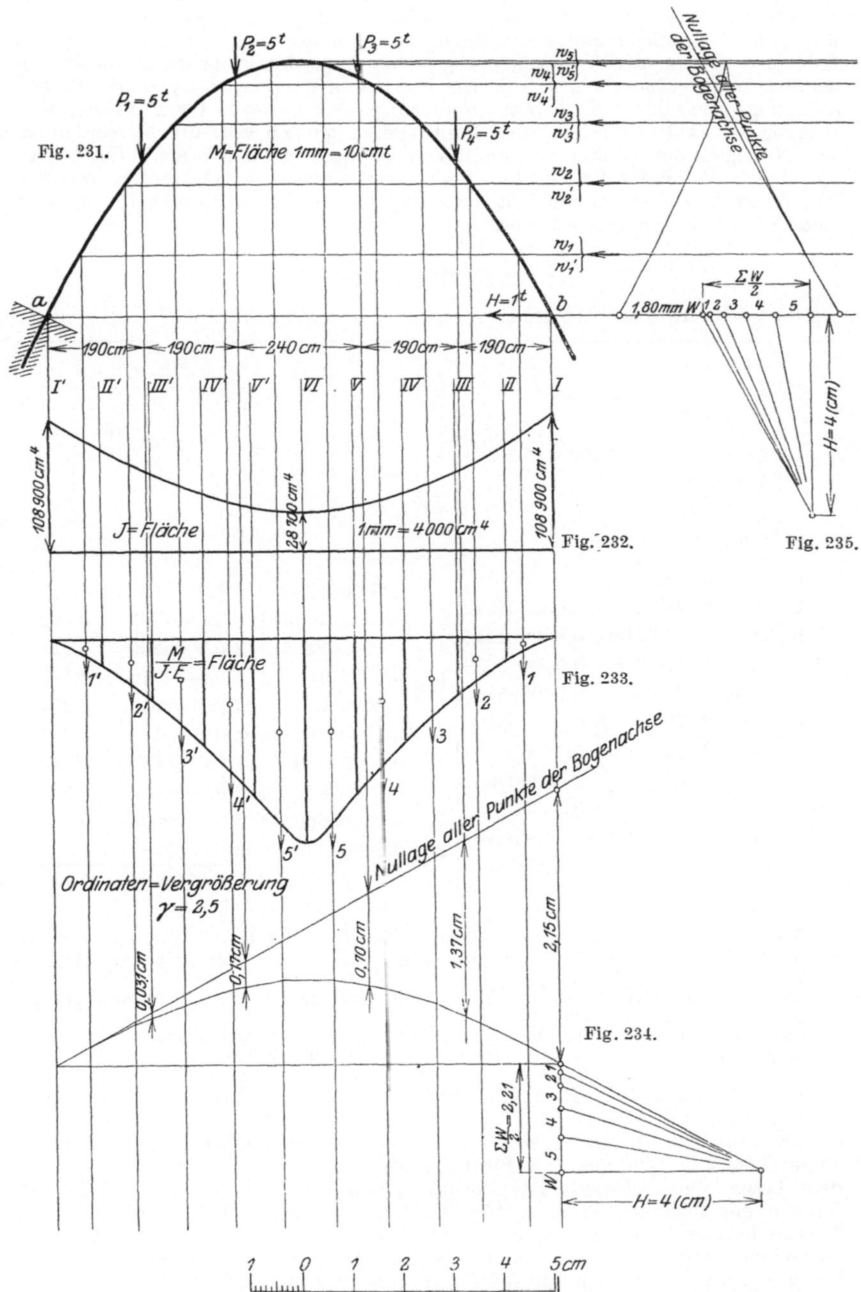

Fig. 231—235. Punktverschiebungen im statisch bestimmten Hauptsysteme aus der überzähligen Stützkraft $H = 1$ t.

aus die Punktverschiebungen zu messen sind und die somit die Nullage aller Punkte der Bogenachse darstellt, daß diese Basis gebildet wird von der Verlängerung der äußeren Seilstrecke für w_1', also von der Tangente an die Biegungslinie in a': Denn infolge Einspannung ist die Lage der Tangente an die Bogenachse in a unveränderlich, von diesem Punkte an wachsen also erst die Winkeländerungen und damit die Punktverschiebungen so, wie es in Fig. 234 durch Eintragung der Zahlenwerte einzelner Punktverschiebungen verdeutlicht worden ist. Die Nullagen der beiden Biegungslinien könnten natürlich auch durch entsprechende Wahl der Pollage horizontal bzw. vertikal gelegt werden, was den Vorzug größerer Anschaulichkeit aufweist. In den Biegungslinien für $B = 1$ t sind diese Nullagen gewählt worden.

Tabelle Nr. 13.

Berechnung der Winkeländerungen der Bogenachse für $B = 1$ t.

Teilordinaten der $\frac{M}{J \cdot E}$ - Fläche	M Biegungsmoment für $B = 1$ t cmt	J Trägheitsmoment cm⁴	E Elastizitätsziffer t/cm²	$\frac{M}{J \cdot E}$ Fing. Belastung für die Längeneinheit	Ordinatenabschnitte	$\frac{M}{J \cdot E}$ Mittl. fing. Last für die Längeneinheit	Δb Abschnitt der Bogenschwerlinie cm	$w = \frac{M}{J \cdot E} \cdot \Delta b$ Fingierte Einzellast	(cm) $W = w \cdot \alpha \cdot \beta \cdot \gamma$ $\alpha = 100$ $\beta = 4$ (cm) $\gamma = 1$
I	0	108900	2150	0					
					1	0,000000285	206	0,0000587	0,023
II	100	81410	2150	0,000000572					
					2	0,000001043	172	0,0001793	0,072
III	200	61440	2150	0,000001515					
					3	0,000002256	142	0,0003200	0,128
IV	300	46570	2150	0,000002998					
					4	0,00000408	117	0,0004770	0,191
V	400	36050	2150	0,00000516					
					5	0,00000663	103	0,0006840	0,274
VI	500	28700	2150	0,00000810					
					5′	0,00000792	103	0,0008160	0,326
V′	600	36050	2150	0,00000775					
					4′	0,00000738	117	0,0008630	0,345
IV′	700	46570	2150	0,00000700					
					3′	0,00000653	142	0,0009270	0,371
III′	800	61440	2150	0,00000606					
					2′	0,00000560	172	0,0009630	0,335
II′	900	81410	2150	0,00000514					
					1′	0,00000470	206	0,0009680	0,387
I′	1000	108900	2150	0,00000427					
							$\Sigma w =$	0,0062560	2,502

Biegungslinien für $B = 1$ t. Fig. 236—240 nebst Tabelle Nr. 13. Die Momentenfläche ist ein Dreieck mit der Spitze bei b. Fig. 238 zeigt die sich ergebende unsymmetrische $\frac{M}{J \cdot E}$-Fläche. Die unsymmetrische Verteilung der gedachten Last erfordert die Darstellung des ganzen w-Kräftezuges.

Biegungslinien für $M_b = 1$ cmt. Fig. 241—245 nebst Tabelle Nr. 14. Die Momentenfläche ist ein Rechteck, Fig. 242; die $\frac{M}{J \cdot E}$-Fläche ist also symmetrisch, Fig. 243.

Die Entnahme der zur Auswertung der Formänderungsgleichungen benötigten Punktverschiebungen aus den Biegungslinien für $H = 1$ t und $B = 1$ t bietet dem Leser keine Schwierigkeiten mehr. Weniger einfach scheint zunächst die Verwendung der Biegungslinien für $M = 1$ cmt zu sein: aus diesen sollen laut Formänderungsgleichung (3) keine Verschiebungen, sondern Winkeländerungen entnommen werden, und zwar handelt es sich, wie schon dargelegt, um die Winkeländerung, die die Tangente an die Bogenachse in b für die Einheiten der Einzellasten P_1, P_2, P_3, P_4, H, B und M erfährt. Die Winkeländerungen aus H, B und M sind einfach gleich dem Winkel, den die Nullage jeder der Biegungslinien mit der Endtangente (Endseillinie) bildet. Diese Winkeländerung muß sich aus

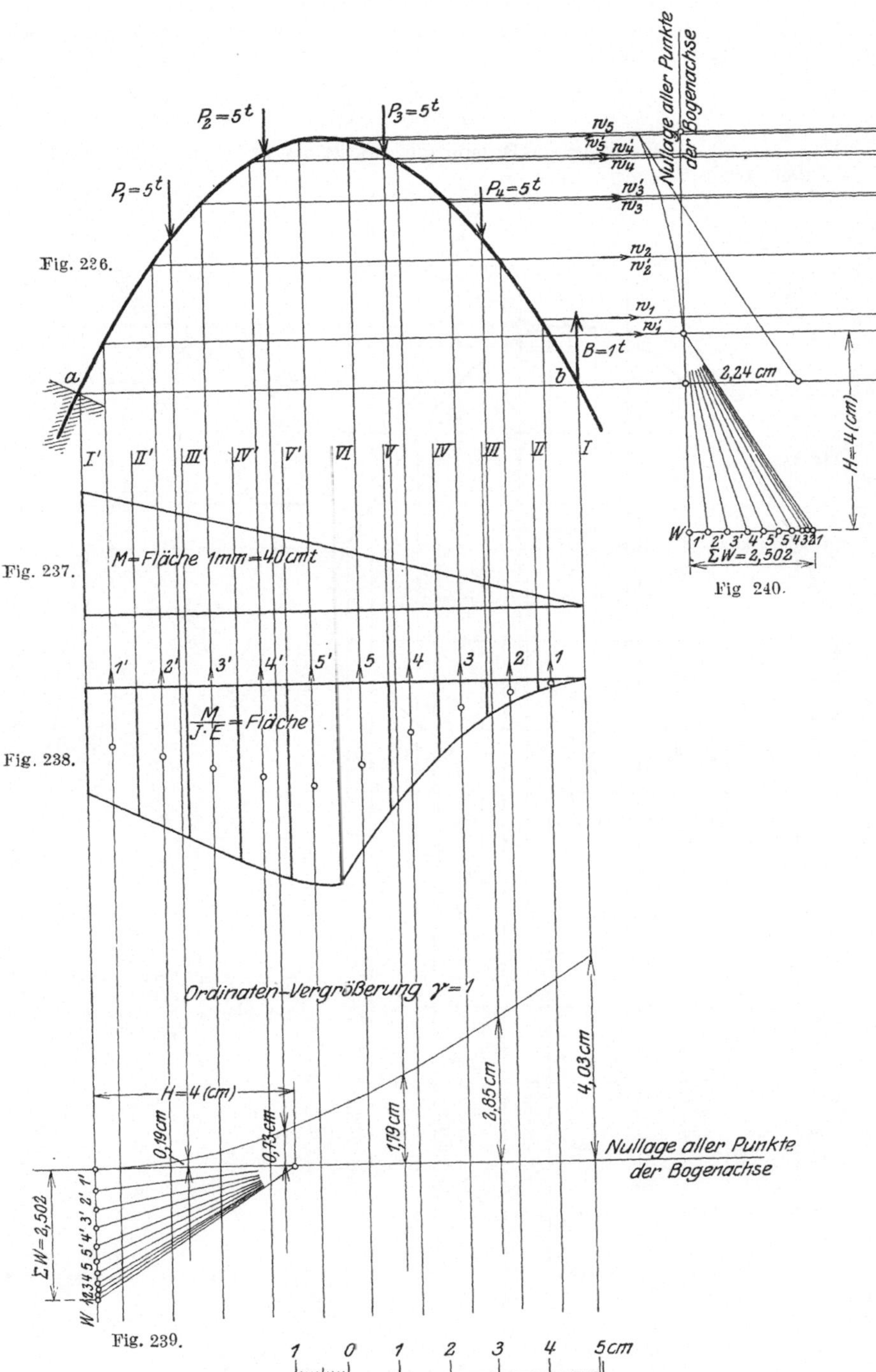

Fig. 236—240. Punktverschiebungen im statisch bestimmten Hauptsystem aus der überzähligen Stützenkraft $B = 1$ t.

den beiden für eine Überzählige bezeichneten Biegungslinien natürlich in gleicher Größe ergeben, nämlich zu:

$$w_b = \frac{\Sigma W}{H} \cdot \frac{1}{\alpha \gamma} = \frac{\Sigma W}{\alpha \beta \gamma} = \Sigma w$$

gemessen, wie hier stets, im Bogenmaße. Es ist natürlich gar nicht erforderlich, den Ausdruck

$$\Sigma W \cdot \frac{1}{\alpha \beta \gamma}$$

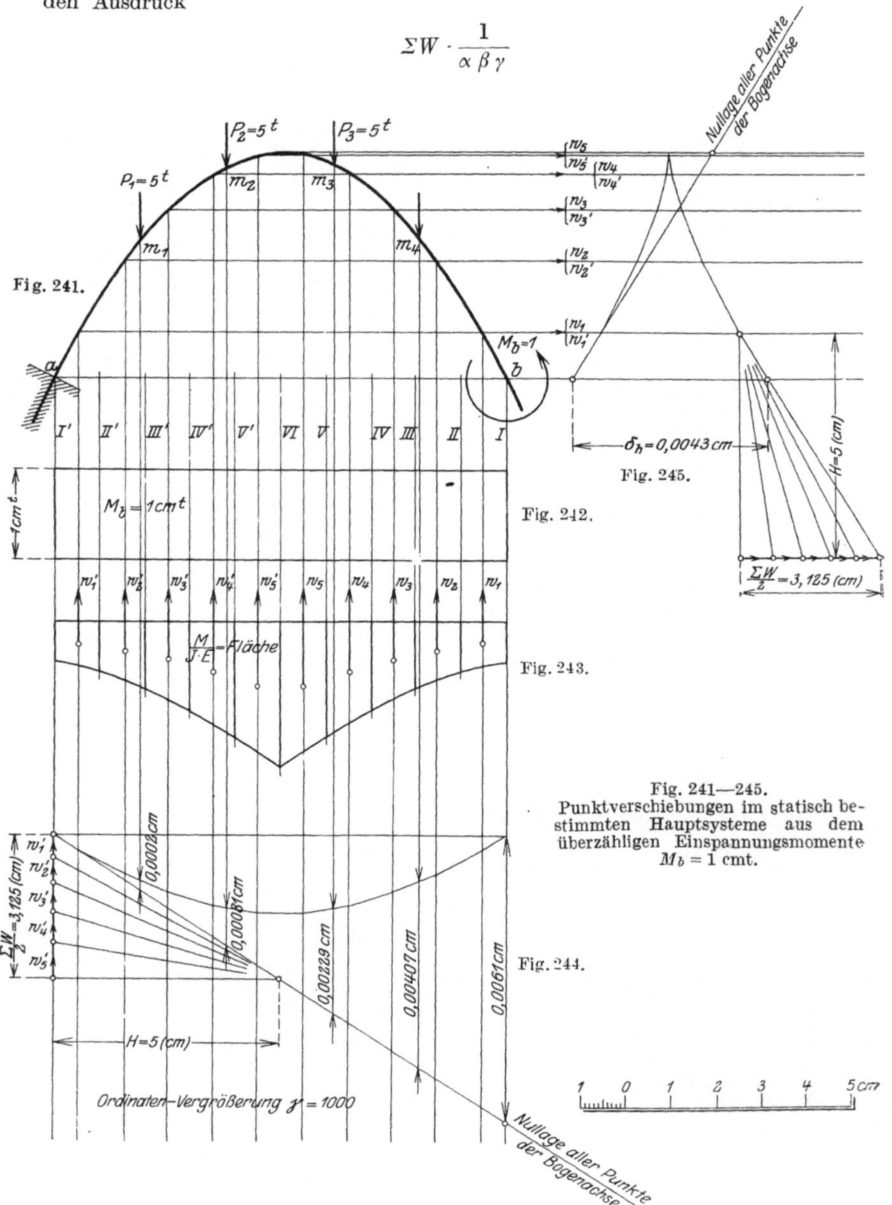

Fig. 241—245.
Punktverschiebungen im statisch bestimmten Hauptsysteme aus dem überzähligen Einspannungsmomente $M_b = 1$ cmt.

aus den Figuren zu bestimmen, vielmehr kann die Σw (für die, wie erinnerlich, die Polweite $H = \beta = 1$, der Trägermaßstab $\alpha = 1$ und auch der Vergrößerungsmaßstab $= 1$ sind) den zu den Biegungslinien gehörenden Tabellen nach Addition der Zahlenwerte der w-Spalte entnommen werden.

Wären für sämtliche Lasten P Biegungslinien gezeichnet worden, so könnte die Winkeländerung der Tangentenlage in b unmittelbar in gleicher Weise ermittelt werden. Es ist aber auch hier von größerem Vorteile, den Satz von der Gegenseitigkeit der Verschiebungen anzuwenden, wonach

$$w_{bm} = \delta_{m\underline{b}}\,.$$

Auf Seite 78 wurde das ausführlich erläutert.

Tabelle Nr. 14.

Berechnung der Winkeländerungen der Bogenachse für $M_b = 1$ cmt.

Teilordinaten der $\frac{M}{J\cdot E}$-Fläche	M Biegungsmoment für $M = 1$ t (cmt)	J Trägheitsmoment (cm⁴)	E Elastizitätsziffer (t/cm²)	$\frac{M}{J\cdot E}$ Fing. Belastung für die Längeneinheit	Ordinatenabschnitte	$\frac{M}{J\cdot E}$ Mittl. fing. Last für die Längeneinheit	Δb Abschnitt der Bogenschwerlinie (cm)	$w = \frac{M}{J\cdot E}\cdot\Delta b$ Fingierte Einzellast	(cm) $W = w\cdot\alpha\cdot\beta\cdot\gamma$, $\alpha = 100$, $\beta = 5$ (cm), $\gamma = 1000$
I u. I′	1	108900	2150	0,00000000427	1 u. 1′	0,00000000499	206	0,00000103	0,515
II u. II′	1	81410	2150	0,00000000572	2 u. 2′	0,00000000664	172	0,00000115	0,575
III u. III′	1	61440	2150	0,00000000757	3 u. 3′	0,00000000878	142	0,00000125	0,625
IV u. IV′	1	46570	2150	0,00000000999	4 u. 4′	0,00000001144	117	0,00000134	0,670
V u. V′	1	36050	2150	0,00000001290	5 u. 5′	0,00000001450	103	0,00000148	0,740
VI	1	28700	2150	0,00000001620				$\frac{\Sigma w}{2} = 0{,}00000625$	$\frac{\Sigma W}{2} = 3{,}125$

Wir können nunmehr die Zahlenrechnung in Angriff nehmen:

Verschiebungen von b aus P_m in Richtung H (Fig. 234):

$$\delta_{m_1 b} = 0{,}03 \text{ cm/t}$$
$$\delta_{m_2 b} = 0{,}17 \quad ,,$$
$$\delta_{m_3 b} = 0{,}70 \quad ,,$$
$$\delta_{m_4 b} = 1{,}37 \quad ,,$$
$$\Sigma P_m \delta_{bm} = 2{,}27 \text{ cm/t} \cdot 5 \text{ t} = 11{,}35 \text{ cm}.$$

Verschiebung von b aus P_m in Richtung B (Fig. 239):

$$\delta_{m_1 b} = 0{,}19 \text{ cm/t}$$
$$\delta_{m_2 b} = 0{,}73 \quad ,,$$
$$\delta_{m_3 b} = 1{,}79 \quad ,,$$
$$\delta_{m_4 b} = 2{,}85 \quad ,,$$
$$\Sigma P_m \delta_{bm} = 5{,}56 \text{ cm/t} \cdot 5 \text{ t} = 27{,}80 \text{ cm}.$$

Verdrehung von b aus P_m (Fig. 244):

$$\delta_{m_1 b} = 0{,}00020$$
$$\delta_{m_2 b} = 0{,}00081$$
$$\delta_{m_3 b} = 0{,}00229$$
$$\delta_{m_4 b} = 0{,}00407$$
$$\Sigma P_m w_{bm} = 0{,}00737 \cdot 5 = 0{,}03685\,.$$

Somit:

$$
\begin{array}{llllll}
1. & +11{,}35 & +1{,}80\,H & -2{,}24\,B & -0{,}0043\,M & =0\\
2. & -27{,}80 & -2{,}15\,H & +4{,}03\,B & +0{,}0061\,M & =0\\
3. & -\ 0{,}03685 & -0{,}00442\,H & +0{,}00626\,B & +0{,}0000125\,M & =0
\end{array}
$$

oder:

$$
\begin{array}{lllll}
\text{I.} & +1{,}80\,H & -2{,}24\,B & -0{,}0043\,M & =-11{,}35\\
\text{II.} & -2{,}15\,H & +4{,}03\,B & +0{,}0061\,M & =+27{,}80\\
\text{III.} & -4{,}42\,H & +6{,}26\,B & +0{,}0125\,M & =+36{,}85
\end{array}
$$

$$
\begin{array}{lllll}
\text{I. erw.} & +2{,}15\,H & -2{,}67556\,B & -0{,}005136\,M & =-13{,}55695\\
\text{II.} & -2{,}15\,H & +4{,}03000\,B & +0{,}006100\,M & =+27{,}80000\\
& \text{a)} & +1{,}35444\,B & +0{,}000964\,M & =+14{,}24305
\end{array}
$$

$$
\begin{array}{lllll}
\text{I. erw.} & +4{,}42000\,H & -5{,}50045\,B & -0{,}010559\,M & =-27{,}87061\\
\text{III.} & -4{,}42000\,H & +6{,}26000\,B & +0{,}012500\,M & =+36{,}85000\\
& \text{b)} & +0{,}75955\,B & +0{,}001941\,M & =+\ 8{,}97939
\end{array}
$$

$$
\begin{array}{llll}
\text{a)} & -1{,}35444\,B & -0{,}000964\,M & =-14{,}24305\\
\text{b) erw.} & +1{,}35444\,B & +0{,}003461\,M & =+16{,}01217\\
& & +0{,}002497\,M & =+\ 1{,}76902
\end{array}
$$

$$M = \frac{1{,}76902}{0{,}002497} = 708{,}4581$$

$$\underline{M = 708\ \text{cmt}\,.}$$

$$\text{a)}\quad +1{,}35444\,B + 0{,}000964 \cdot 708{,}4581 = +14{,}24305$$

$$B = 10{,}01159$$

$$\text{b)}\quad +0{,}75955\,B + 0{,}001941 \cdot 708{,}4581 = +8{,}97939$$

$$B = 10{,}01154$$

$$\underline{B = 10\ \text{t}.}$$

Diese Größe von B, nämlich genau 10 t, konnte auch vor der Berechnung unmittelbar aus der Symmetrie des Tragwerkes und seiner Belastung mit Gewißheit gefolgert und angeschrieben werden. Man hätte darauf nur noch zwei Unbekannte auszuwerten brauchen: Dann würde man jedoch auf eine sehr erwünschte Stichprobe auf die Richtigkeit und Genauigkeit der Biegungslinien und ihrer Auswertung verzichtet haben.

$$\text{I.}\quad +1{,}80\,H - 2{,}24 \cdot 10 - 0{,}0043 \cdot 708{,}4581 = -11{,}35$$

$$H = \frac{14{,}09637}{1{,}80} = 7{,}83132$$

$$\underline{H = 7{,}83\ \text{t}\,.}$$

Die Probe auf Gleichung II und III ist befriedigend. Die Ermittlung der Beanspruchung jedes Trägerquerschnittes ist damit auf die gleiche Aufgabe für einen statisch bestimmten Balken zurückgeführt; eine wiederholungsweise Lösung dieser Aufgabe, wie sie in vorangegangenen Übungsbeispielen durchgeführt oder angedeutet wurde, erübrigt sich wohl bereits.

Untersuchung des Tragwerkes für die größte Temperaturänderung von $\pm 35°$ C gegenüber der Montagetemperatur. Es möge zur

Vereinfachung der Rechnung, in Ermangelung bestimmter Sachlage oder Vorschrift, angenommen werden, daß die Temperatur für alle Trägerpunkte stets dieselbe ist. Wegen der dann vollkommen symmetrischen Beanspruchung kann ein Auflagerdruck A und B überhaupt nicht auftreten; dennoch möge auch hier wieder zur Erzielung einer Stichprobe auf die Richtigkeit der Beiwerte der Unbekannten und zwecks Wahrung der allgemeinen Form dieser Übungsaufgabe, die Überzählige B nicht gleich Null gesetzt werden: Die Überzählige muß im Ergebnis diesen Wert annehmen, wenn die Rechnung ohne Fehler ist. Der umgekehrte Schluß auf die unbedingte Richtigkeit der Rechnung bei $B = 0$ kann natürlich nicht gezogen werden. Auch eine zufällige Übereinstimmung der Fehler könnte den Wert Null für die Überzählige herbeiführen. Das ist allerdings ein seltener Fall.

Die Temperaturänderung hat eine Vergrößerung (bzw. Verkleinerung) der Entfernung $a \div b$ im statisch bestimmten Hauptsystem zur Folge:

$$\underset{\text{in Richtung } H}{\delta_b} = 1000 \text{ cm} \cdot 0{,}000012 \text{ cm/cm} \cdot \pm 35 = \pm 0{,}42 \text{ cm}.$$

Eine Hebung von b oder eine Winkeländerung dort findet nicht statt.

Die Stützenbedingungen sind natürlich die gleichen, wie die bei Berechnung der Überzähligen für die Lasten P aufgestellten: Wir können somit ohne weiteres in die Zahlenrechnung eintreten:

$$\begin{array}{llll}
\text{I.} & +1{,}80\,H - 2{,}24\,B & -0{,}0043\,M & = +0{,}42 \\
\text{II.} & -2{,}15\,H + 4{,}03\,B & +0{,}0061\,M & = 0 \\
\text{III.} & -4{,}42\,H + 6{,}26\,B & +0{,}0125\,M & = 0
\end{array}$$

$$\begin{array}{llll}
\text{I.} & +1{,}80\,H - 2{,}24\,B & -0{,}0043\,M & = +0{,}42 \\
\text{II. erw.} & -1{,}80\,H + 3{,}37395\,B & +0{,}0051070\,M & = 0 \\
\text{a)} & +1{,}13395\,B & +0{,}0008070^{*}\,M & = +0{,}42
\end{array}$$

$$\begin{array}{llll}
\text{I.} & +1{,}80\,H - 2{,}24\,B & -0{,}0043\,M & = +0{,}42 \\
\text{III. erw.} & -1{,}80\,H + 2{,}54932\,B & +0{,}0050905\,M & = 0 \\
\text{b)} & +0{,}30932\,B & +0{,}0007905^{*}\,M & = +0{,}42
\end{array}$$

$$\begin{array}{llll}
\text{a)} & -1{,}13395\,B & -0{,}0008070\,M & = -0{,}42 \\
\text{b) erw.} & +1{,}13395\,B & +0{,}0028979\,M & = +1{,}53970 \\
 & & +0{,}0020909\,M & = +1{,}11970
\end{array}$$

$$M = \frac{+1{,}11970}{+0{,}0020909} = 535{,}511$$

$$\underline{M = 536 \text{ cmt}}$$

$$\text{a)} \quad +1{,}13395\,B + 0{,}0008070 \cdot 535{,}511 = +0{,}42$$

$$B = \frac{-0{,}012157}{+1{,}13395} = -0{,}010721$$

$$\text{b)} \quad +0{,}30932\,B + 0{,}0007905 \cdot 535{,}511 = +0{,}42$$

$$B = \frac{-0{,}00332}{+0{,}30932} = -0{,}010733$$

$$\underline{B = 0}$$

$$\text{I.}\quad +1{,}80\,H - 2{,}24\cdot 0 - 0{,}0043\cdot 535{,}511 = +0{,}42$$

$$H = \frac{2{,}72270}{1{,}8} = 1{,}51261$$

$$\underline{H = 1{,}51\ \text{t.}}$$

Die Proben auf Gleichung II und III gehen genau genug auf. Die beiden * Werte müßten, wenn die Punktverschiebungen mathematisch genau ermittelt worden wären, einander gleich sein, so daß, wenn man zuerst nach B auflöst, sich die Gleichung ergibt:

$$\text{a)—b)}\quad = (1{,}13395 - 0{,}30932)\,B + 0 = 0\,.$$

also, und nur dann: $$B = 0\,.$$

Ein tieferes Eingehen auf solche Sonderfälle würde den Rahmen dieses Buches überschreiten. Dem Leser wird empfohlen, solche Gleichungssysteme zahlenmäßig genau zu entwickeln, weil sonst Ungenauigkeiten von unzulässiger Größe auftreten können, die auch durch die Proben nicht aufgedeckt werden, da diese in solchen Fällen scheinbar fast unempfindlich sind. Nötigenfalls sind die Formänderungsgleichungen anders anzusetzen: So ist es, wie schon bekannt, beim Träger auf mehr als drei Stützen nicht zu empfehlen, die Auflagerdrücke als überzählig zu behandeln, sondern besser die Stützenmomente.

Es empfiehlt sich stets, nach Kontrollmerkmalen zu suchen; dadurch dringt man tiefer in die Aufgabe ein und schützt sich vor Fehlern. Die Darstellung der Biegungslinie aus der errechneten wirklichen Beanspruchung, ferner Bau- und Lastsymmetrie, statisch bestimmte Überschlags- bzw. Annäherungsrechnungen, sowie Annäherungsrechnungen auf Grund von Taschenbuchformeln für ähnliche Fälle geben gute Kontrollmerkmale an die Hand und entwickeln eine gründliche Erfahrung.

Es sei hier noch auf den hohen Wert des Einspannungsmomentes bei Temperaturänderung ausdrücklich hingewiesen. Diese Empfindlichkeit ist typisch für eingespannte Rahmen und wesensähnliche Tragwerke und darf daher nicht ununtersucht bleiben.

4. Das Portal.

Verbindet man einen Balken biegungssteif mit seinen beiden Stützen, so entsteht ein typisches Portal, vgl. Fig. 246. Durch extreme Variation des typischen Portales ergeben sich andere Tragwerke, oft ohne im Sprachgebrauche den Namen zu ändern: Werden die Eckwinkel 180°, so geht das Portal, bei entsprechender Krümmung der Elemente, in einen Bogen über; verkleinert man beide Stützen bis auf die Länge Null, so entsteht ein Balken auf zwei Stützen und so fort. Verschwindet nur eine Stiellänge, so ergibt sich ein „einhüftiges Portal". Ein zwei- oder mehrfaches Portal erhält man, wenn man einen Balken auf drei bzw. mehr Stützen mit diesen Stützen biegungssteif verbindet. Alle diese Variationen und ihre Zwischenstufen brauchen wir hier nicht zu betrachten; der Leser mag aus ihnen seine Übungsbeispiele wählen: Die Formänderungsgleichungen sind identisch mit denen längstbekannter wesensgleicher Tragwerke. Das Besondere am Portal ist die Zusammensetzung aus Tragwerken, deren Formänderung im einzelnen zu ermitteln wir bereits imstande sind, deren Gesamteinfluß festzustellen dem Leser vielleicht noch Schwierigkeiten bietet. Wir können uns mithin auf die Behandlung des zweigelenkigen Portales Fig. 246 beschränken; der Leser kann die Betrachtung auf Grund seiner vorausgesetzten und der

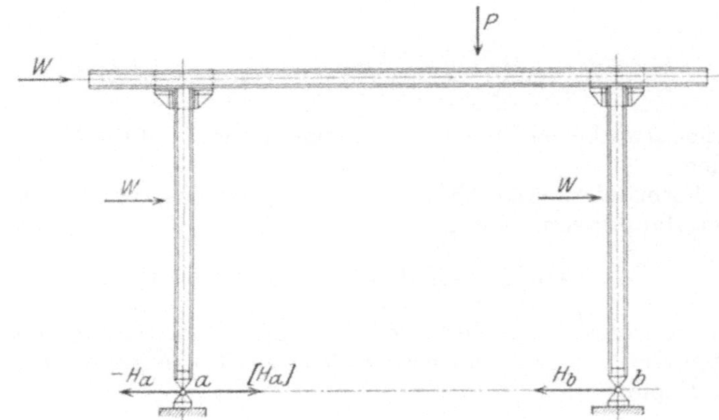

Fig. 246.

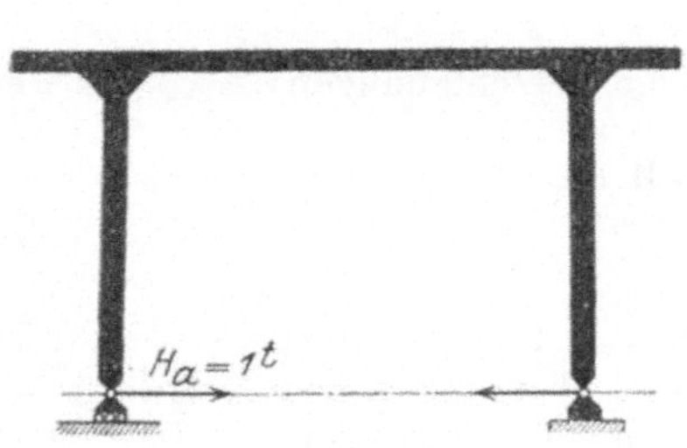

Fig. 247.

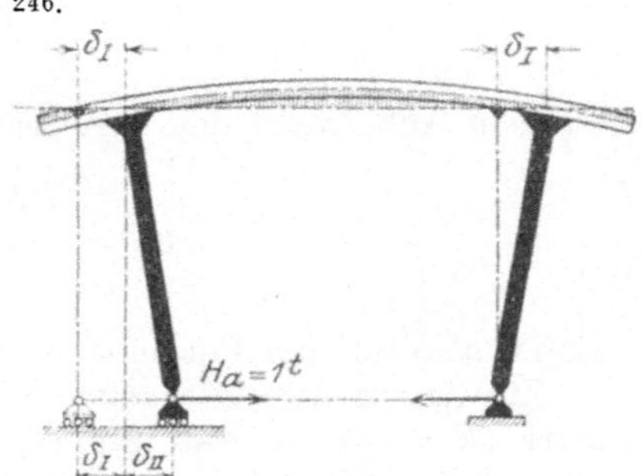

Fig. 248.

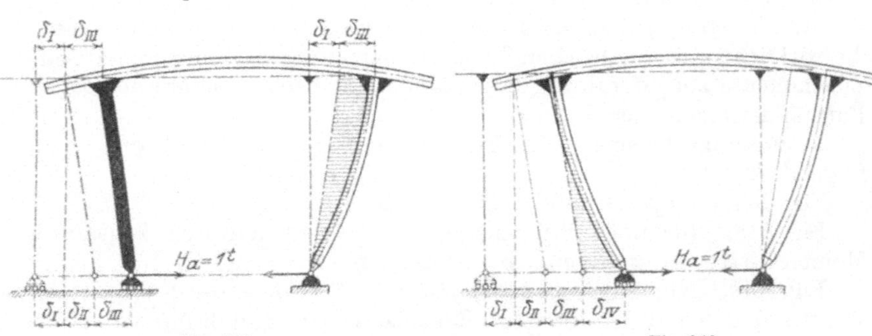

Fig. 249.

Fig. 250.

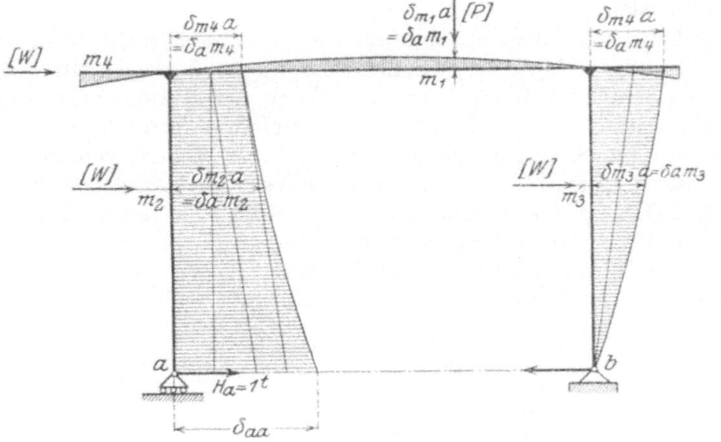

Fig. 251.

bis hierher erworbenen Vorkenntnisse ohne weiteres auf die Variationen anwenden.

Die Formänderungsgleichung lautet bekanntlich, wenn a Rollenlager im Hauptsystem Fig. 251:

$$\Sigma P \delta_{a m_1} - \Sigma W \delta_{a m} - H_a \delta_{a a} = 0,$$

worin übrigens das Vorzeichen der bis auf den Absolutbetrag bestimmt gewählten Kräfte nach der augenscheinlichen Wirkung bereits eingesetzt wurde. Explizit:

$$H_a = \frac{P \delta_{a m_1} - \Sigma W \delta_{a m}}{\delta_{a a}}.$$

oder, in Anbetracht der Gegenseitigkeit der Verschiebungen:

$$H_a = \frac{P \delta_{m_1 \underline{a}} - \Sigma W \delta_{m \underline{a}}}{\delta_{a \underline{a}}}.$$

Es ist also nur die Formänderung aus $H_a = 1$ t zu ermitteln!

Zu diesem Zwecke denken wir uns zunächst das ganze Tragwerk starr ($E = \infty$), so daß für $H_a = 1$ t keine Formänderung auftritt. Dann teilen wir das Portal in solche Elemente ein, auf die wir unsere gewohnten Verfahren am bequemsten anwenden können, ersetzen hierauf die starr gedachten Elemente in geeigneter Reihenfolge durch die wirklichen, und vollziehen die dann klar zutage liegende geometrische Zusammensetzung der durch diesen Kunstgriff nacheinander erfolgenden Formänderungen aus $H_a = 1$ t.

In unserem Beispiele Fig. 246 ist der Gang der Überlegung etwa folgender:

Fig. 247. Tragwerk völlig starr; $H_a = 1$ t.

Fig. 248. Nur noch Stützenstiele starr, Balken durch konstantes Moment $(H_a \cdot h)$ gebogen; $\delta_{aa} = \delta_I + \delta_{II}$.

Fig. 249. Nur noch Stiel a starr. $\delta_{aa} = \delta_I + \delta_{II} + \delta_{III}$. (Der Winkel, den H mit den Stützen bildet, ist so gering, daß δ_{III} als s e n k r e c h t e Verschiebung der durch $H_b = H_a = 1$ t gebogenen Stütze zu ermitteln ist).

Fig. 250. Alle Elemente bis auf die Eckwinkel nicht mehr starr: $\delta_{aa} = \delta_I + \delta_{II} + \delta_{III} + \delta_{IV}$ (Bemerkung wie zu δ_{III}). Ist die Winkeländerung der Ecken infolge der Einwirkung der Eckmomente bekannt oder abschätzbar, so sind δ_{III} und δ_{IV} um das Produkt aus Winkeländerung und Stiellänge zu vermehren. Die Ecken werden jedoch in der Regel so steif ausgeführt, daß die Vernachlässigung zulässig ist.

Fig. 251 zeigt die Biegungslinie (δ_{ma}) bzw. die Einflußlinie (δ_{am}).

Die weitere Behandlung ist dem Leser geläufig; sie bereitet auch dann keine Schwierigkeiten, wenn die Berücksichtigung des Einflusses der Längs- und Querkräfte angezeigt erscheinen sollte.

IV. Die statisch unbestimmten Fachwerkträger.

Dieses Kapitel nimmt gegenüber Kapitel III nur einen geringen Raum ein. Unter die Vollwandträger haben wir nicht nur die armierten Balken aufgenommen, die bei strengerer Gliederung neben vollwandigen und gegliederten Systemen besonders einzuordnen wären, sondern wir haben auch die gekrümmten Balken und die Portale wegen der Eigenart der Berechnung ihrer Punktverschiebungen dort ausführlich behandeln müssen. Trotz viel größerer Mannigfaltigkeit weisen die gebräuchlichen Erscheinungsformen der gegliederten Träger nicht solche Besonderheiten auf, die einer besonderen Behandlung bedürften. Wir haben also nur die Ermittlung der Punktverschiebungen, die in allen Fällen die gleiche ist, in einem Beispiele ausführlich zu behandeln und wollen eine kurze Repetition der Aufstellung von Formänderungsgleichungen an Hand einiger typischer Fachwerkträger folgen lassen.

1. Die statisch unbestimmt gestützten Fachwerkträger.

a) Der Fachwerkbalken auf drei Stützen.

Der in Fig. 252 dargestellte Träger sei belastet durch 6,4 t/m einschließlich Eigengewicht; hierfür soll die Stabbemessung vorgenommen werden. Wir unterscheiden Entwurfsberechnung und exakte Nachprüfung.

Formänderungsgleichung, nach C gesondert:

$$C = \frac{\Sigma P \delta_{cm}}{\delta_{cc}}.$$

Ist nicht die Frage nach der Beanspruchung bei andersartiger Belastung zu erwarten, so genügt die Auswertung zweier Arbeitsgleichungen zur Ermittlung von C und damit zur Lösung der gestellten Aufgabe:

$$\overline{1}_c \cdot \underset{\text{aus } \Sigma P_m}{\delta_{cm}} = \Sigma P_m \delta_{cm} = \Sigma \overline{S}_c S_m \varrho_s$$

und

$$\overline{1}_c \cdot \delta_{cc} = \delta_{cc} = \Sigma S_c^2 \varrho_s .$$

Die Aufstellung der Produktfaktoren erfolgt zweckmäßig tabellarisch (vgl. Seite 51, Tabelle Nr. 4 u. a.). Es sind hierzu zwei Kräftepläne zu zeichnen: für $C = 1$ und für die Belastung, bezogen auf das statisch bestimmte Hauptsystem.

Nach der Ermittlung von C ist der Kräfteplan für $C = 1$ zu erweitern und mit dem Kräfteplane für die Belastung zu kombinieren. Bei Dachkonstruktionen, Rohrleitungsträgern, Flugzeugen u. a. wird die statische Untersuchung in der Regel bereits durch dieses verhältnismäßig einfache Verfahren erschöpft. (Bei Flugzeugen tritt dafür allerdings meist vielfache Unbestimmtheit auf und oft eine räumliche Gliederung, die eine restlose Zerlegung in ebene Tragscheiben in zweckmäßiger Weise nicht mehr zuläßt).

Der Leser mag die Stabbeanspruchung mittels Arbeitsgleichungen, wie oben geschildert, zur Übung selbständig bestimmen. Für die Zahlenrechnung, die wir hier vorführen wollen, möge angenommen werden, daß weitere Untersuchungen für wandernde Einzellasten folgen sollen, die so zahlreiche Belastungsvariationen ergeben, daß das Zeichnen von Kräfteplänen für jeden Fall und die Auswertung der Arbeitsgleichungen sehr zeitraubend wäre; in diesem Falle ist die Berechnung mittels der durch den Verschiebungssatz ermöglichten Einflußlinien zweckmäßig.

Zunächst ist die Formänderungsgleichung umzuformen:

$$C = \frac{\Sigma P\,\delta_{cm}}{\delta_{cc}} = \frac{\Sigma P\,\delta_{m\underline{c}}}{\delta_{c\underline{c}}}.$$

Für die Knotenpunkte des Untergurtes als Lastgurt ist mithin die Biegungslinie für $C = 1$ t zu zeichnen; vgl. Fig. 252, Tabelle Nr. 15 und Fig. 253. Für die noch unbekannten Stabquerschnitte wurden Verhältniswerte eingesetzt; der Wandeinfluß wurde vernachlässigt.

Tabelle Nr. 15
zur Biegungslinie für $C = 1$ t.
Entwurfsberechnung.

Stab	Stablänge s cm	Querschn. F ausgedrückt durch F_o cm²	Elastizitätsziffer E t/cm²	Stablängenänderung für die Krafteinheit $\varrho_s = \frac{s}{F \cdot E}$ cm/t	Abstand vom zugeordnet. Knotenpunkt r cm	Stabspannung S für $C = +1$ t, $A = -0{,}438$ t, $B = -0{,}562$ t cm	Stablängenänderung $\Delta s = S \cdot \varrho_s$ für $C = +1$ t cm	Winkeländerung (Fingierte Last) $w = \frac{\Delta s}{r}$: Richtung und Größe	Winkeländerung: zugeordn. Knotenpunkt	Fing. Last jedes Untergurtknotens $\Sigma W = \Sigma w \cdot \alpha \cdot \beta \cdot \gamma$; $\alpha = 100$; $\beta = 4$ (cm); $\gamma = 2{,}5$
O_1	126	2 F_o	2150	0,0293 $/F_o$	113	+ 0,49	+ 0,0142 $/F_o$	+ 0,0001258$/F_o$	I	[I]
O_2	126	2 F_o	2150	0,0293 $/F_o$	125	+ 0,88	+ 0,02574$/F_o$	+ 0,0002058$/F_o$	II	0,2488$/F_o$
O_3	126	3 F_o	2150	0,01954$/F_o$	137	+ 1,20	+ 0,0235 $/F_o$	+ 0,0001715$/F_o$	III	[II]
O_4	125	3 F_o	2150	0,01938$/F_o$	145	+ 1,51	+ 0,0294 $/F_o$	+ 0,0002025$/F_o$	IV	0,3378$/F_o$
O_5	125	3 F_o	2150	0,01938$/F_o$	152	+ 1,80	+ 0,0349 $/F_o$	+ 0,000229 $/F_o$	V	[III]
O_6	125	3 F_o	2150	0,01938$/F_o$	156	+ 2,11	+ 0,0409 $/F_o$	+ 0,000262 $/F_o$	VI	0,3415$/F_o$
O_7	125	3 F_o	2150	0,01938$/F_o$	159	+ 2,42	+ 0,0467 $/F_o$	+ 0,000294 $/F_o$	VII	[IV]
O_8	125	3 F_o	2150	0,01938$/F_o$	160	+ 27,4	+ 0,0531 $/F_o$	+ 0,000332 $/F_o$	c	0,4050$/F_o$
O_9	130	3 F_o	2150	0,02018$/F_o$	160	+ 2,74	+ 0,0553 $/F_o$	+ 0,000335 $/F_o$	c	[V]
O_{10}	130	3 F_o	2150	0,02018$/F_o$	158	+ 2,31	+ 0,0466 $/F_o$	+ 0,000295 $/F_o$	VIII	0,4580$/F_o$
O_{11}	130	3 F_o	2150	0,02018$/F_o$	153	+ 1,91	+ 0,0385 $/F_o$	+ 0,000252 $/F_o$	IX	[VI]
O_{12}	131	3 F_o	2150	0,0203 $/F_o$	144	+ 1,52	+ 0,0309 $/F_o$	+ 0,000214 $/F_o$	X	0,5240$/F_o$
O_{13}	131	3 F_o	2150	0,0305 $/F_o$	132	+ 1,11	+ 0,0339 $/F_o$	+ 0,000257 $/F_o$	XI	[VII]
O_{14}	131	2 F_o	2150	0,0305 $/F_o$	117	+ 0,62	+ 0,01900$/F_o$	+ 0,000162 $/F_o$	XII	0,5900$/F_o$
U_1	125	2 F_o	2150	0,0291 $/F_o$	—	—	—	—	a	[c]
U_2	125	2 F_o	2150	0,0291 $/F_o$	114	— 0,48	— 0,0140 $/F_o$	+ 0,000123 $/F_o$	I	0,6700$/F_o$
U_3	125	3 F_o	2150	0,01938$/F_o$	126	— 0,87	— 0,0166 $/F_o$	+ 0,000132 $/F_o$	II	[VIII]
U_4	125	3 F_o	2150	0,01938$/F_o$	137	— 1,20	— 0,0233 $/F_o$	+ 0,000170 $/F_o$	III	0,5900$/F_o$
U_5	125	3 F_o	2150	0,01938$/F_o$	145	— 1,51	— 0,0294 $/F_o$	+ 0,0002025$/F_o$	IV	[IX]
U_6	125	3 F_o	2150	0,01938$/F_o$	152	— 1,80	— 0,0349 $/F_o$	+ 0,000229 $/F_o$	V	0,504 $/F_o$
U_7	125	3 F_o	2150	0,01938$/F_o$	156	— 2,11	— 0,0409 $/F_o$	+ 0,00262 $/F_o$	VI	[X]
U_8	125	3 F_o	2150	0,01938$/F_o$	159	— 2,42	— 0,0469 $/F_o$	+ 0,000295 $/F_o$	VII	0,424 $/F_o$
U_9	130	3 F_o	2150	0,02018$/F_o$	158	— 2,31	— 0,0466 $/F_o$	+ 0,000295 ^6F_o	VIII	[XI]
U_{10}	130	3 F_o	2150	0,02018$/F_o$	153	— 1,91	— 0,0385 $/F_o$	+ 0,000252 $/F_o$	IX	0,423 $/F_o$
U_{11}	130	3 F_o	2150	0,02018$/F_o$	145	— 1,51	— 0,0305 $/F_o$	+ 0,000210 $/F_o$	X	[XII]
U_{12}	130	3 F_o	2150	0,02018$/F_o$	133	— 1,10	— 0,0221 $/F_o$	+ 0,000166 $/F_o$	XI	0,306 $/F_o$
U_{13}	130	2 F_o	2150	0,0303 $/F_o$	118	— 0,62	— 0,01700$/F_o$	+ 0,000144 $/F_o$	XII	$\Sigma W = 5{,}8221$
U_{14}	130	2 F_o	2150	0,0303 $/F_o$	—	—	—	—	b	

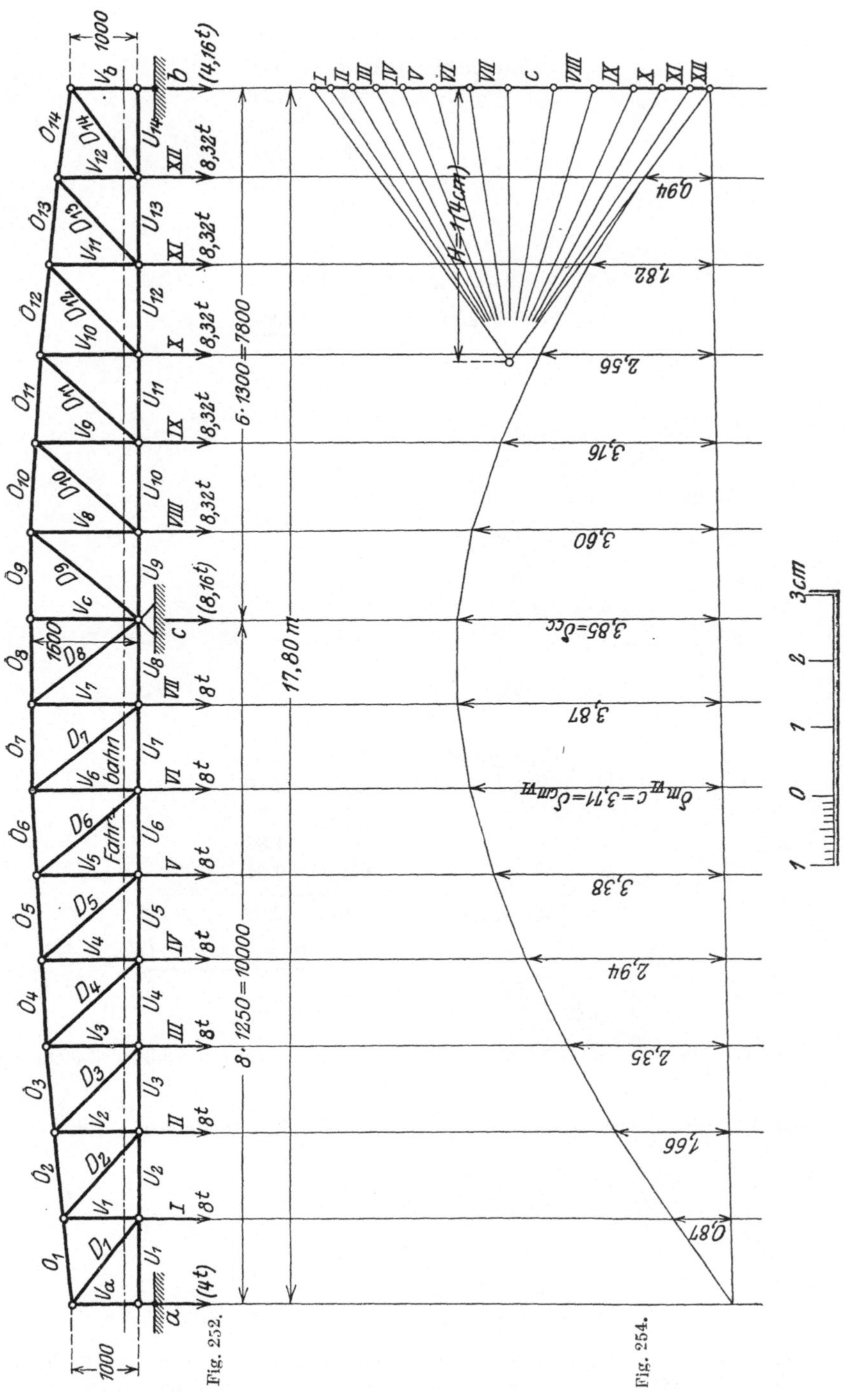

Fig. 252.

Fig. 254.

Ordinatenmeßwerte für $C = 1$ t:

Untergurtknoten	I:	0,87
„	II:	1,66
„	III:	2,35
„	IV:	2,94
„	V:	3,38
„	VI:	3,71
„	VII:	3,87

$$\Sigma P \delta_{c m_I \div m_{VII}} = 8 \cdot 18{,}78 = 150{,}24$$

Untergurtknoten c: $\underline{3{,}85}$

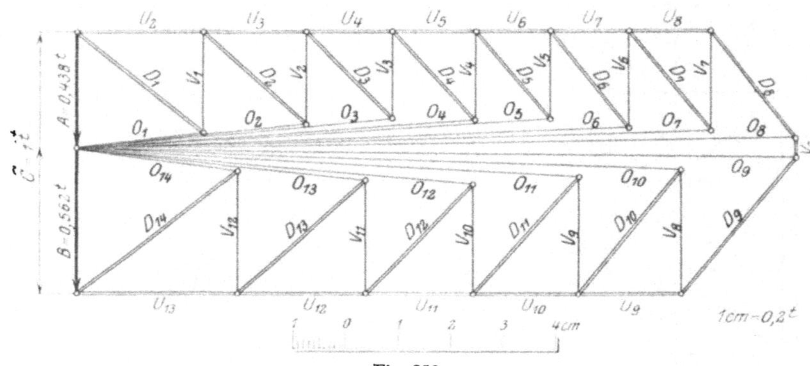

Fig. 253.

Untergurtknoten	VIII:	3,60
„	IX:	3,16
„	X:	2,56
„	XI:	1,82
„	XII:	0,94

$$\Sigma P \delta_{c m_{VIII} \div m_{XII}} = 8{,}32 \cdot 12{,}08 = \underline{100{,}50}$$

$$\underline{\Sigma P_m \delta_{c m} = 250{,}74}$$

$$\underline{C} = \frac{\Sigma P_m \delta_{c m}}{\delta_{c c}} = \frac{250{,}74}{3{,}85} = \underline{+65{,}2 \text{ t}}$$

$$+A \cdot 17{,}80 \text{ m} - 7 \cdot 8 \text{ t} \cdot (7{,}80 \text{ m} + 5{,}00 \text{ m}) + 65{,}2 \text{ t} \cdot 7{,}80 \text{ m} - 5 \cdot 8{,}32 \text{ t} \cdot 3{,}90 \text{ m} = 0$$

$$\underline{A = +20{,}8 \text{ t}}$$

$$+B \cdot 17{,}80 \text{ m} - 7 \cdot 8 \text{ t} \cdot 5{,}00 \text{ m} + 65{,}2 \text{ t} \cdot 10{,}00 \text{ m} - 5 \cdot 8{,}32 \text{ t} \cdot (10{,}00 \text{ m} + 3{,}90 \text{ m}) = 0$$

$$\underline{B = +11{,}6 \text{ t}.}$$

Probe:

$C = +65{,}2$ t	
$A = +20{,}8$ t	$P_{m_I \div VII} = -56{,}0$ t
$B = +11{,}6$ t	$P_{m_{VIII} \div XII} = -41{,}6$ t
$\Sigma = +97{,}6$ t	$\Sigma = -97{,}6$ t

Hiermit wurde der Kräfteplan Fig. 256 gezeichnet. Fig. 255 zeigt die Fachwerkfelder im Maßstabe 1 : 10 übereinandergezeichnet, um die genaue Richtung der

Stabkräfte zu haben und um aus dieser Zeichnung später sämtliche Abstände r der Stäbe von den zugeordneten Knotenpunkten entnehmen zu können. Tabelle Nr. 16 gibt die Bemessung auf Grund des Kräfteplanes Fig. 256 nach einer fingierten Bauvorschrift. Der Rechnungsgang in dieser Tabelle ist dem Leser aus der Festigkeitslehre bekannt.

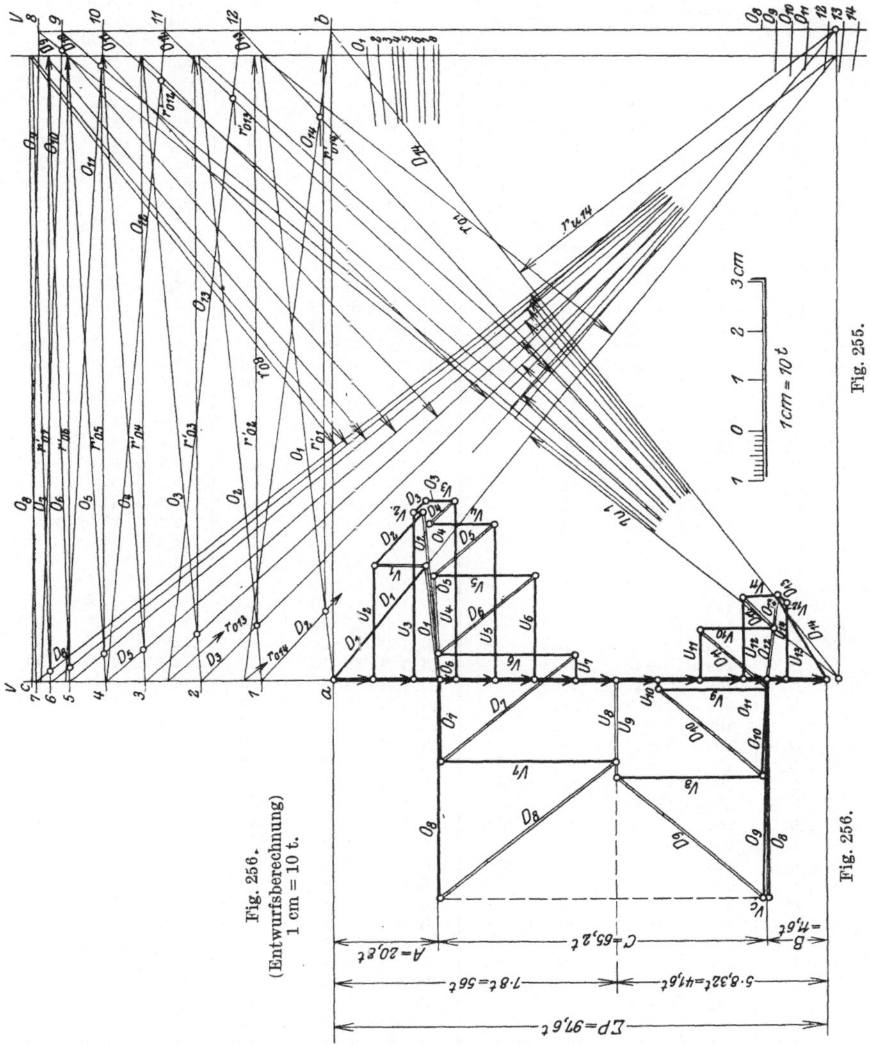

Fig. 255.

Fig. 256. (Entwurfsberechnung) 1 cm = 10 t.

Fig. 256.

Die Nachprüfung erfolgt mit Hilfe der Fig. 257—263 und der Tabellen Nr. 17 und Nr. 18 (s. nächste Seite). Der Einfluß der Wandstäbe wurde hierin berücksichtigt. Fig. 260, 261 und 262 nebst Hilfsfig. 259 zeigen die Nachprüfung der Biegungslinie Fig. 258 mittels Verschiebungsplanes. Dieser wurde der größeren Deutlichkeit wegen in zwei Teilen gezeichnet, Fig. 260 und 261; die Anfangspunkte $o = c$ beider Teile sind natürlich identisch; als feste Stablage wurde $c \div VII_u$ gewählt. Die Übereinstimmung der beiden Biegungslinien, Fig. 258 und Fig. 262, ist voll befriedigend.

Tabelle Nr. 16.
Entwurfsberechnung.

Stab	Stablänge	Spannkraft	Erforderl. F_{min}	Erforderl. J_{min}	Gewählter Querschnitt				
					Form	JL →‖←	F bei Nietabzug	F ohne Nietabzug	J_{min}
	cm	t	cm²	cm⁴		min a	cm²	cm²	cm⁴
O_1	126	−23	19	69	JL 130 · 65 · 10	10	32,6	37,2	250
O_2	126	−34	29	102	JL 130 · 66 · 10	10	32,6	37,2	250
O_3	126	−36	30	108	JL 130 · 65 · 10	10	32,6	37,2	250
O_4	125	−31	26	92	JL 130 · 65 · 10	10	32,6	37,2	250
O_5	125	−21	18	54	JL 130 · 65 · 10	10	32,6	37,2	250
O_6	125	− 5	5	15	JL 130 · 65 · 10	10	32,6	37,2	250
O_7	125	+16	14	—	JL 130 · 65 · 10	10	32,6	37,2	250
O_8	125	+44	37	—	JL 130 · 65 · 12	10	38,7	44,2	308
O_9	130	+44	37	—	JL 130 · 65 · 12	10	38,7	44,2	308
O_{10}	130	+20	17	—	JL 130 · 65 · 10	10	32,6	37,2	250
O_{11}	130	+ 2	2	—	JL 130 · 65 · 10	10	32,6	37,2	250
O_{12}	131	−10	9	33	JL 130 · 65 · 10	10	32,6	37,2	250
O_{13}	131	−17	15	49	JL 130 · 65 · 10	10	32,6	37,2	250
O_{14}	131	−15	13	43	JL 130 · 65 · 10	10	32,6	37,2	250
U_1	125	0	0	—	JL 130 · 65 · 10	10	32,6	37,2	250
U_2	125	+23	20	—	JL 130 · 65 · 10	10	32,6	37,2	250
U_3	125	+34	29	—	JL 130 · 65 · 10	10	32,6	37,2	250
U_4	125	+36	30	—	JL 130 · 65 · 10	10	32,6	37,2	250
U_5	125	+31	26	—	JL 130 · 65 · 10	10	32,6	37,2	250
U_6	125	+21	18	—	JL 130 · 65 · 10	10	32,6	37,2	250
U_7	125	+ 5	5	—	JL 130 · 65 · 10	10	32,6	37,2	250
U_8	125	−16	14	48	JL 130 · 65 · 10	10	32,6	37,2	250
U_9	130	−19	16	61	JL 130 · 65 · 10	10	32,6	37,2	250
U_{10}	130	− 2	2	7	JL 130 · 65 · 10	10	32,6	37,2	250
U_{11}	130	+10	9	—	JL 130 · 65 · 10	10	32,6	37,2	250
U_{12}	130	+16	14	—	JL 130 · 65 · 10	10	32,6	37,2	250
U_{13}	130	+15	13	—	JL 130 · 65 · 10	10	32,6	37,2	250
U_{14}	130	0	0	—	JL 130 · 65 · 10	10	32,6	37,2	250
D_1	160	+29	25	—	JL 130 · 65 · 10	10	32,6	37,2	250
D_2	169	+14	12	—	JL 100 · 50 · 8	10	19,3	23,0	99,6
D_3	178	+ 3	3	—	JL 80 · 40 · 6	10	11,4	13,8	41,5
D_4	185	− 7	6	39	JL 80 · 40 · 6	10	11,4	13,8	41,5
D_5	191	−16	14	111	JL 100 · 50 · 8	20	19,3	23,0	142,5
D_6	197	−25	21	184	JL 130 · 65 · 10	10	32,6	37,2	250
D_7	200	−34	29	257	JL 130 · 65 · 10	20	32,6	37,2	331,4
D_8	202	−44	37	340	JL 130 · 65 · 12	20	38,7	44,2	408,6
D_9	205	−38	32	302	JL 130 · 65 · 10	20	32,6	37,2	331,4
D_{10}	201	−27	23	206	JL 130 · 65 · 10	10	32,6	37,2	250
D_{11}	195	−18	15	130	JL 100 · 50 · 8	20	19,3	23,0	142,5
D_{12}	186	− 9	8	59	JL 80 · 40 · 6	20	11,4	13,8	64,0
D_{13}	176	+ 2	2	—	JL 80 · 40 · 6	10	11,4	13,8	41,5
D_{14}	164	+19	16	—	JL 100 · 50 · 8	10	19,3	23,0	99,6
V_a	100	−21	18	40	JL 100 · 50 · 8	10	19,3	23,0	99,6
V_1	114	−10	9	25	JL 80 · 40 · 6	10	11,4	13,8	41,5
V_2	126	− 2	2	6	JL 80 · 40 · 6	10	11,4	13,8	41,5
V_3	137	+ 6	5	—	JL 80 · 40 · 6	10	11,4	13,8	41,5
V_4	145	+13	11	—	JL 80 · 40 · 6	10	11,4	13,8	41,5
V_5	152	+20	17	—	JL 100 · 50 · 8	10	19,3	23,0	99,6
V_6	156	+27	23	—	JL 100 · 50 · 10	10	24,2	28,2	128,5
V_7	159	+35	30	—	JL 130 · 65 · 10	10	32,6	37,2	250
V_c	160	− 1	1	5	JL 80 · 40 · 6	10	11,4	13,8	41,5
V_8	158	+29	25	—	JL 130 · 65 · 10	10	32,6	37,2	250
V_9	153	+22	19	—	JL 100 · 50 · 8	10	13,3	23,0	99,6
V_{10}	145	+15	13	—	JL 80 · 40 · 8	10	14,8	18,0	57,6
V_{11}	133	+ 7	6	—	JL 80 · 40 · 6	10	11,4	13,8	41,6
V_{12}	118	— 2	2	6	JL 80 · 40 · 6	10	11,4	13,8	41,6
V_b	100	—12	10	23	JL 100 · 50 . 8	10	19,3	23,0	99,6

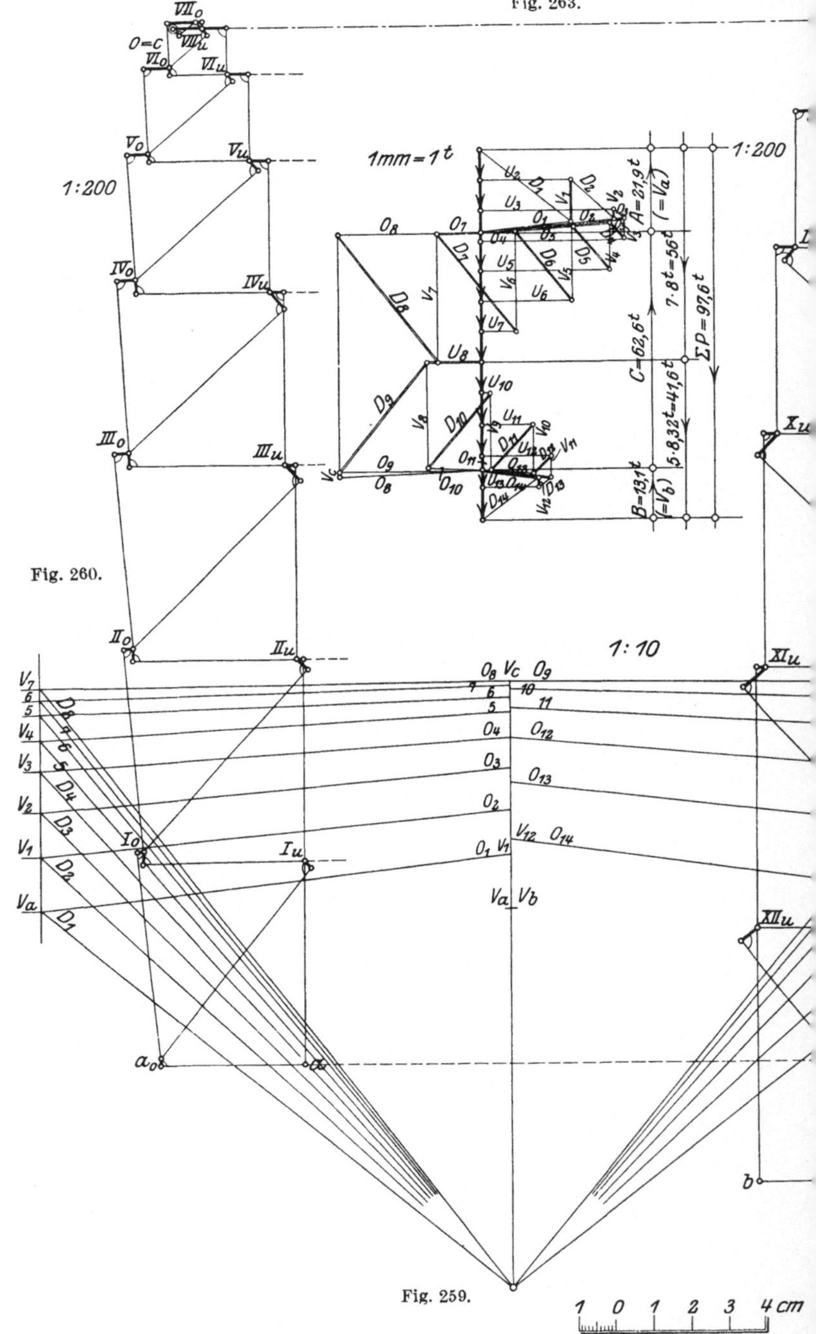

Fig. 263.

Fig. 260.

Fig. 259.

Buchholz, Tragwerke. Zu Seite 180.

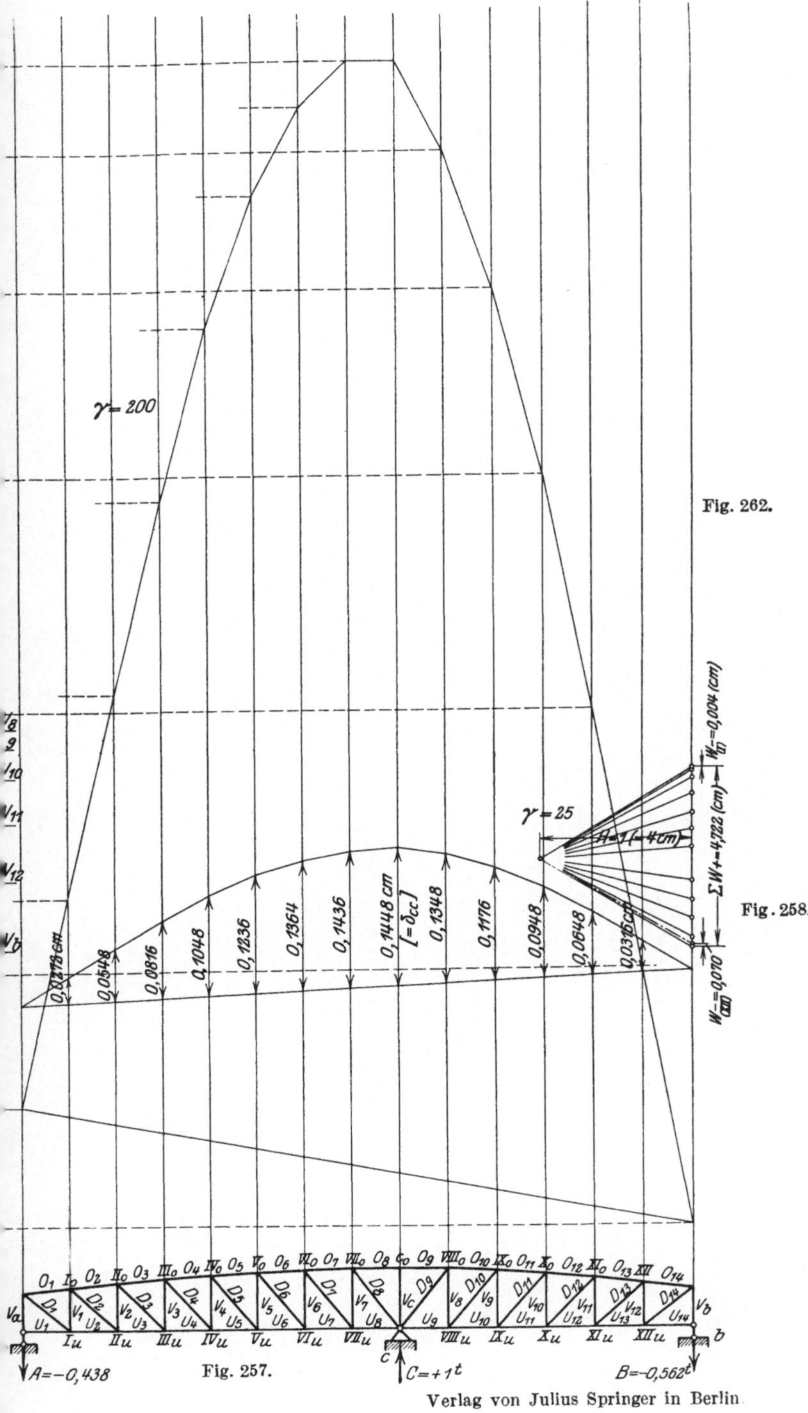

Fig. 262.

Fig. 258.

Fig. 257.

Verlag von Julius Springer in Berlin.

Tabelle Nr. 17.

1	2	3	4	5	6	7	8	9	10	11
Stab	s	F	E	$\varrho_s = \frac{s}{EF} \cdot 10^6$	S für $C - 1$ t	$\Delta s = S \cdot \varrho_s \cdot 10^6$	r	$w = \frac{\Delta s}{r} \cdot 10^6$ Richtung und Größe	zugeordnete Knoten	Fingierte Last jedes Untergurtknotens $\Sigma W = \Sigma w \cdot \alpha \cdot \beta \cdot \gamma$ $\alpha = 100$; $\beta = 25$; $\gamma = 4$
	cm	cm²	t/cm²	cm/t	t	cm	cm			(cm)
O_1	126	37,2	2150	1575	+ 0,49	+ 772	113	+ 6,83	I	I
O_2	126	37,2	2150	1575	+ 0,88	+ 1385	125	+ 11,08	II	
O_3	126	37,2	2150	1575	+ 1,20	+ 1890	137	+ 13,80	III	
O_4	125	37,2	2150	1563	+ 1,51	+ 2360	145	+ 16,28	IV	
O_5	125	37,2	2150	1563	+ 1,80	+ 2816	152	+ 18,52	V	
O_6	125	37,2	2150	1563	+ 2,11	+ 3300	156	+ 21,15	VI	− 0,0027
O_7	125	37,2	2150	1563	+ 2,42	+ 3783	159	+ 23,80	VII	
O_8	125	44,2	2150	1315	+ 2,74	+ 3603	160	+ 22,50	c	II
O_9	130	44,2	2150	1369	+ 2,74	+ 3750	160	+ 23,42	c	
O_{10}	130	37,2	2150	1625	+ 2,31	+ 3755	158	+ 23,80	VIII	
O_{11}	130	37,2	2150	1625	+ 1,91	+ 3104	153	+ 20,30	IX	
O_{12}	131	37,2	2150	1637	+ 1,52	+ 2484	144	+ 17,27	X	+ 0,0839
O_{13}	131	37,2	2150	1637	+ 1,11	+ 1816	132	+ 13,77	XI	
O_{14}	131	37,2	2150	1637	+ 0,62	+ 1013	117	+ 8,65	XII	III
U_1	125	37,2	2150	—	0	0	—	0	a	
U_2	125	37,2	2150	1563	− 0,48	− 750	114	+ 6,58	I	
U_3	125	37,2	2150	1563	− 0,87	− 1360	126	+ 10,80	II	
U_4	125	37,2	2150	1563	− 1,20	− 1877	137	+ 13,70	III	+ 0,2451
U_5	125	37,2	2150	1563	− 1,51	− 2360	145	+ 16,28	IV	
U_6	125	37,2	2510	1563	− 1,80	− 2816	152	+ 18,50	V	IV
U_7	125	37,2	2150	1563	− 2,11	− 3300	156	+ 21,15	VI	
U_8	125	37,2	2150	1563	− 2,42	− 3783	159	+ 23,80	VII	
U_9	130	37,2	2150	1625	− 2,31	− 3755	158	+ 23,77	VIII	
U_{10}	130	37,2	2150	1625	− 1,91	− 3104	153	+ 20,30	IX	+ 0,4206
U_{11}	130	37,2	2150	1625	− 1,51	− 2453	145	+ 16,92	X	
U_{12}	130	37,2	2150	1625	− 1,10	− 1789	133	+ 13,45	XI	
U_{13}	130	37,2	2150	1625	− 0,62	− 1008	118	+ 8,55	XII	V
U_{14}	130	37,2	2150	—	0	0	—	0	b	
V_a	100	23,0	2150	2022	+ 0,44	+ 889	— 125	— + 7,11	— I	
V_1	114	13,8	2150	3843	+ 0,38	+ 1460	111 125	− 13,16 + 11,68	I II	+ 0,4648
V_2	126	13,8	2150	4250	+ 0,35	+ 1487	114 125	− 13,04 + 11,89	II III	VI
V_3	137	13,8	2150	4620	+ 0,33	+ 1525	116 125	− 13,14 + 12,20	III IV	
V_4	145	13,8	2150	4890	+ 0,34	+ 1663	118 125	− 14,07 + 13,28	IV V	+ 0,4206
V_5	152	23,0	2150	3075	+ 0,34	+ 1045	119 125	− 8,78 + 8,36	V VI	VII
V_6	156	28,2	2150	2575	+ 0,37	+ 952	122 125	− 7,80 + 7,62	VI VII	
V_7	159	37,2	2150	1989	+ 0,38	+ 756	123 125	− 6,15 + 6,05	VII c	+ 0,5019
V_c	160	13,8	2150	5390	− 0,07	− 377	— —	— —	— —	c
V_8	158	37,2	2150	1977	+ 0,48	+ 948	126 130	− 752 + 7,29	VIII c	
V_9	153	23,0	2150	3097	+ 0,44	+ 1361	123 130	− 11,07 + 10,47	IX VIII	+ 0,8791
V_{10}	145	18,0	2150	3747	+ 0,42	+ 1573	120 130	− 13,11 + 12,11	X IX	VIII
V_{11}	133	13,8	2150	4480	+ 0,43	+ 1923	117 130	− 16,44 + 14,80	XI X	
V_{12}	118	13,8	2150	3980	+ 0,47	+ 1870	113 130	− 16,53 + 14,38	XII XI	+ 0,4839

1	2	3	4	5	6	7	8	9	10	11
Stab	s	F	E	$\varrho_s = \frac{s}{EF} \cdot 10^6$	S für $C = 1$ t	$\Delta s = S \cdot \varrho_s \cdot 10^6$	r	$w = \frac{\Delta s}{r} \cdot 10^6$ Richtung und Größe	zugeordnete Knoten	Fingierte Last jedes Untergurtknotens $\Sigma W = \Sigma w \cdot \alpha \cdot \beta \cdot \gamma$ $\alpha = 100$; $\beta = 25$; $\gamma = 4$
	cm	cm²	t/cm²	cm/t	t	cm	cm			(cm)
V_b	100	23,0	2150	2022	+ 0,56	+ 1132	— 130	— + 8,71	— XII	IX
D_1	160	37,2	2150	2002	− 0,62	− 1242	89 78	+ 13,97 —	I —	
D_2	169	23,0	2150	3420	− 0,53	− 1813	93 84	+ 19,50 − 21,60	II I	+ 0,4909
D_3	178	13,8	2150	6000	− 0,47	− 2820	97 89	+ 29,08 − 31,63	III II	X
D_4	185	13,8	2150	6235	− 0,46	− 2867	98 93	+ 29,25 − 30,82	IV III	
D_5	191	23,0	2150	3860	− 0,44	− 1698	99 95	+ 17,15 − 17,88	V IV	
D_6	197	37,2	2150	2466	− 0,48	− 1183	99 97	+ 11,95 − 12,19	VI V	+ 0,4813
D_7	200	37,2	2150	2500	− 0,50	− 1250	100 98	+ 12,50 − 12,75	VII VI	XI
D_8	202	44,2	2150	2125	− 0,53	− 1125	99 99	+ 11,38 − 11,38	c VII	
D_9	205	37,2	2150	2565	− 0,68	− 1743	101 100	+ 17,27 − 17,43	c VIII	+ 0,2474
D_{10}	201	37,2	2150	2519	− 0,62	− 1560	102 99	+ 15,30 − 15,75	VIII IX	XII
D_{11}	195	23,0	2150	3946	− 0,60	− 2364	102 97	+ 23,20 − 24,40	IX X	
D_{12}	186	13,8	2150	6270	− 0,59	− 3700	101 93	+ 36,65 − 39,80	X XI	− 0,0710
D_{13}	176	13,8	2150	5935	− 0,65	− 3855	98 87	+ 39,38 − 44,30	XI XII	$\Sigma W = +4{,}6458$
D_{14}	164	23,0	2150	3320	− 0,78	− 2587	93 80	+ 27,85 —	XII —	

Ordinatenmeßwerte:	Wirkliche	Punktverschiebungen:
$\eta_I = 0{,}68$		0,0272
$\eta_{II} = 1{,}37$		0,0548
$\eta_{III} = 2{,}04$		0,0816
$\eta_{IV} = 2{,}62$		0,1048
$\eta_V = 3{,}09$		0,1236
$\eta_{VI} = 3{,}41$		0,1364
$\eta_{VII} = 3{,}59$:	$\delta_{cc} = 0{,}1448$	0,1436
		$0{,}6720 \cdot 8$ t
$\eta_c = 3{,}62$		$5{,}376 = \Sigma P_{m_{I \div VIII}} \cdot \delta_{cm}$
$\eta_{VIII} = 3{,}37$		0,1348
$\eta_{IX} = 2{,}94$		0,1176
$\eta_X = 2{,}37$		0,0948
$\eta_{XI} = 1{,}62$		0,0648
$\eta_{XII} = 0{,}79$		0,0316
		$0{,}4436 \cdot 8{,}32$ t
		$3{,}691 = \Sigma P_{m_{VIII \div XII}} \cdot \delta_{cm}$
		$9{,}067 = \Sigma P_m \delta_{cm}$

$$\underline{C} = \frac{\Sigma P_m \delta_{cm}}{\delta_{cc}} = \frac{9,067}{0,1448} = \underline{62,6 \text{ t}}$$

$$\underline{A = 21,9 \text{ t}} \qquad \underline{B = 13,1 \text{ t.}}$$

Es ergibt sich hiermit der Kräfteplan Fig. 263, auf Grund dessen Tabelle Nr. 18 die Querschnittsüberprüfung vornimmt: Verstärkungen sind an keiner Stelle erforderlich.

Der gleiche Träger werde von einer wandernden Einzellast beansprucht, Fig 264. Es soll die Einflußfläche für die Spannkraft eines Gurtstabes gezeichnet werden. Die Fig. 265 gibt die Lösung der Aufgabe für den Gurtstab O_5. Denkt

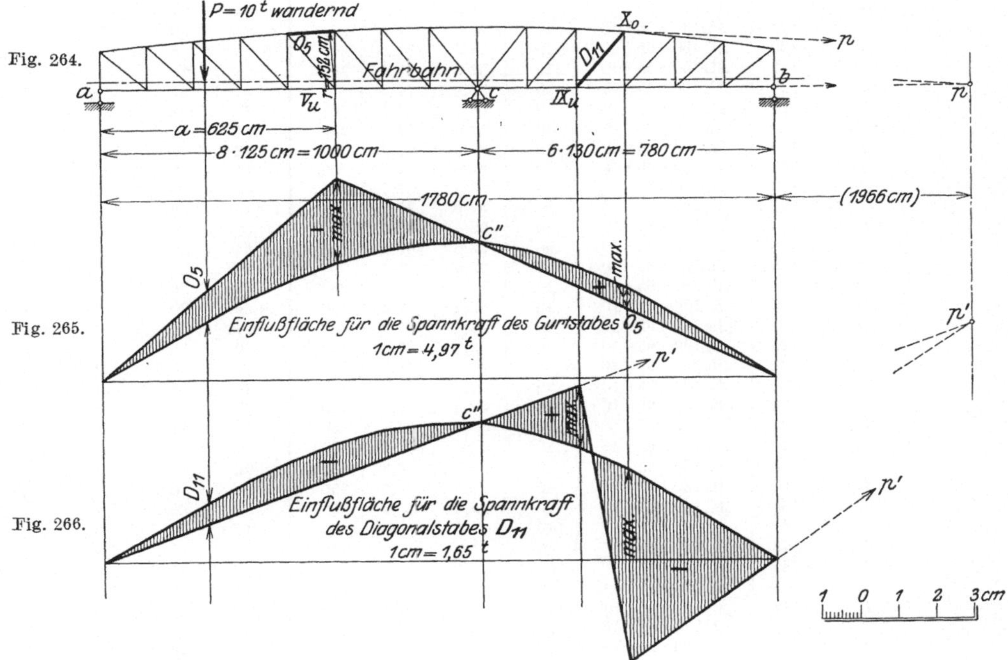

Fig. 264.

Fig. 265.

Fig. 266.

man sich an Stelle der Stabspannkraft O_5 ihr Moment in bezug auf den dem Stabe zugeordneten Knotenpunkt V_u, also $O_5 \cdot r_{O_5}$ gesucht, so ist die Lösung der Aufgabe völlig identisch mit der für den Vollwandträger mit Fig. 143, Seite 101 gegebenen. Es ist auch nur nötig, die Momenten-Einflußfläche zu zeichnen; die Division durch den konstanten Abstand r_{O_5} berücksichtigt man durch den Maßstab.

Die Darstellung sei hier wiederholungsweise kurz angedeutet: Die Biegungslinie Fig. 265 gleich Fig. 258 ist die Einflußlinie für die Stützkraft C, da diese laut Formänderungsgleichung nur von den Ordinaten δ_{mc} der Biegungslinie abhängig ist. Gleichzeitig ist sie Momenten-Einflußlinie für die $M_{Vu} = O_5 \cdot r_{O_5}$ für C im statisch bestimmten Hauptsystem allein, und damit Einflußlinie bzw -fläche für die Größe der Stabspannkraft O_5 aus C allein. Die Größe der Stabspannkraft O_5 im statisch bestimmten Hauptsystem aus P allein ergibt sich aus der Überlegung, daß O_5 für P in a und b gleich Null sein muß, für P in c gleich dem negativen Werte von O_5 aus C infolge $P_c = -C$: Damit ist auch die Einflußfläche für P allein festgelegt, wenn man bedenkt, daß das Wachstum von O_5

Tabelle Nr. 18.
Fachwerkträger auf drei Stützen.
Nachprüfung des Entwurfes.

Stab	Stablänge	Vorhandener Querschnitt					Spannkraft	Erforderl. F_{min}	Erforderl. J_{min}
		Form	JL min a	F bei Nietabzug	F ohne Nietabzug	J_{min}			
	cm			cm²	cm²	cm⁴	t	cm²	cm⁴
O_1	126	JL 130 · 65 · 10	10	32,6	37,2	250	−24	20	72
O_2	126	JL 130 · 65 · 10	10	32,6	37,2	250	−36	30	108
O_3	126	JL 130 · 65 · 10	10	32,6	37,2	250	−38	32	114
O_4	125	JL 130 · 65 · 10	10	32,6	37,2	250	−34	29	100
O_5	125	JL 130 · 65 · 10	10	32,6	37,2	250	−24	20	71
O_6	125	JL 130 · 65 · 10	10	32,6	37,2	250	− 9	8	27
O_7	125	JL 130 · 65 · 10	10	32,6	37,2	250	+11	10	—
O_8	125	JL 130 · 65 · 12	10	38,7	44,2	308	+38	32	—
O_9	130	JL 130 · 65 · 12	10	38,7	44,2	308	+38	32	—
O_{10}	130	JL 130 · 65 · 10	10	32,6	37,2	250	+14	12	—
O_{11}	130	JL 130 · 65 · 10	10	32,6	37,2	250	− 2	2	7
O_{12}	131	JL 130 · 65 · 10	10	32,6	37,2	250	−14	12	46
O_{13}	131	JL 130 · 65 · 10	10	32,6	37,2	250	−18	15	59
O_{14}	131	JL 130 · 65 · 10	10	32,6	37,2	250	−15	13	49
U_1	125	JL 130 · 65 · 10	10	32,6	37,2	250	0	0	—
U_2	125	JL 130 · 65 · 10	10	32,6	37,2	250	+24	20	—
U_3	125	JL 130 · 65 · 10	10	32,6	37,2	250	+35	30	—
U_4	125	JL 130 · 65 · 10	10	32,6	37,2	250	+38	32	—
U_5	125	JL 130 · 65 · 10	10	32,6	37,2	250	+34	29	—
U_6	125	JL 130 · 65 · 10	10	32,6	37,2	250	+24	20	—
U_7	125	JL 130 · 65 · 10	10	32,6	37,2	250	+ 9	8	—
U_8	125	JL 130 · 65 · 10	10	32,6	37,2	250	−12	10	36
U_9	130	JL 130 · 65 · 10	10	32,6	37,2	250	−14	12	45
U_{10}	130	JL 130 · 65 · 10	10	32,6	37,2	250	+ 2	2	—
U_{11}	130	JL 130 · 65 · 10	10	32,6	37,2	250	+13	11	—
U_{12}	130	JL 130 · 65 · 10	10	32,6	37,2	250	+18	15	—
U_{13}	130	JL 130 · 65 · 10	10	32,6	37,2	250	+15	13	—
U_{14}	130	JL 130 · 65 · 10	10	32,6	37,2	250	0	0	—
D_1	160	JL 130 · 65 · 10	10	32,6	37,2	250	+31	26	—
D_2	169	JL 100 · 50 · 8	10	19,3	23,0	99,6	+16	14	—
D_3	178	JL 80 · 40 · 6	10	11,4	13,8	41,5	+ 4	4	—
D_4	185	JL 80 · 40 · 6	10	11,4	13,8	41,5	− 6	5	39
D_5	191	JL 100 · 50 · 8	20	19,3	23,0	142,5	−15	13	103
D_6	197	JL 130 · 65 · 10	10	32,6	37,2	250	−24	20	176
D_7	200	JL 130 · 65 · 10	20	32,6	37,2	331,4	−33	28	250
D_8	202	JL 130 · 65 · 12	20	38,7	44,2	408,6	−43	36	331
D_9	205	JL 130 · 65 · 10	20	32,6	37,2	331,4	−37	31	294
D_{10}	201	JL 130 · 65 · 10	10	32,6	37,2	250	−26	22	199
D_{11}	195	JL 100 · 50 · 8	20	19,3	23,0	142,5	−16	14	115
D_{12}	186	JL 80 · 40 · 6	20	11,4	13,8	64,0	− 7	6	46
D_{13}	176	JL 80 · 40 · 6	10	11,4	13,8	41,5	+ 4	4	—
D_{14}	164	JL 100 · 50 · 8	10	19,3	23,0	99,6	+18	15	—
V_a	100	JL 100 · 50 · 8	10	19,3	23,0	99,6	−22	19	42
V_1	114	JL 80 · 40 · 6	10	11,4	13,8	41,5	−11	10	27
V_2	126	JL 80 · 40 · 6	10	11,4	13,8	41,5	− 2	2	6
V_3	137	JL 80 · 40 · 6	10	11,4	13,8	41,5	+ 5	5	—
V_4	145	JL 80 · 40 · 6	10	11,4	13,8	41,5	+12	10	—
V_5	152	JL 100 · 50 · 8	10	19,3	23,0	99,6	+19	16	—
V_6	156	JL 100 · 50 · 10	10	24,2	28,2	128,5	+26	22	—
V_7	159	JL 130 · 65 · 10	10	32,6	37,2	250	+34	29	—
V_a	160	JL 80 · 40 · 6	10	11,4	13,8	41,5	− 2	2	10
V_8	158	JL 130 · 65 · 10	10	32,6	37,2	250	+28	24	—
V_9	153	JL 100 · 50 · 8	10	19,3	23,0	99,6	+20	17	—
V_{10}	145	JL 80 · 40 · 8	10	14,8	18,0	57,6	+13	11	—
V_{11}	133	JL 80 · 40 · 6	10	11,4	13,8	41,6	+ 6	5	—
V_{12}	118	JL 80 · 40 · 6	10	11,4	13,8	41,6	−3	3	8
V_b	100	JL 100 · 50 · 8	10	19,3	23,0	99,6	−13	11	25

aus P proportional dem Abstande der Last P von den Auflagern a und b erfolgen muß. Vgl. Fig. 265. — Berechnung des Maßstabes:

$$P_c = -C = 10\text{ t},$$

$$A_c = \frac{10\text{ t}\cdot 780\text{ cm}}{1780\text{ cm}} = 4{,}38\text{ t},$$

$$r = 1{,}52\text{ cm};\quad a \div V_u = 625\text{ cm},$$

$$O_5 = \frac{4{,}38\text{ t}\cdot 625\text{ cm}}{152\text{ cm}} = 18\text{ t}.$$

Meßwert der Ordinate $\delta_{cc} = 3{,}62$ cm.

mithin der gesuchte Maßstab:

$$3{,}62\text{ cm} \equiv 18\text{ t},$$

$$\underline{1\text{ cm} = 4{,}97\text{ t}.}$$

Der Größtwert der Stabspannkraft O_5 liegt unter P in V. Das Maximum muß nicht notwendig unter P auftreten: Hier machen jedoch nur die Stäbe O_9 und O_{10} eine Ausnahme, was man ohne besondere Figur durch einige Bleistiftlinien sofort in Fig. 265 feststellen kann. Ist nur die Bemessung nach der Größtspannkraft der Zweck der Berechnung, so erübrigt sich mithin das Zeichnen der Einflußflächen überhaupt. Der Leser mag zu seiner Übung praktische Methoden für die Behandlung mehrerer gleichzeitig auftretender Einzellasten entwickeln. Zweck der Rechnung, Grad der verlangten Übersichtlichkeit zwecks leichter Überprüfung, Fehlerabschätzungsmöglichkeit bei überschläglicher Rechnung, Regelmäßigkeiten in der Stabanordnung und vieles andere mehr werden meist Entscheidung der Methode von Fall zu Fall verlangen. Es gilt das auch für die Behandlung der Wandstäbe.

Weiter möge die Aufgabe gestellt sein, die Einflußfläche für einen Wandstab zu zeichnen. Fig. 266 ist die Lösung für den Stab D_{11}. Auch hier ist wieder die Biegungslinie die eine Begrenzungslinie der Einflußfläche; die andere Begrenzung ist wegen des bekannten Vorzeichenwechsels der Wandstäbe bei Feldüberschreitung durch die Last ein zweimal gebrochener Linienzug, natürlich aus geraden Strecken zusammengesetzt. Auch dieser Linienzug muß durch $a = b = 0$ und durch $c'' = \delta_{cc}$ gehen. Die Neigung der durch b gehenden Strecke ist gegeben durch die Forderung, daß der Schnittpunkt p' der durch a und b gehenden Geraden senkrecht unter dem zugeordneten Knotenpunkte p des Stabes D_{11} liegen muß, analog der Einflußlinie für eine Gurtspannkraft. Liegt p außerhalb der Zeichenfläche, so bestimmt man D für Stellung der Last in c und in dem von c entfernteren der beiden das Feld begrenzenden Fahrbahnknoten. Hat man viele Wandstäbe zu untersuchen, so zeichnet man am besten Kräftepläne einmal mit $A = 1$ t und zum anderen mit $B = 1$ t über den ganzen Träger. Sind die Gurte parallel, so sind es auch die beiden durch die Auflager gehenden geraden Begrenzungslinien der Einflußfläche, so daß in diesem Falle D nur für Laststellung in c zu bestimmen ist.

Berechnung des Maßstabes in unserem Beispiele:

$$P_{\text{in }c} = -C = 10\text{ t}.$$

Laut Tabelle Nr. 17 ist für $C = 1$ t:

$$D_{11} = -0{,}60\text{ t},$$

mithin für $C = 10$ t:

$$D_{11} = -6{,}0\text{ t}.$$

Ordinatenmeßwert der Biegungslinie in c:

$$\delta_{cc} = 3{,}62\text{ cm},$$

somit:

$$3{,}62\text{ cm} \equiv 6{,}0\text{ t},$$

$$\underline{1\text{ cm} \equiv 1{,}65\text{ t}.}$$

b) Der Fachwerkbalken auf mehr als drei Stützen und solche mit elastischen oder mit bleibenden Stützensenkungen.

Fig. 267 zeigt einen typischen Fachwerkbalken auf mehr als zwei Stützen. Er ist vierfach statisch unbestimmt: Die Entfernung von vier Stützenstäben zwecks Bildung des statisch bestimmten Hauptsystems ist wegen der großen Ungenauigkeit der darauf gestützten Rechnung zu verwerfen. Die Formänderungsgleichungen enthalten dann die wirklichen Punktverschiebungen als Differenzen sehr großer Ordinaten, die fast bis auf die letzten ungenauen Stellen einer Rechenschieberausrechnung einander gleich sind. Es wurde das auch bereits beim Vollwandträger auf vielen Stützen zum Ausdruck gebracht. Man kann die Stäbe s_b, s_c, s_d und s_e, Fig. 268 oder Fig. 269, entfernen. Der Leser möge jedoch nie versäumen, auch andere Möglichkeiten für seinen besonderen Fall durchzudenken, die Rechnungsarbeit, den Genauigkeitsgrad und die Fehlerquellen abzuschätzen und sich erst

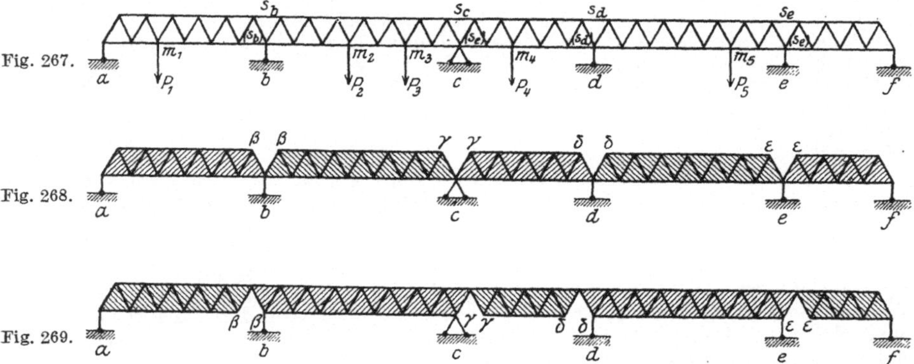

Fig. 267.
Fig. 268.
Fig. 269.

dann für ein Verfahren zu entscheiden; das gilt auch für die Vollwandträger! Die Formänderungsgleichungen für die mit Fig. 268 bzw. Fig. 269 dargestellten statisch bestimmten Hauptsysteme lauten (vgl. S. 21):

$$+\Sigma P\,\delta_{\beta m} + S_b\,\delta_{\beta\beta} + S_c\,\delta_{\beta\gamma} + S_d\,\delta_{\beta\delta} + S_e\,\delta_{\beta\varepsilon} = S_b\,\varrho_b,$$
$$+\Sigma P\,\delta_{\gamma m} + S_b\,\delta_{\gamma\beta} + S_c\,\delta_{\gamma\gamma} + S_d\,\delta_{\gamma\delta} + S_e\,\delta_{\gamma\varepsilon} = S_c\,\varrho_c,$$
$$+\Sigma P\,\delta_{\delta m} + S_b\,\delta_{\delta\beta} + S_c\,\delta_{\delta\gamma} + S_d\,\delta_{\delta\delta} + S_e\,\delta_{\delta\varepsilon} = S_d\,\varrho_d,$$
$$+\Sigma P\,\delta_{\varepsilon m} + S_b\,\delta_{\varepsilon\beta} + S_c\,\delta_{\varepsilon\gamma} + S_d\,\delta_{\varepsilon\delta} + S_e\,\delta_{\varepsilon\varepsilon} = S_e\,\varrho_e.$$

Hierin ist noch keine etwaige Voraussicht hinsichtlich der Vorzeichen berücksichtigt worden. Sämtliche Überzählige sind also entweder als Zugkräfte oder als Druckkräfte anzusehen. Nach der Auflösung der Gleichungen besagt das Vorzeichen eines Ergebnisses dann lediglich: wenn es + ist, daß die allgemein für alle Überzählige angenommene Kraftrichtung, ganz gleich ob es die Zug- oder Druckrichtung ist, für diese Überzählige z u t r i f f t, wenn es — ist, daß sie n i c h t z u t r i f f t. Es müssen also sämtliche Überzählige während der Rechnung so behandelt werden, als seien es Zugkräfte, wenn die Zugkräfte mit dem

$+$-Zeichen, die Druckkräfte mit dem $-$-Zeichen aus der Rechnung hervorgehen sollen. Es sind also die Einzelverschiebungen für die Zugkrafteinheiten der Überzähigen zu ermitteln; demzufolge wird z. B. $\delta_{\beta\beta}$ offenbar als negative Zahl in die Gleichungen einzusetzen sein, da ja die Einheit der Zugspannkraft S_b eine Verringerung der Entfernung $\beta-\beta$ herbeiführt. In einem zahlenmäßig gegebenen übersichtlichen Falle braucht man sich ja nur noch einmal den Sinn der Formänderungsgleichungen klarzulegen, um bei der Niederschrift der Gleichungen in Zahlen Fehler zu vermeiden.

Sind unter den Stützen elastisch senkbare, sei es dadurch, daß sie von langen Stäben von geringem Querschnitte gebildet werden, sei es, daß elastisch nachgiebiger Baugrund die Ursache ist, so werden diese Stützen einfach als wirkliche bzw. als fingierte Stäbe in das Stabwerk einbezogen; die Summen der Formänderungsgleichungen erstrecken sich also auch über sie. Liegt elastisch nachgiebiger Baugrund vor, so ist die durchschnittliche Senkung pro Krafteinheit ϱ_a, ϱ_b usw. vor der Berechnung durch Versuch zu ermitteln. Bleibt die wahre Größe der spezifischen Senkung ungewiß, so sind Vergleichsrechnungen innerhalb der durch den vermutlichen Größtwert und den vermutlichen Kleinstwert gebildeten Grenzen anzustellen. Zur Vereinfachung der Formänderungsgleichungen und zur Vergrößerung des Bereiches der gemeinsamen tabellarischen Berechnung der Elemente der Formänderungsgleichungen empfiehlt es sich, auch die Längenänderung der überzähligen Stäbe mit in die Summen hineinzunehmen. Die Formänderungsgleichungen sind dann aus einem statisch bestimmten Hauptsysteme abgelesen worden, das die überzähligen Stäbe noch enthält, die aber je durch eine Fuge von der Weite Null durchschnitten sind. Die Vorstellung muß sich dann bei den Überlegungen zur Aufstellung der Formänderungsgleichungen irgendwie damit abzufinden suchen, daß sie außer einer zwanglosen positiven Erweiterung der Fuge auch eine zwanglose negative Erweiterung zu fingieren hat. Die Formänderungsgleichungen lauten dann, wenn man außerdem die Gegenseitigkeit der Verschiebungen nutzbar macht:

$$+\Sigma P\,\delta_{m\underline{\beta}} + S_b\,\delta_{\beta\underline{\beta}} + S_c\,\delta_{\gamma\underline{\beta}} + S_d\,\delta_{\delta\underline{\beta}} + S_e\,\delta_{\varepsilon\beta} = 0,$$
$$+\Sigma P\,\delta_{m\underline{\gamma}} + S_b\,\delta_{\beta\underline{\gamma}} + S_c\,\delta_{\gamma\underline{\gamma}} + S_d\,\delta_{\delta\underline{\gamma}} + S_e\,\delta_{\varepsilon\underline{\gamma}} = 0,$$
$$+\Sigma P\,\delta_{m\underline{\delta}} + S_b\,\delta_{\beta\underline{\delta}} + S_c\,\delta_{\gamma\underline{\delta}} + S_d\,\delta_{\delta\delta} + S_e\,\delta_{\varepsilon\underline{\delta}} = 0,$$
$$+\Sigma P\,\delta_{m\underline{\varepsilon}} + S_b\,\delta_{\beta\underline{\varepsilon}} + S_c\,\delta_{\gamma\underline{\varepsilon}} + S_d\,\delta_{\delta\underline{\varepsilon}} + S_e\,\delta_{\varepsilon\underline{\varepsilon}} = 0.$$

Die Bestimmung der Einzelverschiebungen in den Formänderungsgleichungen ist uns bekannt. Wir zeichnen Biegungslinien für $S_b = 1$, $S_c = 1, \ldots$ mittels der Methode der fingierten Lasten $w = \frac{\Delta s}{r}$ oder mittels Verschiebungsplänen aus den Δs, und berechnen die daraus nicht ermittelbaren Verschiebungen mit Hilfe von Arbeitsgleichungen. Man untersuche stets vor Beginn der Zahlenrechnung, ob der gerade vorliegende besondere Fall für das einstweilen gewählte oder für ein anderes Hauptsystem nicht eine Vereinfachung der zunächst zweckmäßig immer in ihrer allgemeinen Form niederzuschreibenden Formänderungsgleichungen gestattet: Die Überzähligen des Tragswerks Fig. 267 gemäß Hauptsystem Fig. 268 beeinflussen offenbar nur die beiden jeweilig benachbarten Überzähligen; es verschwinden daher die Verschiebungselemente aus den Formänderungsgleichungen, die den Einfluß zweier nicht benachbarter Überzähligen aufeinander zum Ausdruck bringen, wodurch diese speziellen Formänderungsgleichungen dem Dreimomentensatz für Vollwandträger auf vielen Stützen ähnlich werden:

$$\begin{aligned}
+\Sigma P\,\delta_{m\underline{\beta}} &+ S_b\,\delta_{\beta\underline{\beta}} + S_c\,\delta_{\gamma\underline{\beta}} + 0 + 0 = 0,\\
+\Sigma P\,\delta_{m\underline{\gamma}} &+ S_b\,\delta_{\beta\underline{\gamma}} + S_c\,\delta_{\gamma\underline{\gamma}} + S_d\,\delta_{\delta\underline{\gamma}} + 0 = 0,\\
+\Sigma P\,\delta_{m\underline{\delta}} &+ 0 + S_c\,\delta_{\gamma\underline{\delta}} + S_d\,\delta_{\delta\underline{\delta}} + S_\varepsilon\,\delta_{\varepsilon\underline{\delta}} = 0,\\
+\Sigma P\,\delta_{m\underline{\varepsilon}} &+ 0 + 0 + S_d\,\delta_{\delta\underline{\varepsilon}} + S_\varepsilon\,\delta_{\varepsilon\underline{\varepsilon}} = 0.
\end{aligned}$$

Die regelmäßigen Gebilde der Praxis gewähren meist eine Fülle weiterer Vereinfachungen in der Zahlenrechnung. Es ist daher nützlich, auch diese vor Beginn an Hand der Formänderungsgleichungen, die man sich soeben klargemacht hat, im Geiste zu überschlagen und dann sorgfältig vorzubereiten, indem man die Köpfe der erforderlichen Berechnungstabellen entwirft. Die darauf verwendete Arbeit bringt stets an anderen Stellen reichen Gewinn.

Gestützt auf die früheren Betrachtungen ist auch der Fall bleibender Stützensenkungen leicht erledigt: Man rechnet zweckmäßig zunächst ohne Berücksichtigung der Senkungen durch und bestimmt dann in völlig getrennter Rechnung den Spannungszustand des unbelasteten, aber durch die Senkungen (bzw. natürlich auch durch Hebungen) deformierten Systems. Für ein durch Entfernen der überzähligen Stützen gebildetes Hauptsystem ist uns die Aufstellung der dazu erforderlichen Formänderungsgleichungen bekannt.

$$\begin{aligned}
B\,\delta_{bb} + C\,\delta_{cb} + 0 + 0 + \Delta b &= 0,\\
B\,\delta_{bc} + C\,\delta_{cc} + D\,\delta_{dc} + 0 + \Delta c &= 0,\\
0 + C\,\delta_{cd} + D\,\delta_{dd} + E\,\delta_{ed} + \Delta d &= 0,\\
0 + 0 + D\,\delta_{de} + E\,\delta_{ee} + \Delta e &= 0.
\end{aligned}$$

Verwirft man diese Gleichungen aus den bekannten Gründen und wählt ein anderes Hauptsystem, so ist darüber hinaus nur die Frage zu beantworten: Welchen Einfluß hat eine jede der Stützensenkungen auf die Entfernung der beiden Angriffspunkte jeder Überzähligen voneinander? Meist ist die Frage sofort geometrisch zu beantworten, im anderen Falle bedient man sich dazu einer Arbeitsgleichung. Im Hauptsysteme Fig. 268 beeinflußt eine jede Stützensenkung nur die Entfernungen der Angriffspunkte der drei benachbarten Überzähligen voneinander; Fig. 270 läßt dieses klar einsehen.

Es ist

$$\delta_{\gamma c} = \left(\frac{\varDelta c}{l_b} + \frac{\varDelta c}{l_c}\right) r_c ,$$

$$\delta_{\beta c} = -\frac{\varDelta c}{l_b} r_b ,$$

$$\delta_{\delta c} = -\frac{\varDelta c}{l_c} r_d .$$

Darin ist im gezeichneten Falle, also im Falle einer Senkung, $\varDelta c$ eine negative Zahl; bei einer Hebung ist der Betrag der Hebung als positive Zahl einzusetzen. Das folgt ohne weiteres aus unseren Festsetzungen über das Vorzeichen der Entfernungsänderungen von Stabangriffspunkten gegeneinander und stimmt auch mit unseren früheren Fest-

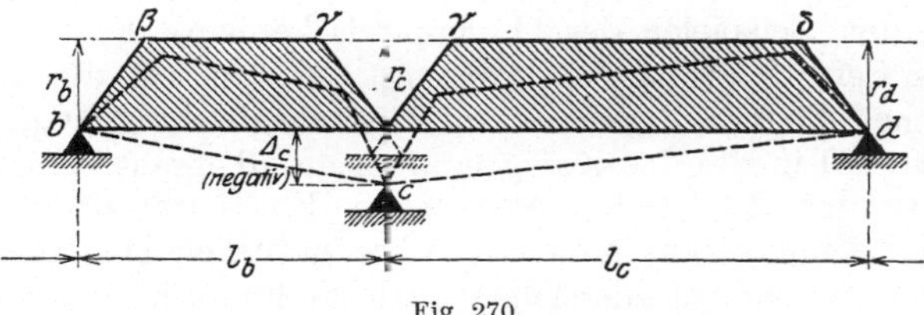

Fig. 270.

setzungen über das Vorzeichen von Hebungen und Senkungen sowie mit den Festsetzungen der analytischen Geometrie über das Vorzeichen der Ordinaten überein. Erfährt nur c eine Stützensenkung bzw. -hebung, so lauten demnach die Formänderungsgleichungen:

$$\begin{aligned}
&\frac{\varDelta c}{l_b} r_b + S_b \delta_{\beta\beta} + S_c \delta_{\gamma\beta} + 0 + 0 = 0 ,\\
&\left(\frac{\varDelta c}{l_b} + \frac{\varDelta c}{l_c}\right) r_c + S_b \delta_{\beta\gamma} + S_c \delta_{\gamma\gamma} + S_d \delta_{\delta\gamma} + 0 = 0 ,\\
&\frac{\varDelta c}{l_c} r_d + 0 + S_c \delta_{\gamma\delta} + S_d \delta_{\delta\delta} + S_e \delta_{\varepsilon\delta} = 0 ,\\
&0 + 0 + 0 + S_d \delta_{\delta\varepsilon} + S_e \delta_{\varepsilon\varepsilon} = 0 .
\end{aligned}$$

Erfahren sämtliche Stützen Senkungen, so ist an Hand der Fig. 170 die allgemeinere Gleichungsgruppe anzuschreiben:

$$\begin{aligned}
&\left(\frac{\varDelta b - \varDelta a}{l_a} + \frac{\varDelta b - \varDelta c}{l_b}\right) r_b + S_b \delta_{\beta\beta} + S_c \delta_{\gamma\beta} + 0 + 0 = 0 ,\\
&\left(\frac{\varDelta c - \varDelta b}{l_b} + \frac{\varDelta c - \varDelta d}{l_c}\right) r_c + S_b \delta_{\beta\gamma} + S_c \delta_{\gamma\gamma} + S_d \delta_{\delta\gamma} + 0 = 0 ,\\
&\left(\frac{\varDelta d - \varDelta c}{l_c} + \frac{\varDelta d - \varDelta e}{l_d}\right) r_d + 0 + S_c \delta_{\gamma\delta} + S_d \delta_{\delta\delta} + S_e \delta_{\varepsilon\delta} = 0 ,\\
&\left(\frac{\varDelta e - \varDelta d}{l_d} + \frac{\varDelta e - \varDelta l}{l_e}\right) r_e + 0 + 0 + S_d \delta_{\delta\varepsilon} + S_e \delta_{\varepsilon\varepsilon} = 0 .
\end{aligned}$$

Ganz allgemein können wir bei Wahl des Hauptsystems Fig. 268 einen Dreimomentensatz für einen Fachwerkbalken auf vielen Stützen aufstellen:

$$\sum P\,\delta_{mr} + S_q\,\delta_{qr} + S_r\,\delta_{rr} + S_s\,\delta_{sr} + \left(\frac{y_r - y_q}{l_q} + \frac{y_r - y_s}{l_r}\right) r_r = 0\,.$$

c) Der Zweigelenkbogen.

Seine Erwähnung hat hier eigentlich nur noch der Vollständigkeit halber zu geschehen. Die Formänderungsgleichung:

$$\sum P\,\delta_{bm} - H\,\delta_{bb} = 0$$

ist uns geläufig; ebenso lernten wir die Bestimmung der Einzelverschiebungen in den Beispielen des II. Kapitels kennen. Es sei hierzu verwiesen auf Seite 9 (Statische Wertung), sodann auf die Behandlung des deutschen Bogens, dessen Formänderungsgleichung (vgl. den nächsten Abschnitt) in die des Zweigelenkbogens übergeht, wenn man den Querschnitt des Zugbandes oder seine Elastizitätsziffer über jede Grenze wachsend denkt; praktisch wäre natürlich eine endliche Versteifung des Zugbandes ausreichend, wie andererseits das rechtsseitige Glied der obigen Formänderungsgleichung niemals völlig gleich Null sein kann, da völlig starre Stützung ausgeschlossen ist. Behandlung des deutschen Bogens: Seite 6 u. 18 (Aufstellung der Formänderungsgleichungen), Seite 52 (Bestimmung der Verschiebungselemente der Formänderungsgleichung), Seite 71 (Berechnung von Punktverschiebungen mittels Arbeitsgleichung) und schließlich Seite 84 (Die Biegungslinie als Einflußlinie). Der Leser führe die Rechnungsbeispiele selbständig weiter aus!

2. Die innerlich statisch unbestimmten Fachwerkträger.

a) Der deutsche Bogen (Fachwerkbogen mit Zugband).

Die Verwandtschaft dieses Tragwerks mit dem Zweiggelenkbogen auf festen Auflagergelenken wurde im vorangegangenen Abschnitte beleuchtet. Die Angaben über Zahlenbeispiele dortselbst beziehen sich unmittelbar auf den deutschen Bogen; es sei darauf verwiesen. Die Formänderungsgleichung lautet:

$$\Sigma P\,\delta_{bm} - H\,\delta_{bb} = \Delta z = H \cdot \varrho_z\,,$$

daraus:

$$H = \frac{\Sigma P\,\delta_{bm}}{\delta_{bb} + \varrho_z}\,.$$

b) Der als Hängewerk armierte Fachwerkbalken.

Fig. 271 gibt ein typisches Bild. Wir erkennen, daß auch dieses Tragwerk uns keine neuen Probleme stellt. Es ist einfach statisch unbestimmt. Wählen wir als Überzählige den horizontalen Hängewerkstab z, so erhalten wir die Formänderungsgleichung

$$\Sigma P_m \delta_{i:i',\,m} - Z\,\delta_{i:i',\,i:i'} = \Delta z = Z \cdot \varrho_z$$

oder

$$Z = \frac{\Sigma P_m \delta_{im}}{\delta_{ii} + \varrho_2}.$$

Die Übereinstimmung mit der Formänderungsgleichung des vorigen Abschnitts ist unverkennbar. Es empfiehlt sich, das Zugband parabolisch zu führen, weil dann die senkrechten Stäbe des Hängewerks aus Z einander gleiche Spannkräfte erhalten. Die Ordinatenberechnung

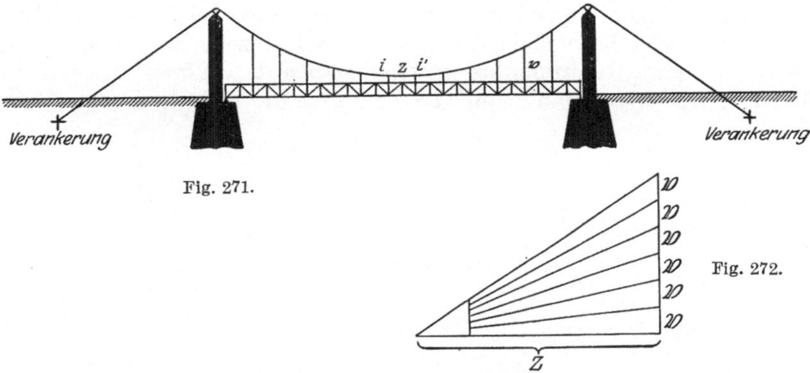

Fig. 271.

Fig. 272.

kann daher, nach Schätzung von 𝔚 und Wahl von Z, auf Grund der Fig. 272 vorgenommen werden. Bei gleichmäßig verteilter Last wird 𝔚 bei geringer Höhe des Gitterträgers nur wenig kleiner ausfallen als der Lastanteil.

c) Die zweistielige Flugzeugzelle.

Bei dem Flugzeugtyp, der den Namen Doppeldecker führt, wird der Flugzeugkörper von zwei übereinanderliegenden Flügeln getragen, Fig. 273. Durch jeden Flügel ziehen sich in der Längsausdehnung, also quer zur Flugrichtung, zwei Hauptträger, die Holme, auf die der auf die Flügel wirkende Luftdruck vermittels der Flügelrippen übertragen wird. Diese Holme sind nun sowohl in der Flügelebene als auch von Vorderholm zu Vorderholm und Hinterholm zu Hinterholm verspannt, d. h. etwa durch Rohre als Vertikalen und Drähte oder Kabel als Diagonalen zu Gurten von vier Tragwänden ausgebildet. Den gesamten Tragkörper, der in seiner Mitte den eigentlichen Flugzeugkörper, den Rumpf, trägt, nennt man „Tragzelle" oder kurz „Zelle". Wären weitere Verspannungen nicht vorhanden, so könnte man die vom Aerodynamiker anzugebende oder der bewährten, aus Erfahrungen und messenden Versuchen entwickelten Bauvorschrift für Heeresflugzeuge zu entnehmende Flügelbelastung auf die Knotenpunkte verteilen, die Knotenlasten in die Wandebenen zerlegen, die Spannkräfte jeder der vier Wände für sich ermitteln und schließlich die Gurtkräfte kombinieren; damit wäre dann die Berechnung beendet: Die Formänderung einer Zelle, die nur die angegebene Verspannung enthält, erweist sich jedoch als unzulässig hoch besonders bei Gleitflug und Sturzflug. Durch Verspannung der ein Viereck bildenden Ständerrohre der vier Tragwände durch ein Kabelkreuz („Tiefenverband") wird dieser Mangel beseitigt, die vom Rumpfe ausgehende Halbzelle dadurch aber so oft statisch unbestimmt, als solche Tiefenverspannungen angeordnet werden. Nach der Zahl der Vorderstiele solcher Ständervierecke in der Halbzelle bezeichnet man das Flugzeug als ein-, zwei- und mehrstielig. Ein zweistieliges Flugzeug mit voller Verspannung nach Fig. 273 ist also zweifach statisch unbestimmt (strenggenommen zunächst vierfach, dann aber bei Bau- und Lastsymmetrie oder bei vollem Anschlusse der Halbzelle an gegeneinander unverrückbare Rumpfpunkte gewissermaßen 2 × 2fach statisch unbestimmt); demgemäß sind zwei Formänderungsgleichungen auf-

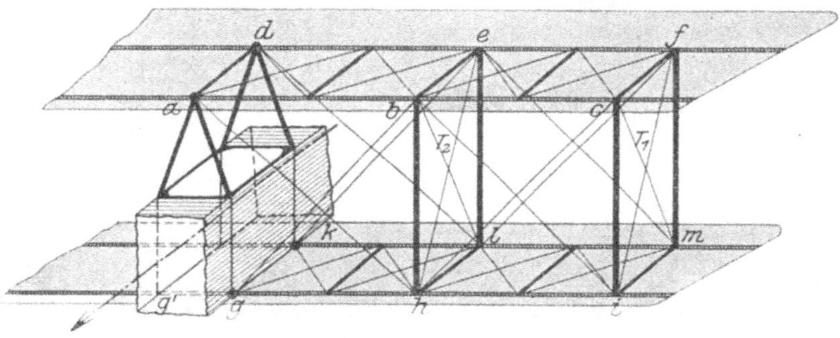

Fig. 273.

zustellen, wobei man zweckmäßig die voraussichtlich wirksamen der vier Kabel T_1 und T_2 der beiden Tiefenverbände als überzählig einführt. Es mögen voraussichtlich die Kabel b/l und c/m gespannt werden; dann gilt:

$$\Sigma P_m \delta_{c/m\, m} - T_1 \delta_{c/m\, c/m} - T_2 \delta_{c/m\, b/l} = T_1 \varrho_{T_1}$$
$$\Sigma P_m \delta_{b/l\, m} - T_1 \delta_{b/l\, c/m} - T_2 \delta_{b/l\, b/l} = T_2 \varrho_{T_2}\,.$$

Bezeichnet man die Spannkräfte im statisch bestimmten Hauptsystem aus P_m mit S_m, die aus $T_1 = 1$ mit $S_{c/m}$ und die aus $T_2 = 1$ mit $S_{b/l}$, so lauten die Formänderungsgleichungen, wenn man auch noch ϱ_{T_1} und ϱ_{T_2} mit in die Summen einbezieht:

$$\boldsymbol{\Sigma S_m S_{c/m} \cdot \varrho_s - T_1 \Sigma S_{c/m}^2 \varrho_s - T_2 \Sigma S_{c/m} S_{b/l} \varrho_s = 0}$$
$$\boldsymbol{\Sigma S_m S_{b/l} \cdot \varrho_s - T_2 \Sigma S_{b/l}^2 \varrho_s - T_1 \Sigma S_{c/m} S_{b/l} \varrho_s = 0}\,.$$

Man beachte die Wirkung der Gegenseitigkeit der Verschiebungen! Die Summen erstrecken sich also über alle Stäbe sowie über alle Kabel, deren Wirksamkeit für den gegebenen Belastungsfall vorausgesehen wird, einschließlich der beiden wirksamen Kabel der Tiefenverbände. Erscheint ein Kabel im Endergebnis mit einer Druckspannung, so ist klar, daß das Gegenkabel des umgebenden Druckstabvierecks gespannt wird, und die Rechnung ist strenggenommen mit diesem Kabel zu wiederholen; meist kann man sich aber mit der statisch bestimmten Umrechnung innerhalb des Druckvierecks begnügen. Die einzelnen Produkte unter den Summenzeichen der Formänderungsgleichungen werden am besten tabellarisch berechnet. Den Kopf solcher Tabellen für zweifache Unbestimmtheit zeigen die Abbildungen hierunter. Es ist nötig, die Kabel mit 50% der Bruchlast vorzurecken. Die Elastizitätsziffer der Kabel setzt man in der Entwurfsrechnung gleich 1 300 000 bis 1 900 000 kg/cm²; erst in einer etwa erforderlichen endgültigen Untersuchung der Spannungsverhältnisse lohnt es sich, die Elastizitätsziffer nach der voraussichtlichen Spannkraft und der besonderen Eigenart jedes Kabels nach Spleißung, Länge, Typ und Spannschloß zu unterscheiden.

Sind ein Teil der Tiefenverbände anders als durch Kabelverspannung hergestellt, und zwar derart, daß ihre Formänderung und die der Holme von diesen Tiefenverbänden nach dem Rumpfe hin gegenüber der Formänderung des restlichen, kabelenthaltenden Systems vernachlässigt werden kann, so gelingt es oft, eine statische Unbestimmtheit von hohem Grade (etwa 6fach) in mehrere von niederem Grade (etwa 3 + 1 + 2fach) aufzulösen, da man den auf einen undeformierbaren Tiefenverband sich stützenden Zellenteil, dessen Stützpunkte also keine Lageveränderung gegeneinander erfahren, für sich berechnen kann. Der Verfasser konnte durch diese Überlegung den Entwurf eines sechsfach statisch unbestimmten Flugzeuges (Aviatik-Dreidecker, 19 t, 2000 PS,

1	2	3	4	5	6	7	8	9	10	11
Stab	s		F		M(aterial)		$E \cdot 10^4$		$\varrho_s \cdot 10^4$	
	cm		cm²				kg/cm²		cm/kg	
	Entw.		Entw.		Entw.		Entw.		Entw.	

1	2	3	4	5	6	7	8	9	10	11	12	13	14	15	16	17	18	19	20	21
Stab	$\varrho_s \cdot 10^4$		S_m		$\Delta s_m \cdot 10^4$		S_{T_1}		$S_{T_1}^2 \cdot \varrho_s \cdot 10^4$		S_{T_2}		$S_{T_2}^2 \cdot \varrho_s \cdot 10^4$		$S_{T_1} \cdot \Delta s_m \cdot 10^4$		$S_{T_2} \cdot \Delta s_m \cdot 10^4$		$S_{T_1} \cdot S_{T_2} \cdot \varrho_s \cdot 10^4$	
	cm/kg		kg		cm		kg		cmkg		kg		cmkg		cmkg		cmkg		cmkg	
	Entw.		Entw.		Entw.		Entw.		Entw.		Entw.		Entw.		Entw.		Entw.		Entw.	

„Riesenflugzeug“) der praktischen Durchrechnung zugängig machen. Es wurden unterschieden: eine 3fach unbestimmte „Außenzelle“, ein 1fach unbestimmter, nach außen als starr anzusehender Tiefenverband und eine zweifach unbestimmte „Innenzelle“, deren Holme wegen Dimensionierung als Maschinenteilträger gleichfalls als starr gelten konnten. Der Nutzen einer solchen Auflösung tritt schon dann zutage, wenn man nur die Berechnungstabelle, für sechsfache Unbestimmtheit z. B., zu entwerfen versucht.

Besonders im Flugzeugbau ist es nützlich, die Systembilder und Tabellen nach Entwurf durch Weißpause oder Sepiaverfahren mit Blaupositiven formularmäßig zu vervielfältigen.

Einige weitere Bemerkungen zum Flugzeugbau bzw. Luftfahrzeugbau enthalten die Seiten 123, 138, 175 und 204.

Anhang.

1. Die gedrückte Stütze von veränderlichem Trägheitsmomente und über die Stablänge veränderlicher Beanspruchung.

Es ist praktisch unmöglich, einen Stab so auszubilden und die Belastung so zu legen, daß eine genau zentrische Beanspruchung vorliegt. Während nun Zugbeanspruchung einen stabilen Charakter hat, da die durch sie hervorgerufenen Momente die Größe der Exzentrizität zu verringern streben, ist Druckbeanspruchung labiler Natur: Die proportional der Exzentrizität über die Stablänge verteilten Momente haben die Tendenz, die Exzentrizität zu vergrößern, sie streben also danach, den Stab zum Knicken zu bringen. Selbst bei genau geradliniger und mit der Kraftwirkungslinie zusammenfallender Stabschwerlinie würde die praktisch unvermeidliche, wenngleich unmeßbare Ungleichmäßigkeit des Materials bei Druckbeanspruchung Exzentrizität zur Folge haben.

Man kann sich die Wirkung der Knickbeanspruchung zweckmäßig, wenn auch ungenau, durch folgende Nacheinanderbetrachtung gleichzeitig erfolgender Vorgänge vorstellen: Die Exzentrizität δ hat ein Moment zur Folge, dieses einen Zuwachs an Exzentrizität $\Delta\delta$, der Momentenzuwachs daraus wiederum ein Exzentrizitätszuwachs $\Delta\Delta\delta$, und so fort. Die schließliche Exzentrizität des Stabes unter der ruhenden Beanspruchung ist die Summe einer unendlichen Reihe

$$\delta + \Delta\delta + \Delta\Delta\delta + \Delta\Delta\Delta\delta + \ldots$$

Strebt die Summe dieser Reihe mit wachsender Gliederzahl einem Grenzwerte zu, konvergiert sie also, so ist der Stab der vorgegebenen Beanspruchung gewachsen, divergiert die Reihe dagegen, so knickt der Stab! Die Grenzbelastung bezeichnen wir als Knicklast. Von ihr können wir uns auch noch auf anderem Wege eine Vorstellung verschaffen:

Bringt man einen Stab von der Länge l elastisch gekrümmt zwischen zwei parallele Wände vom starren Abstande $l - \Delta l$, kleiner als l, und gibt ihn dann frei, derart, daß die Verbindungslinie der Stabendpunkte auf den Wänden senkrecht steht, so übt der Stab je nach der Größe der Exzentrizität, der Stablänge und der über sie verteilten Trägheitsmomente und Elastizitätsziffern einen ganz bestimmten Druck auf die Wände aus: Aus der Lehre vom Gleichgewichte zwischen den inneren und äußeren Kräften folgt ohne weiteres, daß dieser Druck gleich demjenigen von außen ausgeübten ist, der die gleiche elastische Krümmung hervorbringt.

Die Herleitung der aus der Festigkeitslehre bekannten Eulerschen Formeln für die Knicklast von Stäben konstanten Trägheitsmomentes und konstanter Elastizitätsziffer sowie über die ganze Länge gleichgroßer Drucklast läßt nun aber erkennen, daß für im Verhältnis zur Stablänge geringe Querausdehnung des Stabes und verschwindend geringe Exzentrizität die Größe der Knicklast von der Größe der Exzentrizität nahezu unabhängig ist. Versuche bestätigen dieses auch für Stäbe, auf die die Eulerschen Formeln wegen der Verteilung von Drucklast, Trägheitsmoment und Elastizitätsziffer nicht anwendbar sind.

Die Eulerschen Formeln selbst, z. B. $P = \dfrac{\pi^2 E J}{\mathfrak{S}\, l^2}$ zeigen sogar völlige Unabhängigkeit von der Exzentrizität: das ist auf die wesensgleichen, für geringe Durchbiegungen unerheblichen Vernachlässigungen zurückzuführen, deren wir uns bei den Herleitungen zur zeichnerischen Darstellung der elastischen Linie schuldig machen durften.

Diese Überlegungen geben uns eine Möglichkeit, lediglich durch Anwendung unserer Ausführungen über die zeichnerische Darstellung der elastischen Linie die sonst recht schwierigen Knickungsprobleme, die durch die Überschrift dieses Abschnittes gekennzeichnet werden, in für die Praxis einwandfreier Weise rasch zu lösen. Das Verfahren sei am einfachsten Beispiele, das bei konstantem Trägheitsmomente und konstanter Elastizitätsziffer auch noch der Eulerschen Formel zugängig wäre, erläutert; Fig. 274: Wir nehmen eine beliebige, zweckmäßig auf eine gerade Basis bezogene elastische Linie an von der Form, wie sie der Stab beim Knicken vermutlich aufweisen wird, und fragen uns nun, welchen Druck der ursprünglich gerade oder leicht gekrümmte, elastisch in die Form der angenommenen elastischen Linie gezwungene und dann freigegebene Stab seinerseits gegen zwei starre Wände ausüben würde. Dieser Druck ist also, gleichgültig, welche Gesamtexzentrizität gewählt wurde, mit der Knicklast identisch und werde mit K bezeichnet. P sei die Nutzlast. Dann besteht zwischen K und P die Beziehung

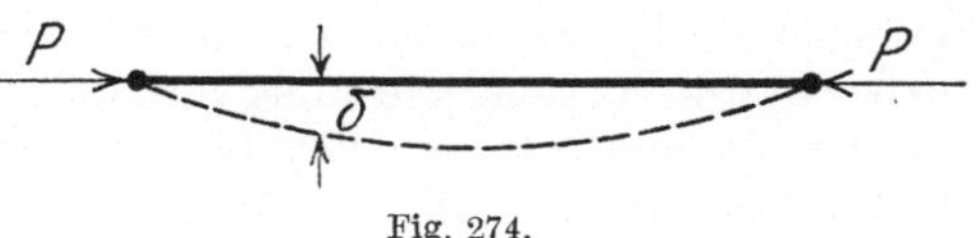

Fig. 274.

$$K = \mathfrak{S} \cdot P,$$

worin $\mathfrak{S}$ der schließlich gesuchte Sicherheitsfaktor ist. Man zeichnet nun für die Momente $P \cdot \delta$ die elastische Linie und stellt fest, um wieviel man die Ordinaten dieser elastischen Linie vergrößern müßte, damit sie der angenommenen elastischen Linie gleich werde. Dann ist der Vergrößerungsfaktor gleich dem gesuchten Sicherheitsgrade $\mathfrak{S}$, denn

$$\mathfrak{S} \cdot P \cdot \delta = K \cdot \delta$$

und $K \cdot \delta$ sind die äußeren Momente, die den inneren Momenten des mit der angenommenen elastischen Linie gebogenen Stabes das Gleichgewicht halten. Natürlich muß die angenommene elastische Linie der wahren möglichst ähnlich sein, wenn die elastische Linie für P der angenommenen mit einem konstanten Faktor $\mathfrak{S}$ vergleichbar sein soll. Hat man die Ähnlichkeit nicht genügend genau getroffen, so wählt man zunächst noch einmal die neue, für P gewonnene elastische Linie δ' oder eine ihr ähnliche als vermutliche elastische Linie im Augenblicke des Knickungsbeginnes und zeichnet danach die elastische Linie für $P \cdot \delta'$. Ist auch jetzt noch nicht genügende Ähnlichkeit zwischen angenommener Knickungslinie und der elastischen Linie für die Momente aus P vorhanden, so wird das Annäherungsverfahren in gleicher Weise fortgesetzt: Meist aber genügt ein wenig praktische Rechnungserfahrung, um bereits mit der ersten Annahme genügende Ähnlichkeit zwischen angenommener und danach berechneter elastischer Linie zu erzielen. Weichen die elastischen Linien für P und K noch erheblich voneinander ab, sprechen aber praktische Rechnungserfahrung, Bedeutung der Rechnung oder andere Überlegungen gegen eine Wiederholung der Rechnung, so ist es zweckmäßig, die Flächen der beiden elastischen Linien miteinander zu vergleichen: man erhält dann einen Vergleich der Durchschnitte der Ordinaten. Bei außergewöhnlichen Objekten oder bei noch wenig ausgebildetem praktischen Gefühle für Dimensionierung empfiehlt es sich ferner, stets einen Überschlag mit groben Durchschnitten mittels der Eulerschen oder einer anderen in den Taschenbüchern aufgeführten Knickformel folgen zu lassen, um auf die so beliebten Fehler mit den Faktoren 2 bei Symmetrieverwertung oder 10 bei Maßstabberücksichtigung vorhandenenfalls aufmerksam zu werden. Der Leser wolle die weitergehende Anwendbarkeit dieses Winkes beachten.

Zahlenbeispiel: Der 6 m lange gedrückte Stab Fig. 275 ist an beiden Enden gelenkig gelagert. Unter Schätzung des Einflusses der Lastverteilung wählen wir eine elastische Linie, Fig. 276. Die Kräfte mögen ihre zur Verbindungslinie der Stabendpunkte parallele Lage bei der Ausbiegung nicht ändern. Trägheitsmoment und Elastizitätsziffer mögen zur Vereinfachung des Beispieles konstant sein. Die Momentenfläche, Fig. 277, kann also bereits als Fläche der fingierten Belastung verwendet werden. Bei der Berechnung der Momentenfläche ist zu beachten, daß die auskragenden Kräfte mit der Stützenreaktion ein Kräftepaar hervorrufen, dem das Kräftepaar 25,53 kg · 600 cm, siehe Fig. 276, das Gleichgewicht hält. Erst nach Herstellung des äußeren Gleichgewichtszustandes können die Momente, am einfachsten nach dem Schnittverfahren, ermittelt werden. Fig. 278 zeigt die elastische Linie. Sie weise einen Flächeninhalt von B cm² auf, die angenommene elastische Linie dagegen G cm². Dann können wir die Knicksicherheit berechnen:

$$\mathfrak{S} = \frac{G}{B} = \sim \frac{2{,}0 \text{ cm}}{0{,}383 \text{ cm}} = 5{,}3 .$$

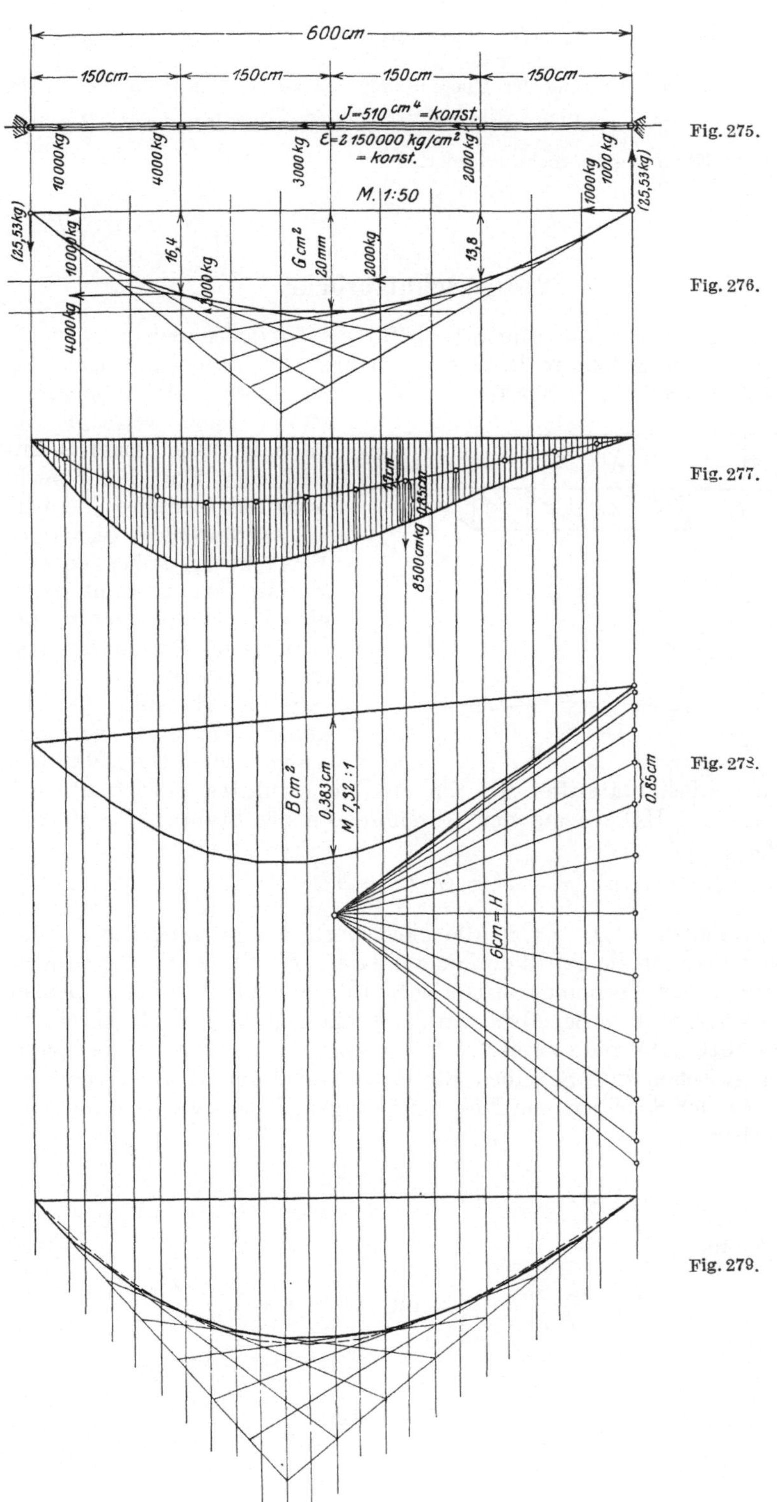

Fig. 275.

Fig. 276.

Fig. 277.

Fig. 278.

Fig. 279.

Fig. 279 zeigt eine Prüfung der Übereinstimmung von G und B durch Erweiterung von G mit $\frac{\gamma}{5{,}3}$ und Übereinanderzeichnung über derselben Basis. Ergebnis: Eine neue Rechnung ist nicht erforderlich.

$$\mathfrak{S} \cong 5{,}3 .$$

2. Die Schutzbrücke.

Fig. 280 deutet die Einrichtung für ein spezielles Beispiel an: Die im Systeme angedeutete Brücke, etwa aus zwei gleichen Trägern bestehend, schützt den lebhaften Verkehr einer Straße, oder eine Eisenbahn gegen etwa herabfallende Wagen einer Drahtseilbahn. Um der Berechnung nähertreten zu können, müssen wir unsere bisherigen Betrachtungen über gedachte Formänderungsarbeit durch eine kurze Analysierung der wirklichen Formänderungsarbeit ergänzen. Fig. 281 zeigt einen senkrecht aufgehängten Stab von der Länge l, dem Querschnitte F und der Elastizitätsziffer E. Ein an ihm geführtes Gewichtsstück G fällt aus der Höhe h auf den Abschlußkopf des Stabes: Die Energie der Lage

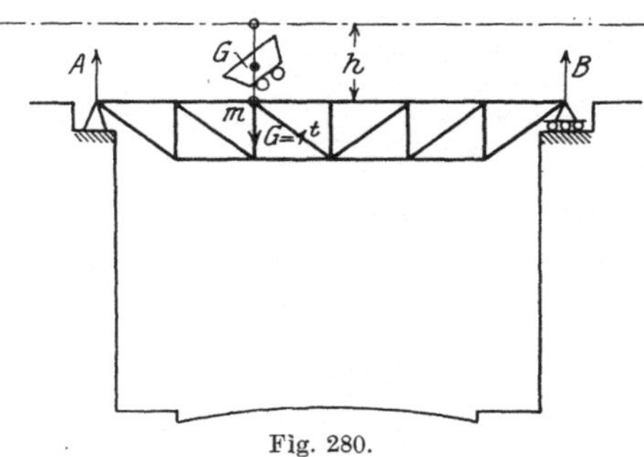

Fig. 280.

$$A = G \cdot (h + \Delta l)$$

des Gewichtes setzt sich in die gleichwertige Bewegungsenergie um. Diese muß durch die Arbeit der inneren Kräfte des Stabes bei der Längenänderung, der Formänderungsarbeit, aufgenommen werden. Denken wir uns den Stab in Scheiben von der Dicke λ gleich dem durchschnittlichen Mittenabstande zweier Moleküle eingeteilt, so leisten die Spannkräfte zwischen zwei Scheiben, die proportional der Abstandsvergrößerung $\Delta\lambda$ der Scheiben von Null bis zu einem Höchstwerte S wachsen, die Arbeit:

$$\Delta A = \frac{S \cdot \Delta\lambda}{2}$$

Es ist nun

$$\Delta\lambda = \frac{S \cdot \lambda}{E F} \qquad \text{somit} \qquad \Delta A = \frac{S^2 \lambda}{2 E F}$$

und

$$\Sigma \Delta A = A = \frac{S^2}{\quad} \Sigma \lambda . \qquad \text{darin ist} \qquad \Sigma \lambda = l$$

mithin die gesamte wirkliche Formänderungsarbeit des Stabes

$$A = \frac{S^2 l}{2 E F} = \tfrac{1}{2} S^2 \varrho \qquad \varrho = \frac{l}{E F}.$$

Die Diagramme Fig. 282 deuten eine graphische Erläuterung an, die zum gleichen Ergebnisse führt.

Die wirkliche Formänderungsarbeit A, also die der wirklichen Spannkräfte S, unterscheidet sich somit von der gedachten Formänderungsarbeit $\overline{A}$, also die einer gedachten Spannkraft $\overline{S}$, durch den Faktor $\frac{1}{2}$, weil $\overline{S}$ während des ganzen Ausdehnungsvorganges in gleichbleibender Größe wirkend gedacht wird, während die wirkliche Spannkraft von Null bis zu ihrem Größtwerte S anwächst, und zwar, nach dem Hookeschen Gesetze, proportional der Stablängenänderung.

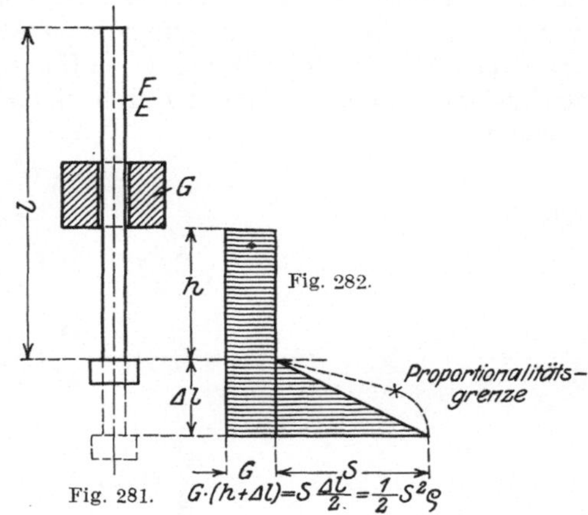

Fig. 281. Fig. 282.

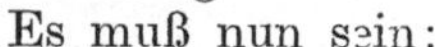
Es muß nun sein:

$$G \cdot (h + \Delta l) = A = \tfrac{1}{2} S^2 \varrho .$$

Es lohnt sich, einen Augenblick abzuschweifen, um den Fall $h = 0$ zu betrachten!

$$G \cdot \Delta l = \tfrac{1}{2} S^2 \varrho = \tfrac{1}{2} S \Delta l , \qquad \text{denn} \qquad S \cdot \varrho = \Delta l$$

daraus

$$S = 2 G,$$

d. h.: nur durch sofortiges Wirkenlassen der Last, ohne Fallhöhe, erhalten wir bereits doppelte Spannkraft und dynamische Wirkungen, denn es werden infolge der Gegenwirkung von $S = 2 G$ gegen G Schwingungen um die durch

$$S = G$$

gekennzeichnete Ruhelage auftreten, die vom Materiale unter Beeinträchtigung seiner Güte verzehrt werden.

Uns interessiert hier gerade der Fall, in dem h so groß ist, daß Δl vernachlässigt werden könnte; doch führt die Beibehaltung durchaus nicht zu Verwicklungen und schützt vor Widersprüchen und Fehlern bei Einsetzung extremer Fälle, also

$$G \cdot (h + \Delta l) = \tfrac{1}{2} S^2 \varrho .$$

Wird die Fallenergie nicht nur durch einen Stab, sondern durch ein unverschiebliches System von Stäben von der Art unserer Schutzbrücke aufgenommen, so lautet die Gleichung offenbar

$$G \cdot (h + \delta_{G \cdot h}) = \tfrac{1}{2} \Sigma S^2 \varrho_s .$$

In dieser Gleichung sind so viele Unbekannte vorhanden, als die Schutzbrücke bzw. einer ihrer Hauptträger, wenn wir auf diesen durch Annahme eines Zufalles das ganze Gewicht allein wirkend denken, Stäbe enthält. Diese Unbekannten lassen sich auf eine zurückführen, indem wir die Spannkräfte S' für eine ruhend wirkend gedachte Kraft $G = 1$ ermitteln und in die Gleichung einführen. Sie können sich von den wirklichen Spannkräften nur durch einen konstanten Faktor α unterscheiden:

$$\boldsymbol{S = \alpha \cdot S'}$$

oder:

$$S_{G \cdot h} = G \cdot \alpha \cdot S' ,$$

also:

$$G \cdot (h + \delta_{G \cdot h}) = \frac{\alpha^2}{2} G^2 \Sigma S'^2 \cdot \varrho_s$$

$$h = \frac{\alpha^2}{2} G \Sigma S'^2 \varrho_s - \delta_{G \cdot h}$$

$$\delta_{G \cdot h} = \Sigma \overline{S}' \cdot S_{G \cdot h} \cdot \varrho_s$$

$$S_{G \cdot h} = \alpha G S'$$

$$\delta_{G \cdot h} = \alpha G \Sigma S'^2 \varrho_s$$

$$h = \frac{\alpha^2}{2} G \Sigma S'^2 \varrho_s - \alpha G \Sigma S'^2 \varrho_s$$

$$\alpha^2 - 2\alpha = \frac{2h}{G \Sigma S'^2 \varrho_s}$$

nach Hinzufügung der quadratischen Ergänzung:

$$(\alpha - 1)^2 = \frac{2h}{G \Sigma S'^2 \varrho_s} + 1$$

$$\boldsymbol{\alpha = 1 \pm \sqrt{\frac{2h}{G \Sigma S'^2 \varrho_s} + 1}} .$$

Damit sind uns die infolge des Aufschlages auftretenden Größtspannkräfte bekannt. Mit Hilfe der früher entwickelten Arbeitsgleichungen für die gedachte Formänderungsarbeit können wir uns noch einen tieferen Einblick in die dynamischen Wirkungen verschaffen und uns dadurch den Sinn des negativen Vorzeichens vor der Wurzel erklären:

Durchbiegung bei m durch G ruhend:

$$\delta_G = G \Sigma \bar{S}' S' \varrho_s = G \Sigma S'^2 \varrho_s .$$

Durchbiegung bei m durch $G \cdot h$:

$$\delta_{G \cdot h} = \Sigma \bar{S}' S \varrho_s = \alpha G \Sigma S'^2 \varrho_s .$$

Um die Endlage von δ_G als Ruhelage treten also Schwingungen auf vom Ausschlage:

$$a = (\delta_{G \cdot h} - \delta_G) = G \Sigma S'^2 \varrho_s (\alpha - 1)$$

$$= G \Sigma S'^2 \varrho_s \cdot \pm \sqrt{\frac{2h}{G \Sigma S'^2 \varrho_s} + 1} = \pm \sqrt{2 G h \Sigma S'^2 \varrho_s + (G \Sigma S'^2 \varrho_s)^2} .$$

Die Vorzeichen geben also die Richtung des Ausschlages an! Ferner: Es war

$$S_{G \cdot h} = G \cdot \alpha \cdot S' = G S' \left(1 \pm \sqrt{\frac{2h}{G \Sigma S'^2 \varrho_s} + 1}\right)$$

$$= G S' \pm G S' \sqrt{\frac{2h}{G \Sigma S'^2 \varrho_s} + 1} .$$

Das erste Glied ist die Ruhspannkraft, das zweite der maximale Zuwachs oder die maximale Abnahme während der Schwingungen um die Ruhelage, erzeugt durch die Aufschlagsarbeit $G(h + \delta_{G \cdot h})$. Wird $h = 0$, so liegt der Fall plötzlicher Belastung ohne Fallhöhe vor: der Wurzelausdruck wird gleich eins, die Spannkraft wechselt somit zwischen den Grenzen 0 und $2 S'_G$, in Übereinstimmung mit unserer vorangegangenen Betrachtung dieses Belastungsfalles an einem Zugstabe.

Die Umstände, die die Schwingungen durch wirklichen Arbeitsverbrauch dämpfen und schließlich zum Verschwinden bringen, brauchen wir wegen des unbedeutenden Einflusses auf die Größe der Höchstspannkräfte nicht zu beachten.

Zur Spannungsberechnung bleibt noch zu bemerken: Es kann sein, daß wir zu dem Entschlusse gelangen, für den Fall eines Absturzes eine Überschreitung der Proportionalitätsgrenze zuzulassen: Wir werden dann zunächst so rechnen, als verliefe das Diagramm der inneren Formänderungsarbeit Fig. 282 nach der geradlinigen Begrenzung. Bekanntlich wird es tatsächlich von einer nur anfangs geradlinigen, später jedoch gekrümmten Linie begrenzt, wie das die gestrichelte Linie in der Figur andeutet. Das Arbeitsaufnahmevermögen wird also größer. Daraus folgt, daß die wirklichen Spannkräfte dann geringer sein werden!

Überhaupt kann es sich bei diesen unseren Überlegungen nur darum handeln, mangels einer bewährten Vorlage oder bei verlangten erheblichen Abweichungen von einer bewährten oder erprobten Vorlage durch eine Rechnung zu einem Gefühle für die Grenzen zu gelangen, innerhalb deren sich die Dimensionierung zu bewegen hat. Das ist ja sehr oft der Charakter einer technischen Rechnung, hier jedoch ausschließlich, wenn es sich um größere Fallhöhen handelt, wenn die Masse der Brücke beträchtlich ist und der Wert $\Sigma S'^2 \varrho_s$ gering ist, denn wir vernachlässigen den Stoß, also den Umstand, daß die Massenteilchen nicht gleichzeitig in Bewegung gesetzt werden. Immerhin mag der Leser seine Kräfte daran versuchen, großes Brückeneigengewicht Q und beträchtliche äußere, ruhende Kräfte P wenigstens in der Betrachtung für gedachte stoßfreie Beaufschlagung außer G zu berücksichtigen. Die Fallarbeit dieser Lasten

$$+\Sigma \Delta Q\, \delta_m + \Sigma P\, \delta_m$$

kommt dann zur Hauptarbeit $+G_m(h+\delta_m)$ hinzu. Eine Biegungslinie für die δ_m müssen wir zunächst schätzen —.

3. Tabelle der Formeln für die Punktverschiebungen von einfachen, typischen Vollwandträgern; Seite 207.

Kurze Anleitung zur Herleitung solcher Formeln auf Grund der Ausführungen über die zeichnerische Darstellung der elastischen Linie.

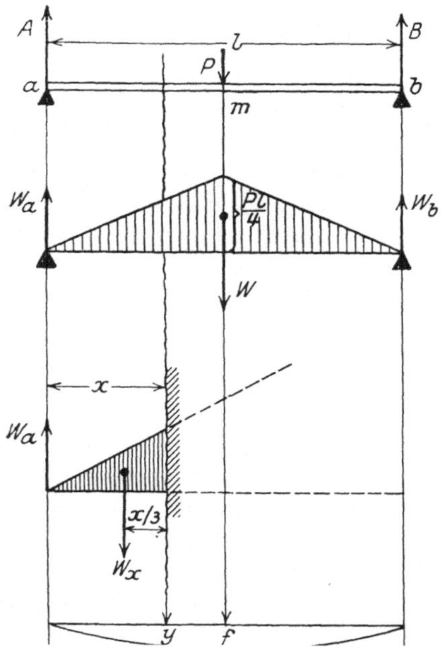

Fig. 283.

Fig. 284.

Fig. 285.

Fig. 286.

Beispiel: Träger auf zwei Stützen, Fig. 283, von konstantem Trägheitsmomente J und konstanter Elastizitätsziffer E, in der Mitte belastet durch eine Einzellast P. Es soll die Gleichung der elastischen Linie und der Ausdruck für die Durchbiegung in der Trägermitte hergeleitet werden. — Lösung: Die Momentenfläche ist ein gleichschenkliges Dreieck von der Höhe

$$\frac{Pl}{4}.$$

Wegen $J =$ konst. und

zeitig das Bild der Fläche der fingierten Belastung von der Höhe

$$\frac{P\,l}{4\,J\,E}.$$

Gesamtbelastung:

$$W = \frac{P\,l^2}{8\,J\,E}$$

Auflagerdrücke:

$$W_a = W_b = \frac{P\,l^2}{16\,E\,J}.$$

Die Gleichung für die Momente aus der fingierten Belastung und damit die Gleichung der elastischen Linie ergibt sich nach dem Schnittverfahren:

$$y = W_a \cdot x - W_x \frac{x}{3}$$

$$W_a = \frac{P\,l^2}{16\,E\,J}$$

$$W_x = \frac{P\,l}{4\,E\,J} \cdot \frac{x}{l/2} \cdot \frac{x}{2} = \frac{P\,x^2}{4\,E\,J}$$

$$\underline{y = \frac{P\,l^3}{16\,E\,J}\left(\frac{x}{l} - \frac{4}{3}\frac{x^3}{l^3}\right).}$$

Daraus für $x = \frac{l}{2}$ oder nach dem Schnittverfahren:

$$\underline{f = \frac{P\,l^3}{48\,E\,J}.}$$

Aus der Ableitung erhellt, daß die gewonnene Gleichung der elastischen Linie nur für die Werte von x zwischen a und m gültig ist. Der Zweig der elastischen Linie für die Strecke $m \div b$ ist jedoch durch die Symmetrie gegeben bzw. dadurch, daß man den Koordinatenanfang statt nach a nach b verlegt denkt und von dort die Werte x mißt. Man kann auch den Koordinatenanfang statt nach a nach m verlegen, erhält dann jedoch eine andere Form der Gleichung der elastischen Linie: In der folgenden Zusammenstellung ist eine solche Abweichung von den Angaben

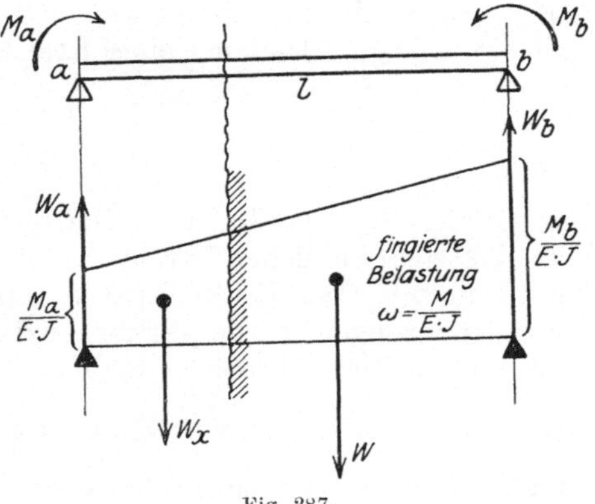

Fig. 287.

der gebräuchlichen Taschenbücher vermieden worden. — Fall 7 der nachfolgenden Zusammenstellung wurde vom Verfasser im Flugzeugbau in einigen Fällen gebraucht und sei daher mit aufgeführt. Die Entwicklung an Hand der Fig. 287 ist nicht schwierig:

$$y = \frac{\frac{M_a + M_b}{EJ} \frac{l}{2} \cdot \frac{l}{3} \frac{M_b + 2\,M_a}{M_b + M_a}}{l} x - \frac{M_a + M_x}{EJ} \frac{x}{2} \cdot \frac{x}{3} \frac{M_x + 2\,M_a}{M_x + M_a}$$

$$M_x = M_a + \frac{M_b - M_a}{l} x,$$

$$y = \frac{M_b + 2\,M_a}{6\,EJ} l\,x - \frac{3\,M_a + \frac{M_b - M_a}{l} x}{6\,EJ} x^2$$

$$6\,EJ_y = (M_b + 2\,M_a)\,l\,x - 3\,M_a\,x^2 - \frac{M_b - M_a}{l} x^3$$

$$6\,EJ_y\,l = M_b\,l^2\,x + 2\,M_a\,l^2\,x - 3\,M_a\,l\,x^2 - M_b\,x^3 + M_a\,x^3 .$$

Um auf eine natürliche Form für y zu gelangen, die für $M_a = M_b$ unmittelbar in die geordnete Gleichung für diesen Fall übergeht, ist rechts zweckmäßig hinzuzufügen:

$$-\,3\,M_a\,l^2\,x + 3\,M_a\,l^2\,x,$$

dann ergibt sich:

$$\underline{EJ\,y = \frac{M_a}{2}(l\,x - x^2) + \frac{M_b - M_a}{6\,l}(l^2\,x - x^3)\,.}$$

Der Leser prüfe die Gleichung für $M_a = M_b$ und leite dann für $M_a = M_b = M$ kurz direkt ab! Für $M =$ konst. müßte sich, strenggenommen, die Gleichung eines Kreisbogens vom Radius

$$\varrho = \frac{EJ}{M} = \frac{1}{\omega},$$

siehe Fig. 37, ergeben, an Stelle der Parabelgleichung. Es tritt hier das Wesen der üblichen Vernachlässigungen in einer neuen Erscheinungsform zutage. Der Fehler ist auch hier wieder gering, da ja geringe Formänderungen vorausgesetzt sind und dafür wird der Bogen im Parabelscheitel auf beträchtlicher Strecke dem Kreisbogen mit dem Radius $\varrho =$ dem halben Parameter $= \frac{EJ}{M}$ praktisch gleich, wovon man sich zeichnerisch leicht überzeugen kann. Die Taschenbücher pflegen hier eine Ausnahme zu machen und die streng richtige Gleichung anzugeben. Da sich die strenge Richtigkeit auf den abstrakten Fall der Voraussetzungen bezieht, der sich von der Wirklichkeit im Einflusse auf die hier in Rede stehenden Ergebnisse meist viel gröber unterscheidet als die bei beiden Gleichungen voneinander, so können wir, nachdem wir uns über die Bedeutung des Fehlers klar geworden sind, unbedenklich die unstrenge, aber den anderen ursprungsgleiche Formel verwenden.

Will man auch bei unsymmetrischer Belastung genau angeben, an welcher Stelle sich das Senkungsmaximum befindet, so hat man sich nur zu erinnern, daß an der Stelle des Momentenmaximums die Querkraft, $S = A - \Sigma P_{a \div x}$ bzw. $= A - \Sigma Q_{a \div x}$, verschwindet, daß also analog an der Stelle der größten Durchbiegung das Querkraftdiagramm für die fingierte Belastung, berechnet aus $w_S = w_A - \sum_a^x \omega \cdot \Delta x$, eine Nullstelle aufweisen muß. In unübersichtlichen Fällen muß die Bedeutung der Nullstellen, die ein Maximum bestimmen können, durch einige Nachbarordinaten beiderseits geprüft werden. In sehr unübersichtlichen Fällen zeichnet man mit wenigen Punkten die elastische Linie. Es darf ferner nicht vergessen werden, daß das Maximum an den Grenzen der zu untersuchenden Strecke liegen kann, wobei dort nicht notwendig eine Nullstelle der fingierten bzw. wirklichen Querkraft liegen muß.

Es sei noch auf die Weiterverwendung der Ergebnisse auf statisch unbestimmt gestützte Balken, deren Hauptsystem ein nach dem oben dargelegten Verfahren bereits behandelter Balken sein kann, hingewiesen, wie sie im Beispiele für die Anwendung von Formänderungsgleichungen Seite 23 vorgeführt wurde.

(Fortsetzung — Tabellen — s. folgende Seiten.)

	Belastungsfall	Auflagerdrücke	Biegungsmoment allgemein
1	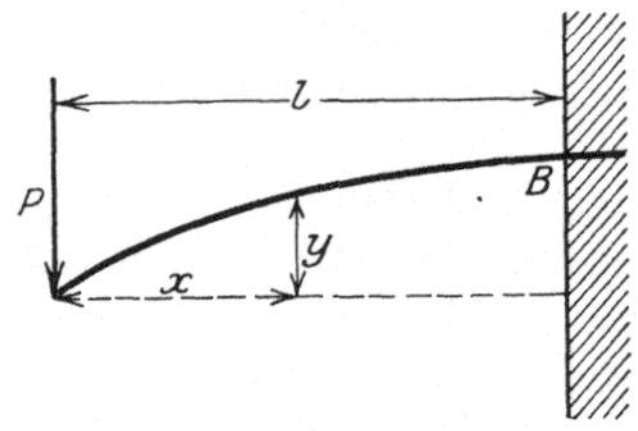	$B = P$	$M_x = P \cdot x$
2	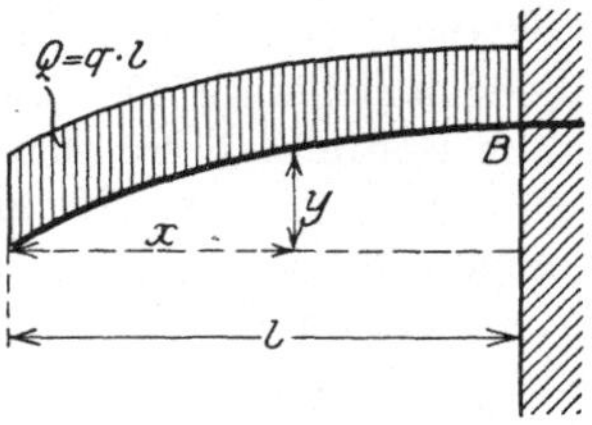	$B = Q$	$M_x = \frac{Q x^2}{2 l}$
3	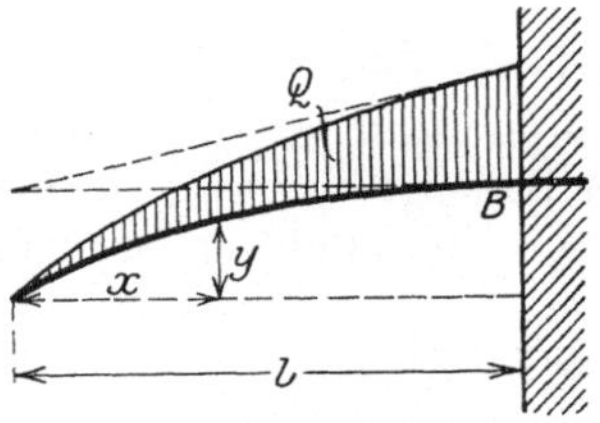	$B = Q$	$M_x = \frac{Q x^3}{3 l^2}$
4	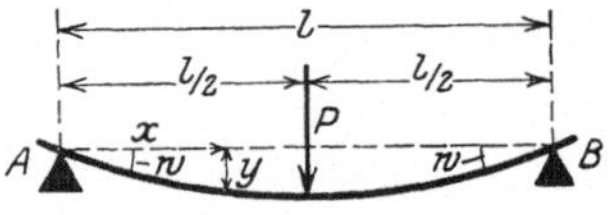	$A = B = \frac{P}{2}$	$M_x = \frac{P \cdot x}{2}$
5	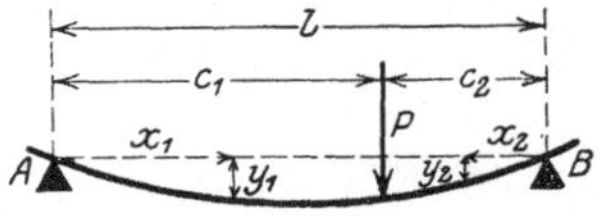	$A = P \frac{c_2}{l}$ $B = P \frac{c_1}{l}$	über c_1: $M_x = \frac{P c_2 x_1}{l}$ über c_2: $M_x = \frac{P c_1 x_2}{l}$
6	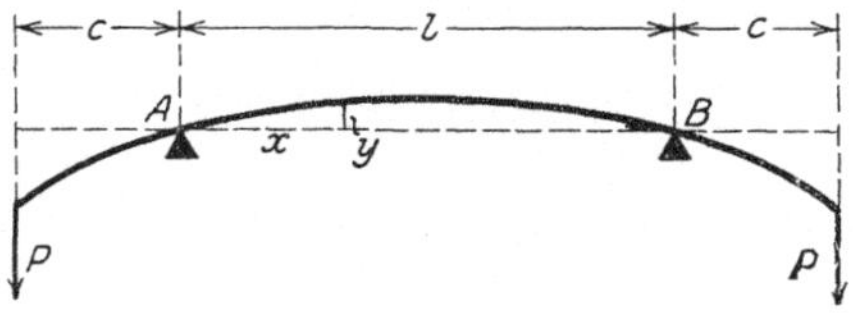	$A = B$ $= P$	$M_x = P \cdot C =$ konst.

Biegungsmoment maximal	Gleichung der elastischen Linie	Größte Senkung bzw. Hebung
$M_{\max} = P \cdot l$	$y = \frac{P l^3}{2EJ}\left[\frac{x}{l} - \frac{1}{3}\frac{x^3}{l^3}\right]$	$y_{\max} = \frac{P l^3}{3EJ}$
$M_{\max} = \frac{Q \cdot l}{2}$	$y = \frac{Q l^3}{6EJ}\left[\frac{x}{l} - \frac{1}{4}\frac{x^4}{l^4}\right]$	$y_{\max} = \frac{Q l^3}{8EJ}$
$M_{\max} = \frac{Q \cdot l}{3}$	$y = \frac{Q l^3}{12EJ}\left[\frac{x}{l} = \frac{1}{5}\frac{x^5}{l^5}\right]$	$y_{\max} = \frac{Q l^3}{15EJ}$
$M_{\max} = \frac{P l}{4}$	$y = \frac{P l^3}{16EJ}\left[\frac{x}{l} - \frac{4}{3}\frac{x^3}{l^3}\right]$ Endwinkel $\operatorname{tg} w = \frac{P l^3}{16EJ}\left[\frac{1}{l} - 4\frac{x^2}{l^3}\right]$	$y_{\max} = \frac{P l^3}{48EJ}$
$M_{\max} = \frac{P c_1 c_2}{l}$	$y_1 = \frac{P}{6EJ}\frac{c_1^2 c_2^2}{l}\left[2\frac{x_1}{c_1} + \frac{x_1}{c_2} - \frac{x_1^3}{c_1^2 c_2}\right]$ $y_2 = \frac{P}{6EJ}\frac{c_1^2 c_2^2}{l}\left[2\frac{x_2}{c_2} + \frac{x_2}{c_1} - \frac{x_2^3}{c_1 c_2^2}\right]$	—
$M_{\max} = P \cdot c$	$y = \frac{P \cdot c}{2EJ}[l_x - x^2]$	$y_{\max} = \frac{P c l^2}{8EJ}$

	Belastungsfall	Auflagerdrücke	Biegungsmoment allgemein
7	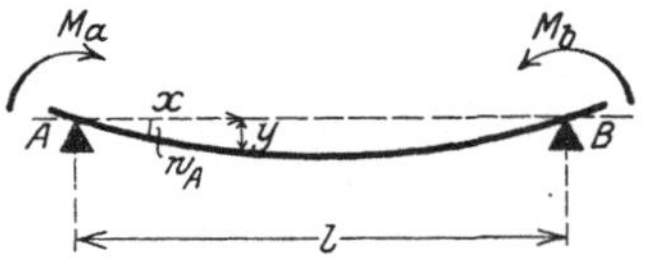	$A = \frac{M_b - M_a}{l}$ $B = \frac{M_a - M_b}{l}$ $= -A$	$M_x = M_a + \frac{M_b - M_a}{l} x$
8	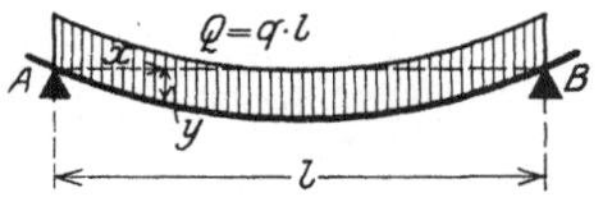	$A = B = \frac{Q}{2}$	$M_x = \frac{P \cdot x}{2}\left(1 - \frac{x}{l}\right)$
9	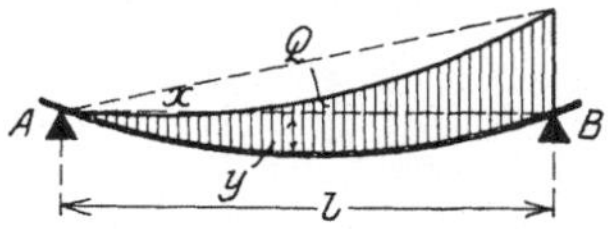	$A = \frac{1}{3} Q$ $B = \frac{2}{3} Q$	$M_x = \frac{Q \cdot x}{3}\left(1 - \frac{x^2}{l^2}\right)$
10	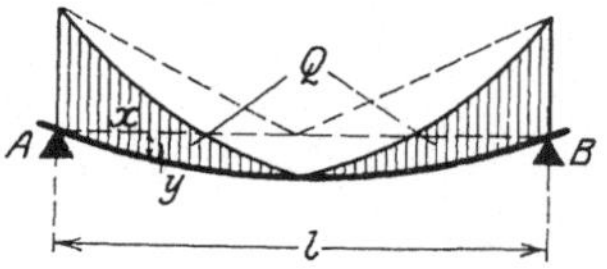	$A = B = \frac{Q}{2}$	$M_x = Qx\left(\frac{1}{2} - \frac{x}{l} + \frac{2x^2}{3l^2}\right)$
11	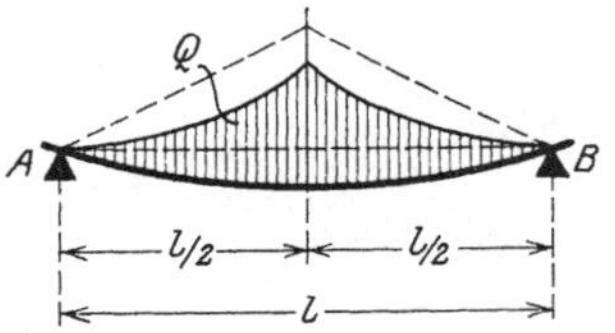	$A = B = \frac{Q}{2}$	$M_x = Qx\left(\frac{1}{2} - \frac{2}{3}\frac{x^2}{l^2}\right)$
12	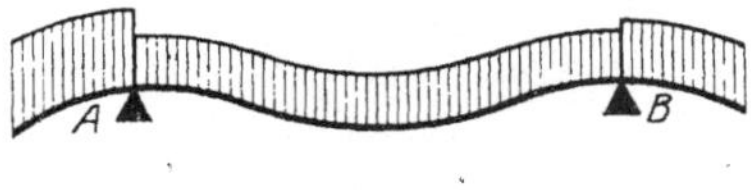		Durch Überlagerung der
13	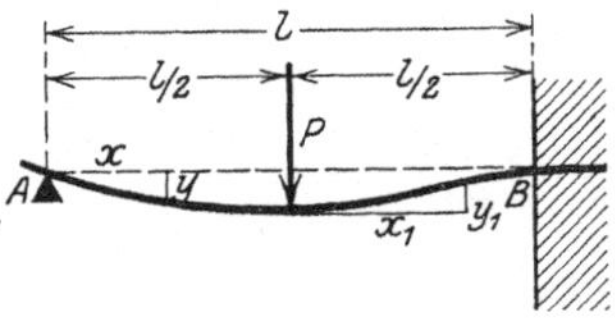	$A = \frac{5}{16} P$ $B = \frac{11}{16} P$	über AC: $M_x = \frac{5}{16} Px$ über BC: $M_x = Pl\left(\frac{5}{32} - \frac{11}{16}\frac{x_1}{l}\right)$

Biegungsmoment maximal	Gleichung der elastischen Linie	Größte Senkung bzw. Hebung
M_b oder M_a	$y = \frac{M_a}{2EJ}[lx - x^2] + \frac{M_b - M_a}{6EJl}[l^2x - x^3]$ Endwinkel $\operatorname{tg} w_a = \frac{M_a}{2EJ}[l - 2x] + \frac{M_b - M_a}{6EJl}[l^2 - 3x^2]$ Zur Berechnung von $\operatorname{tg} w_b$ Zahlenwerte rechts und links vertauschen!	—
$M_{\max} = \frac{Ql}{8}$	$y = \frac{Ql^3}{24EJ}\left[\frac{x}{l} - 2\frac{x^3}{l^3} + \frac{x^4}{l^4}\right]$	$y_{\max} = \frac{5Ql^3}{384EJ}$
$M_{\max} = \frac{2}{9\sqrt{3}}Ql$ $= 0{,}128Ql$ bei $x = l/_3\sqrt{3}$ $= 0{,}5774\,l$	$y = \frac{Ql^3}{180EJ}\left[7\frac{x}{l} - 10\frac{x^3}{l^3} + 3\frac{x^5}{l^5}\right]$	$y_{\max}$ $= 0{,}01304\,\frac{Ql^3}{EJ}$ bei $x = 0{,}5193\,l$
$M_{\max} = \frac{Ql}{12}$	$y = \frac{Ql^3}{12EJ}\left[\frac{3}{8}\frac{x}{l} - \frac{x^3}{l^3} + \frac{x^4}{l^4} - \frac{2}{5}\frac{x^5}{l^5}\right]$	$y_{\max} = \frac{3Ql^3}{320EJ}$
$M_{\max} = \frac{Ql}{6}$	$y = \frac{Ql^3}{12EJ}\left[\frac{5}{8}\frac{x}{l} - \frac{x^3}{l^3} + \frac{2}{5}\frac{x^5}{l^5}\right]$	$y_{\max} = \frac{Ql^3}{60EJ}$

Belastungsfälle 2,7 und 8 von Fall zu Fall zu bestimmen.

Biegungsmoment maximal	Gleichung der elastischen Linie	Größte Senkung bzw. Hebung
$M_{\max} = \frac{3Pl}{16}$	$y = \frac{Pl^3}{32EJ}\left[\frac{x}{l} - \frac{5}{3}\frac{x^3}{l^3}\right]$ $y_1 = \frac{Pl^3}{32EJ}\left[\frac{1}{4}\frac{x_1}{l} + \frac{5}{2}\frac{x_1^2}{l^2} - \frac{11}{3}\frac{x_1^3}{l^3}\right]$	$y_{\max} = \frac{Pl^3}{48\sqrt{5}EJ}$

	Belastungsfall	Auflagerdrücke	Biegungsmoment allgemein
14	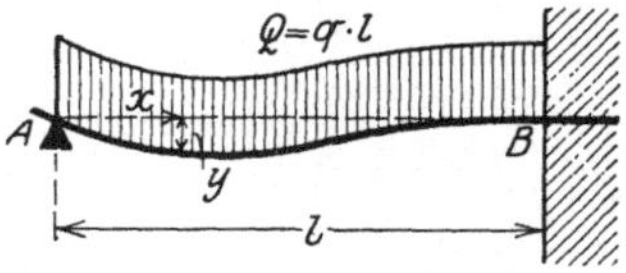 $Q=q\cdot l$; A, B, x, y, l	$A=\frac{3}{8}Q$ $B=\frac{5}{8}Q$	$M_x=\frac{Qx}{2}\left(\frac{3}{4}-\frac{x}{l}\right)$
15	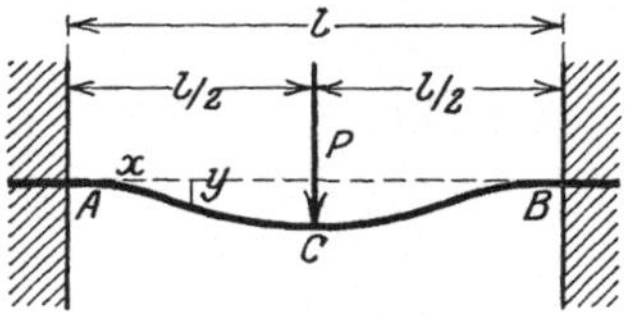 l, l/2, l/2, P, x, y, A, B, C	$A=B=\frac{P}{2}$	über AC: $M_x=\frac{Pl}{2}\left(\frac{x}{l}-\frac{1}{4}\right)$ über CB: $M_x=\frac{Pl}{2}\left(\frac{x}{l}-\frac{3}{4}\right)$
16	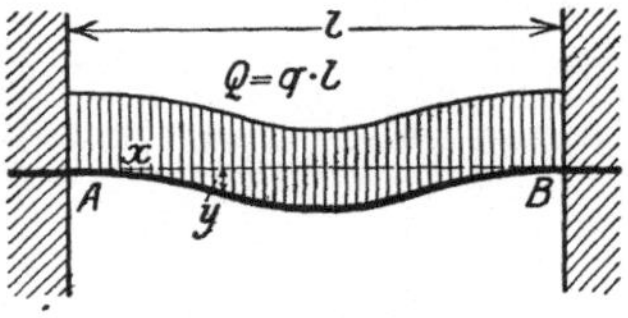 l, $Q=q\cdot l$, x, y, A, B	$A=B=\frac{Q}{2}$	$M_x=\frac{Ql}{2}\left(\frac{1}{6}-\frac{x}{l}+\frac{x^2}{l^2}\right)$

Spalten 17 ÷ 20 zu Nachträgen

17			
18			
19			
20			

Biegungsmoment maximal	Gleichung der elastischen Linie	Größte Senkung bezw. Hebung
$M_{\max} = \frac{Ql}{8}$ (bei B)	$y = \frac{Ql^3}{48EJ}\left[\frac{x}{l} - 3\frac{x^3}{l^3} + 2\frac{x^4}{l^4}\right]$	$y_{\max} \cong \frac{Ql^3}{185EJ}$ bei $x \cong 0{,}4215\,l$
$M_{\max} = \frac{Pl}{8}$ (bei A, B und C)	$y = \frac{Pl^3}{16EJ}\left[\frac{x^2}{l^2} - \frac{4}{3}\frac{x^3}{l^3}\right]$	$y_{\max} = \frac{Pl^3}{192EJ}$
$M_{\max} = \frac{Ql}{12}$ (bei A und B)	$y = \frac{Ql^3}{24EJ}\left[\frac{x^2}{l^2} - 2\frac{x^3}{l^3} + \frac{x^4}{l^4}\right]$	$y_{\max} = \frac{Ql^3}{384EJ}$

aus dem Sonderbedarfe des Lesers.

Griechisches Alphabet.

$A\ \alpha$ Alpha	$B\ \beta$ Beta	$\Gamma\ \gamma$ Gamma	$\Delta\ \delta$ Delta	$E\ \varepsilon$ Epsilon	$Z\ \zeta$ Zeta	$H\ \eta$ Eta	$\Theta\ \vartheta$ Theta
$I\ \iota$ Jota	$K\ \varkappa$ Kappa	$\Lambda\ \lambda$ Lampda	$M\ \mu$ My	$N\ \nu$ Ny	$\Xi\ \xi$ Xy	$O\ o$ Omikron	$\Pi\ \pi$ Pi
$P\ \varrho$ Rho	$\Sigma\ \sigma$ Sigma	$T\ \tau$ Tau	$\Upsilon\ \upsilon$ Ypsilon	$\Phi\ \varphi$ Phi	$X\ \chi$ Chi	$\Psi\ \psi$ Psi	$\Omega\ \omega$ Omega

Die Berechnung statisch unbestimmter Tragwerke nach der Methode des Viermomentensatzes. Von Ing. **Fr. Bleich** in Wien. Mit 108 Textabbildungen. Preis M. 12.—*

Berechnung von Rahmenkonstruktionen und statisch unbestimmten Systemen des Eisen- und Eisenbetonbaues. Von Ing. **P. E. Glaser** in Ilmenau i. Thür. Mit 112 Textabbildungen. Preis M. 9.—*

Mehrteilige Rahmen. Verfahren zur einfachen Berechnung von mehrstieligen, mehrstöckigen und mehrteiligen geschlossenen Rahmen (Rahmenbalkenträgern). Von Ing. **Gustav Spiegel.** Mit 107 Textabbildungen. Preis M. 18.—*

Tabellen zur Berechnung von einfach und doppelt armierten Balken und Platten aus Eisenbeton mit Hilfstafel für Plattenbalken. Von Ing. **Ernst Geyer.** Unter der Presse

Lehrbuch der technischen Mechanik. Von Professor **M. Grübler** in Dresden.

Erster Band: **Bewegungslehre.** Zweite, verbesserte Auflage. Mit 144 Textfiguren. Preis M. 22.—

Zweiter Band: **Statik der starren Körper und graphische Statik.** Mit 222 Textfiguren. Preis M. 18.—*

Dritter Band: **Dynamik der starren Körper.** Mit 77 Textfiguren. Preis M. 24.—

Ingenieur-Mechanik. Lehrbuch der technischen Mechanik in vorwiegend graphischer Behandlung. Von Dr.-Ing. Dr. phil. **Heinz Egerer,** Diplom-Ingenieur, vormals Professor für Ingenieur-Mechanik und Materialprüfung an der Technischen Hochschule Drontheim.

Erster Band: **Graphische Statik starrer Körper.** Mit 624 Textabbildungen sowie 238 Beispielen und 145 vollständig gelösten Aufgaben. Preis M. 14.—; gebunden M. 16.—*

Aufgaben aus der Technischen Mechanik. Von Professor **Ferd. Wittenbauer** in Graz.

Erster Band: **Allgemeiner Teil.** Vierte, vermehrte und verbesserte Auflage. 843 Aufgaben nebst Lösungen. Mit 627 Textfiguren. Unveränderter Neudruck. Gebunden Preis M. 36.—*

Zweiter Band: **Festigkeitslehre.** 611 Aufgaben nebst Lösungen und einer Formelsammlung. Dritte, verbesserte Auflage. Mit 505 Textfiguren. Unveränderter Neudruck. Gebunden Preis M. 39.—

Dritter Band: **Flüssigkeiten und Gase.** 586 Aufgaben nebst Lösungen und einer Formelsammlung. Dritte, neubearbeitete Auflage. In Vorbereitung

Der Bauingenieur. Zeitschrift für das gesamte Bauwesen. Organ des Deutschen Eisenbau-Verbandes und des Deutschen Beton-Vereins. Herausgegeben von Professor Dr.-Ing. E. h. **M. Foerster** in Dresden, Professor Dr.-Ing. **W. Gehler** in Dresden, Professor Dr.-Ing. **E. Probst** in Karlsruhe, Dr.-Ing. **H. Fischmann** in Berlin und Dr.-Ing. **W. Petry** in Oberkassel. Erscheint monatlich zweimal. Vierteljährlich Preis M. 14.—

*Hierzu Teuerungszuschläge